高等学校教材

概率论与数理统计

(第2版)

徐 伟 赵选民 师义民 秦超英 编

西北工業大學出版社

【内容简介】 本书共分10章。前4章介绍了随机事件及其概率、随机变量及其分布、随机变量的数字特征以及大数定律与中心极限定理的内容。第5至第8章介绍数理统计学的有关内容，主要包括数理统计的基本概念与抽样分布、参数估计、假设检验及回归分析等内容。最后两章介绍随机过程的基本概念和平稳过程的基本知识。各章均配有习题，并在书后给出了习题的答案。

本书可作为高等学校本科学生的教材，也可供工程技术人员参考。

图书在版编目(CIP)数据

概率论与数理统计/徐伟等编．—2版．西安：西北工业大学出版社，2004.1
(2016.7重印)
ISBN 978-7-5612-1434-3

Ⅰ．概… Ⅱ．徐… Ⅲ．①概率论-高等学校-教材②数理统计-高等学校-教材 Ⅳ．O21

中国版本图书馆CIP数据核字(2001)第097790号

出版发行：西北工业大学出版社
通信地址：西安市友谊西路127号 **邮编**：710072 **电话**：(029)88493844
网　　址：www.nwpup.com
印 刷 者：陕西向阳印务有限公司
开　　本：787 mm×960 mm 1/16
印　　张：18.25
字　　数：327千字
版　　次：2002年1月第1版 2016年7月第2版第12次印刷
定　　价：36.00元

前　言

随着科学技术的发展，概率论与数理统计得到越来越广泛的应用，已成为高等学校大部分专业必修的一门基础课。通过本课程的学习，要使学生掌握研究随机现象的基本思想和方法，并且具备一定的分析问题和解决问题的能力。

本书是根据教育部"概率论与数理统计课程教学基本要求"，并考虑到21世纪教学改革和实际教学的需要编写的教材。以介绍概率论、数理统计以及随机过程的基本知识和方法为主，同时注意它的直观背景和实际意义，力求做到理论与实际相结合，为读者进行理论研究和实际应用打下扎实的基础。

在编写过程中，考虑到随机数学的特点，力求做到深入浅出，易懂易学。全书由10章组成：第1章至第4章是概率论的基础知识；第5章至第8章是数理统计基本内容；第9章至第10章是随机过程初步。每章之后配有一定数量的习题，学生可以在教师的指导下选做。另外，我们编写了《概率论与数理统计同步学习指导》(西北工业大学出版社出版)一书同本教材配套使用，内容包括本教材每一章的知识网络图、内容提要、典型题解析以及习题详解，书末附有数套近几年的试卷，以帮助学生加深对所学知识的理解，提高学习能力。

本书的编写得到了我系广大师生的帮助，编写者均为从事概率论与数理统计教学10余年的教师。第1章、第2章和第10章由徐伟编写；第3章、第4章和第9章由赵选民编写；第5章和第6章由秦超英编写；第7章和第8章由师义民编写。周小莉、刘华平、肖华勇和唐亚宁参加了部分工作和习题编写。全书由徐伟统稿、定稿。

限于水平，书中不足之处恳请读者指正。

编　者

2003年12月于西北工业大学

目　　录

第 1 章　随机事件及其概率

§1.1　随机事件的概念

在自然界和人类的活动中，经常遇到各种各样的现象，这些现象大体可以分为两类：必然现象和随机现象．必然现象指在一定条件下可以准确预言结果的现象，这类现象亦称为确定性现象或非随机现象．在一定条件下可能发生也可能不发生的现象称为随机现象．随机现象又有个别随机现象和大量性随机现象之分．大量性随机现象所具有的规律性称为统计规律，概率论和数理统计研究的就是这种规律．所谓大量性随机现象是指在相同的条件下可以重复出现的随机现象，如掷硬币，观察某交通要道早晨 7：30 ～ 8：30 时段内的交通流量等，都可以在相同的条件下重复进行．有些随机现象则不然，尽管它们的发生带有偶然性，但原则上不能在相同的条件下重复出现，称这样的现象为个别随机现象．

概率论和数理统计是研究大量随机现象的统计规律性的学科．概率论的特点是先提出数学模型，然后去研究其性质、特点和规律；数理统计则是以概率论的理论为基础，利用对随机现象的观测所取得的数据，来研究数学模型，在此基础上做出推断．

对随机现象的观测总是在一定条件下进行的，若把一次观测视为一次试验，观测的结果就是试验结果，概率论中把满足下列两个条件的试验称为随机试验：

(1) 允许在相同的条件下重复进行；

(2) 试验结果具有随机性，即结果不一定相同，事先不知道出现哪个结果．

本书以后所指的试验如无特别声明，均指随机试验．例如：

(1) 在一定条件下进行射击，考虑命中的环数；

(2) 掷一颗均匀的骰子，考虑出现的点数；

(3) 记录某电话交换台某时段内接到的电话呼唤次数．

我们把随机现象的表现，即随机试验的结果数学模型化，可用集合的概念描述．例如，在掷硬币试验中，试验结果有两个："正面"，"反面"，如果用 ω_1 表示结果为正面，ω_2 表示结果为反面，则可以用 $A_1 = \{\omega_1\}$，$A_2 = \{\omega_2\}$ 来表示试验结果．A_1 是一个仅含一个元素 ω_1 的集合，A_2 是一个仅含另一个元素 ω_2 的集合；再考虑掷骰子，若以 ω_i 表示出现点数为 i，$i=1,2,\cdots 6$，则 $A_i=\{\omega_i\}$ 可以表示出现点数为 i 的结果，$A=\{\omega_1,\omega_3,\omega_5\}$，$B=\{\omega_2,\omega_4,\omega_6\}$ 可以分别表示试验结果为奇数和偶数．如果把随机试验的结果叫做随机事件，则对随机事件给出如下定义．

定义 1.1 对于随机试验，把每一个可能的结果称为样本点，把某些样本点构成的集合称为随机事件，简称事件．把单个样本点构成的集合称为基本事件，把所有样本点构成的集合称为必然事件或称为样本空间，记为 Ω.

为了以后运算封闭，规定不含任何元素的空集也为事件，称为不可能事件，记为 $\varnothing$.

例 1.1 写出掷骰子试验的样本点，样本空间，基本事件，事件 A—— 出现偶数，事件 B—— 出现奇数．

解 ω_i—— 掷骰子出现点数为 i，$i=1,\cdots 6$；$\Omega=\{\omega_1,\omega_2,\omega_3,\omega_4,\omega_5,\omega_6\}$；基本事件 $A_i=\{\omega_i\}$，$i=1,2,\cdots,6$；$A=\{\omega_2,\omega_4,\omega_6\}$；$B=\{\omega_1,\omega_3,\omega_5\}$.

§1.2 事件的关系和运算

在概率论中，往往不仅研究随机试验的一个事件，还要研究很多事件，而这些事件之间又有一定的联系，为了表述这些事件之间的联系，下面定义事件之间的各种关系和运算．

(1) 事件的包含和相等：如果事件 A 发生必然导致事件 B 发生，称“事件 B 包含事件 A”，记作 $A\subset B$. 这里 A“发生”一词是指，A 所含的任一样本点出现，例如掷骰子，称事件 A—— 出现偶数发生，指在一次观测(一次投掷)中，出现点数为 2 或 4 或 6.

如果事件 B 包含事件 A，同时事件 A 包含事件 B，则称事件 A 与事件 B 相等，记作 $A=B$. 显然对任一事件 A，有 $\varnothing\subset A\subset\Omega$.

事件 A 包含事件 B，即 $A\supset B$，亦称为 B 是 A 的子事件．

(2) 事件的和(并)：“二事件 A，B 至少发生一个”也是一个事件，称为 A 与 B 的和(或并)，记作 $A\cup B$. 一般地，“事件 $A_1,\cdots,A_n$ 中至少发生一个”也是一个事件，称为事件 $A_1,\cdots,A_n$ 的和(或并)，记作 $A_1\cup A_2\cup\cdots\cup A_n$；而“可列多个事件 $A_1,A_2,\cdots,A_n,\cdots$ 至少有一个出现”也是一个事件，叫做可列多个事件 $A_1,A_2,\cdots,A_n,\cdots$ 的和(或并)，记作 $\bigcup\limits_{i=1}^{\infty}A_i$. 因此，二事件 A，B 的和，就是“或 A 发生，或 B 发生，或者 A 和 B 同时发生”. 在事件运算的讨论中，应特别注意一些关键词语，如“或者”，“同时”等，它们表述了不同的运算．显然，对于任意事

件 A,有 $A\cup\varnothing=A$;$A\cup\Omega=\Omega$;若 $A\subset B$,则 $A\cup B=B$.

(3) 事件的积(交):“二事件 A,B 同时发生”也是一个事件,称为 A 与 B 的积(或交),记作 $A\cap B$. 类似事件的和,亦有 n 个事件 $A_1,\cdots,A_n$ 的积(交) $A_1\cap A_2\cap\cdots\cap A_n$(简记为 $\bigcap\limits_{i=1}^{n}A_i$ 或 $A_1\cdots A_n$)和可列多个事件 $A_1,\cdots,A_n,\cdots$ 的积(交) $\bigcap\limits_{n=1}^{\infty}A_n$. 显然,$A\cap\Omega=A$,$A\cap\varnothing=\varnothing$.

若 $A\cap B=\varnothing$,则称 A,B 为互不相容事件,任意事件 A 与不可能事件 $\varnothing$ 为互不相容事件. 当 $A\cap B=\varnothing$ 时,可将 $A\cup B$ 记为“直和”形式 $A+B$.

(4) 事件的差与逆:“事件 A 发生而事件 B 不发生”是一个事件,叫做事件 A 与事件 B 的差,记作 $A-B$. $\Omega-A$ 称为事件 A 的逆事件,记作 $\overline{A}$.

图 1.1 把事件间的关系及其运算用图形示意出来,易于直观理解,这种图称为文氏图(Venn).

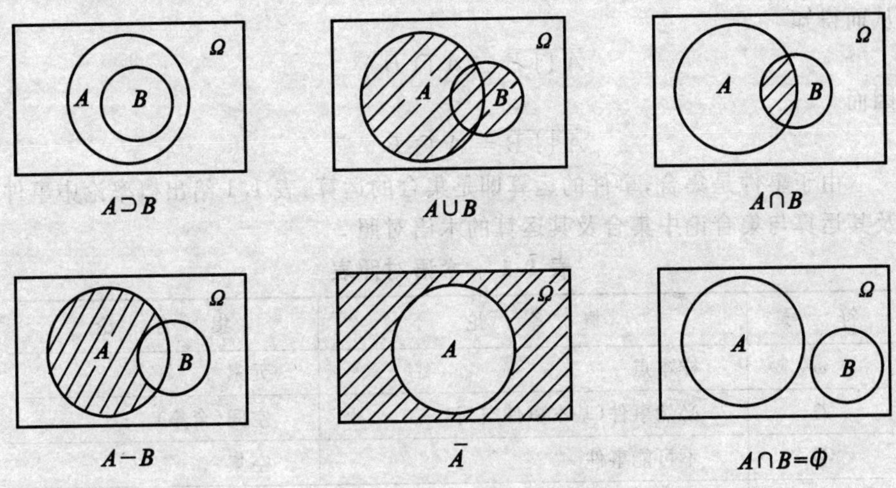

图 1.1　文氏图(Venn)

假设 A,B,C 是三个任意事件,则它们满足:

(1) 交换律　$A\cup B=B\cup A$,$A\cap B=B\cap A$

(2) 结合律　$A\cup(B\cup C)=(A\cup B)\cup C$,$A(BC)=(AB)C$

(3) 分配律　$A(B\cup C)=(AB)\cup(AC)$

$A(B-C)=(AB)-(AC)$

(4) 对偶律　$\overline{A\cup B}=\overline{A}\cap\overline{B}$,$\overline{A\cap B}=\overline{A}\cup\overline{B}$

一般地,对偶律可表述为

$$\overline{\bigcup_{i=1}^{n}A_i}=\bigcap_{i=1}^{n}\overline{A_i},\quad \overline{\bigcap_{i=1}^{n}A_i}=\bigcup_{i=1}^{n}\overline{A_i}$$

注意，文氏图仅是一种直观示意，不能作为证明工具，对于上述运算律的证明，须用严格的集合论证明手法，下面给出一例．

例 1.2　证明对偶律 $\overline{A \cup B} = \bar{A} \cap \bar{B}$．

证明　在集合关系证明中，要证明 $A \subset B$，需且只需证明对于 A 中的任意一元素 ω，ω 亦为 B 中的元素即可．用符号可表述为 $\forall \omega \in A \Rightarrow \omega \in B$. 这里符号"$\forall$"读作"对于任意的"，"$\in$"读作"属于"，"$\Rightarrow$"读作"推出". 现在给出证明：

$\forall \omega \in \bar{A} \cap \bar{B} \Rightarrow \omega$ 不属于 A 同时 ω 不属于 $B \Rightarrow \omega$ 不属于

$$A \cup B \Rightarrow \omega \in \overline{A \cup B}$$

从而知

$$\bar{A} \cap \bar{B} \subset \overline{A \cup B}$$

另一方面

$\forall \omega \in \overline{A \cup B} \Rightarrow \omega$ 不属于 $A \cup B \Rightarrow \omega$ 不属于 A，同时 ω 不属于 $B \Rightarrow$

ω 属于 $\bar{A}$，同时 ω 属于 $\bar{B} \Rightarrow \omega \in \bar{A} \cap \bar{B}$

从而得知

$$\overline{A \cup B} \subset \bar{A} \cap \bar{B}$$

因而

$$\overline{A \cup B} = \bar{A} \cap \bar{B}$$

由于事件是集合，事件的运算即是集合的运算，表 1.1 给出概率论中事件及其运算与集合论中集合及其运算的术语对照．

表 1.1　术语对照表

符　号	概　率　论	集　合　论
ω	样本点	元素
Ω	必然事件(基本事件空间)	空间(全集)
$\varnothing$	不可能事件	空集
A	事件	子集
$\omega \in A$	事件 A 发生	ω 是 A 中的元素
$A \subset B$	事件 A 发生导致事件 B 一定发生	A 是 B 的子集
$A = B$	二事件 A,B 相等	二集合元素完全相同
$A \cup B$	二事件 A,B 至少发生一个	二集合的并集
$A \cap B$	二事件 A,B 同时发生	二集合的交集
$A - B$	事件 A 发生而同时 B 不发生	二集合的差集
$\bar{A}$	A 的对立事件	A 对 Ω 的补集
$A \cap B = \varnothing$	二事件 A,B 互不相容	二集合 A,B 不相交

例 1.3　设 A,B,C 为三个事件，则：

(1) A 发生而 B 与 C 都不发生可表示为

$$A\bar{B}\bar{C}$$

(2) A 与 B 都发生而 C 不发生可表示为

$$AB\bar{C}$$

(3) 所有这三个事件同时发生可表示为

$$ABC$$

(4) 这三个事件恰好发生一个可表示为

$$A\bar{B}\bar{C}+\bar{A}B\bar{C}+\bar{A}\bar{B}C$$

(5) 这三个事件恰好发生两个可表示为

$$AB\bar{C}+A\bar{B}C+\bar{A}BC$$

(6) 这三个事件至少发生一个可表示为

$$A\cup B\cup C$$

或

$$A\bar{B}\bar{C}+\bar{A}\ \bar{B}C+\bar{A}B\bar{C}+AB\bar{C}+A\bar{B}C+\bar{A}BC+ABC$$

例 1.4　从一只黑箱依次取 2 只球，箱中装有 2 只白球(标号 1,2)，2 只黑球(标号 3,4)，则可能的结果是

$$(1,2),(1,3),(1,4),(2,1),(2,3),(2,4)$$
$$(3,1),(3,2),(3,4),(4,1),(4,2),(4,3)$$

若以事件 A 表示第一次取黑球，以事件 B 表示第二次取黑球，则

$$A=\{(3,1),(3,2),(3,4),(4,1),(4,2),(4,3)\}$$
$$B=\{(1,3),(1,4),(2,3),(2,4),(3,4),(4,3)\}$$
$$AB=\{(3,4),(4,3)\}$$
$$A-B=\{(3,1),(3,2),(4,1),(4,2)\}$$
$$\bar{A}=\{(1,2),(1,3),(1,4),(2,1),(2,3),(2,4)\}.$$

§1.3　随机事件的概率

在一次随机试验中，随机事件可能出现也可能不出现，但它出现的可能性的大小是客观存在的. 例如，掷一枚均匀的硬币，由对称性知，“正面”和“反面”这两个事件出现的可能性都是 1/2. 又如掷一枚均匀的骰子，出现点数“1”，“2”，…，“6”这 6 个事件可能性都是 1/6. 可见，事件发生的可能性是客观存在，并且可以用一个数字来度量，概率就是度量这种可能性大小的数字特征，它是概率论中最基本的概念.

本节先从频率的概念出发，引入概率的统计定义，然后给出特定范围内，

即古典概型以及几何概型场合概率的定义，最后给出概率的公理化定义并讨论这一定义下概率的一些常用性质．

1.3.1 概率的统计定义

历史上有许多人做过掷硬币这一随机试验，表 1.2 给出了统计学家德莫根、浦丰以及皮尔逊等人的试验结果．

表 1.2 掷“硬币”的试验结果

实验者	掷次数 n	出现“正面”次数 m	频率 $\frac{m}{n}$
德莫根	2 048	1 061	0.518
浦　丰	4 040	2 048	0.506 9
皮尔逊	12 000	6 019	0.501 6
皮尔逊	24 000	12 012	0.500 5

从表 1.2 可以看出，随着试验次数的增加，描述出现“正面”可能性大小的量——频率——明显地趋于0.5. 大量试验表明，这一结果具有一般性，即在随机试验中，随着试验次数 n 的增加，事件 A 出现的频率趋于某一确定的数字 p，$0 \leqslant p \leqslant 1$. 由此引出如下概率的统计定义．

定义 1.2 在随机试验中，若随机事件 A 出现的频率 m/n 随着试验次数 n 的增加，趋于某一常数 p，$0 \leqslant p \leqslant 1$，则定义事件 A 的概率为 p，记作 $P(A) = p$.

由定义 1.2 可以证明概率的统计定义具有如下性质．

性质 1.1 （概率统计定义的性质）

(1) 对任一事件 A，有 $0 \leqslant P(A) \leqslant 1$；

(2) $P(\Omega) = 1$，$P(\varnothing) = 0$；

(3) 对于两两互斥的有限多个事件 $A_1, A_2, \cdots, A_m$，$P(A_1 + \cdots + A_m) = P(A_1) + \cdots + P(A_m)$.

证明 (1) 此结论是显然的；

(2) 由于 Ω 是必然事件，每次试验中均发生，则其频率恒等于1，自然 $p = 1$；对于 $\varnothing$，由于它表示不可能事件，在每次试验中均不可能发生，则其频率恒等于 0，$p = 0$；

(3) 根据 $A_1, A_2, \cdots, A_m$ 两两互斥，所以 $A = A_1 + A_2 + \cdots + A_m$ 的频率 $\frac{r}{n}$，与 $A_1, A_2, \cdots, A_m$ 的频率 $\frac{r_1}{n}, \frac{r_2}{n}, \cdots, \frac{r_m}{n}$ 满足等式

$$\frac{r}{n}=\frac{r_1}{n}+\frac{r_2}{n}+\cdots+\frac{r_m}{n}$$

根据定义 1.2 知

$$P(A_1+\cdots+A_m)=P(A_1)+\cdots+P(A_m)$$

概率的统计定义直观地描述了事件发生的可能性大小，反映了概率的本质内容．但也有明显的不足，即无法根据此定义计算某事件的概率．例如，投掷硬币的例子中，当硬币很均匀时，随着试验次数的增加，出现正面的频率趋于 1/2，而且当试验次数越大时，频率离概率的近似程度越近．然而实际试验次数总是有限的，n 要多大，准确到什么程度，定义中没有确定表述．为此，将研究范围缩小，给出可计算的概率定义．

1.3.2 概率的古典概型定义

古典概型是古典概率模型的简称，它是指这样一类随机试验：

(1) 样本空间中仅含有限个样本点；

(2) 每个样本点出现的可能性是一样的．

其一表述的是样本点的有穷性；其二表述的是样本点出现的等可能性．例如，在一黑箱中放置 n 个完全相同的球，每个球上标记号码 $1,2,\cdots n$，现从箱中随机地取出一球，那么，这 n 个球中每个球被取出的可能性都是 $1/n$.

对于古典概型，以 $\Omega=\{\omega_1,\cdots,\omega_n\}$ 表示样本空间，$\omega_i(i=1,2,\cdots,n)$ 表示样本点．对于任一随机事件 $A=\{\omega_{i_1},\cdots,\omega_{i_m}\}$，下面给出概率的古典概型定义．

定义 1.3 假设 Ω 共含 n 个样本点，对于任意事件 A，它含 m 个样本点，则定义 A 的概率为 m/n，记作

$$P(A)=\frac{m}{n}=\frac{\text{事件 } A \text{ 所含样本点的个数}}{\text{样本空间 } \Omega \text{ 所含样本点的个数}} \tag{1.1}$$

式(1.1) 给出的古典概型场合的概率定义是符合实际的．例如，掷硬币，如果硬币均匀，即出现“正面”、“反面”是相等可能的，则由式(1.1) 可知，出现“正面”的概率等于 1/2；掷均匀骰子，出现点数 1 的概率为 1/6；从放有 n 个相同球的黑箱中取球，每个球被取出的概率为 $1/n$.

式(1.1) 的定义虽然简单，但对于一给定的随机试验，要计算某一事件 A 的概率不是一个简单的问题，有些问题具有相当的难度，下面给出一些古典概型概率计算的例子．

例 1.5 取球问题． 箱中有 α 个白球，β 个黑球，从中任取 $a+b$ 个球，试求所取的球恰好含 a 个白球，b 个黑球的概率($a\leqslant\alpha,b\leqslant\beta$).

解 此例的随机试验是从箱中随机地取出 $a+b$ 个球，取后不返回，属于

排列组合计算中的组合问题．样本空间中所含的样本点个数为 $n=\mathrm{C}_{\alpha+\beta}^{a+b}$，这里记号“$\mathrm{C}_l^k$”表示从 l 中取出 k 个组合的所有可能组合数．事件 A“有 a 个白球，b 个黑球”，所含的样本点个数为 $m=\mathrm{C}_\alpha^a\mathrm{C}_\beta^b$，因而事件 A 的概率为

$$P(A)=\mathrm{C}_\alpha^a\mathrm{C}_\beta^b/\mathrm{C}_{\alpha+\beta}^{a+b}$$

例 1.6　分房问题．　有 n 个人，每个人都以同样的概率 $1/N$ 被分配在 $N(n\leqslant N)$ 间房的每一间中，试求下列各事件的概率．

(1) 某指定 n 间房中各有 1 人；

(2) 恰有 n 间房，其中各有 1 人；

(3) 某指定房中恰有 $m(m\leqslant n)$ 人．

解　先求样本空间中所含样本点的个数．

首先，把 n 个人分配到 N 间房中去共有 N^n 种分法；其次，求每种情形事件所含的样本点个数．

(1) 某指定 n 间房中各有 1 人，所含样本点的个数，即可能的分法为 $n!$；

(2) 恰有 n 间房中各有 1 人，所有可能的分法为 $\mathrm{C}_N^n n!$；

(3) 某指定房中恰有 m 人，可能的分法为

$$\mathrm{C}_n^m(N-1)^{n-m}$$

进而我们可以得到三种情形下事件的概率分别为

(1) $n!/N^n$；　(2) $\mathrm{C}_N^n n!/N^n$；　(3) $\mathrm{C}_n^m(N-1)^{n-m}/N^n$.

上述分房问题中，若令 $N=365,n=30,m=2$，则可演化为生日问题，全班学生 30 人，求：

(1) 某指定 30 天，每位学生生日各占 1 天的概率；

(2) 全班学生生日各不相同的概率；

(3) 全年某天恰有 2 人在这一天同生日的概率．

利用上述结论可得概率分别为

(1) $30!/365^{30}$；

(2) $\mathrm{C}_{365}^{30}\times 30!/365^{30}\approx 0.294$；

(3) $\mathrm{C}_{30}^2(364)^{28}/(365)^{30}$.

由(2) 立刻得出，全班 30 人至少有 2 个人生日相同的概率大于 70%.

例 1.7　随机取数问题．　从 1,2,…,10 共 10 个数字中任取一个，假定每个数字都以 1/10 的概率被取中，取后还原，先后取出 7 个数字，试求下列各事件 $A_i(i=1,2,3,4)$ 的概率．

(1) 7 个数字全不相同；

(2) 不含 10 与 1；

(3) 10 恰好出现 2 次；

(4) 至少出现 2 次 10.

解　样本空间中所含的样本点个数为 10^7，各事件的概率分别为

(1) $P(A_1)=\dfrac{10\times 9\times 8\times 7\times 6\times 5\times 4}{10^7}=\dfrac{10!}{10^7\times 3!}$；

(2) $P(A_2)=\dfrac{8^7}{10^7}$；

(3) $P(A_3)=\dfrac{C_7^2 9^5}{10^7}=C_7^2\times 9^{7-2}\times 1^2=C_7^2\times\left(\dfrac{9}{10}\right)^{7-2}\times\left(\dfrac{1}{10}\right)^2$.

可将(3)的结果推广到"10 恰好出现 k 次($k\leqslant 7$)"，其概率为

$$P(A_3^*)=C_7^k 9^{7-k}/10^7\quad(k\leqslant 7)$$

(4) 由 $P(A_3^*)$ 易得

$$P(A_4)=\sum_{k=2}^{7}C_7^k 9^{7-k}/10^7$$

例 1.8　中彩问题．从 1，2，…，33 共 33 个数字中任取一个，假定每个数字都以 1/33 的概率被取中，取后不还原，先后取出 7 个数字，求取中一组特定号码 A 的概率．

解　$P(A)=\dfrac{1}{C_{33}^7}=\dfrac{1}{4\ 272\ 048}\approx 2.340\ 7\times 10^{-7}$

即中一等奖的概率约为 0.000 000 234 07，是一个接近零的很小的小概率事件，约为 $\dfrac{1}{4\ 270\ 000}$.

性质 1.2　对古典概型的概率具有如下性质：

(1) 对于任意事件 A，$0\leqslant P(A)\leqslant 1$；

(2) $P(\Omega)=1$；$P(\varnothing)=0$；

(3) 设事件 $A_1,A_2,\cdots,A_m$ 互不相容，则

$$P(A_1+\cdots+A_m)=P(A_1)+\cdots+P(A_m)$$

证明　根据定义，(1)，(2) 显然成立，设 $A_i=\{\omega_1^{(i)},\cdots,\omega_{k_i}^{(i)}\}$，根据互不相容性知

$$A_1+\cdots+A_m=\{\omega_1^{(1)},\cdots,\omega_{k_1}^{(1)};\omega_1^{(2)},\cdots,\omega_{k_2}^{(2)};\cdots;\omega_1^{(m)},\cdots,\omega_{k_m}^{(m)}\}$$

共含 $\sum\limits_{i=1}^{m}k_i$ 个样本点，若设 Ω 中所含样本点数为 n，则

$$P(A_1+\cdots+A_m)=\frac{1}{n}\sum_{i=1}^{m}k_i=\frac{k_1}{n}+\cdots+\frac{k_m}{n}=P(A_1)+\cdots+P(A_m)$$

1.3.3　概率的几何概型定义

相对于统计定义，概率的古典定义具有可计算性的明显优点，但它也有显明的局限性，要求样本有限，如果样本空间中所含的样本点个数是无限的，古

典概型的概率定义就不适用了．如果保留样本点等可能出现的要求，将样本点有限放宽到无限，这便引入了几何概型的定义．

定义 1.4 若对于一随机试验，每个样本点的出现是等可能的，样本空间 Ω 所含的样本点个数为无穷多个，且具有非零的、有限的几何度量，即 $0 < m(\Omega) < \infty$，则称这一随机试验是一几何概型的．

注意这里几何度量，直观地说，对一维区间它是长度，对二维区域是面积，对三维则是体积…… 对于几何概型引入概率的定义如下．

定义 1.5 对于一随机试验，以 $m(A)$ 表示任一事件 A 的几何度量，若 $0 < m(\Omega) < \infty$，则对任一事件 A，定义其概率为

$$P(A) = \frac{m(A)}{m(\Omega)}$$

几何概型的概率定义具有如下性质．

性质 1.3 对于几何概型的概率具有性质：

(1) 对于任意事件 A，$0 \leqslant P(A) \leqslant 1$；

(2) $P(\Omega) = 1, P(\varnothing) = 0$；

(3) 设可列多个事件 $A_1, A_2, \cdots$，互不相交，则

$$P(A_1 + A_2 + \cdots A_n + \cdots) = P(A_1) + P(A_2) + \cdots + P(A_n) + \cdots$$

证明 由定义 1.5，(1)，(2) 显然成立．对(3) 利用几何度量的完全可加性

$$m(A_1 + \cdots + A_n + \cdots) = m(A_1) + m(A_2) + \cdots + m(A_n) + \cdots$$

可得

$$P(A_1 + \cdots + A_n + \cdots) = \\ m(A_1 + \cdots + A_n + \cdots)/m(\Omega) = \\ \sum_{i=1}^{\infty} m(A_i)/m(\Omega) = \sum_{i=1}^{\infty} P(A_i)$$

由性质 1.1，性质 1.2 和性质 1.3 可知，对于三种概率的定义均具有相同的三条性质，常常称(1)，(2) 为概率的正则性；(3) 为概率的完全可加性．

例 1.9 会面问题． 甲、乙二人相约在 0 到 T 这段时间内在预定地点会面，先到的人要等侯另一人 t ($t < T$) 时间后方可离去，试求这两人能会面的概率．

解 设甲到的时刻为 x，乙到的时刻为 y，则

$$0 \leqslant x \leqslant T, \qquad 0 \leqslant y \leqslant T$$

这样 (x, y) 构成边长为 T 的正方形 Ω，二人能会见的条件为

$$|x - y| \leqslant t$$

这条件决定 Ω 中一子集 A，如图 1.2 所示，根据定义 1.5，有

$$P(A)=\frac{m(A)}{m(\Omega)}=\frac{T^2-(T-t)^2}{T^2}=1-\frac{(T-t)^2}{T^2}$$

例 1.10　浦丰问题．平面上画有等距离 $a(a>0)$ 的一些平行线，向平面任意投一长为 $l(l<a)$ 的针，试求针与一平行线相交的概率．

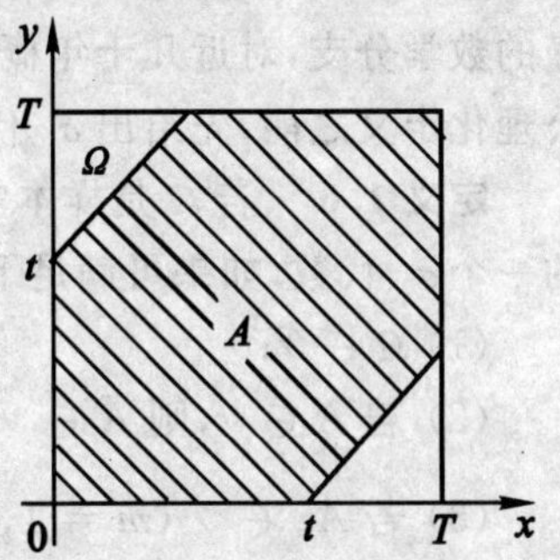

图 1.2　会面问题

解　以 M 表示落下后针的中心，x 表示 M 与最近一平行线的距离，φ 表示针与这一平行线的交角(见图 1.3)，则

$$0\leqslant x\leqslant\frac{a}{2},\qquad 0\leqslant\varphi\leqslant\pi$$

决定了 $x\varphi$ 平面上一矩形 R．为了使针与最近平行线相交，其充分必要条件为

$$0\leqslant x\leqslant\frac{l}{2}\sin\varphi$$

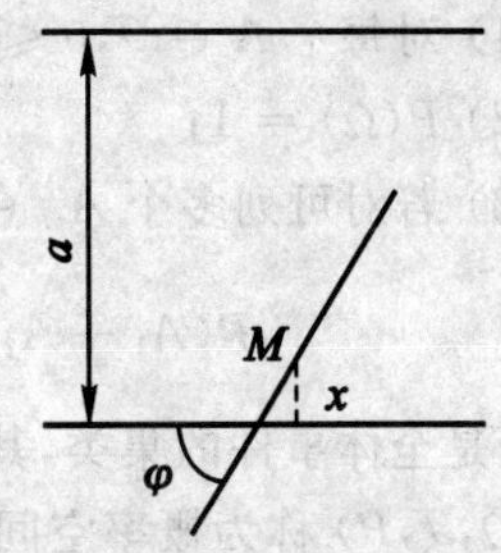

图 1.3　浦丰问题

这一条件决定 $x\varphi$ 平面上一区域 A，如图 1.4 所示．则所求事件 A 的概率为

$$P(A)=\int_0^{\pi}\frac{l}{2}\sin\varphi\mathrm{d}\varphi\Big/\left(\frac{a}{2}\pi\right)=\frac{2l}{\pi a}\qquad(1.2)$$

注意 $P(A)$ 仅依赖于比值 $\frac{l}{a}$，则当 l 与 a 成比例变化时，$P(A)$ 不变．由式(1.2)可得

$$\pi=\frac{2l}{P(A)a}\qquad(1.3)$$

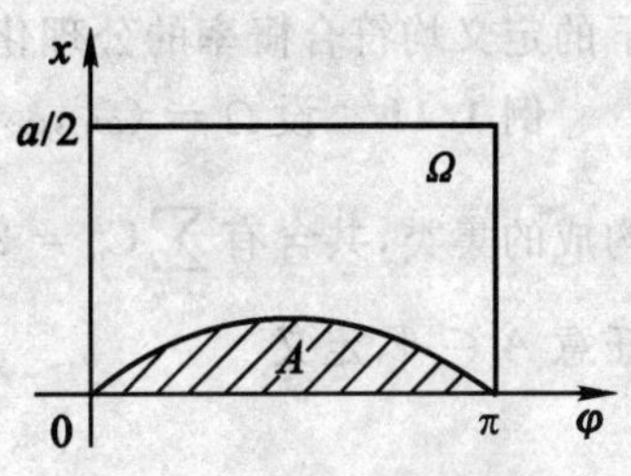

图 1.4　浦丰问题概率

式(1.3)提供了求 π 值的一个方法，如果我们能事先求得 $P(A)$，那么由式(1.3)可求出 π 的值．事实上，我们可以以手工试验或计算机模拟试验求出 A 的频率，进而以频率逼近概率．

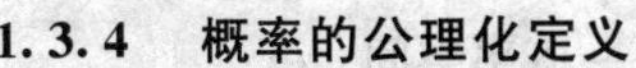

1.3.4　概率的公理化定义

到本节为止，我们给出了古典概型和几何概型的概率定义，概率的古典概型定义在整个 19 世纪被人们广泛接受，但其弱点也很明显，它既要求试验的可能结果总数有限，又要求某种等可能性，它的适用范围有限．当把这一定义推广到无限多种可能结果的场合，如几何概型时，适用范围仍然有限．19 世纪末以来，数学的各个分支广泛流行着一股

公理化潮流，这个流派主张把最基本的假定公理化，其他结论则由它们经过演绎导出．1933 年，前苏联统计学家提出了概率的公理化定义，使概率论成为严谨的数学分支，对近几十年概率论的迅速发展起了积极作用．在给出概率的公理化定义之前，先给出 σ-代数的定义．

定义 1.6 若 Ω 是样本空间，Ω 中的某些子集所构成的集类 $\mathscr{F}$ 称为 Ω 中的一个 σ-代数，如果可满足下列条件：

(1) $\Omega \in \mathscr{F}$;

(2) 若 $A \in \mathscr{F}$，则 $\overline{A} \in \mathscr{F}$;

(3) 若 $A_m \in \mathscr{F}\ (m = 1,2,\cdots)$，则 $\bigcup_{m=1}^{\infty} A_m \in \mathscr{F}$.

定义 1.7 设 $P(A), A \in \mathscr{F}$ 是定义在 σ-代数 $\mathscr{F}$ 上的实值集函数，如果它满足下列条件，就称它为 $\mathscr{F}$ 上的概率测度，简称概率．

(1) 对每个 $A \in \mathscr{F}, 0 \leqslant P(A) \leqslant 1$；

(2) $P(\Omega) = 1$；

(3) 若对可列多个 $A_m \in \mathscr{F}, A_iA_j = \varnothing, i \neq j$，则

$$P(A_1 + A_2 + \cdots + A_m + \cdots) = \sum_{m=1}^{\infty} P(A_m)$$

这里 $\mathscr{F}$ 是全体事件的集类，其元素 $A \in \mathscr{F}$ 为事件，$P(A)$ 为事件 A 的概率，三元总体 $(\Omega, \mathscr{F}, P)$ 称为概率空间．这里 Ω 表示了事件所有可能的取值，$\mathscr{F}$ 表示全体事件的集合，P 表示概率．

在这一公理化定义之下，可以证明古典概型情形下的定义，几何概型情形下的定义均符合概率的公理化定义．

例 1.11 设 $\Omega = (\omega_1, \omega_2, \cdots, \omega_n)$ 只含 n 个样本点，$\mathscr{F} = \{$全体 Ω 的子集$\}$ 构成的集类，共含有 $\sum_{i=0}^{n} \mathrm{C}_n^i = 2^n$ 个不同的元素，显然 $\mathscr{F}$ 是一个 Ω 的 σ-代数，对任意 $A \in \mathscr{F}$，定义

$$P(A) = \frac{k}{n} \tag{1.4}$$

这里 k 是 A 所含样本点的个数，根据性质 1.2 知，由式(1.4) 定义的概率满足定义 1.7 中的(1)，(2)，(3)，因而$(\Omega, \mathscr{F}, P)$ 是一概率空间．

例 1.12 设 Ω 中含有无穷多个样本点，Ω 中的一切子集构成的集类 $\mathscr{F}$ 是一个 Ω 的 σ-代数，对 $A \in \mathscr{F}$，定义

$$P(A) = \frac{m(A)}{m(\Omega)} \tag{1.5}$$

这里 $m(A)$ 表 A 的几何度量，由性质 1.3 知，由式(1.5) 定义的概率满足定义 1.7 中的(1)，(2)，(3)，因而 $P(A)$ 是概率，$(\Omega, \mathscr{F}, P)$ 是一概率空间．

在概率的公理化定义基础上，可推出概率的一些性质．

性质 1.4（公理化概率定义的性质）

(1) $P(\varnothing)=0$；

(2) 若 $A_i, i=1,\cdots,m$ 为事件，且 $A_iA_j=\varnothing, i\neq j$，则

$$P(A_1+A_2+\cdots+A_m)=P(A_1)+P(A_2)+\cdots+P(A_m)$$

(3) $P(\overline{A})=1-P(A)$；

(4) 若 $A\supset B$，则 $P(A-B)=P(A)-P(B)$；

(5) $P(A\cup B)=P(A)+P(B)-P(AB)$.

证明

(1)
$$\Omega=\Omega+\varnothing+\varnothing+\varnothing+\cdots$$
$$P(\Omega)=P(\Omega)+P(\varnothing)+P(\varnothing)+\cdots$$

因此，$P(\varnothing)=0$.

(2) $A_1+A_2+\cdots+A_m=A_1+A_2+\cdots+A_m+\varnothing+\varnothing+\cdots$

$$P(A_1+A_2+\cdots+A_m)=P(A_1)+P(A_2)+\cdots+P(A_m)+P(\varnothing)+\cdots=$$
$$P(A_1)+P(A_2)+\cdots+P(A_m)$$

(3) $A+\overline{A}=\Omega, P(A)+P(\overline{A})=P(\Omega)=1$，因此，$P(\overline{A})=1-P(A)$.

(4) 若 $A\supset B$，则 $A=B\cup(A-B)$ 且 $B(A-B)=\varnothing$，则

$$P(A)=P(B)+P(A-B),\quad P(A-B)=P(A)-P(B)$$

(5) $A\cup B=A\cup(B-AB)$ 且 $A(B-AB)=\varnothing$，则

$$P(A\cup B)=P(A)+P(B-AB)=P(A)+P(B)-P(AB)$$

例 1.13　已知 $P(A)=1/3, P(B)=1/2$，求下列情况下 $P(B\overline{A})$ 的值．

(1) A 与 B 互斥；

(2) $A\subset B$；

(3) $P(AB)=1/8$.

解　(1) $B\subset\overline{A}, B\overline{A}=B, P(B\overline{A})=P(B)=1/2$；

(2) $A\subset B, P(B\overline{A})=P(B)-P(A)=1/2-1/3=1/6$；

(3) $P(B\overline{A})=P(B-AB)=P(B)-P(AB)=1/2-1/8=3/8$.

例 1.14　(1) 已知 A_1 与 A_2 同时发生则 A 发生，证明

$$P(A)\geqslant P(A_1)+P(A_2)-1$$

(2) 若 $A_1A_2A_3\subset A$，证明

$$P(A)\geqslant P(A_1)+P(A_2)+P(A_3)-2$$

证明　(1) 由已知条件知 $A_1A_2\subset A$，则

$$P(A)\geqslant P(A_1A_2)=P(A_1)+P(A_2)-P(A_1\cup A_2)\geqslant$$
$$P(A_1)+P(A_2)-1$$

(2) $A_1A_2A_3\subset A$

$$P(A) \geqslant P(A_1A_2A_3) \geqslant P(A_3) + P(A_1A_2) - 1 \geqslant$$
$$P(A_1) + P(A_2) + P(A_3) - 2$$

§1.4 条件概率 全概率公式 Bayes 公式

1.4.1 条件概率

对概率的讨论总是在一定条件下进行的，前两节的讨论总是假定除此之外再无别的信息可供使用．但在实际问题中，常常遇到还有一些其他信息可供使用的情况，例如，我们会遇到这样的情形：已知某一事件 B 已经发生，要求另一事件 A 发生的概率，这个概率记为 $P(A \mid B)$．

例如有两个孩子的家庭，假定（男，男），（女，女），（男，女），（女，男）发生的可能性是一样的，设以 A 表示家庭恰有一男一女这一事件，B 表示这一家庭至少有一女孩这一事件，则

$$P(A) = \frac{1}{2}$$

$$P(A \mid B) = \frac{2}{3} = \frac{m_{AB}}{m_B} = \frac{m_{AB}/n}{m/n} = \frac{P(AB)}{P(B)}$$

这里 m_{AB}，m_B 分别表示事件 AB，B 所含的样本点数目．虽然我们以特例形式引入，但不难证明一般古典概型问题和几何概型问题也成立．

在一般情形下，把这一形式作为条件概率的定义．

定义 1.8 设$(\Omega,\mathscr{F},P)$是一个概率空间，$A \in \mathscr{F}$，$B \in \mathscr{F}$且 $P(B) > 0$，则称

$$P(A \mid B) = \frac{P(AB)}{P(B)} \tag{1.6}$$

为在事件 B 发生的条件下事件 A 发生的条件概率．

由式(1.6)可以得到

$$P(AB) = P(B)P(A \mid B)$$

这个等式称为概率的乘法定理．

式(1.6)形式上给出了条件概率的定义，是否符合定义 1.7 中的三公理还需验证．

(1) 对事件 A,B，$0 \leqslant P(AB)/P(B) \leqslant 1$，则

$$0 \leqslant P(A \mid B) \leqslant 1$$

(2) $P(\Omega \mid B) = P(\Omega B)/P(B) = P(B)/P(B) = 1$

(3) $P\left(\sum\limits_{i=1}^{\infty} A_i \mid B\right) = P\left(\sum\limits_{i=1}^{\infty} A_iB\right)/P(B) =$

$$\sum_{i=1}^{\infty} P(A_iB)/P(B) = \sum_{i=1}^{\infty} P(A_i \mid B)$$

说明条件概率是公理化意义下的概率，因为它满足三公理条件，因而它具备概率的所有性质，例如：

$$P(\varnothing \mid B) = 0$$

$$P(A \mid B) = 1 - P(\overline{A} \mid B)$$

$$P(A_1 \cup A_2 \mid B) = P(A_1 \mid B) + P(A_2 \mid B) - P(A_1A_2 \mid B)$$

当 $B = \Omega$ 时，条件概率变为无条件概率，换句话说，一般的概率可看做条件概率的特例．

可以把乘法定理推广到任意 n 个事件之交的情形：

$P(A_1A_2\cdots A_n) = P(A_1)P(A_2 \mid A_1)P(A_3 \mid A_1A_2)\cdots P(A_n \mid A_1\cdots A_{n-1})$ 这里要求 $P(A_1A_2\cdots A_{i-1}) > 0\ (i = 1,2,\cdots,n)$.

例 1.15　卜里耶模型．　箱中有 b 只黑球，r 只红球，随机取出 1 只，把原球放回，并加进与抽出球同色的球 c 只，再取第二次，这样下去共取了 n 次球，问前 n_1 次取到黑球，后 $n_2 = n - n_1$ 次取到红球的概率是多少？

解　以 A_1 表示第一次取出黑球这一事件 ……A_{n_1} 表示第 n_1 次取出黑球；A_{n_1+1} 表示第 n_1+1 次取出红球 ……A_n 表示第 n 次取出红球，则

$$P(A_1) = \frac{b}{b+r}$$

$$P(A_2 \mid A_1) = \frac{b+c}{b+r+c}$$

……

$$P(A_{n_1} \mid A_1A_2\cdots A_{n_1-1}) = \frac{b+(n_1-1)c}{b+r+(n_1-1)c}$$

$$P(A_{n_1+1} \mid A_1A_2\cdots A_{n_1}) = \frac{r}{b+r+n_1c}$$

$$P(A_{n_1+2} \mid A_1A_2\cdots A_{n_1}A_{n_1+1}) = \frac{r+c}{b+r+(n_1+1)c}$$

……

$$P(A_n \mid A_1A_2\cdots A_{n-1}) = \frac{r+(n_2-1)c}{b+r+(n-1)c}$$

因此

$$P(A_1A_2\cdots A_n) = \frac{b}{b+r}\,\frac{b+c}{b+r+c}\,\frac{b+2c}{b+r+2c}\cdots\frac{b+(n_1-1)c}{b+r+(n_1-1)c} \times \frac{r}{b+r+n_1c}\,\frac{r+c}{b+r+(n_1+1)c}\cdots\frac{r+(n_2-1)c}{b+r+(n-1)c}$$

这是一个很一般的抽球模型，特别取 $c = 0$，则是有放回抽球；取 $c = -1$，

则是不放回抽球,可以作为描述传染病的模型.

1.4.2 全概率公式

全概率公式的作用是把一个复杂事件的概率分解为若干个不相容的简单事件的概率之和.如图 1.5 所示,设事件 $A_1,A_2,\cdots,A_n$,是样本空间 Ω 的一个分割,即 A_i 两两互不相容,且

$$P(A_i)>0 \quad (i=1,2,\cdots,n)$$

$$\sum_{i=1}^{\infty}A_i=\Omega$$

则

$$B=B\Omega=\sum_{i=1}^{\infty}A_iB$$

$$P(B)=\sum_{i=1}^{\infty}P(A_iB)=\sum_{i=1}^{\infty}P(A_i)P(B\mid A_i) \tag{1.7}$$

式(1.7)称为全概率公式,它是概率计算中很重要的一个公式.

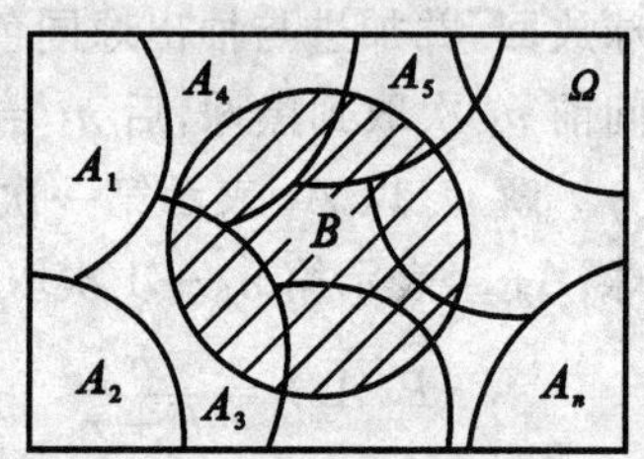

图 1.5 全概率公式

例 1.16 有两个箱子,甲箱中装有两个白球,一个黑球;乙箱中装有一个白球,两个黑球.现由甲箱中任取一球放入乙箱,再从乙箱中任取一球,问取到白球的概率是多少?

解 以 A_1 表示"从甲箱中取出一白球"这一事件,以 A_2 表示"从甲箱中取出一黑球"这一事件,以 B 表示"从乙箱中取出一白球"这一事件,则

$$P(A_1)=\frac{2}{3},\qquad P(A_2)=\frac{1}{3}$$

$$P(B\mid A_1)=\frac{2}{4}=\frac{1}{2},\qquad P(B\mid A_2)=\frac{1}{4}$$

因而

$$P(B)=P(A_1)P(B\mid A_1)+P(A_2)P(B\mid A_2)=\frac{2}{3}\times\frac{1}{2}+\frac{1}{3}\times\frac{1}{4}=\frac{5}{12}$$

例 1.17 播种用的一等小麦种子中混合 2.0% 的二等种子,1.5% 的三等种子,1.0% 的四等种子.用一等、二等、三等、四等种子长出的穗含 50 颗以上麦粒的概率分别为 0.5,0.15,0.1,0.05,求这批种子所结的穗含有 50 颗以上麦粒的概率.

解 以 $A_i(i=1,2,3,4)$ 分别记任选一颗种子是 $i(i=1,2,3,4)$ 等这一

事件，用 B 表示在这批种子中任选一颗且这颗种子所结的穗含 50 颗以上麦粒这一事件，则由全概率公式

$$P(B) = \sum_{i=1}^{4} P(A_i)P(B \mid A_i) = 0.955 \times 0.5 + 0.02 \times 0.15 + 0.015 \times 0.1 + 0.01 \times 0.05 = 0.482\,5$$

1.4.3 Bayes 公式

根据全概率公式的推导，Ω 的分割事实上可以缩小到对 B 的分割，即事件 B 能且只能与两两互不相容事件 $A_1, A_2, \cdots, A_n$ 之一同时发生，即

$$B = \sum_{i=1}^{\infty} BA_i$$

由于

$$P(A_iB) = P(B)P(A_i \mid B)$$

则

$$P(A_i \mid B) = \frac{P(A_i)P(B \mid A_i)}{P(B)} = \frac{P(A_i)P(B \mid A_i)}{\sum_{i=1}^{\infty} P(A_i)P(B \mid A_i)} \tag{1.8}$$

式(1.8) 称为 Bayes 公式，这一公式在概率论与数理统计中非常有用，假设 $A_1, A_2, \cdots, A_n$ 是导致试验结果的“原因”，则 $P(A_i)$ 通常称为先验概率，它反映了各种“原因”发生的可能性大小，一般是以往经验的总结，在随机试验前已经知道现在若试验产生了事件 B，这个信息将有助于探讨事件发生的“原因”. 条件概率 $P(A_i \mid B)$ 称为后验概率，它反映了试验之后对各种“原因”发生的可能性大小的新知识 .

例 1.18　假定用血清甲胎蛋白法诊断肝癌，以 C 表示“被检验者患有肝癌”这一事件，以 A 表示“判断被检验者患有肝癌”这一事件 . 假设这一检验法相应的概率为

$$P(A \mid C) = 0.95, \quad P(\bar{A} \mid \bar{C}) = 0.90$$

又设在人群中 $P(C) = 0.000\,4$. 现在若有一人被此检验法诊断为患有肝癌，求此人真正患有肝癌的概率 $P(C \mid A)$.

解　由 Bayes 公式(1.6)，有

$$P(C \mid A) = \frac{P(C)P(A \mid C)}{P(C)P(A \mid C) + P(\bar{C})P(A \mid \bar{C})} = \frac{0.000\,4 \times 0.95}{0.000\,4 \times 0.95 + 0.999\,6 \times 0.1} = 0.003\,8$$

因此，虽然检验法相当可靠，但是被诊断为肝癌的人确实患有肝癌的可能性并

不大．

例 1.19 有朋友自远方来访，乘火车来的概率是 3/10，乘船、乘汽车、乘飞机来的概率分别为 1/5，1/10，2/5．若他乘火车来，迟到的概率是 1/4；如果乘船、乘汽车来，迟到的概率是 1/3，1/12；如果乘飞机便不会迟到，即迟到的概率是 0．在结果是迟到的情形下，求他是乘火车来的概率．

解 设 A_1，A_2，A_3，A_4 分别表示乘火车、乘船、乘汽车，乘飞机来的事件，以 B 表示迟到这一事件，由 Bayes 公式，有

$$P(A_1 \mid B) = \frac{P(A_1)P(B \mid A_1)}{P(A_1)P(B \mid A_1) + P(A_2)P(B \mid A_2) + P(A_3)P(B \mid A_3) + P(A_4)P(B \mid A_4)} =$$

$$\frac{3/10 \times 1/4}{3/10 \times 1/4 + 1/5 \times 1/3 + 1/10 \times 1/12 + 2/5 \times 0} = \frac{1}{2}$$

以 Bayes 公式为基础，在考虑“先验”信息的条件下进行统计推断，按照这种基础思路，数理统计中产生了一个学派——Bayes 学派，对数理统计的发展产生了重大影响．

§1.5 事件的独立性

在上节中讨论了条件概率 $P(B \mid A)$ 与 $P(B)$ 通常是不同的，但在一些情况下，两者相等，即条件概率 $P(B \mid A)$ 等于无条件概率 $P(B)$，根据条件概率的定义，下面引出事件的独立性的概率．

1.5.1 两个事件的独立性

定义 1.9 设 A 与 B 为两个事件，若

$$P(AB) = P(A)P(B) \tag{1.9}$$

则称 A 与 B 是相互独立的．

由定义 1.9，可以得知如下性质成立．

性质 1.5 (1) 必然事件 Ω，不可能事件 $\varnothing$ 与任何事件独立；

(2) 如果 A 与 B 相互独立，则 A 与 $\bar{B}$，$\bar{A}$ 与 B，$\bar{A}$ 与 $\bar{B}$ 相互独立，我们也称此为二事件的独立性关于逆运算封闭．

证明 (1) 是显然成立的；(2) 由 $A = AB + A\bar{B}$，则

$$P(A) = P(AB) + P(A\bar{B})$$

由 A 与 B 的独立性，知

$$P(A) = P(A)P(B) + P(A\bar{B})$$

则

$$P(A\bar{B}) = P(A) - P(A)P(B) = P(A)(1 - P(B)) = P(A)P(\bar{B})$$

从而 A 与 $\bar{B}$ 相互独立，类似可证其他结论．

1.5.2　多个事件的独立性

先引入三个事件的独立性．

定义 1.10　对于事件 A,B,C，若下列 4 个等式同时成立，则称 A,B,C 相互独立

$$\left.\begin{aligned} P(AB) &= P(A)P(B) \\ P(BC) &= P(B)P(C) \\ P(AC) &= P(A)P(C) \end{aligned}\right\} \tag{1.10}$$

$$P(ABC) = P(A)P(B)P(C) \tag{1.11}$$

从定义 1.10 可以看出，称 A,B,C 相互独立必须使式(1.10) 成立(即三事件两两独立)，式(1.11) 成立，且两者缺一不可．考虑下面例子．

例 1.20　若有一个均匀正八面体，其 1,2,3,4 面染红色，1,2,3,5 面染白色，1,6,7,8 面染上黑色，以 A,B,C 表示投掷一次正八面体出现红，白，黑色的事件，则

$$P(A) = P(B) = P(C) = \frac{4}{8} = \frac{1}{2}$$

$$P(ABC) = \frac{1}{8} = P(A)P(B)P(C)$$

但

$$P(AB) = \frac{3}{8} \neq \frac{1}{4} = P(A)P(B)$$

可以类似举例，由两两独立也推不出式(1.11) 成立，进而可以定义任意 n 个事件的相互独立性．

定义 1.11　设有 n 个事件 $A_1,A_2,\cdots,A_n$，若对于事件 $A_1,A_2,\cdots,A_n$ 满足等式

$$\left.\begin{aligned} P(A_iA_j) &= P(A_i)(A_j) \\ P(A_iA_jA_k) &= P(A_i)P(A_j)P(A_k) \\ &\cdots\cdots \\ P(A_1A_2\cdots A_n) &= P(A_1)P(A_2)\cdots P(A_n) \end{aligned}\right\} \tag{1.12}$$

则称 $A_1,A_2,\cdots,A_n$ 相互独立(共 $2^n - n - 1$ 个式子)．

类似二事件 A,B 的独立，如果在几个事件中，任取 $m(0 \leqslant m \leqslant n)$ 个并把这 m 个事件 A_j 换成它的对立事件 $\bar{A}_j$ 代替上述最后一式中的 A_j，便得到所谓“独立性关于逆运算封闭”的性质．

$$P(A_1A_2\cdots A_n)=P(A_1)P(A_2)\cdots P(A_n) \qquad (\text{共 } C_n^0 \text{ 个})$$

$$P(A_1\cdots\overline{A}_i\cdots A_n)=P(A_1)\cdots P(\overline{A}_i)\cdots P(A_n) \qquad (\text{共 } C_n^1 \text{ 个})$$

$$P(A_1\cdots\overline{A}_i\cdots\overline{A}_j\cdots A_n)=P(A_1)\cdots P(\overline{A}_i)\cdots P(\overline{A}_j)\cdots P(A_n) \qquad (\text{共 } C_n^2 \text{ 个})$$

$$\cdots\cdots$$

$$P(\overline{A}_1\overline{A}_2\cdots\overline{A}_n)=P(\overline{A}_1)P(\overline{A}_2)\cdots P(\overline{A}_n) \qquad (\text{共 } C_n^n \text{ 个})$$

于是就得 2^n 个式子．一般常用最后一式，例如，若这 n 个事件是相互独立的，则

$$P(A_1\cup A_2\cup\cdots\cup A_n)=1-P(\overline{A_1\cup A_2\cup\cdots\cup A_n})=$$
$$1-P(\overline{A}_1\overline{A}_2\cdots\overline{A}_n)=1-P(\overline{A}_1)P(\overline{A}_2)\cdots P(\overline{A}_n)$$

1.5.3　事件独立性与概率的计算

例 1.21　若每个人血清中含有肝炎病毒的概率为 0.4%，假设每个人血清中是否含有肝炎病毒相互独立，混合 100 个人的血清，求此血清中含有肝炎病毒的概率．

解　以 $A_i(i=1,2,\cdots,100)$ 记第 i 个人的血清含有肝炎病毒这一事件，假设 $A_i(i=1,2,\cdots,100)$ 相互独立，则所求概率为

$$P(A_1\cup\cdots\cup A_{100})=1-P(\overline{A}_1)\cdots P(\overline{A}_{100})=1-0.996^{100}\approx 0.33$$

例 1.22　对于一个元件，它能正常工作的概率为 r，一般称为元件的可靠性．如果一个系统由 $2n$ 个元件组成，每个元件能否正常工作是相互独立的，求下列两个系统（如图 1.6 所示）能正常工作的概率，即求系统的可靠性．

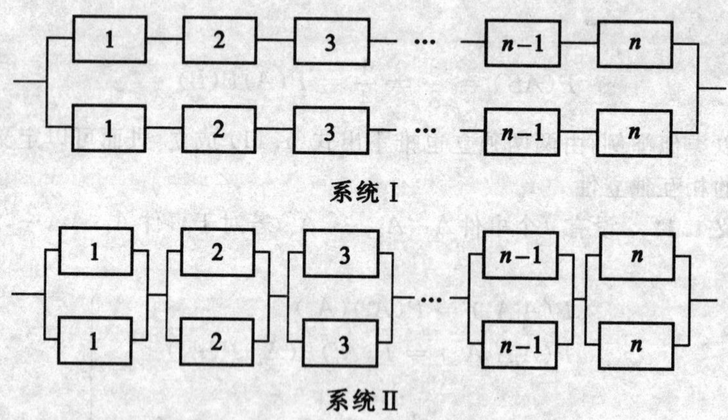

图 1.6　系统可靠性

解　对于系统Ⅰ，由于各条通路能正常工作，当且仅当该通路上各个元件都能正常工作，则每条通路的可靠性为

$$R_c = r^n$$

则每条通路发生故障的概率为 $1 - r^n$，进而系统 Ⅰ 的可靠性为

$$R_s^{\text{I}} = 1 - (1 - r^n)^2 = r^n(2 - r^n) = R_c(2 - R_c)$$

对于系统 Ⅱ，每对并联元件的可靠性为

$$R' = 1 - (1 - r)^2 = r(2 - r)$$

系统是由各对并联元件串联而成的，故其可靠性为

$$R_s^{\text{II}} = r^n(2 - r)^n = R_c(2 - r)^n$$

显然

$$R_s^{\text{II}} \geqslant R_s^{\text{I}} \geqslant R_c$$

1.5.4　独立试验序列概型

有了事件独立性的概念，可以引入试验独立性的概念．

定义 1.12　设 $\{E_i\}$ $(i = 1, 2, \cdots)$ 是一列随机试验，E_i 的样本空间为 Ω_i，设 A_k 是 E_k 中的任一事件，$A_k \subset \Omega_k$，如果 A_k 出现的概率不依赖于其他各次试验 $E_i (i \neq k)$ 的试验结果，就称 $\{E_i\}$ 是独立随机试验序列，简称独立试验序列．

例 1.23　从 $1, 2, \cdots, 10$ 个数字中任取一个，取后还原，连取 k 次，独立进行试验，试求此 k 个数字中最大者是 $m (m \leqslant 10)$ 这一事件 B_m 的概率．

解　令 A_m 表示比 k 个数字中最大者不大于 m 这一事件，则

$$P(A_m) = \left(\frac{m}{10}\right)^k$$

显然，$A_m \supset A_{m-1}$，令 $B_m = A_m - A_{m-1}$，则

$$P(B_m) = P(A_m) - P(A_{m-1}) = \left(\frac{m}{10}\right)^k - \left(\frac{m-1}{10}\right)^k$$

在许多问题中，我们对试验感兴趣的是试验中某事件 A 是否发生，如产品质量检验中，出现废品的次数等．在这类问题中可以把概率空间取为 $(\Omega, \mathscr{F}, P)$，其中

$$\mathscr{F} = \{\varnothing, A, \overline{A}, \Omega\}$$

我们把这种仅有两个可能结果：A 与 $\overline{A}$ 的试验，称为贝努里试验．在贝努里试验中，常记

$$P(A) = p, \qquad P(\overline{A}) = q = 1 - p$$

现在考虑重复进行 n 次独立的贝努里试验，这种试验称为 n 重贝努里试验．若以 A_i 表示第 i 次试验 A 正好出现，则 n 重贝努里试验中事件 A 发生 k 次这一事件 B_k 为

$$B_k = A_1 A_2 \cdots A_k \overline{A}_{k+1} \cdots \overline{A}_n + \cdots + \overline{A}_1 \overline{A}_2 \cdots \overline{A}_{n-k} A_{n-k+1} \cdots A_n$$

这种项共有 C_n^k 个，且两两互不相容，由试验的独立性

$$P(A_1A_2\cdots A_k\overline{A}_{k+1}\cdots\overline{A}_n)=$$
$$P(A_1)P(A_2)\cdots P(A_k)P(\overline{A}_{k+1})\cdots P(\overline{A}_n)=p^kq^{n-k}$$

进而

$$P(B_k)=\mathrm{C}_n^kp^kq^{n-k} \tag{1.13}$$

由于$(p+q)^n=\sum_{k=0}^{n}\mathrm{C}_n^kp^kq^{n-k}$，则称式(1.13)为二项分布．

例 1.24 设某考卷上有 10 道选择题，每道选择题有 4 个可供选择的答案，其中一个为正确答案，今有一考生仅会做 6 道题，有 4 道题不会做，于是随意填写，试问能碰对 $m(m=0,1,2,3,4)$ 道题的概率．

解 设 B_m 表示 4 道题中碰对 m 道题这一事件，则

$$P(B_m)=\mathrm{C}_4^m\left(\frac{1}{4}\right)^m\left(\frac{3}{4}\right)^{4-m}\quad(m=0,1,2,3,4)$$

经计算得

$$P(B_0)=0.316$$
$$P(B_1)=0.422$$
$$P(B_2)=0.211$$
$$P(B_3)=0.048$$
$$P(B_4)=0.004$$

现在讨论在贝努里试验中首次 A 发生出现在第 k 次试验的概率，即试验进行了 k 次，前 $k-1$ 次均是 $\overline{A}$ 发生，第 k 次 A 发生，若以 B_k 记这一事件，以 $A_i(i=1,2,\cdots,k)$ 记事件 A 在第 i 次试验中发生，则

$$B_k=\overline{A}_1\overline{A}_2\cdots\overline{A}_{k-1}A_k$$
$$P(B_k)=P(\overline{A}_1)\cdots P(\overline{A}_{k-1})P(A_k)=q^{k-1}p \tag{1.14}$$

称式(1.14)为几何分布．

例 1.25 一个人开门，他共有 n 把钥匙，其中仅有一把能打开这个门，他随机地选取一把钥匙开门，即每次每把以 $1/n$ 的概率被选中，求该人在第 k 次打开门的概率．

解 令 B_k 表示第 k 次打开门这一事件，则

$$P(B_k)=\left(1-\frac{1}{n}\right)^{k-1}\frac{1}{n}$$

最后给出一个独立试验序列的应用例子．

例 1.26 保险问题． 若一年中某类保险者里面每个人死亡的概率等于 0.005，现有 10 000 个这类人参加投保，试求在未来一年中在这些保险者里面：

(1) 有 40 个人死亡的概率；

(2) 死亡人数不超过 70 个人的概率.

解　(1) $p = C_{10\,000}^{40}(0.005)^{40}(0.995)^{9\,960} \approx 0.021\,2$

(2) $p = \sum_{k=0}^{70} C_{10\,000}^{k}(0.005)^{k}(0.995)^{10\,000-k} \approx 0.997$

例 1.27　小概率事件.　若某种博彩获头奖这一事件 A 的概率为 $\varepsilon = 10^{-8}$,试证当购买次数 $n \to \infty$ 时,A 迟早会出现的概率为 1.

证明　以 A_k 表示 A 在第 k 次中出现,$P(A_k) = \varepsilon$,则

$$P(A_1 \cup A_2 \cup \cdots \cup A_n) = 1 - P(\overline{A}_1)P(\overline{A}_2)\cdots P(\overline{A}_n) = 1 - (1-\varepsilon)^n \to 1 \quad (n \to \infty)$$

习　题　一

1. 设 A,B 为事件,试用文字表示下列各事件的意思:

(1) $\overline{A} \cup B$;(2) $\overline{A} \cup \overline{B}$;(3) $\overline{A} \cap B$;(4) $\overline{A}\,\overline{B}$;(5) $\overline{A}A$;(6) $\overline{A \cup B}$.

2. 设 $\Omega = \{1,2,\cdots,10\}$,$A = \{2,3,4\}$,$B = \{3,4,5\}$,$C = \{5,6,7\}$,具体写出下列各式:

(1) $\overline{A}B$;(2) $\overline{A} \cup B$;(3) $\overline{\overline{A}\ \overline{B}}$;(4) $\overline{A\overline{BC}}$;(5) $\overline{A(B \cup C)}$.

3. 设 $\Omega = \{x \mid 0 \leqslant x \leqslant 2\}$,$A = \left\{x \mid \frac{1}{2} < x \leqslant 1\right\}$,$B = \left\{x \mid \frac{1}{4} \leqslant x < \frac{3}{2}\right\}$. 具体写出下列各式:

(1) $\overline{A \cup B}$;(2) $A \cup \overline{B}$;(3) $\overline{AB}$;(4) $\overline{A}B$.

4. 化简下列各式:

(1) $(A \cup B)(A \cup \overline{B})$;(2) $(A \cup B)(B \cup C)$;(3) $(A \cup B)(A \cup \overline{B})(\overline{A} \cup B)$.

5. 若 A,B,C,D 是 4 个事件,试用这 4 个事件的运算关系表示下列各事件:

(1) 这 4 个事件至少发生 1 个;

(2) 这 4 个事件恰好发生 2 个;

(3) A,B 都发生而 C,D 都不发生;

(4) 这 4 个事件都不发生;

(5) 这 4 个事件至多发生 1 个.

6. 在图书馆中按书号任选一本书,设 A 表示"数学书",B 表示"中文版的书",C 表示"1990 年以后出版的书". 问:

(1) $AB\overline{C}$ 表示什么事件?

(2) 什么条件下 $ABC = A$;

(3) $\overline{C} \subset B$ 表示什么意思?

(4) 若 $\overline{A} = B$ 是否意味着馆中所有数学书都不是中文版的?

7. 已知一批产品中有 3 个次品,从这批产品中任取 5 个产品来检查,设事件 A_i 表示取出的 5 个产品中恰有 $i(i = 0,1,2,3)$ 个次品,问:

(1) 事件 A_0,A_1,A_2,A_3 是否互不相容?

(2) 设事件 B 表示"取出的 5 个产品中有次品",试用 A_0,A_1,A_2,A_3 表示 B.

8. 运用事件运算公式证明等式

$$AB \cup (A-B) \cup \overline{A} = \Omega$$

9. 试把 $A \cup B \cup C$ 表示为互不相容的事件的和．

10. 电话号码由 5 个数字组成，每个数字可以是 0，1，2，…，9 中的任一个数，求电话号码是由完全不相同的数字组成的概率．

11. 把 10 本书任意地放在书架上，求其中指定的 3 本书放在一起的概率．

12. 从一副扑克牌(52 张) 中任意抽取 2 张，问恰好是同一花色的概率为多少？

13. 设有一批产品共 N 件，其中有 M 件次品(其他是正品)，现从中任取 n 件，问：恰有 m 件次品的概率是多少($M < N, n < N, m \leqslant n, m \leqslant M, n-m \leqslant N-M$)？

14. 在房间里有 4 个人，问至少有 2 个人的生日是在同一个月的概率是多少？

15. 设有 n 个房间分给 n 个不同的人，每个人都以同等可能进入每一房间，而且每个房间里的人数不限，试求不出现空房的概率．

16. 在半径为 R 的圆内画平行弦，如果这些弦与垂直于弦的直径的交点在该直径上的位置是等可能的，即交点在这一直径上一个区间内的可能性与这区间长度成正比例，求任意画的弦的长度大于 R 的概率．

17. 把长度为 9 的线段在任意两点折断成为 3 个线段，求它可以构成一个三角形的概率．

18. 甲，乙两艘轮船驶向一个不能同时停泊两艘轮船的码头停泊，它们在同一昼夜内到达的时刻是等可能的，如果甲船的停泊时间是一个小时，乙船的停泊时间是两个小时，求它们中的任何一艘都不需要等候码头空出的概率．

19. 向 3 个相邻的军火库投一颗炸弹，炸中第一个军火库的概率为 0.025，炸中其余两个军火库的概率均为 0.1，只要炸中一个，另外两个也要发生爆炸，求军火库发生爆炸的概率．

20. 袋中有 6 个乒乓球，其中有 4 个白球，2 个红球，从袋中取球两次，每次取 1 个，考虑两种情况：(a) 有放回抽样，(b) 无放回抽样．试分别对上面的两种情况求：

(1) 取到两球都是白球的概率；

(2) 取到两球颜色相同的概率；

(3) 取到两球至少有一个白球的概率．

21. 对任意三个事件 A, B, C，证明

$$P(A \cup B \cup C) = P(A) + P(B) + P(C) - P(AB) - P(AC) - P(BC) + P(ABC).$$

22. 某地区位于河流甲与河流乙的汇合点，当任一河流泛滥时，该地区即被淹没．设在某时期内河流甲泛滥的概率是 0.1，河流乙泛滥的概率是 0.2，又当河流甲泛滥时引起河流乙泛滥的概率为 0.3，求在该时期内这个地区被淹没的概率．又当河流乙泛滥时，引起河流甲泛滥的概率为多少？

23. 设 A 与 B 互不相容，且 $0 < P(B) < 1$，试证：

$$P(A \mid \overline{B}) = \frac{P(A)}{1-P(B)}$$

24. 10 个零件中有 3 个次品，每次从其中任取 1 个零件，取出的零件不再放回去，求第三次才取得合格品的概率．

25. 设 A, B 相互独立，且 $P(A) = 0.4, P(A \cup B) = 0.7$，求 $P(B)$.

26. 若A,B独立，$P(A)=0.2,P(B)=0.45$，求：

(1) $P(B\mid A)$；(2) $P(A\cup B)$；(3) $P(\bar{A}\bar{B})$；(4) $P(\bar{A}\mid\bar{B})$.

27. 设A,B,C为任意随机事件．若$P(A)=P(B)=1/2,P(C)=1/3,P(AB)=1/6,P(BC)=1/4,P(AC)=0$，求$P(A\cup B\cup C)$的值．

28. 设$0<P(A)<1,0<P(B)<1,P(A\mid B)+P(\bar{A}\mid\bar{B})=1$，试证$A$与$B$相互独立．

29. 设事件A和B满足$P(B\mid A)=1$，求证$A\subset B$.

30. 一批产品共100件，其中次品有4件，今从这批产品中接连抽取两次，每次抽取1件，求事件A:第一次取得的是正品，第二次取得的是次品的概率．

31. 有3箱同型号的灯泡，已知甲箱次品率为1%，乙箱次品率为2%，丙箱次品率为3%，现从3箱中任取一灯泡，设取到甲箱的概率为1/2，而取到乙，丙两箱的机会相等，求取得次品的概率．

32. 两台机床加工同样的零件，第一台出现废品的概率为0.03，第二台出现废品的概率为0.02，加工出来的零件放在一起，并已知第一台加工的零件比第二台加工的零件多一倍．

(1) 求任意取出的零件是合格品的概率；

(2) 如果任意取出的零件经检查是废品，求它是由第二台机床加工的概率．

33. 盒中放有12个乒乓球，其中9个是新的．第一次比赛时从中选取3个来用，比赛后仍放回盒中，第二次比赛时再从盒中任取3个．

(1) 求第二次取出的球都是新球的概率；

(2) 又已知第二次取出的球都是新球，求第一次取到的都是新球的概率．

34. 设有来自3个地区的分别为10名，15名和25名考生的报名表，其中女生的报名表分别为3份，7份和5份，随机地抽取一个地区的报名表，从中先后抽出两份．

(1) 求先抽到的一份是女生报名表的概率p；

(2) 已知后抽到的一份是男生报名表，求先抽到的一份是女生报名表的概率．

35. 制造一种零件可采用两种工艺，第一种工艺有三道工序，每道工序的废品率分别为0.1，0.2，0.3；第二种工艺有两道工序，每道工序的废品率都是0.3. 如果用第一种工艺，在合格零件中的一级品率为0.9，而用第二种工艺，在合格零件中一级品率只有0.8，试问哪一种工艺能保证得到一级品率较大?

36. 设事件$A_1,A_2,\cdots,A_n$相互独立，且$P(A_i)=p_i,\sum\limits_{i=1}^{n}p_i=1(i=1,2,\cdots,n)$. 求：

(1) 这些事件至少有一件不发生的概率；

(2) 这些事件均不发生的概率；

(3) 这些事件恰好发生一件的概率．

37. 三名战士射击敌机车，一名射驾驶员，一名射油箱，一名射轮胎，命中的概率分别为1/3，1/2，1/2，各个射击是独立的，任一人射中，敌机车即被击毁，求击毁敌机车的概率．

38. 若$P(A)>0,P(B)>0$,“证明事件A与事件B互不相容”与“事件A与事件B相互独立”不能同时成立．

39. 一工人照看3台机床，在1小时内甲机床需要工人照看的概率是0.9，乙机床和丙机床需要照看的概率分别是0.8和0.85，求在1小时中：

(1) 没有一台机床需要照看的概率；

(2) 至少有一台机床不需要照看的概率．

40. 某人投篮，命中的概率为 0.8，现独立投 5 次，求至少命中 2 次的概率．

41. 某类灯泡使用时数在 1 000 h 以上的概率为 0.2，求 3 个灯泡在使用 1 000 h 以后最多只有 1 个坏了的概率．

42. 袋中装有 $N-1$ 个黑球及 1 个白球，每次从袋中随机地摸出 1 球，并换入 1 个黑球，这样继续下去，问第 k 次摸球时摸到黑球的概率是多少？

43. 在空战中，甲机先向乙机开火，击落乙机的概率是 0.2；若乙机未被击落，就进行还击，击落甲机的概率是 0.3；若甲机未被击落，则再进攻乙机，击落乙机的概率是 0.4. 求在这几个回合中：

(1) 甲机被击落的概率；

(2) 乙机被击落的概率．

44. 某人有两盒火柴，吸烟时从任一盒中取 1 根火柴．经过若干时间后，发现一盒火柴已经用完．如果最初两盒中各有 n 根火柴，求此时另一盒中还有 r 根火柴的概率．

45. 甲，乙两名篮球运动员，投篮的命中率分别为 0.7 及 0.6，每人投篮 3 次，求：

(1) 二人进球数相等的概率；

(2) 甲比乙进球数多的概率．

46. 考虑一元二次方程 $x^2+Bx+C=0$，其中 B,C 分别是将一枚骰子接连掷两次先后出现的点数，求该方程有实根的概率．

第 2 章　随机变量及其分布

§2.1　一维随机变量及其分布

2.1.1　随机变量的定义

在随机现实中，许多问题都与数值发生关系．例如，掷骰子出现的点数，产品检验中的废品个数，考生中的卷面成绩，天气预报中的气温等等，均与数值有关．

有些初看起来与数值无关的随机现象，也常常能与数值联系起来．例如最简单的随机试验：掷均匀硬币，每掷一次不是出现正面就是出现反面，与数值无关，但我们若以数“1”表示正面，以数“0”表示反面，则将这一试验与数值联系起来了．一般地，如果事件 A 为我们关心的对象，则可以通过如下示性函数使之与数值发生联系．

$$\chi_A=\begin{cases}1, & \text{若 } A \text{ 发生}\\ 0, & \text{若 } A \text{ 不发生}\end{cases}$$

上述例子中，试验的结果可用一个数 ξ 来表示，这个数 ξ 随着试验的结果的不同而变化，也即它是样本点的一个函数，这种变量称为随机变量，常用 ξ，η，ζ，$\cdots$ 或大写英文字母 X,Y,Z 等表示，下面给出其严格定义．

定义 2.1　设 $(\Omega,\mathscr{F},P)$ 是一概率空间，$\xi(\omega)$ 是定义在 Ω 上的单值实函数，如果对任一实数 x，$\{\omega:\xi(\omega)\leqslant x\}\in\mathscr{F}$，则称 $\xi(\omega)$ 为随机变量．一般为了简单起见，记为 ξ.

例 2.1　设 $A\in\mathscr{F}$ 为任一事件，考虑示性函数

$$\chi_A(\omega)=\begin{cases}1, & \omega\in A\\ 0, & \omega\overline{\in} A\end{cases}$$

则 $\chi_A(\omega)$ 是一随机变量．

证明　$\chi_A(\omega)$ 是定义在 Ω 上的单值实函数，且

$$\{\omega:\chi_A(\omega)\leqslant x\}=\begin{cases}\Omega\in\mathscr{F}, & x\geqslant 1\\ \overline{A}\in\mathscr{F}, & 0\leqslant x<1\\ \varnothing\in\mathscr{F}, & x<0\end{cases}$$

说明对任意 x

$$\{\omega:\chi_A(\omega)\leqslant x\}\in\mathscr{F}$$

则对任一事件 A,其示性函数是随机变量.

考虑到

$$P(A)=P\{\omega:\chi_A(\omega)=1\}=P\{\chi_A=1\}$$

因而对事件求概率可以转化为对随机变量 $\chi_A=1$ 求概率. 从这个意义上说,对事件的研究可纳入对随机变量的研究.

在定义 2.1 中,若对事件$\{\xi(\omega)\leqslant x\}$求概率,则引出随机变量分布函数的概念.

定义 2.2 称

$$F(x)=P\{\xi(\omega)\leqslant x\}\quad(-\infty<x<+\infty)\tag{2.1}$$

为随机变量 $\xi(\omega)$ 的分布函数.

由式(2.1)立刻可得,对 $a\in\mathbf{R}^1,b\in\mathbf{R}^1,a<b$

$$P\{a<\xi(\omega)\leqslant b\}=F(b)-F(a)$$

研究随机变量及其分布函数是概率论的主要内容. 前面已指出,随机事件的研究可以通过示性函数转化为对随机变量的研究,随机变量是取实数值的函数,因而对它进行各种数学运算,研究起来较随机事件容易和方便.

2.1.2 分布函数的性质

根据定义 2.2,分布函数 $F(x)$ 是在$[0,1]$上取值的实函数,它有如下性质.

性质 2.1 分布函数具有以下性质:

(1) $0\leqslant F(x)\leqslant 1,x\in\mathbf{R}^1$;

(2) $F(x)$ 是单调不减的;

(3) $F(-\infty)=\lim\limits_{x\to-\infty}F(x)=0$;

$F(+\infty)=\lim\limits_{x\to+\infty}F(x)=1$;

(4) $F(x)$ 为右连续的,即 $\lim\limits_{x\to x_0+0}F(x)=F(x_0)\quad(x_0\in\mathbf{R}^1)$.

证明 (1) 由于对于任意的 $x\in\mathbf{R}^1$,$F(x)$ 为一概率,自然有 $0\leqslant F(x)\leqslant 1$;

(2) 对于 $b>a,b\in\mathbf{R}^1,a\in\mathbf{R}^1$,由于

$$F(b)-F(a)=P\{a<\xi\leqslant b\}\geqslant 0$$

则 $F(x)$ 是单调不减的.

(3) $P\{-\infty<\xi<\infty\}=\sum\limits_{n=-\infty}^{\infty}P\{n<\xi\leqslant n+1\}=$

$$\sum_{n=-\infty}^{\infty}\{F(n+1)-F(n)\}=\lim_{n\to+\infty}F(n)-\lim_{m\to-\infty}F(m)=1$$

由 $F(x)$ 的单调有界性知

$$\lim_{x\to-\infty}F(x)=\lim_{m\to-\infty}F(m)$$

$$\lim_{x\to+\infty}F(x)=\lim_{n\to+\infty}F(n)$$

又因为 $0\leqslant F(x)\leqslant 1$，则

$$\lim_{x\to-\infty}F(x)=0,\ \lim_{x\to+\infty}F(x)=1$$

为方便起见，记

$$F(-\infty)=\lim_{x\to-\infty}F(x)$$

$$F(+\infty)=\lim_{x\to+\infty}F(x)$$

(4) 的证明要用到较多的测度论的知识，这里从略．

例 2.2　已知随机变量 X 在整个实轴上取值，其分布函数为

$$F(x)=\begin{cases}A+Be^{-\lambda x}, & x>0\\ 0, & x\leqslant 0\end{cases}$$

其中 $\lambda>0$ 为常数，求常数 A,B 的值．

解　由分布函数的性质知

$$F(+\infty)=A=1$$

由分布函数的右连续性知

$$F(0)=A+B=0$$

于是有 $A=1,B=-1$.

2.1.3　离散型随机变量

若随机变量 X 所可能的取值为 $x_1,x_2,\cdots,x_n$ 且

$$P\{X=x_i\}=p_i\qquad(i=1,2,\cdots,n)\tag{2.2}$$

或记为

X	x_1	x_2	x_3	$\cdots$	x_n	$\cdots$
p_i	p_1	p_2	p_3	$\cdots$	p_n	$\cdots$

(2.2)′

称式(2.2)或式(2.2)′为离散型随机变量 X 的分布律或分布列，它完整地表示了 X 取值的概率分布情况．其分布函数为

$$F(x)=\sum_{x_k\leqslant x}P\{X=x_k\}$$

离散型随机变量 X 的分布函数的示意图见图 2.1，这里假设 X 取有限个值 x_1，$x_2,\cdots,x_n$.

$$P\{X=x_i\}=p_i\qquad(i=1,2,\cdots,n)$$

显然这时 $F(x)$ 是一个阶跃函数，它在每个 x_k 处有一阶梯跃度 p_k. 当然，由

$F(x)$ 也可惟一决定 p_k，因此用分布列或分布函数都能描述离散型随机变量．但对于离散型随机变量来说，用分布列描述更直接一些．

下面讨论一些典型的离散型随机变量及其概率分布．

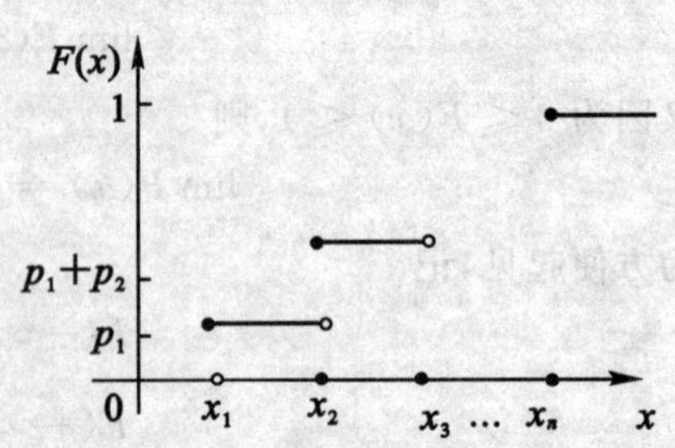

图 2.1　离散型随机变量示意图

1. 退化分布(单点分布)

若随机变量 X 取常数值 C 的概率为 1，即

$$P(X=C)=1$$

则称 X 服从退化分布．

2. 两点分布

若 X 的分布律为

$$P\{X=k\}=p^k(1-p)^{1-k}\qquad(k=0,1)$$

或记为

X	0	1
p_k	$1-p$	p

则称 X 服从二点分布．

这一分布虽然简单，但很有用，例如在产品的一次检验中出现“正品”或“次品”；掷一次硬币出现“正面”或“反面”；做一次试验事件“A 发生”或“A 不发生”均可用这一数学模型描述．

3. 离散型均匀分布

若 X 的分布律为

$$P\{X=x_k\}=\frac{1}{n}\qquad(k=1,2,\cdots,n)$$

则称 X 服从离散型均匀分布，这里要求 x_k 各不相同．

离散型均匀分布描述了随机变量取有限个值，取每个值的概率是“等概率”的．这一数学模型可用来描述试验结果为有限个，出现每个结果的可能性是一样的，这样一大类古典概率模型．如掷一骰子，若每面在一次投掷中出现是等可能的，则可以用随机变量 X，X 取值为 $1,2,\cdots,6$ 来描述，其分布律为

$$P(X=i)=\frac{1}{6}\qquad(i=1,2,\cdots,n)$$

4. 二项分布

若 X 的分布律为

$$P\{X=k\}=\mathrm{C}_n^k p^k(1-p)^{n-k}\qquad(k=0,1,2,\cdots,n;\ 0\leqslant p\leqslant 1)$$

则称 X 服从二项分布，记作 $X\sim B(n,p)$，一般记作

$$B(k,n,p) = C_n^k p^k (1-p)^{n-k}$$

二项分布一词在前面已出现过，它可以用来描述 n 重贝努里试验，事件 A 恰好发生 k 次的概率，是概率论中一种重要分布．

5. 泊松分布

若 X 的分布律为

$$P\{X=k\} = \frac{\lambda^k}{k!}e^{-\lambda} \qquad (k=0,1,2,\cdots,n)$$

$\lambda > 0$，则称 X 服从泊松分布，记作 $X \sim P(\lambda)$.

泊松分布也是一种重要分布，它可以描述诸如某一时段内电话交换台来到的电话呼唤次数，在某一时间间隔里放射性物质发出的经过计数器的 α 粒子数．它也可以作为当 n 很大时，二项分布的极限分布．

泊松定理　设 $X \sim B(n,p_n)$

$$P\{X=k\} = C_n^k p_n^k (1-p_n)^{n-k}$$

且满足

$$\lim_{n\to\infty} np_n = \lambda > 0$$

则对任意非负整数 k，有

$$\lim_{n\to\infty} P\{X=k\} = \frac{\lambda^k}{k!}e^{-\lambda}$$

证明　由　$p_n = \frac{\lambda}{n} + \frac{1}{n}o(1)$，　$1-p_n = 1-\frac{\lambda}{n}-\frac{1}{n}o(1)$

$$P\{X=k\} = \frac{n!}{k!(n-k)!}(p_n)^k(1-p_n)^{n-k} =$$

$$\frac{n!}{k!(n-k)!}\left[\frac{\lambda}{n}+\frac{o(1)}{n}\right]^k\left[1-\frac{\lambda}{n}-\frac{o(1)}{n}\right]^{n-k} =$$

$$\frac{[\lambda+o(1)]^k}{k!}\left[1-\frac{\lambda}{n}-\frac{o(1)}{n}\right]^n \frac{n(n-1)\cdots(n-k+1)}{n^k\left[1-\frac{\lambda}{n}-\frac{o(1)}{n}\right]^k} =$$

$$\frac{[\lambda+o(1)]^k}{k!}\left[1-\frac{\lambda}{n}-\frac{o(1)}{n}\right]^n \frac{\left(1-\frac{1}{n}\right)\cdots\left(1-\frac{k-1}{n}\right)}{\left[1-\frac{\lambda}{n}-\frac{o(1)}{n}\right]^k}$$

故当 $n\to\infty$ 时，

$$\lim_{n\to\infty} P\{X=k\} = \frac{\lambda^k}{k!}e^{-\lambda}$$

利用泊松定理，当 n 很大时可用泊松分布近似二项分布，达到简化计算的目的．如 $n=800, p=0.005$，则 $np = 800\times 0.005 = 4$，对

$$B(3,800,0.005) = C_{800}^3 \times 0.005^3 \times 0.995^{797} \approx 0.1\,945 e^{-4}\frac{4^3}{3!}$$

6. 几何分布

若随机变量 X 的分布律为

$$P\{X=k\}=(1-p)^{k-1}p \qquad (k=1,2,\cdots,n)$$

则称 X 服从几何分布．

几何分布已在前面出现过，它常常用于描述事件 A 在 k 次试验中首次发生的概率．

7. 超几何分布

设 X 的分布律为

$$P\{X=k\}=\frac{C_M^k C_{N-M}^{n-k}}{C_N^n} \qquad (k=0,1,2,\cdots,\min\{M,n\})$$

这里 $n<N, m<M, M<N$，则称 X 服从超几何分布．

超几何分布在关于废品率的计件检验中常常用到．

例 2.3　一时段内通过某交叉路口的汽车数 X 可看作服从泊松分布，若在该时段内没有汽车的概率为 0.2，求在这一时段内多于一车的概率．

解　已知 $P\{X=0\}=\frac{\lambda^0}{0!}e^{-\lambda}=0.2$，则 $e^{-\lambda}=0.2$；进而 $\lambda=1.61$，则

$$P\{X\geqslant 2\}=1-P\{X=0\}-P\{X=1\}=1-0.2-\frac{\lambda^1}{1!}e^{-\lambda}=$$

$$1-0.2-1.61\times 0.2=0.478$$

例 2.4　某计算机内的存储器，由 3 000 个存储单元组成，每一个存储单元损坏的概率为 0.000 5，如果任一存储单元损坏时，计算机便停止工作，求计算机停止工作的概率．

解　设 X 表示存储单元损坏的个数，则

$$P\{X=0\}=C_{3\,000}^0(0.000\,5)^0(0.999\,5)^{3\,000}=$$

$$0.223\,046\,478$$

$$P\{X\geqslant 1\}=1-P\{X=0\}=0.776\,95$$

若用泊松分布近似，则

$$\lambda=np=3\,000\times 0.000\,5=1.5$$

$$P\{X=0\}\approx\frac{(1.5)^0}{0!}e^{-1.5}=0.223\,13$$

用两种计算表明，结果误差不大，计算机停止工作的概率约为 0.777.

2.1.4　连续型随机变量

除了离散型随机变量外，人们比较关心的另一类重要的随机变量是连续型随机变量，这种随机变量 X 可取某个区间 $[a,b]$ 或 $(-\infty,\infty)$ 中的所有值，而且其分布 $F(x)$ 是绝对连续函数，即存在可积函数 $p(x)$ 使

$$F(x)=\int_{-\infty}^{x}p(y)\mathrm{d}y \tag{2.3}$$

称 $p(x)$ 为 X 的密度函数．

由分布函数的性质，可得 $p(x)$ 的相应性质：

(1) $p(x)\geqslant 0$；

(2) $\int_{-\infty}^{+\infty}p(x)\mathrm{d}x=1$；

(3) $P\{a<X\leqslant b\}=\int_{a}^{b}p(x)\mathrm{d}x$；

(4) $P\{X=c\}=0$.

前 3 个性质显然成立，对于(4)，由于

$$P\{X=c\}\leqslant P\{c<X\leqslant c+h\}=\int_{c}^{c+h}p(x)\mathrm{d}x$$

则

$$0\leqslant P\{X=c\}\leqslant\lim_{h\to 0}\int_{c}^{c+h}p(x)\mathrm{d}x=0$$

$$P\{X=c\}=0$$

即连续型随机变量取单点值的概率为 0，这与离散型随机变量完全不同，因而一般不讨论连续型随机变量取单点值的概率．由(4)对于连续型随机变量，则有

$$P\{a\leqslant X<b\}=P\{a<X<b\}=P\{a<X\leqslant b\}=P\{a\leqslant X\leqslant b\}=F(b)-F(a)$$

对于连续型随机变量，常常从讨论密度函数入手．下面讨论几种典型的连续型随机变量的分布函数及其密度函数．

1. 均匀分布

若随机变量 X 的密度函数具有如下形式：

$$p(x)=\begin{cases}\dfrac{1}{b-a}, & a\leqslant x\leqslant b\\ 0, & \text{其他}\end{cases}$$

这里 $a<b$，则称 X 服从 $[a,b]$ 上的均匀分布，记作 $X\sim U[a,b]$. 其相应的分布函数为

$$F(x)=\begin{cases}0, & x\leqslant a\\ \dfrac{x-a}{b-a}, & a<x\leqslant b\\ 1, & x>b\end{cases}$$

这一分布刻划了随机变量 X 在$[a,b]$上任一点的取值是等可能的．

图 2.2 给出了 $p(x)$ 的示意图．图 2.3 给出了 $F(x)$ 的示意图．

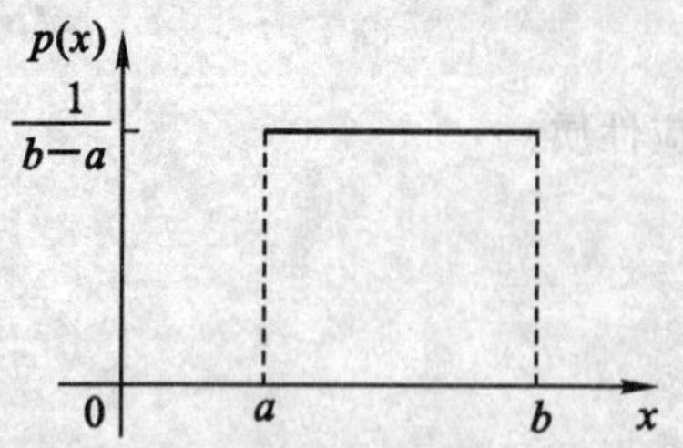

图 2.2　均匀分布的密度函数

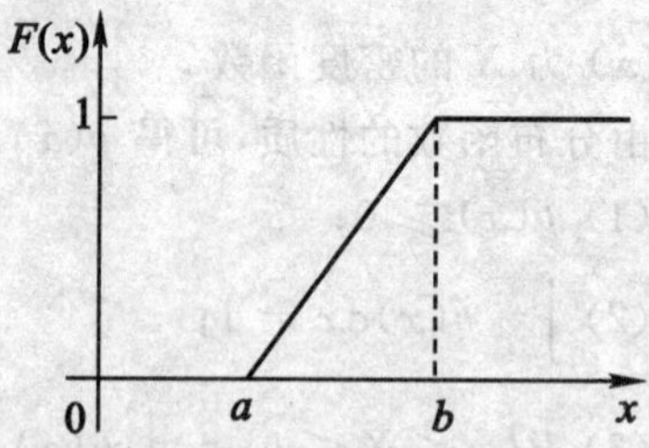

图 2.3　均匀分布的分布函数

2. 正态分布

若随机变量 X 的密度函数为

$$p(x)=\frac{1}{\sqrt{2\pi}\sigma}\mathrm{e}^{-\frac{(x-\mu)^2}{2\sigma^2}}\qquad(-\infty<x<\infty)$$

其中 $\sigma>0$，μ 与 σ 为常数，则称 X 服从正态分布，记为 $X\sim N(\mu,\sigma^2)$.

特别当 $\mu=0$，$\sigma=1$ 时，称 X 服从标准正态分布，记为 $X\sim N(0,1)$，此时相应的密度函数和分布函数记为 $\varphi(x)$，$\Phi(x)$，图 2.4 给出了 $\varphi(x)$ 的示意图．

正态分布是概率论中最重要的一种分布，例如测量误差，随机噪声，学生成绩，产品的尺寸等等，大量的随机现象可以用正态分布描述．同时，正态分布具有许多良好的性质，许多分布可用正态分布来近似，一些分布可以通过正态分布来导出，因此，无论是在理论研究还是在实际应用中，正态分布十分重要，取 $\mu=0$，由图 2.4 和图 2.5 可以看出 $p(x)$ 关于 $x=0$ 对称，$p(x)$ 在 $x=0$ 处达到极大．当 σ 不同时，$p(x)$ 的形状也不同，σ 越小分布越集中在 $x=0$ 附近，σ 越大分布就越平坦．

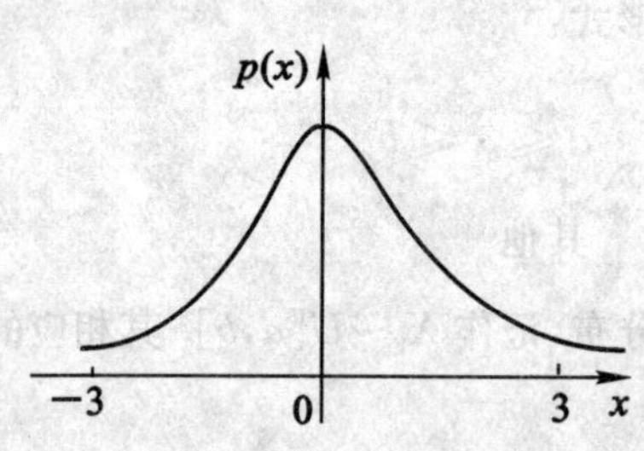

图 2.4　标准正态分布密度函数 $\varphi(x)$

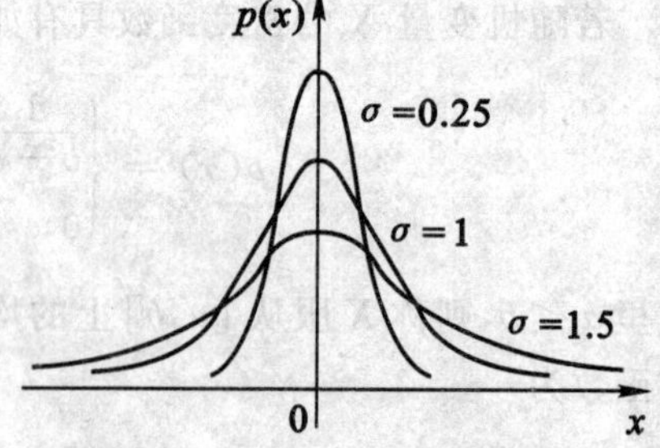

图 2.5　不同 σ 的正态密度曲线

一般地若 $X\sim N(\mu,\sigma^2)$，可通过变换

$$Y=\frac{X-\mu}{\sigma}$$

将 X 变为 Y，$Y \sim N(0,1)$．事实上，由

$$F_Y(y) = P(Y \leqslant y) = P\left\{\frac{X-\mu}{\sigma} \leqslant y\right\} = P\{X \leqslant \sigma y + \mu\} = \frac{1}{\sqrt{2\pi}\sigma}\int_{-\infty}^{\sigma y+\mu} \exp\left\{-\frac{(u-\mu)^2}{2\sigma^2}\right\} du$$

令 $W = \dfrac{u-\mu}{\sigma}$，则

$$F_Y(y) = \frac{1}{\sqrt{2\pi}}\int_{-\infty}^{y} \exp\left\{-\frac{W^2}{2}\right\} dW$$

说明 $Y \sim N(0,1)$．

例 2.5　若 $X \sim N(0,1)$，求 $P\{1 < X \leqslant 2\}$

解　$P\{1 < X \leqslant 2\} = F(2) - F(1) = \Phi(2) - \Phi(1)$

查附表2，知 $\Phi(2) = 0.977\,3$，$\Phi(1) = 0.841\,3$，则

$$P\{1 < X \leqslant 2\} = 0.977\,3 - 0.841\,3 = 0.136\,0$$

例 2.6　若 $X \sim N(\mu,\sigma^2)$，求 $P\{\mu - 3\sigma < X \leqslant \mu + 3\sigma\}$．

解　由 $Y = \dfrac{X-\mu}{\sigma} \sim N(0,1)$

$$P\{\mu - 3\sigma < X \leqslant \mu + 3\sigma\} = P\left\{-3 < \frac{X-\mu}{\sigma} \leqslant 3\right\} = P\{-3 < Y \leqslant 3\} = \Phi(3) - \Phi(-3)$$

根据 $\Phi(x)$ 的定义知，$\Phi(-x) = 1 - \Phi(x)$，查附表2知 $\Phi(3) = 0.998\,65$，则

$$P\{\mu - 3\sigma < X \leqslant \mu + 3\sigma\} = 2\Phi(3) - 1 = 2 \times 0.998\,65 - 1 = 0.997\,3$$

由此可以看出，若 $X \sim N(\mu,\sigma^2)$，则 X 的值绝大部分落在 $(\mu - 3\sigma, \mu + 3\sigma)$ 区间内．

例 2.7　设 $X \sim N(\mu,\sigma^2)$，则

$$P\{a < X \leqslant b\} = \Phi\left(\frac{b-\mu}{\sigma}\right) - \Phi\left(\frac{a-\mu}{\sigma}\right)$$

解　$P\{a < X \leqslant b\} = P\left\{\dfrac{a-\mu}{\sigma} < \dfrac{X-\mu}{\sigma} \leqslant \dfrac{b-\mu}{\sigma}\right\} = \Phi\left(\dfrac{b-\mu}{\sigma}\right) - \Phi\left(\dfrac{a-\mu}{\sigma}\right)$

3. 指数分布

若随机变量 X 的密度函数为

$$p(x) = \begin{cases} \lambda e^{-\lambda x}, & x \geqslant 0 \\ 0, & x < 0 \end{cases}$$

这里 $\lambda > 0$ 是常数，则称 X 服从指数分布，记作

$$X \sim \mathrm{Exp}(\lambda)$$

指数分布也是常用分布之一，常用它来描述各种“寿命”问题，如电子元器件的寿命，生物的寿命等．

指数分布具有“无记忆性”的特点．即对于任意的 $s > 0, t > 0$，若 $X \sim \mathrm{Exp}(\lambda)$，则

$$P\{X > s+t/X > s\} = P\{X > s+t\}/P\{X > s\} = \mathrm{e}^{-\lambda(s+t)}/\mathrm{e}^{-\lambda s} = \mathrm{e}^{-\lambda t}$$

因此

$$P\{X > s+t/X > s\} = P\{X > t\}$$

随机变量除了离散型和连续型外，还有既不是连续的，也不是离散型的随机变量，但本书主要讨论离散和连续型这两种类型的随机变量．

§2.2 多维随机变量及其分布

2.2.1 二维随机变量及其分布

在实际问题中，往往用一个随机变量描述是不够的，常常要讨论多个随机变量及其相互之间的关系，如在射击问题中，对于弹着点往往需用横坐标 X 和纵坐标 Y 来描述，我们先引入一般 n 维随机变量的概念，然后着重讨论二维情形．

定义 2.3 由 n 个随机变量 $X_1, X_2, \cdots, X_n$ 构成的向量

$$\boldsymbol{X} = (X_1, X_2, \cdots, X_n)$$

称为 n 维随机变量，亦称 n 维随机向量．

虽然对随机向量可以分别讨论各个分量，但更重要的是考虑它们之间的关系，称

$$F(x_1, \cdots, x_n) = P\{X_1 \leqslant x_1; X_2 \leqslant x_2; \cdots, X_n \leqslant x_n\}$$

为随机向量 $(X_1, \cdots, X_n)$ 的分布函数．注意这里

$$\{X_1 \leqslant x_1; X_2 \leqslant x_2; \cdots; X_n \leqslant x_n\}$$

表示

$$\bigcap_{i=1}^{n} \{\omega: X_i(\omega) \leqslant x_i\}$$

$X_i(\omega)$ 定义在同一概率空间 $(\Omega, \mathscr{F}, P)$ 上，因而

$$\{X_1 \leqslant x_1; X_2 \leqslant x_2; \cdots; X_n \leqslant x_n\} \in \mathscr{F}$$

给定了分布函数后，可计算事件

$$\{a_1 < X_1 \leqslant b_1; a_2 < X_2 \leqslant b_2; \cdots; a_n < X_n \leqslant b_n\}$$

例如，当 $n = 2$ 时

$$P\{a_1 < X_1 \leqslant b_1; a_2 < X_2 \leqslant b_2\} = F(b_1, b_2) - F(a_1, b_2) - F(b_1, a_2) + F(a_1, a_2)$$

对于 $n = 2$ 时，分布函数 $F(x,y)$ 具有如下性质：

(1) $0 \leqslant F(x,y) \leqslant 1$.

(2) $F(x,y)$ 关于 x 和 y 分别是单调非降函数，即

当 $x_2 \geqslant x_1$ 时，$F(x_2,y) \geqslant F(x_1,y)$；

当 $y_2 \geqslant y_1$ 时，$F(x,y_2) \geqslant F(x,y_1)$.

(3) $\lim\limits_{x\to-\infty} F(x,y) = F(-\infty, y) = 0$

$\lim\limits_{y\to-\infty} F(x,y) = F(x, -\infty) = 0$

$\lim\limits_{\substack{x\to+\infty \\ y\to+\infty}} F(x,y) = F(+\infty, +\infty) = 1$

(4) $F(x,y)$ 关于每个变元是右连续的.

证明类似一维情形，这里不再给出，下面讨论二维随机向量.

2.2.2　二维离散型随机变量

定义 2.4　若二维随机变量(X,Y)，其 X,Y 均为离散型随机变量，则称(X,Y) 为二维离散型随机变量.

同一维类似，可用一个分布律

$$P\{X = x_i; Y = y_j\} = p_{ij} \quad (i,j = 1,2,\cdots,n)$$

来描述(X,Y) 的概率分布.

例 2.8　箱中装 2 个白球，3 个黑球；分别进行有放回的摸球和无放回的摸球，定义如下随机变量.

$$X = \begin{cases} 1, & \text{第 1 次摸白球} \\ 0, & \text{第 1 次摸黑球} \end{cases}, \qquad Y = \begin{cases} 1, & \text{第 2 次摸白球} \\ 0, & \text{第 2 次摸黑球} \end{cases}$$

则(X,Y) 的分布律可写为

Y \ X	0	1
0	$\frac{3}{5}\times\frac{3}{5}$	$\frac{2}{5}\times\frac{3}{5}$
1	$\frac{3}{5}\times\frac{2}{5}$	$\frac{2}{5}\times\frac{2}{5}$

有放回

Y \ X	0	1
0	$\frac{3}{5}\times\frac{2}{4}$	$\frac{2}{5}\times\frac{3}{4}$
1	$\frac{3}{5}\times\frac{2}{4}$	$\frac{2}{5}\times\frac{1}{4}$

无放回

2.2.3 二维连续型随机变量

定义 2.5 对于二维随机变量(X,Y)，若存在非负函数 $p(x,y)$，使对任意实数 x,y，二元分布函数 $F(x,y)$ 可表示为

$$F(x,y)=\int_{-\infty}^{x}\int_{-\infty}^{y}p(u,v)\mathrm{d}u\mathrm{d}v$$

则称(X,Y) 为二维连续型随机变量，$p(x,y)$ 称为联合密度函数．

$p(x,y)$ 具有如下性质：

(1) $p(x,y)\geqslant 0$；

(2) $\int_{-\infty}^{+\infty}\int_{-\infty}^{+\infty}p(x,y)\mathrm{d}x\mathrm{d}y=1$；

(3) 若 $p(x,y)$ 在(x,y) 处连续，则

$$\frac{\partial^2 F(x,y)}{\partial x\partial y}=p(x,y)$$

(4) 若 D 为 xOy 平面上任一区域，则

$$P\{(X,Y)\in D\}=\iint_D p(u,v)\mathrm{d}u\mathrm{d}v$$

证明略去．

下面给出二元正态分布的形式：

$$p(x,y)=\frac{1}{2\pi\sigma_1\sigma_2\sqrt{1-\rho^2}}\exp\left\{-\frac{1}{2(1-\rho^2)}\left[\frac{(x-\mu_1)^2}{{\sigma_1}^2}-\frac{2\rho(x-\mu_1)(y-\mu_2)}{\sigma_1\sigma_2}+\frac{(y-\mu_2)^2}{{\sigma_2}^2}\right]\right\}$$

这里$\mu_1,\mu_2,\sigma_1,\sigma_2,\rho$为常数，$\sigma_1>0,\sigma_2>0$，$|\rho|<1$，称为二元正态分布密度函数，记作$(X,Y)\sim N(\mu_1,\mu_2,{\sigma_1}^2,{\sigma_2}^2,\rho)$．

例 2.9 设(X,Y) 的密度函数为

$$p(x,y)=\begin{cases}\mathrm{e}^{-(x+y)}, & 0<x<+\infty \\ & 0<y<+\infty \\ 0, & \text{其他}\end{cases}$$

(1) 求 $F(x,y)$；

(2) 求(X,Y) 落在 D 内的概率，区域 D 如图 2.6 所示．

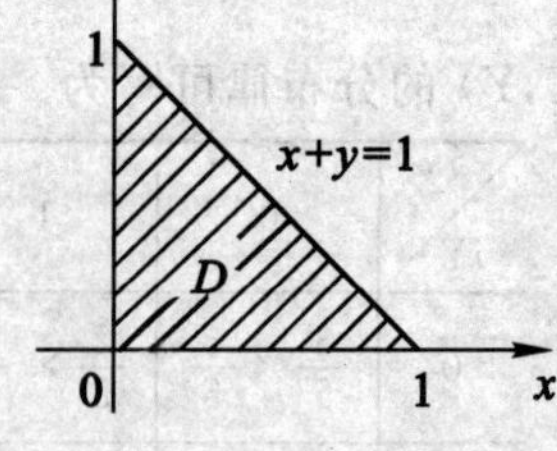

图 2.6 区域 D

解 (1) 当 $x>0,y>0$ 时，

$$F(x,y)=\int_{-\infty}^{x}\int_{-\infty}^{y}p(u,v)\mathrm{d}u\mathrm{d}v=$$

$$\int_{0}^{x}\int_{0}^{y}\mathrm{e}^{-(u+v)}\mathrm{d}u\mathrm{d}v=(1-\mathrm{e}^{-x})(1-\mathrm{e}^{-y})$$

从而

$$F(x,y)=\begin{cases}(1-e^{-x})(1-e^{-y}), & 0<x<+\infty \\ & 0<y<+\infty \\ 0, & \text{其他}\end{cases}$$

$$(2)\ P\{(X,Y)\in D\}=\iint_D p(u,y)\mathrm{d}u\mathrm{d}v=\int_0^1\int_0^{1-v}e^{-u}e^{-v}\mathrm{d}u\mathrm{d}v=1-2e^{-1}$$

2.2.4　边缘分布

随机向量(X,Y)的分布函数$F(x,y)$完全决定它的分量的概率特征．因此，由$F(x,y)$应该能得出(X,Y)的分量X的分布函数$F_X(x)$，分量Y的分布函数$F_Y(y)$，相对于联合分布$F(x,y)$，分量的分布$F_X(x)$，$F_Y(y)$称为边缘分布函数．由

$$F_X(x)=P\{X\leqslant x\}=P\{X\leqslant x,Y\leqslant+\infty\}=F(x,+\infty)$$

$$F_Y(y)=P\{Y\leqslant y\}=P\{X\leqslant+\infty,Y\leqslant y\}=F(+\infty,y)$$

知

$$F_X(x)=F(x,+\infty),\quad F_Y(y)=F(+\infty,y)$$

若(X,Y)为二维离散型随机变量，则

$$P\{X=x_i\}=P\{X=x_j;\Omega\}=P\{X=x_i;\sum_j(Y=y_j)\}=$$

$$P\{\sum_j\{X=x_i;Y=y_j\}=$$

$$\sum_j P\{X=x_i;Y=y_j\}=\sum_j p_{ij}$$

若记$p_{i\cdot}=P\{X=x_i\}$，则

$$p_{i\cdot}=\sum_j p_{ij}$$

记$p_{\cdot j}=P\{Y=y_j\}$，类似可得

$$p_{\cdot j}=\sum_i p_{ij}$$

例 2.10　对于例 2.7 中的两种情形，可得边缘分布为

Y \ X	0	1	$p_{\cdot j}$
0	$\frac{3}{5}\times\frac{3}{5}$	$\frac{2}{5}\times\frac{3}{5}$	$\frac{3}{5}$
1	$\frac{3}{5}\times\frac{2}{5}$	$\frac{2}{5}\times\frac{2}{5}$	$\frac{2}{5}$
$p_{i\cdot}$	$\frac{3}{5}$	$\frac{2}{5}$	

有放回

Y \ X	0	1	$p_{\cdot j}$
0	$\frac{3}{5}\times\frac{2}{4}$	$\frac{2}{5}\times\frac{3}{4}$	$\frac{3}{5}$
1	$\frac{3}{5}\times\frac{2}{4}$	$\frac{2}{5}\times\frac{1}{4}$	$\frac{2}{5}$
$p_{i\cdot}$	$\frac{3}{5}$	$\frac{2}{5}$	

无放回

若(X,Y)为二维连续型随机变量，设密度函数为$p(x,y)$，则

$$F_X(x)=\int_{-\infty}^{x}\left\{\int_{-\infty}^{+\infty}p(x,y)\mathrm{d}y\right\}\mathrm{d}x$$

则X的边缘密度函数为

$$p_X(x)=\int_{-\infty}^{+\infty}p(x,y)\mathrm{d}y$$

同理可得

$$p_Y(y)=\int_{-\infty}^{+\infty}p(x,y)\mathrm{d}x$$

例 2.11 对例 2.9 给出的密度函数，边缘密度函数分别为

$$p_X(x)=\int_{-\infty}^{+\infty}p(x,y)\mathrm{d}y=\int_{0}^{+\infty}\mathrm{e}^{-(x+y)}\mathrm{d}y=\mathrm{e}^{-x}\qquad(0<x<+\infty)$$

$$p_Y(y)=\int_{-\infty}^{+\infty}p(x,y)\mathrm{d}y=\mathrm{e}^{-y}\qquad(0<y<+\infty)$$

2.2.5 随机变量的独立性

从上例可以看出

$$p(x,y)=p_X(x)p_Y(y)$$

由例 2.10 有放回摸球模型满足

$$p_{ij}=p_{i\cdot}p_{\cdot j}$$

这类现象常会遇到，为了描述这类现象，引进下述定义.

定义 2.6 设X,Y是两个随机变量，若对任意实数x,y，事件$\{X\leqslant x\}$，$\{Y\leqslant y\}$是相互独立的，即

$$P\{X\leqslant x;Y\leqslant y\}=P\{X\leqslant x\}P\{Y\leqslant y\}\tag{2.4}$$

则称X,Y是相互独立的.

式(2.4)亦可表示为

$$F(x,y)=F_X(x)\,F_Y(y)\tag{2.4$'$}$$

即独立随机变量的联合分布函数等于它们边缘分布函数的乘积.

对于离散型随机变量，其独立的充分必要条件是

$$p_{ij}=p_{i\cdot}p_{\cdot j}\tag{2.5}$$

对于连续型随机变量，其独立的充分必要条件是

$$p(x,y)=p_X(x)p_Y(y)\tag{2.6}$$

我们仅对式(2.6)加以证明. 若X,Y相互独立，则$F(x,y)=F_X(x)F_Y(y)$，即有

$$\int_{-\infty}^{y}\int_{-\infty}^{x}p(u,v)\mathrm{d}u\mathrm{d}v=\left(\int_{-\infty}^{x}p_X(u)\mathrm{d}u\right)\left(\int_{-\infty}^{y}p_Y(v)\mathrm{d}v\right)$$

对上式两端关于x,y求二阶混合偏导数，得

$$p(x,y) = p_X(x)p_Y(y)$$

反之，若式(2.6)成立，两边关于 x,y 求积分便有

$$\int_{-\infty}^{x}\int_{-\infty}^{y} p(u,v)\mathrm{d}u\mathrm{d}v = \int_{-\infty}^{x} p_X(u)\mathrm{d}u\int_{-\infty}^{y} p_Y(v)\mathrm{d}v$$

则 $F(x,y) = F_X(x)F_Y(y)$ 成立，说明 X,Y 相互独立．根据定义 2.6 知例 2.8 中有放回模型，例 2.9 中连续型模型中随机变量 X 与 Y 是相互独立的．下面给出二元正态分布的独立性讨论．

例 2.12　设 $(X,Y) \sim N(\mu_1,\mu_2,{\sigma_1}^2,{\sigma_2}^2,\rho)$．

(1) 求关于 X 和 Y 的边缘分布密度；

(2) 证明 X 与 Y 相互独立的充要条件是 $\rho = 0$．

证明　(1) $p_X(x) = \int_{-\infty}^{+\infty} p(x,y)\mathrm{d}y =$

$$\frac{1}{2\pi\sigma_1\sigma_2\sqrt{1-\rho^2}}\exp\left\{-\frac{1}{2(1-\rho^2)}\left(\frac{x-\mu_1}{\sigma_1}\right)^2\right\}\times$$

$$\int_{-\infty}^{+\infty}\exp\left\{-\frac{1}{2(1-\rho^2)}\left[\left(\frac{y-\mu_2}{\sigma_2}\right)^2 - 2\rho\frac{(x-\mu_1)(y-\mu_2)}{\sigma_1\sigma_2}\right]\right\}\mathrm{d}y$$

考虑

$$\frac{(y-\mu_2)^2}{{\sigma_2}^2} - 2\rho\frac{(x-\mu_1)(y-\mu_2)}{\sigma_1\sigma_2} = \left[\frac{y-\mu_2}{\sigma_2} - \rho\frac{x-\mu_1}{\sigma_1}\right]^2 - \rho^2\frac{(x-\mu_1)^2}{{\sigma_1}^2}$$

则

$$p_X(x) = \frac{1}{2\pi\sigma_1\sigma_2\sqrt{1-\rho^2}}\exp\left\{\frac{(x-\mu_1)^2}{2{\sigma_1}^2}\right\}\times$$

$$\int_{-\infty}^{+\infty}\exp\left\{-\frac{1}{2(1-\rho^2)}\left[\frac{y-\mu_2}{\sigma_2} - \rho\frac{x-\mu_1}{\sigma_1}\right]^2\right\}\mathrm{d}y$$

令

$$t = \frac{1}{\sqrt{1-\rho^2}}\left[\frac{y-\mu_2}{\sigma_2} - \rho\frac{x-\mu_1}{\sigma_1}\right]$$

则

$$\mathrm{d}t = \frac{1}{\sqrt{1-\rho^2}\cdot\sigma_2}\mathrm{d}y$$

进而

$$p_X(x) = \frac{1}{2\pi\sigma_1}\exp\left\{\frac{(x-\mu_1)^2}{-2{\sigma_1}^2}\right\}\int_{-\infty}^{+\infty}\mathrm{e}^{-\frac{t^2}{2}}\mathrm{d}t =$$

$$\frac{1}{\sqrt{2\pi}\sigma_1}\mathrm{e}^{-\frac{(x-\mu_1)^2}{2{\sigma_1}^2}}\quad(-\infty < x < +\infty)$$

类似可以证明

$$p_Y(y)=\frac{1}{\sqrt{2\pi}\sigma_2}\mathrm{e}^{-\frac{(y-\mu_2)^2}{2\sigma_2{}^2}}\qquad(-\infty<y<+\infty)$$

(2) 若 $\rho=0$,则

$$p(x,y)=\frac{1}{2\pi\sigma_1\sigma_2}\mathrm{e}^{-\frac{1}{2}\left[\frac{(x-\mu_1)^2}{\sigma_1{}^2}+\frac{(y-\mu_2)^2}{\sigma_2{}^2}\right]}=p_X(x)p_Y(y)$$

说明 X 与 Y 相互独立. 反之,若 X 与 Y 相互独立,则

$$\frac{1}{2\pi\sigma_1\sigma_2\sqrt{1-\rho^2}}\exp\left\{-\frac{1}{2(1-\rho^2)}\left[\frac{(x-\mu_1)^2}{\sigma_1{}^2}-\right.\right.$$

$$\left.\left.2\rho\frac{(x-\mu_1)(y-\mu_2)}{\sigma_1\sigma_2}+\frac{(y-\mu_2)^2}{\sigma_2{}^2}\right]\right\}=$$

$$\frac{1}{\sqrt{2\pi}\sigma_1}\exp\left\{-\frac{(x-\mu_1)^2}{2\sigma_1{}^2}\right\}\cdot\frac{1}{\sqrt{2\pi}\sigma_2}\exp\left\{-\frac{(y-\mu_2)^2}{2\sigma_2{}^2}\right\}$$

令 $x=\mu_1,y=\mu_2$,则上式变为

$$\frac{1}{2\pi\sigma_1\sigma_2\sqrt{1-\rho^2}}=\frac{1}{2\pi\sigma_1\sigma_2}$$

从而推出 $\rho=0$.

例 2.12 的结论表明:对二元正态分布,X,Y 相互独立的充分必要条件是 $\rho=0$,边缘分布仍为正态分布.

2.2.6 条件分布

在第一章里我们讨论了事件的条件概率的概念,本小节将这一概念推广到随机变量场合,即考虑随机向量(X,Y),在其中一个分量取得固定值的条件下另一个分量的概率分布,这样得到的 X 或 Y 的分布称为条件分布.

对于(X,Y) 为二维离散型随机变量,考虑

$$P\{X=x_i\mid Y=y_j\}=P\{X=x_i;Y=y_j\}/P\{Y=y_j\}=$$
$$p_{ij}/p_{\cdot j}\qquad(i=1,2,\cdots)\tag{2.7}$$

它表示了在事件$\{Y=y_j\}$ 发生的条件下 X 取值为 x_i 的条件分布,类似可得

$$P\{Y=y_j\mid X=x_i\}=P\{X=x_i;Y=y_j\}/P\{X=x_i\}=$$
$$p_{ij}/p_{i\cdot}\qquad(j=1,2,\cdots)\tag{2.8}$$

对于(X,Y) 为二维连续型随机变量.

$$P\{X\leqslant x\mid Y=y\}=\lim_{\Delta y\to 0}P\{X\leqslant x\mid y-\Delta y<Y\leqslant y+\Delta y\}=$$

$$\lim_{\Delta y\to 0}\frac{\frac{1}{2\Delta y}\int_{y-\Delta y}^{y+\Delta y}\int_{-\infty}^{x}p(u,v)\mathrm{d}u\mathrm{d}v}{\frac{1}{2\Delta y}\int_{y-\Delta y}^{y+\Delta y}\int_{-\infty}^{+\infty}p(u,v)\mathrm{d}u\mathrm{d}v}=$$

$$\frac{\int_{-\infty}^{x} p(u,y)\mathrm{d}u}{\int_{-\infty}^{+\infty} p(u,y)\mathrm{d}u} = \int_{-\infty}^{x} p(u,y)/p_Y(y)\mathrm{d}u$$

从而

$$F(x \mid Y = y) = \int_{-\infty}^{x} p(u,y)/p_Y(y)\mathrm{d}u$$

进而,我们可以定义其条件分布密度为

$$p(x \mid y) = p(x,y)/p_Y(y) \tag{2.9}$$

这里要求 $p_Y(y) > 0$.

例 2.13　设(X,Y)在椭圆$\frac{x^2}{a^2}+\frac{y^2}{b^2}\leqslant 1$上服从均匀分布,求条件分布密度 $p(x \mid y)$.

解　由题假设知

$$p(x,y) = \begin{cases} \frac{1}{\pi ab}, & \frac{x^2}{a^2}+\frac{y^2}{b^2}\leqslant 1 \\ 0, & \frac{x^2}{a^2}+\frac{y^2}{b^2} > 1 \end{cases}$$

则

$$p_X(x) = \begin{cases} \int_{-u}^{u} \frac{\mathrm{d}y}{\pi ab} = \frac{2}{\pi a}\sqrt{1-x^2/a^2}, & |x| \leqslant a \\ 0, & |x| > a \end{cases}$$

这里 $u = b\sqrt{1-\frac{x^2}{a^2}}$,令 $v = a\sqrt{1-\frac{y^2}{b^2}}$,

$$p_Y(y) = \begin{cases} \int_{-v}^{v} \frac{\mathrm{d}x}{\pi ab} = \frac{2}{\pi b}\sqrt{1-y^2/b^2}, & |y| \leqslant b \\ 0, & |y| > b \end{cases}$$

从而对 $y \in (-b,b)$,则有

$$p(x \mid y) = \begin{cases} \frac{1}{2a\sqrt{1-y^2/b^2}}, & |x| \leqslant a\sqrt{1-y^2/b^2} \\ 0, & |x| > a\sqrt{1-y^2/b^2} \end{cases}$$

说明在$(Y = y)$的条件下,X在区间$\left[-a\sqrt{1-y^2/b^2}, a\sqrt{1-y^2/b^2}\right]$上服从均匀分布.

例 2.14　设$(X,Y) \sim N(\mu_1,\mu_2,\sigma_1{}^2,\sigma_2{}^2,\rho)$,求条件分布密度 $p(x \mid y)$, $p(y \mid x)$.

解　对于一切 $x,y \in (-\infty,\infty)$,则有

$$p(y \mid x) = \frac{1}{\sqrt{2\pi}\sigma_2\sqrt{1-\rho^2}}\exp\left\{-\frac{[y-(\mu_2+\rho\sigma_2(x-\mu_1)/\sigma_1)]^2}{2\sigma_2{}^2(1-\rho^2)}\right\}$$

$$p(x \mid y)=\frac{1}{\sqrt{2\pi}\sigma_1\sqrt{1-\rho^2}}\exp\left\{-\frac{[x-(\mu_1+\rho\sigma_1(y-\mu_2)/\sigma_2)]^2}{2\sigma_1{}^2(1-\rho^2)}\right\}$$

说明对于二元正态分布,其条件分布仍为正态分布.

§2.3 随机变量的函数及其分布

在许多实际和理论问题中,常遇到寻求随机变量的函数及其分布的问题.本节我们要讨论如何根据自变量的分布来求它们的函数的分布.

2.3.1 单个随机变量的函数的分布

设 X 为一维随机变量,本节以一些具体例子来讨论,如何从 X 的分布推导出其函数 $Y=f(X)$ 的分布.

例 2.15 设 X 的分布律为

X	-1	0	1	2	3
p	$\frac{1}{5}$	$\frac{1}{10}$	$\frac{1}{10}$	$\frac{3}{10}$	$\frac{3}{10}$

求: (1) $X-1$; (2) X^2 的分布律。

解 由 X 的分布律可得

p	$\frac{1}{5}$	$\frac{1}{10}$	$\frac{1}{10}$	$\frac{3}{10}$	$\frac{3}{10}$
X	-1	0	1	2	3
$X-1$	-2	-1	0	1	2
X^2	1	0	1	4	9

由此知

$$P\{X-1=-2\}=P\{X=-1\}=\frac{1}{5}$$

$$P\{X^2=1\}=P\{X=1\}+P\{X=-1\}=\frac{1}{10}+\frac{1}{5}=\frac{3}{10}$$

等等,因而可得出:

(1) $X-1$ 的分布律为

$X-1$	-2	-1	0	1	2
p	$\frac{1}{5}$	$\frac{1}{10}$	$\frac{1}{10}$	$\frac{3}{10}$	$\frac{3}{10}$

(2) X^2 的分布律为

X^2	0	1	4	9
p	$\frac{1}{10}$	$\frac{3}{10}$	$\frac{3}{10}$	$\frac{3}{10}$

按照例 1.14 的方法,若 X 为离散型随机变量,一般可由 X 的分布律得出随机变量 $Y = f(X)$ 的分布律.

下面讨论连续型随机变量的函数的分布.

例 2.16　设随机变量 X 的分布函数 $F(X)$ 是严格单调的连续函数,试证明:$Y = F(X)$ 在$[0,1]$上服从均匀分布.

证明　$F_Y(y) = P\{Y \leqslant y\} = P\{F(X) \leqslant y\} =$

$$\begin{cases} 0, & y < 0 \\ P\{X \leqslant F^{-1}(y)\} = F(F^{-1}(y)) = y, & 0 \leqslant y \leqslant 1 \\ 1, & y > 1 \end{cases}$$

于是 Y 服从$[0,1]$上的均匀分布.

例 2.17　设 $X \sim N(0,1)$,求 $Y = X^2$ 的分布密度.

解　$F_Y(y) = P\{Y \leqslant y\} = P\{X^2 \leqslant y\}$

当 $y < 0$ 时,$F_Y(y) = 0$;

当 $y \geqslant 0$ 时,

$$F_Y(y) = P\{-\sqrt{y} \leqslant X \leqslant \sqrt{y}\} =$$
$$\frac{1}{\sqrt{2\pi}}\int_{-\sqrt{y}}^{\sqrt{y}} e^{-t^2/2}\,dt = \frac{2}{\sqrt{2\pi}}\int_0^{\sqrt{y}} e^{-t^2/2}\,dt$$

$$p_Y(y) = \frac{2}{\sqrt{2\pi}} e^{-(-\sqrt{y})^2/2} \frac{1}{2\sqrt{y}} = \frac{1}{\sqrt{2\pi}} y^{-1/2} e^{-\frac{y}{2}}$$

因此,

$$p_Y(y) = \begin{cases} \frac{1}{\sqrt{2\pi}} y^{-1/2} e^{-y/2}, & y > 0 \\ 0, & y \leqslant 0 \end{cases}$$

例 2.18　设 $f(x)$ 是严格单调函数,随机变量 X 的密度函数为 $p_X(x)$,试证对于随机变量 $Y = f(X)$ 其密度函数

$$p_Y(y) = p_X[f^{-1}(y)] \cdot |[f^{-1}(y)]'|$$

这里 $x = f^{-1}(y)$ 为 $y = f(x)$ 的反函数.

证明　若 $f(x)$ 为严格单调增函数,则 $f'(x) > 0$,因而其反函数 $x = f^{-1}(y)$ 存在且亦为单调增函数,即$[f^{-1}(y)]' > 0$,则

$$F_Y(y) = P\{Y \leqslant y\} = P\{f(X) \leqslant y\} =$$
$$P\{X \leqslant f^{-1}(y)\} = F_X(f^{-1}(y))$$

进而

$$p_Y(y) = p_X[f^{-1}(y)][f^{-1}(y)]' = p_X(f^{-1}(y)) \mid [f^{-1}(y)]' \mid$$

若 $f(x)$ 为严格单调减函数,则 $f'(x) < 0$,此时$[f^{-1}(y)]' < 0$,则

$$F_Y(y) = P\{Y \leqslant y\} = P\{f(X) \leqslant y\} =$$
$$P\{X \geqslant f^{-1}(y)\} = 1 - F_X[f^{-1}(y)]$$

从而

$$p_Y(y) = - p_X[f^{-1}(y)][f^{-1}(y)]' = p_X[f^{-1}(y)] \mid [f^{-1}(y)]' \mid$$

因而证得

$$p_Y(y) = p_X[f^{-1}(y)] \mid [f^{-1}(y)]' \mid$$

这一结论可以推广到 $f(x)$ 为分段严格单调情形,即假设随机变量 X 是连续型的,取值于(a,b),$-\infty \leqslant a < b \leqslant +\infty$;$y = f(x)$ 在(a,b) 的两两不交的分割区间(a_k,b_k),$k = 1,2,\cdots$($\bigcup (a_k,b_k) = (a,b)$)上严格单调,则

$$p_Y(y) = \sum_k p_X[f_k^{-1}(y)] \mid [f_k^{-1}(y)]' \mid$$

这里 $x = f_k^{-1}(y)$ 是 $y = f(x)$,$x \in (a_k,b_k)$ 的反函数.

2.3.2　两个随机变量的函数的分布

若(X,Y)为二维离散型随机变量,X,Y 的可能取值分别为 $x_1,x_2,\cdots;y_1,y_2,\cdots$,令 $Z = f(X,Y)$,其可能的取值为 $z_1,z_2,\cdots$,则

$$P\{Z = z_k\} = \sum_{f(x_i,y_j)=z_k} P\{X = x_i;Y = y_j\}$$

等式右端是关于所有使 $f(x_i,y_i) = z_k$ 的(x_i,y_j)求和.

例 2.19　设 X_1,X_2 相互独立,且分别服从参数为 λ_1,λ_2 的泊松分布,求 $X_1 + X_2$ 的分布.

解　$P\{X_1 + X_2 = k\} = P\{X_1 = 0;X_2 = k\} +$

$$P\{X_1 = 1;X_2 = k-1\} + \cdots + P\{X_1 = k;X_2 = 0\} =$$
$$\sum_{i=0}^{k} P\{X_1 = i;X_2 = k-i\} =$$
$$\sum_{i=0}^{k} P\{X_1 = i\}P\{X_2 = k-i\} =$$
$$\sum_{i=0}^{k} \frac{\lambda_1^i}{i!}\mathrm{e}^{-\lambda_1} \frac{\lambda_2^{k-i}}{(k-i)!}\mathrm{e}^{-\lambda_2} =$$
$$\frac{\mathrm{e}^{-(\lambda_1+\lambda_2)}}{k!}\sum_{i=0}^{k} \frac{k!}{(k-i)!i!}\lambda_1{}^i\lambda_2{}^{k-i} =$$
$$\frac{(\lambda_1+\lambda_2)^k}{k!}\mathrm{e}^{-(\lambda_1+\lambda_2)}$$

说明 $X_1 \sim P(\lambda_1)$，$X_2 \sim P(\lambda_2)$，且 X_1，X_2 相互独立，则 $X_1 + X_2 \sim P(\lambda_1 + \lambda_2)$.

若(X,Y) 为二维连续型随机变量，(X,Y) 的联合密度函数为 $p(x,y)$，下面给出 $Z = X+Y$，$Z = X/Y$ 的分布密度函数的讨论.

1. 随机变量的和的分布

例 2.20　若(X,Y) 的密度函数为 $p(x,y)$，如图 2.7 所示，试证 $Z = X+Y$ 的密度函数

$$p_Z(z) = \int_{-\infty}^{+\infty} p(x, z-x)\mathrm{d}x = \int_{-\infty}^{+\infty} p(z-y, y)\mathrm{d}y$$

证明　由分布函数的定义

$$F_Z(z) = P\{Z \leqslant z\} = p\{X+Y \leqslant z\} = \iint_{x+y\leqslant z} p(x,y)\mathrm{d}x\mathrm{d}y =$$

$$\int_{-\infty}^{+\infty}\mathrm{d}x\int_{-\infty}^{z-x} p(x,y)\mathrm{d}y \xlongequal{y=u-x} \int_{-\infty}^{+\infty}\mathrm{d}x\int_{-\infty}^{z} p(x,u-x)\mathrm{d}u =$$

$$\int_{-\infty}^{z}\left[\int_{-\infty}^{+\infty} p(x,u-x)\mathrm{d}x\right]\mathrm{d}u$$

从而可得 Z 的分布密度为

$$p_Z(z) = \int_{-\infty}^{+\infty} p(x,u-x)\mathrm{d}x$$

类似，$p_Z(z)$ 亦可写为

$$p_Z(z) = \int_{-\infty}^{+\infty} p(z-y,y)\mathrm{d}y$$

若 X 与 Y 相互独立，则

$$p_Z(z) = \int_{-\infty}^{+\infty} p_X(x)p_Y(z-x)\mathrm{d}x =$$

$$\int_{-\infty}^{+\infty} p_X(z-y)p_Y(y)\mathrm{d}y$$

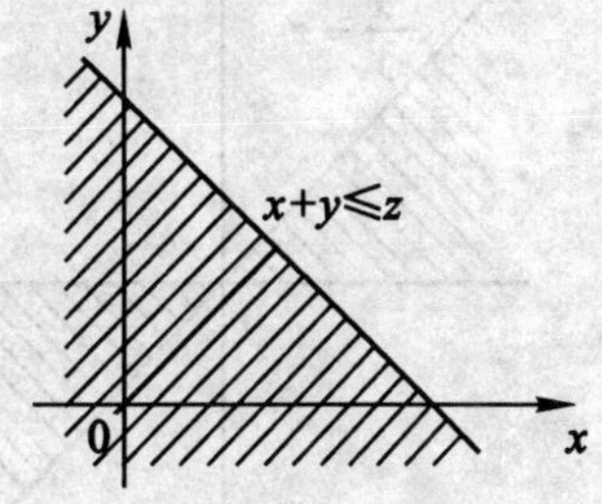

图 2.7　和函数

例 2.21　设 $X \sim N(\mu,\sigma^2)$，$Y \sim N(\mu,\sigma^2)$ 且 X 与 Y 相互独立，求 $X+Y$ 的分布密度.

解　由题假设知

$$p(x,y) = \frac{1}{2\pi\sigma^2}\exp\left\{-\frac{1}{2\sigma^2}\left[(x-\mu)^2 + (y-\mu)^2\right]\right\}$$

则 $Z = X+Y$ 的分布密度 $p_Z(z)$ 为

$$p_Z(z) = \int_{-\infty}^{+\infty} p_X(x)p_Y(z-x)\mathrm{d}x =$$

$$\int_{-\infty}^{+\infty} \frac{1}{2\pi\sigma^2}\mathrm{e}^{-\frac{1}{2\sigma^2}\left[(x-\mu)^2+(z-x-\mu)^2\right]}\mathrm{d}x \xlongequal{t=x-\mu}$$

$$\int_{-\infty}^{+\infty} \frac{1}{2\pi\sigma^2}\mathrm{e}^{-\frac{1}{2\sigma^2}\left[t^2+(z-t-2\mu)^2\right]}\mathrm{d}t =$$

$$\int_{-\infty}^{+\infty}\frac{1}{2\pi\sigma^2}e^{-\frac{1}{2\sigma^2}[2t^2-2(z-2\mu)t+(z-2\mu)^2]}dt=$$

$$\frac{1}{\sqrt{2\pi}(\sqrt{2}\sigma)}e^{-\frac{(z-2\mu)^2}{2(2\sigma^2)}}$$

这表明若 $X\sim N(\mu,\sigma^2)$，$Y\sim N(\mu,\sigma^2)$，X 与 Y 独立，则 $X+Y\sim N(2\mu,2\sigma^2)$. 这一结论可以推广到如下场合：设 $X_i\sim N(\mu_i,{\sigma_i}^2)(i=1,2,\cdots n)$，$X_1,\cdots,X_n$ 相互独立，则 $\sum\limits_{i=1}^{n}X_i\sim N(\sum\mu_i,\sum{\sigma_i}^2)$.

2. 随机变量的商的分布

例 2.22 (X,Y) 的分布密度为 $p(x,y)$，求 $Z=X/Y$ 的分布密度 $p_Z(z)$.

解 $F_Z(z)=P\{Z\leqslant z\}=P\{X/Y\leqslant z\}=\iint\limits_{x/y\leqslant z}p(x,y)\mathrm{d}x\mathrm{d}y$

积分区间如图 2.8 所示.

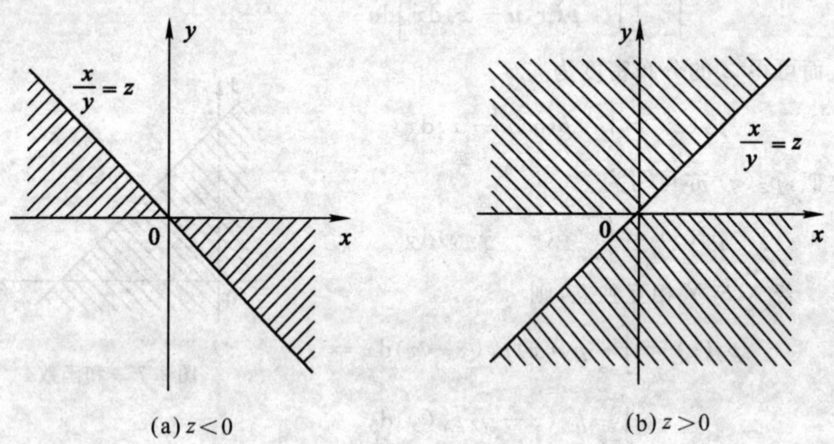

图 2.8 商函数

由图 2.8 可知

$$F_Z(z)=\int_{-\infty}^{0}\mathrm{d}y\int_{yz}^{+\infty}p(x,y)\mathrm{d}x+\int_{0}^{+\infty}\mathrm{d}y\int_{-\infty}^{yz}p(x,y)\mathrm{d}x$$

令 $x=uy$，则有

$$F_Z(z)=\int_{-\infty}^{0}\mathrm{d}y\int_{z}^{-\infty}p(uy,y)y\mathrm{d}u+\int_{0}^{+\infty}\mathrm{d}y\int_{-\infty}^{z}p(uy,y)y\mathrm{d}u$$

交换积分顺序并对 z 求导数，可得

$$p_Z(z)=-\int_{-\infty}^{0}yp(yz,y)\mathrm{d}y+\int_{0}^{+\infty}yp(yz,y)\mathrm{d}y=$$

$$\int_{-\infty}^{+\infty}|y|p(yz,y)\mathrm{d}y$$

当 X 与 Y 独立时，

$$P_Z(z)=\int_{-\infty}^{+\infty}|y|p_X(yz)p_Y(y)\mathrm{d}y$$

例 2.23　设 $X\sim N(0,1)$，$Y\sim N(0,1)$，X 与 Y 相互独立，求 $Z=X/Y$ 的分布密度.

解　$$p_Z(z)=\int_{-\infty}^{+\infty}|y|\frac{1}{\sqrt{2\pi}}\mathrm{e}^{-\frac{(yz)^2}{2}}\frac{1}{\sqrt{2\pi}}\mathrm{e}^{-\frac{y^2}{2}}\mathrm{d}y=$$

$$\frac{1}{2\pi}\int_{-\infty}^{+\infty}|y|\mathrm{e}^{-\frac{y^2}{2}(1+z^2)}\mathrm{d}y=$$

$$\frac{1}{\pi}\int_{0}^{+\infty}y\mathrm{e}^{-\frac{y^2}{2}(1+z^2)}\mathrm{d}y=$$

$$\frac{1}{\pi}\frac{1}{1+z^2}\qquad(-\infty<z<+\infty)$$

这一分布称为柯西分布.

3. 关于极值分布

设 X 与 Y 相互独立，分布函数分别为 $F_X(x)$，$F_Y(y)$，令

$$M=\max\{X,Y\},\qquad N=\min\{X,Y\}$$

则它们的分布函数

$$F_M(z)=P\{\max(X,Y)\leqslant z\}=P\{X\leqslant z;Y\leqslant z\}=F_X(z)F_Y(z)$$

$$F_N(z)=P\{\min(X,Y)\leqslant z\}=1-P\{\min(X,Y)>z\}=$$
$$1-P\{X>z,Y>z\}=1-[1-F_Z(z)][1-F_Y(z)]$$

若 X 与 Y 独立同分布，则

$$F_M(z)=[F(z)]^2$$
$$F_N(z)=1-[1-F(z)]^2$$

若 X 与 Y 独立同分布且为连续型随机变量，则

$$p_M(z)=2F(z)p(z)$$
$$p_N(z)=2[1-F(z)]p(z)$$

上述结论可以推广到 n 维情形，即若设 $X_1,X_2,\cdots X_n$ 独立同分布，令

$$M=\max\{X_1,X_2,\cdots,X_n\}$$
$$N=\min\{X_1,X_2,\cdots,X_n\}$$

则

$$F_M(z)=[F(z)]^n$$
$$F_N(z)=1-[1-F(z)]^n$$

若 $X_i(i=1,2,\cdots,n)$ 的密度函数为 $p(z)$，则

$$p_M(z)=n[F(z)]^{n-1}p(z)$$
$$p_N(z)=n[1-F(z)]^{n-1}p(z)$$

例 2.24　设 X,Y 独立同分布，$P\{X=i\}=1/3, i=1,2,3$，求 $M=\max(X,Y), N=\min(X,Y)$ 的分布律.

解　$P\{M=1\}=P\{X=1;Y=1\}=P\{X=1\}P\{Y=1\}=\frac{1}{9}$

$$P\{M=2\}=P\{X=2;Y=1\}+P\{X=1;Y=2\}+P\{X=2;Y=2\}=\frac{1}{3}$$

$$P\{M=3\}=1-P\{M=1\}-P\{M=2\}=\frac{5}{9}$$

从而 M 的分布律为

M	1	2	3
p	$\frac{1}{9}$	$\frac{1}{3}$	$\frac{5}{9}$

类似可得 N 的分布律为

N	1	2	3
p	$\frac{5}{9}$	$\frac{1}{3}$	$\frac{1}{9}$

例 2.25　已知 $X\sim \mathrm{Exp}(\alpha), Y\sim \mathrm{Exp}(\beta), \alpha>0, \beta>0$，$X$ 与 Y 相互独立，求 $Z=\min(X,Y)$ 的分布密度.

解　由题设知

$$F_X(x)=\int_0^x \alpha \mathrm{e}^{-\alpha u}\,\mathrm{d}u=1-\mathrm{e}^{-\alpha x}\qquad (x\geqslant 0)$$

$$F_Y(y)=\int_0^y \beta \mathrm{e}^{-\beta v}\,\mathrm{d}v=1-\mathrm{e}^{-\beta y}\qquad (y\geqslant 0)$$

则 Z 的分布函数为

$$F_Z(z)=1-[1-F_X(z)][1-F_Y(z)]=1-\mathrm{e}^{-(\alpha+\beta)z}\qquad (z\geqslant 0)$$

则

$$p_Z(z)=(\alpha+\beta)\mathrm{e}^{-(\alpha+\beta)z}\qquad (z\geqslant 0)$$

说明 $Z\sim \mathrm{Exp}(\alpha+\beta)$.

习　题　二

1. (1) 设随机变量的分布律为

$$P\{X=k\}=\frac{a\lambda^k}{k!}\qquad (k=0,1,2,\cdots)$$

$\lambda > 0$ 为常数，试确定常数 a.

(2) 设随机变量 X 的分布律为

$$P\{X = k\} = \frac{a}{N} \qquad (k = 1,2,\cdots,N)$$

试确定常数 a.

2. 某人掷硬币 10 次，写出国徽向上次数 X 的分布律；并求国徽向上次数不小于 3 的概率.

3. 一个罐子包含 m 个黑球和 n 个白球，无放回地抽取 r 个球($r \leqslant m+n$)，问：

(1) 抽到白球数的分布律是什么？

(2) 有放回抽到白球数的分布律是什么？

4. 一电话交换台每分钟接到的呼唤次数服从参数为 4 的泊松分布，求：

(1) 每分钟恰有 8 次呼唤的概率；

(2) 每分钟呼唤次数大于 10 的概率.

5. 设 X 服从泊松分布，且已知 $P\{X = 1\} = P\{X = 2\}$，求 $P\{X = 4\}$.

6. 设随机变量 X 的密度函数为

$$p(x) = \begin{cases} \dfrac{C}{\sqrt{1-x^2}}, & |x| < 1 \\ 0, & \text{其他} \end{cases}$$

求：(1) 常数 C；

(2) X 落在区间 $\left(-\frac{1}{2},\frac{1}{2}\right)$ 内的概率.

7. 设随机变量 X 的密度函数为

$$p(x) = C\mathrm{e}^{-|x|} \qquad (-\infty < x < +\infty)$$

求：(1) 常数 C；

(2) X 落在区间(0,1) 内的概率.

8. 设 K 在(0,5) 上服从均匀分布，求方程

$$4x^2 + 4Kx + K + 2 = 0$$

有实根的概率.

9. 设 $X \sim N(3,2^2)$.

(1) 求 $P\{2 < X < 5\}$，$P\{-4 < X < 10\}$，$P\{|X| > 2\}$，$P\{X > 3\}$；

(2) 决定 C 使得 $P\{X > C\} = P\{X \leqslant C\}$.

10. 乘以什么常数将使 e^{-x^2+x} 变成密度函数？

11. 若 $X \sim N(2,\sigma^2)$，且 $P\{2 < X < 4\} = 0.3$，则 $P\{X < 0\}$ 是多少？

12. 在抽样调查结果中表明，考生的外语成绩(百分制) 近似地服从正态分布，平均成绩为 72 分，96 分以上的占考生总数的 2.3%，试求考生的外语成绩在 60 分至 84 分之间的概率.

13. 假设测量的随机误差 $X \sim N(0,10^2)$，试求在 100 次独立重复测量中至少有三次测量误差的绝对值大于 19.6 的概率 α，并利用泊松分布求出 α 的近似值(要求小数点后两位有效数字).

14. 设带有 3 颗炸弹的轰炸机向敌方某铁路投弹，若炸弹落在铁路两旁 40 m 以内，将导致铁道交通受到破坏．在一定投弹准确度下，弹着点到铁路的距离 X 的密度函数为

$$p(x)=\begin{cases}(100+x)/10\ 000, & -100<x<0\\(100-x)/10\ 000, & 0\leqslant x<100\\0, & |x|\geqslant 100\end{cases}$$

若 3 颗炸弹全部使用，问敌方铁路交通受到破坏的概率是多少？

15. 从南郊某地乘汽车前往北区火车站搭火车有两条路线可走．第一条穿过市区，路程较短，但交通拥挤，所需时间(单位为 min)X 服从 $N(50,100)$；第二条沿环城公路走，路程较长，但意外阻塞少，所需时间 Y 服从 $N(60,16)$.

(1) 若有 70min 时间，问应走哪一条路线？

(2) 若只有 65min 时间，问应走哪一条路线？

16. 设随机变量 X 的分布律为

X	0	$\frac{\pi}{2}$	π
$P\{X=k\}$	$\frac{1}{4}$	$\frac{1}{2}$	$\frac{1}{4}$

求：(1) X 的分布函数 $F_X(x)$，并作出 $F_X(x)$ 的图形；

(2) $P\left\{X\leqslant\frac{\pi}{3}\right\}$，$P\left\{\frac{\pi}{2}<X\leqslant\frac{3\pi}{2}\right\}$.

17. 对某一目标进行射击，直到击中为止．如果每次射击命中率为 p，求：

(1) 射击次数的分布律；

(2) 射击次数的分布函数．

18. 设随机变量 X 的密度函数为

(1) $p(x)=\begin{cases}\frac{2}{\pi}\sqrt{1-x^2}, & -1\leqslant x\leqslant 1\\0, & \text{其他}\end{cases}$

(2) $p(x)=\begin{cases}x, & 0\leqslant x<1\\2-x, & 1\leqslant x\leqslant 2\\0, & \text{其他}\end{cases}$

求 X 的分布函数，并作出(2) 中的 $p(x)$ 及 $F(x)$ 的图形．

19. 一汽车沿一街道行驶，需要通过 3 个均设有红绿信号灯的路口，每个信号灯为红或绿与其他信号灯为红或绿相互独立且红绿两种信号显示的时间相等，以 X 表示该汽车首次遇到红灯前已通过的路口的个数，求 X 的概率分布．

20. 在电源电压不超过 200 V，在 200 ～ 240 V 之间和超过 240 V 三种情况下，某种电子原件损坏的概率分别为 0.1，0.001 和 0.2，假设电源电压 X 服从正态分布 $N(220,25^2)$，试求：

(1) 该电子原件损坏的概率 α；

(2) 该电子原件损坏时，电源电压在 200 ～ 240 V 之间的概率 β.

21. 假设一大型设备在任何长为 t 的时间内发生故障的次数 $N(t)$ 服从参数为 λt 的泊

松分布,求:

(1) 相继两次故障之间时间间隔 T 的概率分布;

(2) 在设备已经无故障工作 8 h 的情形下,再无故障运行 8 h 的概率 Q.

22. 设连续型随机变量 X 的分布函数为

$$F(x) = A + B\arctan x \qquad (-\infty < x < +\infty)$$

求:(1) 常系数 A 及 B;

(2) 随机变量 X 落在$(-1,1)$内的概率;

(3) 随机变量 X 的密度函数.

23. 一口袋中装有 4 个球,它们依次标有数字 1,2,2,3. 从此袋中任取一球后,不放回袋中,再从袋中任取一球,设每次取球时袋中每个球被取到的可能性相同,以 X,Y 分别记第一次,第二次取得球上标有的数字,求:

(1) (X,Y) 的分布律;

(2) 当 $Y=2$ 时,X 的条件分布律.

24. 设二维随机变量(X,Y)的密度函数为

$$p(x,y)=\begin{cases} k\mathrm{e}^{-(3x+4y)}, & x>0,y>0 \\ 0, & \text{其他} \end{cases}$$

求:(1) 常数 k;

(2) (X,Y) 的分布函数;

(3) (X,Y) 落入三角形区域 $D: x>0, y>0, 3x+4y<3$ 内的概率.

25. 求出服从在 B 上均匀分布的随机变量(X,Y)的密度函数及分布函数,其中 B 为 x 轴,y 轴及直线 $y=2x+1$ 围成的三角形区域,并求当 $X=x\ (-1/2<x<0)$ 时,Y 的条件分布密度函数.

26. 设数 X 在区间$(0,1)$上随机地取值,当观察到 $X=x\ (0<x<1)$ 时,数 Y 在区间$(x,1)$上随机地取值,求 Y 的密度函数 $p_Y(y)$.

27. 设二维离散型随机变量(X,Y)的分布律为

Z \ Y	0	1	2	3	4	5	6
0	0.202	0.174	0.113	0.062	0.049	0.023	0.004
1	0	0.099	0.064	0.040	0.031	0.020	0.006
2	0	0	0.031	0.025	0.018	0.013	0.008
3	0	0	0	0.001	0.002	0.004	0.011

求:(1) 关于 X 及关于 Y 的边缘分布;

(2) 随机变量 X 与 Y 是否独立?

28. 设某班车起点站上乘客人数 X 服从参数为 $\lambda(\lambda>0)$ 的泊松分布,每位乘客在中途下车的概率为 $p(0<p<1)$,且中途下车与否相互独立. 以 Y 表示在中途下车的人数,求:

(1) 在发车时有 n 个乘客的条件下，中途有 m 人下车的概率；

(2) 二维随机变量 (X,Y) 的概率分布．

29. 设二维随机变量 (X,Y) 的密度函数为

$$p(x,y)=\frac{C}{(1+x^2)(1+y^2)}$$

求：(1) 系数 C；

(2) (X,Y) 落在以 $(0,0)$；$(0,1)$；$(1,0)$；$(1,1)$ 为顶点的正方形 D 内的概率；

(3) 问 X 与 Y 是否独立？

30. 设二维随机变量 (X,Y) 在由抛物线 $y=x^2$ 与直线 $y=x$ 所围成的区域 G 内服从均匀分布，试求 (X,Y) 的密度函数及边缘密度函数．

31. 设二维随机变量 (X,Y) 的密度函数为

$$p(x,y)=\begin{cases}e^{-y}, & 0<x<y\\ 0, & \text{其他}\end{cases}$$

求：(1) 随机变量 X 的密度函数 $p_X(x)$；

(2) $P\{X+Y\leqslant 1\}$．

32. 设 X 的分布律为

X	-2	$-\frac{1}{2}$	0	2	4
概率	$\frac{1}{8}$	$\frac{1}{4}$	$\frac{1}{8}$	$\frac{1}{6}$	$\frac{1}{3}$

求：(1) $X+2$；(2) $-X+1$；(3) X^2 的分布律．

33. 设 X 服从 $N(0,1)$，证明 $\sigma X+\mu\sim N(\mu,\sigma^2)$，其中 μ,σ^2 为常数，$\sigma>0$．

34. 设 X 服从 $N(0,1)$，求：

(1) $Y=e^x$ 的密度函数；

(2) $Y=2X^2+1$ 的密度函数；

(3) $Y=|X|$ 的密度函数．

35. 由统计物理学知道，分子运动的速度 X 遵从马克思威尔分布，其密度函数为

$$p_X(x)=\begin{cases}\dfrac{4x^2}{a^3\sqrt{\pi}}e^{-\frac{x^2}{a^2}}, & x>0\\ 0, & x\leqslant 0\end{cases}$$

其中参数 $a>0$，求分子运动的动能 $Y=\frac{1}{2}mX^2$ 的密度函数．

36. 对球的直径作测量，设其均匀地分布在 $[a,b]$ 内，求体积的密度函数．

37. 已知 $X\sim p(x)=\frac{1}{\pi(1+x^2)}$，求 $Y=1-\sqrt[3]{X}$ 的密度函数 $p_Y(y)$．

38. 设 (X,Y) 的分布律为

X \ Y	-2	-1	0
-1	$\frac{1}{12}$	$\frac{1}{12}$	$\frac{3}{12}$
$\frac{1}{2}$	$\frac{2}{12}$	$\frac{1}{12}$	0
3	$\frac{2}{12}$	0	$\frac{2}{12}$

求：(1) $X+Y$；(2) $X-Y$；(3) X^2+Y-2 的分布律．

39. 设 X,Y 相互独立，其密度函数分布为

$$p_X(x)=\begin{cases}1, & 0\leqslant x\leqslant 1\\ 0, & \text{其他}\end{cases}$$

$$p_Y(y)=\begin{cases}e^{-y}, & y>0\\ 0, & \text{其他}\end{cases}$$

求：(1) $Z=X+Y$ 的密度函数；

(2) $Z=2X+Y$ 的密度函数．

40. 设 (X,Y) 的密度函数为

$$p(x,y)=\begin{cases}2e^{-(x+2y)}, & x>0,y>0\\ 0, & \text{其他}\end{cases}$$

求 $Z=X+2Y$ 的分布函数．

41. 设 (X,Y) 的联合密度函数为

$$p(x,y)=\begin{cases}\dfrac{1+xy}{4}, & |x|<1,|y|<1\\ 0, & \text{其他}\end{cases}$$

试证 X 与 Y 不独立，但 X^2 与 Y^2 是相互独立的．

42. 设随机变量 X,Y 独立，$X\sim N(\mu,\sigma^2)$，Y 服从 $[-\pi,\pi]$ 上的均匀分布，试求 $Z=X+Y$ 的概率密度函数．

43. 设 X_1,X_2,X_3,X_4 相互独立且同分布，有

$$p\{X_i=0\}=0.6,\quad p\{X_i=1\}=0.4\quad (i=1,2,3,4)$$

求行列式

$$X=\begin{vmatrix}X_1 & X_2\\ X_3 & X_4\end{vmatrix}=X_1X_4-X_2X_3$$

的概率分布．

44. 设随机变量 X 和 Y 的联合分布是正方形 $G=\{(x,y):1\leqslant x\leqslant 3,1\leqslant y\leqslant 3\}$ 上的均匀分布，试求随机变量 $U=|X-Y|$ 的概率密度 $p(u)$.

45. 设二维随机变量 (X,Y) 在矩形 $G=\{(x,y)\mid 0\leqslant x\leqslant 2,0\leqslant y\leqslant 1\}$ 上服从均匀分布，试求边长为 X 和 Y 的矩形面积 S 的概率密度 $p(s)$.

46. 设 X 与 Y 独立，概率密度为

$$p_X(x)=p_Y(y)=\begin{cases}0, & x\leqslant 0\\ a\mathrm{e}^{-ax}, & x>0,a>0\end{cases}$$

试求 $Z=\dfrac{X}{Y}$ 的概率密度 $p(z)$.

47. 设 X,Y 独立,其分布密度分别为

$$p_X(x)=\frac{1}{\sqrt{2\pi}}\mathrm{e}^{-\frac{x^2}{2}}\qquad(-\infty<x<1-\infty)$$

$$p_Y(y)=\begin{cases}y\mathrm{e}^{-\frac{y^2}{2}}, & y>0\\ 0, & y\leqslant 0\end{cases}$$

求 $Z=XY$ 的概率密度.

第3章 随机变量的数字特征

在第2章,我们讨论了随机变量的分布函数,它能够完整描述随机变量的统计特性. 但在许多实际问题中,并不需要去全面考察随机变量的变化情况,而只需知道随机的某些特征就够了. 例如,评定某种产品的质量特性时,寿命是一个重要的指标,在许多场合关心的是该种产品的平均寿命以及寿命与平均寿命的偏离程度,平均寿命较大,偏离程度较小的产品,其质量就比较好. 从上面例子看到,与随机变量有关的某些数字特征,虽然不能完整地描述随机变量,但能描述随机变量在某些方面的重要特征. 这些数字特征在理论和实践上都具有重要的意义. 本章将介绍随机变量的常用数字特征:数学期望、方差、协方差、相关系数和矩.

§3.1 随机变量的数学期望

先看一个例子.

例3.1 有甲、乙两个射手,他们的射击技术如下表所示.

甲射手

击中环数	8	9	10
概率	0.3	0.1	0.6

乙射手

击中环数	8	9	10
概率	0.2	0.5	0.3

试问哪个射手本领较高?

这个问题的答案不是一眼看得出的,我们有必要找出一些量来更集中、更概括地描述随机变量,这些量多是某种平均值.

在上述问题中,假设两射手各射 N 枪,则他们打中的环数大约是:

甲:$8\times 0.3N+9\times 0.1N+10\times 0.6N=9.3N$

乙:$8\times 0.2N+9\times 0.5N+10\times 0.3N=9.1N$

平均起来甲每枪射中9.3环,乙射中9.1环. 因此甲的本领要高一些.

受上面问题的启发,对离散型随机变量,我们引进如下定义.

定义3.1 设 X 是离散型随机变量,它的可能取值为 $x_1,x_2,\cdots$,对应的概

率 $P(X=x_1)=p_1, P(X=x_2)=p_2,\cdots$,如果级数 $\sum_{n=1}^{\infty} x_n p_n$ 绝对收敛,即 $\sum_{n=1}^{\infty} |x_n| p_n<\infty$,则我们称 $\sum_{n=1}^{\infty} x_n p_n$ 为随机变量 X 的数学期望或均值,记作 $E(X)$,即

$$E(X)=\sum_{n=1}^{\infty} x_n p_n \tag{3.1}$$

当级数 $\sum_{n=1}^{\infty} |x_n| p_n$ 发散时,则说 X 的数学期望不存在.

定义中对级数要求绝对收敛是为了数学处理的方便.从直观上讲,它也是合理的:因为诸 x_n 的顺序对随机变量来说并不是本质的,因而在数学期望的定义中就应允许任意改变 x_n 的次序而不影响其收敛性及其和值,这在数学上相当于要求级数 $\sum_{n=1}^{\infty} x_n p_n$ 绝对收敛.

显然随机变量的数学期望由概率分布惟一确定.下面来计算一些重要离散型分布的数学期望.

例 3.2 设随机变量 $X\sim B(n,p)$,求 $E(X)$.

解 因为 $P(X=k)=\mathrm{C}_n^k p^k(1-p)^{n-k}(k=0,1,\cdots,n)$,则由定义 3.1 得

$$E(X)=\sum_{k=0}^{n} k\mathrm{C}_n^k p^k(1-p)^{n-k}=\sum_{k=1}^{n} np\mathrm{C}_{n-1}^{k-1} p^{k-1}(1-p)^{n-k}=$$

$$np\sum_{k=1}^{n} \mathrm{C}_{n-1}^{k-1} p^{k-1}(1-p)^{n-k}=np[p+(1-p)]^{n-1}=np$$

例 3.3 设 X 服从泊松分布 $P(\lambda)$,求 $E(X)$.

解 $$E(X)=\sum_{n=0}^{\infty} n\frac{\lambda^n}{n!}\mathrm{e}^{-\lambda}=\sum_{n=1}^{\infty} \lambda\mathrm{e}^{-\lambda}\frac{\lambda^{n-1}}{(n-1)!}=\lambda\mathrm{e}^{-\lambda}\sum_{n=1}^{\infty}\frac{\lambda^{n-1}}{(n-1)!}=$$

$$\lambda\mathrm{e}^{-\lambda+\lambda}=\lambda$$

由此看出,泊松分布的参数 λ 就是它的数学期望.

例 3.4 设随机变量 X 服从几何分布,其分布律为 $P(X=k)=q^{k-1}p$ $(q=1-p;k=1,2,\cdots;0<p<1)$,求 $E(X)$.

解 $$E(X)=\sum_{k=1}^{\infty} kq^{k-1}p=p\sum_{k=1}^{\infty} kq^{k-1}=$$

$$p(q+q^2+q^3+\cdots)'=p\left(\frac{q}{1-q}\right)'=$$

$$p\frac{1}{(1-q)^2}=\frac{1}{p}$$

其中 $q=1-p$.

下面给出连续型随机变量数学期望的定义.

定义 3.2　设 X 是连续型随机变量，其分布密度函数为 $p(x)$，如果积分 $\int_{-\infty}^{+\infty} xp(x)\mathrm{d}x$ 绝对收敛，则称它为随机变量 X 的数学期望，记为 $E(X)$，即

$$E(X)=\int_{-\infty}^{+\infty} xp(x)\mathrm{d}x \tag{3.2}$$

例 3.5　设随机变量 $X\sim N(\mu,\sigma^2)$，求 $E(X)$.

解　$$E(X)=\int_{-\infty}^{+\infty} x\frac{1}{\sqrt{2\pi}\sigma}\mathrm{e}^{-\frac{(x-\mu)^2}{2\sigma^2}}\mathrm{d}x \xlongequal{令\, y=\frac{x-\mu}{\sigma}}$$

$$\int_{-\infty}^{+\infty}\frac{1}{\sqrt{2\pi}}(\sigma y+\mu)\mathrm{e}^{-\frac{y^2}{2}}\mathrm{d}y=\frac{\mu}{\sqrt{2\pi}}\int_{-\infty}^{+\infty}\mathrm{e}^{-\frac{y^2}{2}}\mathrm{d}y=\mu$$

可见 $N(\mu,\sigma^2)$ 中的 μ 正是它的数学期望.

例 3.6　设随机变量 X 服从 $\Gamma(\alpha,\beta)$ 分布，密度函数为

$$p(x)=\begin{cases}\dfrac{\beta^\alpha}{\Gamma(\alpha)}x^{\alpha-1}\mathrm{e}^{-\beta x}, & x>0\\ 0, & x\leqslant 0\end{cases}$$

求 $E(X)$.

解　$$E(X)=\int_0^{+\infty}\frac{\beta^\alpha}{\Gamma(\alpha)}x^\alpha\mathrm{e}^{-\beta x}\mathrm{d}x\xlongequal{y=\beta x}$$

$$\int_0^{+\infty}\frac{y^\alpha}{\beta\Gamma(\alpha)}\mathrm{e}^{-y}\mathrm{d}y=\frac{\Gamma(\alpha+1)}{\beta\Gamma(\alpha)}=\frac{\alpha}{\beta}$$

当 $\alpha=1$ 时，X 服从指数分布 $E(\beta)$，这时 $E(X)=\dfrac{1}{\beta}$.

例 3.7　设随机变量 X 服从柯西分布，密度函数为

$$p(x)=\frac{1}{\pi(1+x^2)}\quad(-\infty<x<+\infty)$$

求 $E(X)$.

解　由于积分

$$\int_{-\infty}^{+\infty}|x|\frac{\mathrm{d}x}{\pi(1+x^2)}=\infty$$

因此柯西分布的数学期望不存在.

我们经常要求随机变量的函数的数学期望，例如飞机机翼受到压力 $W=Kv^2$（v 是风速，$K>0$ 是常数）的作用，需要求 W 的数学期望，这里 W 是随机变量 v 的函数. 关于随机变量的函数的数学期望具有下面的定理.

定理 3.1　设 Y 是随机变量 X 的函数 $Y=f(X)$（f 是连续函数）.

(1) 设 X 是离散型随机变量，其分布律为 $p_k=P(X=x_k)$ $(k=1,2,\cdots)$，若 $\sum_{k=1}^{\infty}f(x_k)p_k$ 绝对收敛，则有

$$E(Y)=E[f(X)]=\sum_{k=1}^{\infty}f(x_k)p_k \tag{3.3}$$

(2) 设 X 是连续型随机变量，它的概率密度函数为 $p(x)$，其积分 $\int_{-\infty}^{+\infty}f(x)p(x)\mathrm{d}x$ 绝对收敛，则有

$$E(Y)=E[f(X)]=\int_{-\infty}^{+\infty}f(x)p(x)\mathrm{d}x \tag{3.4}$$

定理 3.1 的重要意义在于当我们求 $E(Y)$ 时，可以利用 Y 的分布，也可不用 Y 的分布而只需利用 X 的分布就可以了．定理的证明已超出了本书的范围，我们只须对下述特殊情况加以证明．

证明　设 X 是连续型随机变量，$y=f(x)$ 是 x 的单调连续函数，其反函数 $x=g(y)$ 具有连续导数，则 $Y=f(X)$ 的概率密度函数为

$$p_Y(y)=\begin{cases}p_X(g(y))\mid g'(y)\mid, & \alpha<y<\beta\\ 0, & \text{其他}\end{cases}$$

于是

$$E(Y)=\int_{-\infty}^{+\infty}yp_Y(y)\mathrm{d}y=\int_{\alpha}^{\beta}yp_X(g(y))\mid g'(y)\mid\mathrm{d}y$$

当 $g'(y)>0$ 时，

$$E(Y)=\int_{\alpha}^{\beta}yp_X(g(y))g'(y)\mathrm{d}y=\int_{-\infty}^{+\infty}f(x)p_X(x)\mathrm{d}x$$

当 $g'(y)<0$ 时，

$$E(y)=-\int_{\alpha}^{\beta}yp_X(g(y))g'(y)\mathrm{d}y=$$

$$-\int_{\infty}^{-\infty}f(x)p_X(x)\mathrm{d}x=\int_{-\infty}^{+\infty}f(x)p_X(x)\mathrm{d}x$$

综合以上两式，式(3.4) 得证．

例 3.8　设某种商品每周的需求量 X 是服从[10,30]上均匀分布的随机变量，而经销商店进货数量为区间[10,30]中的某一整数，商店每销售 1 单位商品可获利 500 元，若供大于求则削价处理，每处理 1 单位商品亏损 100 元；若供不应求，则可从外部调剂供应，此时每 1 单位商品仅获利 300 元，为使商店所获利润期望值不少于 9 280 元，试确定最少进货量．

解　设进货量为 a，则利润为

$$H(X)=\begin{cases}500a+(X-a)300, & a<X\leqslant 30\\ 500X-(a-X)100, & 10\leqslant X\leqslant a\end{cases}$$

则

$$H(X)=\begin{cases}300X+200a, & a<X\leqslant 30\\ 600X-100a, & 10\leqslant X\leqslant a\end{cases}$$

期望利润为

$$E[H(X)]=\int_{10}^{30}\frac{1}{20}H(x)\mathrm{d}x=$$

$$\frac{1}{20}\times\int_{10}^{a}(600x-100a)\mathrm{d}x+\frac{1}{20}\times\int_{a}^{30}(300x+200a)\mathrm{d}x=$$

$$\frac{1}{20}\times\left(600\times\frac{x^2}{2}-100ax\right)\bigg|_{10}^{a}+$$

$$\frac{1}{20}\left(300\times\frac{x^2}{2}+200ax\right)\bigg|_{a}^{30}=-7.5a^2+350a+5\ 250$$

依题意，有 $-7.5a^2+350a+5\ 250\geqslant 9\ 280$ 即

$$7.5a^2-350a+4\ 030\leqslant 0$$

解得 $20\frac{2}{3}\leqslant a\leqslant 26$.

定理3.1的结论可以推广到两个或两个以上随机变量的函数的情况.

设 Z 是随机向量 (X,Y) 的连续函数 $Z=f(X,Y)$，若 Z 的数学期望存在，且二维随机变量 (X,Y) 的概率密度函数为 $p(x,y)$，则

$$E(Z)=E[f(X,Y)]=\int_{-\infty}^{+\infty}\int_{-\infty}^{+\infty}f(x,y)p(x,y)\mathrm{d}x\mathrm{d}y \tag{3.5}$$

当 (X,Y) 为二维离散型随机变量，其联合分布律为 $P(X=x_i,Y=y_j)=p_{ij}(i,j=1,2,\cdots)$ 则有

$$E(Z)=E[f(X,Y)]=\sum_{i=1}^{\infty}\sum_{j=1}^{\infty}f(x_i,y_j)p_{ij} \tag{3.6}$$

这里假设上式右端的级数绝对收敛．特别

$$E(X)=\int_{-\infty}^{+\infty}\int_{-\infty}^{+\infty}xp(x,y)\mathrm{d}x\mathrm{d}y=\int_{-\infty}^{+\infty}xp_X(x)\mathrm{d}x \tag{3.7}$$

$$E(Y)=\int_{-\infty}^{+\infty}\int_{-\infty}^{+\infty}yp(x,y)\mathrm{d}x\mathrm{d}y=\int_{-\infty}^{+\infty}yp_Y(y)\mathrm{d}y \tag{3.8}$$

或

$$E(X)=\sum_{i=1}^{\infty}\sum_{j=1}^{\infty}x_ip_{ij}=\sum_{i=1}^{\infty}x_ip_{i\cdot} \tag{3.9}$$

$$E(Y)=\sum_{i=1}^{\infty}\sum_{j=1}^{\infty}y_jp_{ij}=\sum_{i=1}^{\infty}y_jp_{\cdot j} \tag{3.10}$$

例 3.9　设 $X\sim N(0,1)$，$Y\sim N(0,1)$，X 与 Y 相互独立，求 $E(\sqrt{X^2+Y^2})$.

解　$E(\sqrt{X^2+Y^2})=\int_{-\infty}^{+\infty}\int_{-\infty}^{+\infty}\sqrt{x^2+y^2}\frac{1}{2\pi}\mathrm{e}^{-\frac{1}{2}(x^2+y^2)}\mathrm{d}x\mathrm{d}y=$

$$\int_{0}^{2\pi}\mathrm{d}\theta\int_{0}^{+\infty}\frac{1}{2\pi}r\mathrm{e}^{-\frac{r^2}{2}}\mathrm{d}r=\int_{0}^{+\infty}r^2\mathrm{e}^{-\frac{1}{2}r^2}\mathrm{d}r=\frac{\sqrt{2\pi}}{2}$$

数学期望具有以下几个重要性质．

性质 3.1 设 C 是常数，则有 $E(C)=C$.

性质 3.2 设 X 是随机变量，C 是常数，则有

$$E(CX)=CE(X)$$

性质 3.3 设 $X_1,X_2,\cdots,X_n$ 是 n 个随机变量，$a_1,a_2,\cdots,a_n$ 是实常数，则有

$$E\Big(\sum_{i=1}^{n}a_iX_i\Big)=\sum_{i=1}^{n}a_iE(X_i)$$

性质 3.4 设 X,Y 是相互独立的随机变量，则

$$E(XY)=E(X)E(Y)$$

证明 性质 3.1 和性质 3.2 由读者自己证明．我们来证明性质 3.3 和性质 3.4.

设 n 维随机变量 $(X_1,X_2,\cdots,X_n)$ 的联合概率密度函数为 $p(x_1,x_2,\cdots,x_n)$，则

$$E\Big(\sum_{i=1}^{n}a_iX_i\Big)=\int_{-\infty}^{+\infty}\int_{-\infty}^{+\infty}\cdots\int_{-\infty}^{+\infty}\Big(\sum_{i=1}^{n}a_ix_i\Big)p(x_1,\cdots,x_n)\mathrm{d}x_1\cdots\mathrm{d}x_n=$$

$$\sum_{i=1}^{n}a_i\Big(\int_{-\infty}^{+\infty}\int_{-\infty}^{+\infty}\cdots\int_{-\infty}^{+\infty}x_ip(x_1,\cdots,x_n)\mathrm{d}x_1\cdots\mathrm{d}x_n\Big)=$$

$$\sum_{i=1}^{n}a_iE(X_i)$$

性质 3.3 得证．

又若 X 与 Y 相互独立，此时 $p(x,y)=p_X(x)p_Y(y)$，故有

$$E(XY)=\int_{-\infty}^{+\infty}\int_{-\infty}^{+\infty}xyp_X(x)p_Y(y)\mathrm{d}x\mathrm{d}y=$$

$$\Big[\int_{-\infty}^{+\infty}xp_X(x)\mathrm{d}x\Big]\Big[\int_{-\infty}^{+\infty}yp_Y(y)\mathrm{d}y\Big]=E(X)E(Y)$$

性质 3.4 得证．

例 3.10 一辆飞机场的交通车，送 25 名乘客到 9 个站，假设每一位乘客都等可能地在任一站下车，并且他们下车与否相互独立．又知，交通车只在有人下车时才停车，求该交通车停车次数的数学期望．

解 引入随机变量

$$X_i=\begin{cases}0, & 在第\ i\ 站无人下车\\ 1, & 在第\ i\ 站有人下车\end{cases}\qquad(i=1,2,\cdots,9)$$

用 X 表示该交通车的停车次数，则 $X=\sum\limits_{i=1}^{9}X_i$，现在来求 $E(X)$.

由题意，任一乘客在第 i 站下车概率为 1/9，不下车概率为 8/9，因此 25 位乘客都不在第 i 站下车的概率为 $(8/9)^{25}$，在第 i 站下车概率为 $1-(8/9)^{25}$，也

就是

$$P(X_i = 0) = \left(\frac{8}{9}\right)^{25}, \quad P(X_i = 1) = 1 - \left(\frac{8}{9}\right)^{25} \quad (i = 1,2,\cdots,9)$$

由此得

$$E(X_i) = P(X_i = 1) = 1 - \left(\frac{8}{9}\right)^{25} \quad (i = 1,2,\cdots,9)$$

进而由性质(3) 得

$$E(X) = \sum_{i=1}^{9} E(X_i) = 9 \times \left[1 - \left(\frac{8}{9}\right)^{25}\right] = 8.5269 \text{ 次}$$

§3.2　随机变量的方差和矩

3.2.1　方差

数学期望是随机变量的重要数字特征，它刻画了随机变量的平均值．另一个重要的数字特征是方差或标准差．

定义 3.3　设 X 是随机变量，若 $E(X - E(X))^2$ 存在，则称它为随机变量 X 的方差，记为 $D(X)$ 或 $\sigma^2(X)$. 即

$$D(X) = \sigma^2(X) = E[X - E(X)]^2 \tag{3.11}$$

$\sqrt{D(X)}$(或 $\sigma(X)$) 称为 X 的标准差或均方差．

由数学期望的性质得方差的计算公式为

$$D(X) = E[X - E(X)]^2 = E[X^2 - 2E(X)X + (E(X))^2] = E(X^2) - (E(X))^2 \tag{3.12}$$

方差描述了随机变量对于数学期望的离散程度，若 X 取值比较集中，则 $D(X)$ 较小；若 X 取值比较分散，则 $D(X)$ 较大．下面计算一些常用分布的方差．

例 3.11　设 X 服从二项分布 $B(n,p)$，求 $D(X)$.

解　在例 3.2 中已求得 $E(X) = np$，先求 $E(X^2)$.

$$E(X^2) = \sum_{k=0}^{n} k^2 C_n^k p^k (1-p)^{n-k} =$$

$$\sum_{k=0}^{n} (k^2 - k) C_n^k p^k (1-p)^{n-k} + \sum_{k=0}^{n} k C_n^k p^k (1-p)^{n-k} =$$

$$\sum_{k=2}^{n} k(k-1) \frac{n!}{k!(n-k)!} p^k (1-p)^{n-k} + E(X) =$$

$$n(n-1)p^2 \sum_{k=2}^{n} C_{n-2}^{k-2} p^{k-2} (1-p)^{n-2-(k-2)} + np =$$

$$n(n-1)p^2+np$$

于是由公式(3.12)得

$$D(X)=n(n-1)p^2+np-n^2p^2=np(1-p)$$

例 3.12 设 X 服从泊松 $P(\lambda)$ 分布,求 $D(X)$.

解 $E(X^2)=\sum\limits_{k=0}^{\infty}k^2\frac{\lambda^k}{k!}\mathrm{e}^{-\lambda}=\sum\limits_{k=0}^{\infty}(k^2-k)\frac{\lambda^k}{k!}\mathrm{e}^{-\lambda}+E(X)=$

$$\lambda^2\mathrm{e}^{-\lambda}\sum_{k=2}^{\infty}\frac{\lambda^{k-2}}{(k-2)!}+E(X)=\lambda^2+\lambda$$

于是

$$D(X)=E(X^2)-(E(X))^2=\lambda^2+\lambda-\lambda^2=\lambda$$

即泊松分布的数学期望与方差均为 λ.

例 3.13 设 X 服从几何分布,分布律为 $P\{X=k\}=q^{k-1}p,q=1-p$,$k=1,2,\cdots$,求 $D(X)$.

解 由例 3.4 知 $E(X)=\dfrac{1}{p}$

$$E(X^2)=\sum_{k=1}^{\infty}k^2q^{k-1}p=\sum_{k=1}^{\infty}(k^2-k)q^{k-1}p+\sum_{k=1}^{\infty}kq^{k-1}p=$$

$$pq\sum_{k=2}^{\infty}k(k-1)q^{k-2}+E(X)=pq\Big(\sum_{k=2}^{\infty}q^k\Big)''+\frac{1}{p}=$$

$$pq\left(\frac{q^2}{1-q}\right)''+\frac{1}{p}=\frac{2q}{p^2}+\frac{1}{p}$$

所以

$$D(X)=E(X^2)-(E(X))^2=\frac{2q}{p^2}+\frac{1}{p}-\frac{1}{p^2}=\frac{q}{p^2}$$

例 3.14 设 $X\sim N(\mu,\sigma^2)$,求 $D(X)$.

解 由于 $E(X)=\mu$,于是

$$D(X)=E(X-\mu)^2=\int_{-\infty}^{+\infty}(x-\mu)^2\frac{1}{\sqrt{2\pi}\sigma}\mathrm{e}^{-\frac{1}{2\sigma^2}(x-\mu)^2}\mathrm{d}x$$

令 $\dfrac{X-\mu}{\sigma}=t$,得

$$D(X)=\frac{\sigma^2}{\sqrt{2\pi}}\int_{-\infty}^{+\infty}t^2\mathrm{e}^{-\frac{t^2}{2}}\mathrm{d}t=$$

$$\frac{\sigma^2}{\sqrt{2\pi}}\left\{\left[-t\mathrm{e}^{-\frac{t^2}{2}}\right]\Big|_{-\infty}^{+\infty}+\int_{-\infty}^{+\infty}\mathrm{e}^{-\frac{t^2}{2}}\right\}=\frac{\sigma^2}{\sqrt{2\pi}}\sqrt{2\pi}=\sigma^2$$

这表明正态分布中的参数 σ^2 是该分布的方差. 由此可知,对于正态分布,只要知道它的数学期望和方差这两个数字特征,分布就完全确定了.

方差具有下列性质.

性质 3.5　$D(C)=0$, C 为常数.

性质 3.6　$D(kX)=k^2D(X)$, k 为常数.

性质 3.7　设 $X_1,X_2,\cdots,X_n$ 是独立的随机变量, $a_i(i=1,\cdots,n)$ 是任意实数,则

$$D\left(\sum_{i=1}^{n}a_iX_i\right)=\sum_{i=1}^{n}a_i^2D(X_i) \tag{3.13}$$

性质 3.8　(切比谢夫不等式)设 X 是随机变量, $E(X)$ 和 $D(X)$ 均存在,则对任意的实数 $\varepsilon>0$,有

$$P\{|X-E(X)|\geqslant\varepsilon\}\leqslant\frac{D(X)}{\varepsilon^2} \tag{3.14}$$

性质 3.9　随机变量 X 的方差 $D(X)=0$ 的充要条件是 $P(X=C)=1$, C 为常数.

性质 3.10　若 $C\neq E(X)$,则 $D(X)<E(X-C)^2$. (3.15)

证明　性质 3.5,性质 3.6 留给读者去证明,现证明性质 3.7. 因为

$$E\left(\sum_{i=1}^{n}a_iX_i\right)=\sum_{i=1}^{n}a_iE(X_i)$$

所以

$$\begin{aligned}D\left(\sum_{i=1}^{n}a_iX_i\right)=&E\left[\sum_{i=1}^{n}a_iX_i-\sum_{i=1}^{n}a_iE(X_i)\right]^2=\\&E\left[\sum_{i=1}^{n}a_i(X_i-E(X_i))\right]^2=\\&E\left[\sum_{i=1}^{n}a_i^2(X_i-E(X_i))^2+2\sum_{i<j}a_ia_j(X_i-\right.\\&\left.E(X_i))(X_j-E(X_j))\right]=\sum_{i=1}^{n}a_i^2E(X_i-E(X_i))^2+\\&2\sum_{i<j}a_ia_jE(X_i-E(X_i))(X_j-E(X_j))=\\&\sum_{i=1}^{n}a_i^2D(X_i)+2\sum_{i<j}a_ia_jE(X_i-E(X_i))E(X_j-\\&E(X_j))=\sum_{i=1}^{n}a_i^2D(X_i)\end{aligned}$$

故性质 3.7 成立.

性质 3.8 仅在 X 为连续型随机变量情形下证明.

设随机变量的密度函数为 $p(x)$,则

$$P\{|X-E(X)|\geqslant\varepsilon\}=\int\limits_{|x-EX|\geqslant\varepsilon}p(x)\mathrm{d}x\leqslant\int\limits_{|x-EX|\geqslant\varepsilon}\frac{(x-EX)^2}{\varepsilon^2}p(x)\mathrm{d}x\leqslant$$

$$\frac{1}{\varepsilon^2}\int_{-\infty}^{+\infty}(x-E(X))^2 p(x)\mathrm{d}x=\frac{D(X)}{\varepsilon^2}$$

性质 3.8 得证．

性质 3.9 的必要性证明．设 $D(X)=0$，由性质 3.8 得对任意 $\varepsilon>0$，有

$$0\leqslant P\{|X-E(X)|\geqslant\varepsilon\}\leqslant\frac{D(X)}{\varepsilon^2}=0$$

再由 ε 的任意性知

$$P\{X=E(X)\}=1$$

性质 3.9 的充分性由性质 3.5 即可证明．

对性质 3.10 有

$$D(X)=E(X-E(X))^2=$$
$$E(X-C)^2-(C-EX)^2\leqslant E(X-C)^2$$

切比谢夫不等式也可以写成如下的形式：

$$P\{|X-E(X)|<\varepsilon\}\geqslant 1-\frac{D(X)}{\varepsilon^2}\tag{3.16}$$

这个不等式给出了在随机变量 X 的分布未知的情况下，事件 $\{|X-E(X)|<\varepsilon\}$ 的概率的一种估计方法，例如，当 $\varepsilon=3\sigma(X)$，$4\sigma(X)$ 时便有

$$P\{|X-E(X)|<3\sigma(X)\}\geqslant 1-\frac{1}{9}=\frac{8}{9}=0.888\,9$$

$$P\{|X-E(X)|<4\sigma(X)\}\geqslant 1-\frac{1}{16}=\frac{15}{16}=0.937\,5$$

例 3.15 在每次试验中，事件 A 发生的概率为 0.5.

(1) 利用切比谢夫不等式估计在 1 000 次独立试验中，事件 A 发生的次数在 400 ～ 600 之间的概率；

(2) 要使 A 出现的频率在 0.35 ～ 0.65 之间的概率不小于 0.95，至少需要做多少次重复试验？

解 (1) 设 X 表示 1 000 次独立试验中事件 A 发生的次数，则 $X\sim B(100\,0,0.5)$，$E(X)=1\,000\times 0.5=500$，$D(X)=1\,000\times 0.5\times 0.5=250$，于是由切比谢夫不等式有

$$P\{400<X<600\}=P\{400-500<X-500<600-500\}=$$
$$P\{|X-E(X)|<100\}\geqslant$$
$$1-\frac{D(X)}{100^2}=1-\frac{250}{10\,000}=0.975$$

(2) 设需要做 n 次独立试验，则 $X\sim B(n,0.5)$ 求 n，使得

$$P\left\{0.35<\frac{X}{n}<0.65\right\}=$$
$$P\{0.35n-0.5n<X-0.5n<0.65n-0.5n\}=$$

$$P\{|X-0.5n|<0.15n\}\geqslant 0.95$$

成立，由切比谢夫不等式得

$$P\{|X-0.5n|<0.15n\}\geqslant 1-\frac{D(X)}{(0.15n)^2}=1-\frac{0.25n}{0.15^2n^2}$$

只要

$$1-\frac{1}{0.09n}\geqslant 0.95,\qquad n\geqslant 222.2$$

故至少需要做 223 次独立试验．

3.2.2　矩

定义 3.4　设 X 是一随机变量，若 $E(X^k)$ $(k=1,2,\cdots,n)$ 存在，则称它为 X 的 k 阶原点矩，记为 α_k，即

$$\alpha_k=E(X^k)\qquad(k=1,2,\cdots,n)\tag{3.17}$$

显然，当 $k=1$ 时 $\alpha_1=E(X)$ 就是 X 的数学期望．

定义 3.5　设 X 是一随机变量，且有 $\alpha_1=E(X)$，若 $E[X-E(X)]^k$ $(k=1,2,\cdots,n)$ 存在，则称它为 X 的 k 阶中心矩，记为 μ_k，即

$$\mu_k=E(X-E(X))^k\qquad(k=1,2,\cdots,n)\tag{3.18}$$

显然 $\mu_2=D(X)$．

由于

$$\mu_k=E(X-E(X))^k=\sum_{i=0}^{k}C_k^i(-E(X))^{k-i}E(X^i)=$$

$$\sum_{i=0}^{k}C_k^i(-\alpha_1)^{k-i}\alpha_i\tag{3.19}$$

故中心矩可通过原点矩来表达，反之

$$\alpha_k=E(X^k)=E[(X-\alpha_1)+\alpha_1]^k=$$

$$\sum_{i=0}^{k}C_k^{\,i}E(X-\alpha_1)^{k-i}\alpha_1^i=\sum_{i=0}^{k}C_k^{\,i}\mu_{k-i}\alpha_1^i\tag{3.20}$$

因此当已知数学期望之后，原点矩也可以通过中心矩给出．

例 3.16　设 $X\sim N(\mu,\sigma^2)$，求 $\mu_k=E(X-E(X))^k$ $(k=1,2,\cdots,n)$．

解　对于任意 $k\geqslant 1$，有

$$\mu_k=E(X-E(X))^k=\frac{1}{\sqrt{2\pi}\sigma}\int_{-\infty}^{+\infty}(x-\mu)^k e^{-\frac{(x-\mu)^2}{2\sigma^2}}dx\xlongequal{u=\frac{x-\mu}{\sigma}}$$

$$\frac{\sigma^k}{\sqrt{2\pi}}\int_{-\infty}^{+\infty}u^k e^{-\frac{u^2}{2}}du=$$

$$\begin{cases}\sigma^k(k-1)(k-3)\cdots3\times1, & k\text{ 为偶数}\\ 0, & k\text{ 为奇数}\end{cases}$$

随机变量的高阶矩可以用来刻画随机变量 X 分布的对称性及峰峭性．

当总体 X 的分布是对称的(关于 $E(X)$ 对称)，则 X 的奇数阶中心矩为 0，即 $\mu_{2k+1}=0\ (k=1,2,\cdots)$．考虑 3 阶中心矩 μ_3，当 X 的分布对称时，$\mu_3=0$；X 的分布不对称时，$\mu_3\neq 0$；而 4 阶中心矩可以用来作为分布形状的另一种度量．若 $X\sim N(\mu,\sigma^2)$，则 X 的 4 阶中心矩 $\mu_4=E(X-E(X))^4=3\sigma^4$，把正态分布的峰峭性作为标准，凡是 $\mu_4/\sigma^4>3$ 的分布称为高峰度，$\mu_4/\sigma^4<3$ 的称为低峰度．故我们可以引入 3 阶中心矩反映随机变量分布的对称性，而借助于 4 阶中心矩刻画分布形状凸平性的特征量．

定义 3.6 称 $g_1=\mu_3/\sigma^3$ (其中 $\sigma=\sqrt{D(X)}$)为随机变量 X 的偏度系数；称 $g_2=\mu_4/\sigma^4-3$ 为随机变量 X 的峰度系数．

显然当 $g_1=0$ 时，随机变量 X 的分布是对称的；当 $g_1>0$ 时，称随机变量 X 的分布有正偏度；当 $g_1<0$ 时，称 X 的分布有负偏度．

当 $g_2=0$ 时，随机变量 X 的密度函数形状的峰峭度与正态分布是相当的；当 $g_2>0$ 时，X 的分布的峰峭度高于正态分布；当 $g_2<0$ 时，X 的分布的峰峭度低于正态分布．

§3.3 协方差及相关系数

方差反映了随机变量对于自己的数学期望的离散程度，它对于了解随机向量的分布有一定帮助．但对于随机向量，我们除了关心它的每个分量的情况外，还希望知道各个分量之间的联系，这仅仅靠数学期望与方差是办不到的．下面讨论随机变量之间相互关系的数字特征．

定义 3.7 (X,Y) 是二维随机向量，量 $E\{[X-E(X)][Y-E(Y)]\}$ 称为随机变量 X 与 Y 的协方差，记为 $\mathrm{cov}(X,Y)$，即

$$\mathrm{cov}(X,Y)=E\{[X-E(X)][Y-E(Y)]\} \tag{3.21}$$

而

$$\rho_{XY}=\frac{\mathrm{cov}(X,Y)}{\sqrt{D(X)}\sqrt{D(Y)}} \tag{3.22}$$

称为随机变量 X 与 Y 的相关系数．ρ_{XY} 是一个无量纲的量．

协方差具有下列性质．

性质 3.11 $\mathrm{cov}(X,Y)=\mathrm{cov}(Y,X)$.

性质 3.12 $\mathrm{cov}(X,Y)=E(XY)-E(X)E(Y)$. (3.23)

性质 3.13 $\mathrm{cov}(aX,bY)=ab\,\mathrm{cov}(X,Y)$，$a,b$ 是常数．

性质 3.14 $\mathrm{cov}(X_1+X_2,Y)=\mathrm{cov}(X_1,Y)+\mathrm{cov}(X_2,Y)$.

性质 3.15 若 X 与 Y 独立，则 $\mathrm{cov}(X,Y)=0$.

性质 3.16　$D(X \pm Y) = D(X) + D(Y) \pm 2\text{cov}(X,Y)$.

性质 3.16 可以推广到任意有限场合,即

$$D\left(\sum_{i=1}^{n} X_i\right) = \sum_{i=1}^{n} D(X_i) + 2 \sum_{i<j}\sum \text{cov}(X_i, X_j) \tag{3.24}$$

证明　(1) 可从定义 3.7 直接看出,性质 3.12 可从定义 3.7 推出:

$$\begin{aligned}\text{cov}(X,Y) = & E[(X-E(X))(Y-E(Y))] = \\ & E[XY - XE(Y) - YE(X) + E(X)E(Y)] = \\ & E(XY) - E(X)E(Y) - E(Y)E(X) + E(X)E(Y)] = \\ & E(XY) - E(X)E(Y)\end{aligned}$$

性质 3.13 和 3.14 可直接由定义 3.7 得出. 若 X 与 Y 独立,则 $E(XY) = E(X)E(Y)$,从而由式(3.23) 即可得 $\text{cov}(X,Y) = 0$,即性质 3.15 成立. 由方差定义知

$$\begin{aligned}D(X \pm Y) = & E[(X \pm Y) - E(X \pm Y)]^2 = \\ & E[(X - EX) \pm (Y - EY)]^2 = \\ & D(X) + D(Y) \pm 2\text{cov}(X,Y)\end{aligned}$$

故性质 3.16 得证.

例 3.17　设二维连续型随机变量(X,Y) 的联合密度函数为

$$p(x,y) = \begin{cases} \dfrac{1}{3}(x+y), & 0 \leqslant x \leqslant 1, 0 \leqslant y \leqslant 2 \\ 0, & \text{其他} \end{cases}$$

试计算 $D(2X - 3Y + 8)$.

解　由性质(6) 得

$$\begin{aligned}D(2X - 3Y + 8) = & D(2X) + D(3Y) - 2\text{cov}(2X, 3Y) = \\ & 4D(X) + 9D(Y) - 12\text{cov}(X,Y)\end{aligned}$$

为了计算上述方差与协方差,需要先计算 $E(X)$,$E(X^2)$,$E(Y)$,$E(Y^2)$ 和 $E(XY)$. 为此先计算 X 与 Y 的边缘分布.

$$p_X(x) = \int_0^2 \frac{1}{3}(x+y)\mathrm{d}y = \frac{2}{3}(x+1) \qquad (0 \leqslant x \leqslant 1)$$

$$p_Y(y) = \int_0^1 \frac{1}{3}(x+y)\mathrm{d}x = \frac{1}{3}\left(\frac{1}{2} + y\right) \qquad (0 \leqslant y \leqslant 2)$$

由此计算得

$$E(X) = \int_0^1 \frac{2}{3}x(x+1)\mathrm{d}x = \frac{2}{3} \times \left(\frac{1}{3} + \frac{1}{2}\right) = \frac{5}{9}$$

$$E(X^2) = \int_0^1 \frac{2}{3}x^2(x+1)\mathrm{d}x = \frac{2}{3} \times \left(\frac{1}{4} + \frac{1}{3}\right) = \frac{7}{18}$$

$$D(X) = \frac{7}{18} - \frac{25}{81} = \frac{13}{162}$$

$$E(Y)=\int_0^2 \frac{1}{3}y\left(\frac{1}{2}+y\right)\mathrm{d}y=\frac{11}{9}$$

$$E(Y^2)=\int_0^2 \frac{1}{3}y^2\left(\frac{1}{2}+y\right)\mathrm{d}y=\frac{16}{9}$$

$$D(Y)=\frac{16}{9}-\left(\frac{11}{9}\right)^2=\frac{23}{81}$$

$$E(XY)=\frac{1}{3}\int_0^1\int_0^2 xy(x+y)\mathrm{d}y\mathrm{d}x=$$

$$\frac{1}{3}\int_0^1\left(2x^2+\frac{8}{3}x\right)\mathrm{d}x=\frac{2}{3}$$

于是可得协方差

$$\operatorname{cov}(X,Y)=\frac{2}{3}-\frac{5}{9}\times\frac{11}{9}=-\frac{1}{81}$$

代回原式，可得

$$D(2X-3Y+8)=4\times\frac{13}{162}+9\times\frac{23}{81}-12\times\left(-\frac{1}{81}\right)=\frac{245}{81}\approx 3$$

例 3.18 二维正态分布的相关系数． 设$(X,Y)\sim N(\mu_1,\mu_2,\sigma_1^2,\sigma_2^2,\rho)$，求 X 与 Y 的相关系数．

解 $\operatorname{cov}(X,Y)=E[(X-\mu_1)(Y-\mu_2)]=$

$$\frac{1}{2\pi\sigma_1\sigma_2\sqrt{1-\rho^2}}\int_{-\infty}^{+\infty}\int_{-\infty}^{\infty}(x-\mu_1)(y-\mu_2)\times$$

$$\exp\left\{-\frac{1}{2(1-\rho^2)}\left[\frac{(x-\mu_1)^2}{{\sigma_1}^2}-2\rho\frac{(x-\mu_1)(y-\mu_2)}{\sigma_1\sigma_2}+\right.\right.$$

$$\left.\left.\left(\frac{y-\mu_2}{\sigma_2}\right)^2\right]\right\}\mathrm{d}x\mathrm{d}y$$

注意上式中方括号内的量

$$\frac{(x-\mu_1)^2}{{\sigma_1}^2}-2\rho\frac{(x-\mu_1)(y-\mu_2)}{{\sigma_1}^2{\sigma_2}^2}+\frac{(y-\mu_2)^2}{{\sigma_2}^2}=$$

$$\left(\frac{x-\mu_1}{\sigma_1}-\rho\frac{y-\mu_2}{\sigma_2}\right)^2+\left(\sqrt{1-\rho^2}\,\frac{y-\mu_2}{{\sigma_2}^2}\right)^2$$

作变换

$$\begin{cases}u=\dfrac{1}{\sqrt{1-\rho^2}}\left(\dfrac{x-\mu_1}{\sigma_1}-\rho\dfrac{y-\mu_2}{\sigma_2}\right)\\ v=\dfrac{y-\mu_2}{\sigma_2}\end{cases}$$

由此可得

$$x-\mu_1=\sigma_1\left[u\sqrt{1-\rho^2}+\rho v\right]$$

$$y-\mu_2=\sigma_2 v$$

$$\mathrm{d}x\mathrm{d}y=\sigma_1\sigma_2\sqrt{1-\rho^2}\,\mathrm{d}u\mathrm{d}v$$

从而

$$\mathrm{cov}(X,Y)=\frac{\sigma_1\sigma_2}{2\pi}\int_{-\infty}^{\infty}\int_{-\infty}^{+\infty}\left[uv\sqrt{1-\rho^2}+\rho v^2\right]\mathrm{e}^{-\frac{u^2+v^2}{2}}\mathrm{d}u\mathrm{d}v=$$

$$\frac{\sigma_1\sigma_2}{2\pi}\sqrt{1-\rho^2}\int_{-\infty}^{+\infty}\int_{-\infty}^{+\infty}uv\mathrm{e}^{-\frac{u^2+v^2}{2}}\mathrm{d}u\mathrm{d}v+$$

$$\frac{\sigma_1\sigma_2}{2\pi}\rho\int_{-\infty}^{\infty}\int_{-\infty}^{+\infty}v^2\mathrm{e}^{-\frac{u^2+v^2}{2}}\mathrm{d}u\mathrm{d}v=$$

$$\rho\sigma_1\sigma_2\int_{-\infty}^{+\infty}\frac{1}{\sqrt{2\pi}}\mathrm{e}^{-\frac{u^2}{2}}\mathrm{d}u\int_{-\infty}^{+\infty}\frac{1}{\sqrt{2\pi}}v^2\mathrm{e}^{-\frac{v^2}{2}}\mathrm{d}v=\rho\sigma_1\sigma_2$$

所以 X 与 Y 的相关系数为

$$\rho_{XY}=\frac{\mathrm{cov}(X,Y)}{\sqrt{D(X)}\sqrt{D(Y)}}=\frac{\rho\sigma_1\sigma_2}{\sigma_1\sigma_2}=\rho$$

可见二维正态分布中第五个参数 ρ 不是别的，正是其相关系数．

定义 3.8　若随机变量 X 与 Y 的相关系数 $\rho_{XY}=0$，则称 X 与 Y 不相关．

相关系数的性质如下．

性质 3.17　$|\rho_{XY}|\leqslant 1$.

性质 3.18　$|\rho_{XY}|=1$ 的充要条件是 X 与 Y 之间几乎处处有线性关系．

性质 3.19　若 X 与 Y 相互独立，则 X 与 Y 不相关，反之不真．

证明　对性质 3.17，考虑随机变量

$$Z=\frac{X-E(X)}{\sqrt{D(X)}}\pm\frac{Y-E(Y)}{\sqrt{D(Y)}}$$

由式(3.24)得

$$D(Z)=D\left(\frac{X-E(X)}{\sqrt{D(X)}}\right)+D\left(\frac{Y-E(Y)}{\sqrt{D(Y)}}\right)\pm$$

$$2\mathrm{cov}\left(\frac{X-E(X)}{\sqrt{D(X)}},\frac{Y-E(Y)}{\sqrt{D(Y)}}\right)=$$

$$1+1\pm 2\rho_{XY}=2(1\pm\rho_{XY})\geqslant 0$$

从而得 $|\rho_{XY}|\leqslant 1$.

性质 3.18 的充分性．若 $Y=aX+b$，则

$$E(Y)=aE(X)+b,\qquad D(Y)=a^2D(X)$$

$$\rho_{XY}=\frac{E[(X-E(X))(Y-E(Y))]}{\sqrt{D(X)}\sqrt{D(Y)}}=$$

$$\frac{E[(X-E(X))(aX+b-aE(X)-b)]}{\sqrt{D(X)}\mid a\mid\sqrt{D(X)}}=$$

$$\frac{aD(X)}{\mid a\mid D(X)}=\frac{a}{\mid a\mid}$$

即 $|\rho_{XY}|=1$，当 $a>0$ 时，$\rho_{XY}=1$；当 $a<0$ 时，$\rho_{XY}=-1$.

性质 3.18 的必要性. 若 $|\rho_{XY}|=1$，则由于

$$D\left(\frac{X-E(X)}{\sqrt{D(X)}}\pm\frac{Y-E(Y)}{\sqrt{D(Y)}}\right)=2(1\pm\rho_{XY})$$

当 $\rho_{XY}=1$ 时，由于

$$D\left(\frac{X-E(X)}{\sqrt{D(X)}}-\frac{Y-E(Y)}{\sqrt{D(Y)}}\right)=2(1-\rho_{XY})=0$$

而方差为零的变量以概率 1 为常数，即

$$P\left\{\frac{Y-E(Y)}{\sqrt{D(Y)}}=\frac{X-E(X)}{\sqrt{D(X)}}\right\}=1$$

同理，当 $\rho_{XY}=-1$ 时得

$$P\left\{\frac{Y-E(Y)}{\sqrt{D(Y)}}=-\frac{X-E(X)}{\sqrt{D(X)}}\right\}=1$$

故当 $|\rho_{XY}|=1$ 时，以概率 1 成立

$$Y=aX+b$$

其中

$$a=\pm\sqrt{\frac{D(Y)}{D(X)}},\qquad b=E(Y)\mp\sqrt{\frac{D(Y)}{D(X)}}E(X)$$

对性质 3.19，若 X 与 Y 独立，由协方差的性质 3.15 知 $\mathrm{cov}(X,Y)=0$，从而 $\rho_{XY}=0$，即 X 与 Y 不相关. 但 $\rho_{XY}=0$ 不一定有 X 与 Y 独立. 为说明这一点，仅举出一个反例即可. 设 $X\sim N(0,1)$，$Y=X^2$，于是有

$$E(X)=0,\qquad E(Y)=E(X^2)=1$$

$$E(XY)=E(X^3)=0$$

可见

$$\mathrm{cov}(X,Y)=E(XY)-E(X)E(Y)=0$$

从而 $\rho_{XY}=0$，但 X 与 Y 间确有函数关系 $Y=X^2$，不能说 X 与 Y 独立，这就证明了“反之不真”.

性质 3.19 说明：两个随机变量间的独立与不相关是两个不同的概念，“不相关”只说明两个随机变量之间没有线性关系，而“独立”说明两个随机变量

之间既无线性关系，也无非线性关系，所以“独立”必导致“不相关”，反之不然．这两个概念在逻辑上的关系如图 3.1 所示．

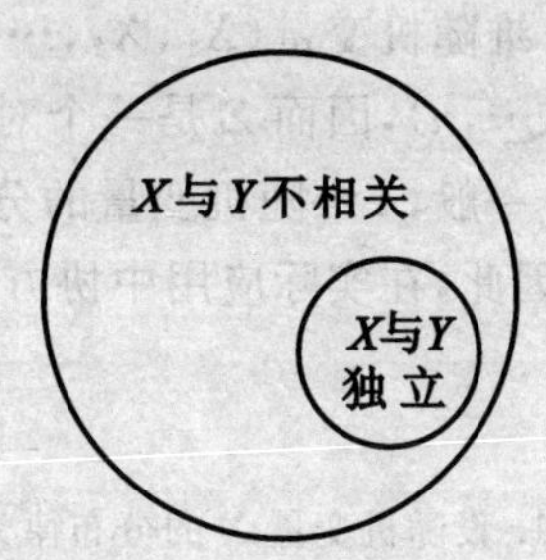

图 3.1　独立与不相关的逻辑关系

但有一点例外，在二维正态分布场合，不相关与独立等价．这是因为 X 与 Y 不相关等价于 $\rho_{XY}=0$，而当 (X,Y) 为二维正态变量时，$\rho_{XY}=\rho$，因此 X 与 Y 不相关等价于 $\rho=0$，而 $\rho=0$ 是 X 与 Y 独立的充要条件．

性质 3.18 和性质 3.19 说明相关系数 ρ_{XY} 的两个极端．当 $\rho_{XY}=0$ 时，X 与 Y 之间无线性关系；当 $\rho_{XY}=\pm1$ 时，X 与 Y 之间有线性关系；当 $0\leqslant|\rho_{XY}|\leqslant1$ 时，则认为 X 与 Y 之间有“一定程度”的线性关系；ρ_{XY} 愈接近 ±1，其线性相关的程度愈高；当 ρ_{XY} 愈接近于 0 时，其线性相关的程度愈低．当 $\rho_{XY}>0$ 时，Y 将随 X 的增加而增大；当 $\rho_{XY}<0$ 时，Y 将随 X 的增加而减少．所以相关系数是衡量 X 与 Y 之间线性相关程度的特征量．

下面介绍 n 维随机变量的协方差矩阵．先从二维随机变量讲起．

二维随机变量 (X_1,X_2) 有 4 个 2 阶中心矩(设它们都存在)，分别记为

$$\begin{aligned}\sigma_{11}&=E[(X_1-E(X_1))^2]\\ \sigma_{12}&=E[(X_1-E(X_1))(X_2-E(X_2))]\\ \sigma_{21}&=E[(X_2-E(X_2))(X_1-E(X_1))]\\ \sigma_{22}&=E[(X_2-E(X_2))^2]\end{aligned}$$

将它们排成矩阵形式

$$\boldsymbol{\Sigma}=\begin{pmatrix}\sigma_{11}&\sigma_{12}\\ \sigma_{21}&\sigma_{22}\end{pmatrix}$$

这个矩阵 $\boldsymbol{\Sigma}$ 称为随机变量 (X_1,X_2) 的协方差矩阵．

设 n 维随机变量 $(X_1,X_2,\cdots,X_n)$ 的 2 阶混合中心矩

$$\sigma_{ij}=\operatorname{cov}(X_i,X_j)=E[(X_i-E(X_i))(X_j-E(X_j))]\qquad (i,j=1,2,\cdots,n)$$

都存在，则称矩阵

$$\boldsymbol{\Sigma}=\begin{pmatrix}\sigma_{11}&\sigma_{12}&\cdots&\sigma_{1n}\\ \sigma_{21}&\sigma_{22}&\cdots&\sigma_{2n}\\ \vdots&\vdots&&\vdots\\ \sigma_{n1}&\sigma_{n2}&\cdots&\sigma_{nn}\end{pmatrix}$$

为 n 维随机变量 $(X_1,X_2,\cdots,X_n)$ 的协方差矩阵．由于 $\sigma_{ij}=\sigma_{ji}(i\neq j;\ i,j=1,2,\cdots,n)$，因而 $\boldsymbol{\Sigma}$ 是一个对称矩阵．

一般，n 维随机变量的分布是不知道的，或者太复杂，以致数学上不易处理，因此，在实际应用中协方差矩阵就显得重要了．

习　题　三

1. 设随机变量 X 的分布律为

X	-1	0	1	2	3
P	$\frac{1}{3}$	$\frac{1}{6}$	$\frac{1}{6}$	$\frac{1}{12}$	$\frac{1}{4}$

求 $E(X),E(X^2),D(X)$ 和 $E(3X^2+5)$．

2. 将 10 个球掷进 4 个盒子，设每个球落在每个盒子里的可能性相同，求落在第一个盒子里的球数的数学期望与方差．

3. 某射手射击时，击中目标的概率为 0.8，现在连续向一目标射击，直到第一次击中目标为止，求射击次数 X 的数学期望与方差．

4. 设随机变量 X 服从指数分布，其概率密度为

$$p(x)=\begin{cases}\dfrac{1}{\beta}\mathrm{e}^{-\frac{(x-\theta)}{\beta}}, & x>\theta\\ 0, & x\leqslant\theta\end{cases}$$

其中 $\theta>0,\beta>0$ 是常数，求 $E(X),D(X)$．

5. 设随机变量 X 服从瑞利分布，其概率密度为

$$p(x)=\begin{cases}\dfrac{x}{\sigma^2}\mathrm{e}^{-\frac{x^2}{2\sigma^2}}, & x>0\\ 0, & x\leqslant 0\end{cases}$$

其中 $\sigma>0$ 是常数，求 $E(X),D(X)$．

6. 游客乘电梯从底层到电视塔顶层观光，电梯于每个整点的 5 min，25 min 和 55 min 从底层起行，假设一游客在早上 8 点的第 X min 到达底层电梯处，且 X 在 $[0,60]$ 上服从均匀分布，求该游客等候时间的数学期望．

7. 假设由自动生产线加工的某种零件的内径 X mm 服从正态分布 $N(\mu,1)$，内径小于 10 或大于 12 为不合格品，其余为合格品．销售每件合格品获利，销售不合格品则亏损．已知销售利润 T(单位:元) 与销售零件的内径 X 有关系

$$T=\begin{cases}-1, & X<10\\ 20, & 10\leqslant X\leqslant 12\\ -5, & X>12\end{cases}$$

问平均内径 μ 取何值时，销售一个零件的平均利润最大？

8. 某人有 n 把钥匙，其中只有一把能打开房门，现在任取一把试开，不能打开者除去，求打开此门所需试开次数的数学期望与方差．

9. 设事件 A 在第 i 次试验中发生的概率为 $p_i(i=1,2,\cdots,n)$，求事件 A 在 n 次试验中发生次数的数学期望与方差．

10. 设 $X_1,X_2,\cdots,X_n$ 是独立同分布的随机变量，其数学期望和方差分别为 μ 和 σ^2，令

$$Y_n=\frac{1}{n}\sum_{i=1}^{n}X_i,\qquad S_n^{\ 2}=\frac{1}{n}\sum_{i=1}^{n}(X_i-Y_n)^2$$

求：(1) $E(Y_n)$，$D(Y_n)$；

(2) $E(S_n^{\ 2})$．

11. 设 X 与 Y 独立，证明

$$D(XY)=D(X)D(Y)+[E(X)]^2D(Y)+[E(Y)]^2D(X)$$

12. 设二维随机变量 (X,Y) 服从 A 上的均匀分布，其中 A 为由 x 轴、y 轴及直线 $x+y+1=0$ 所围成的区域．求：(1) $E(X)$；(2) $E(-3X+2Y)$；(3) ρ_{XY} 的值．

13. 设 (X,Y) 的分布密度为

$$p(x,y)=\begin{cases}4xy\mathrm{e}^{-(x^2+y^2)}, & x>0,y>0\\ 0, & \text{其他}\end{cases}$$

求 $E(\sqrt{X^2+Y^2})$．

14. 设随机变量 (X,Y) 的联合密度函数为

$$p(x,y)=\begin{cases}\dfrac{1}{8}(x+y), & 0\leqslant x\leqslant 2,0\leqslant y\leqslant 2\\ 0, & \text{其他}\end{cases}$$

求 ρ_{XY} 和 $D(X+Y)$．

15. 设随机变量 (X,Y) 在圆域 $x^2+y^2\leqslant r^2$ 上服从均匀分布．

(1) 问 X 与 Y 是否相互独立？为什么？

(2) 问 X 与 Y 是否不相关？为什么？

16. 设随机变量 X 的密度函数为

$$p(x)=\frac{1}{2}\mathrm{e}^{-|x|}\qquad(-\infty<x<+\infty)$$

(1) 求 $E(X)$，$D(X)$；

(2) 求 X 与 $|X|$ 的协方差，并问 X 与 $|X|$ 是否不相关？

(3) 问 X 与 $|X|$ 是否独立？为什么？

17. 设随机变量 X 与 Y 独立，同服从 $N(\mu,\sigma^2)$ 分布，令

$$Z=|X-Y|,\qquad U=\max(X,Y),\qquad V=\min(X,Y)$$

求：(1) $E(Z)$，$D(Z)$；

(2) $E(U)$，$E(V)$．

18. 设 X 与 Y 独立同分布，已知 X 的分布律为

$$P(X=i)=\frac{1}{3}\qquad(i=1,2,3)$$

令 $\xi=\max(X,Y)$，$\eta=\min(X,Y)$．

(1) 求 (ξ,η) 的联合分布律；

(2) 问 ξ 与 η 是否独立?为什么?

(3) 问 ξ 与 η 是否不相关?为什么?

19. 对于随机变量 X,Y,Z,已知

$$E(X)=E(Y)=1,\qquad E(Z)=-1,\qquad D(X)=D(Y)=D(Z)=1,$$

$$\rho_{XY}=\rho_{YZ}=\frac{1}{2},\qquad \rho_{XZ}=-\frac{1}{2}$$

求:(1) $E(X+Y+Z),D(X+Y+Z)$;

(2) $\operatorname{cov}(2X+3Y,4Y+2Z)$.

20. 设 X 与 Y 独立,同服从正态 $N(\mu,\sigma^2)$,令 $U=aX+bY,V=cX+dY,a,b,c,d$ 均为常数,求 ρ_{UV}.

21. 设二维随机变量(X,Y)的分布密度为

$$p(x,y)=\begin{cases}A\sin(x+y), & 0\leqslant x\leqslant\frac{\pi}{2},0\leqslant y\leqslant\frac{\pi}{2}\\ 0, & \text{其他}\end{cases}$$

求:(1) 系数 A;

(2) 问 X 与 Y 是否独立?为什么?

(3) 求 ρ_{XY}.

22. 设 $X_1,X_2,\cdots,X_n$ 是独立的随机变量,$D(X)=\sigma_i{}^2<\infty$,试求"权"$\alpha_1,\alpha_2,\cdots,\alpha_n$,$\sum\limits_{i=1}^{n}\alpha_i=1,\alpha_i>0$,使$\sum\limits_{i=1}^{n}\alpha_iX_i$ 的方差最小.

23. 一商店经销某种商品,每周进货量 X 与顾客对该种商品的需求量 Y 是相互独立的随机变量,且服从[10,20]上的均匀分布. 商店每售出一单位商品可得利润 1 000 元,若需求量超过进货量,商店可从其他商店调剂供应,这时每单位商品获利润500元,试计算此商店经销该种商品每周所得利润的期望值.

24. 在每次试验中,事件 A 发生的概率为 0.5,利用切比谢夫不等式估计在 1 000 次独立试验中,事件 A 发生的次数在 $400\sim600$ 之间的概率.

25. 用卡车装运水泥,设每袋水泥的重量 X(单位:kg) 服从 $N(50,2.5^2)$ 分布,问最多装多少袋水泥使总重量超过 2 000 kg 的概率不大于 0.05.

26. 对于随机变量 X,Y,若 $E(X^2),E(Y^2)$ 存在,证明

$$[E(XY)]^2\leqslant E(X^2)E(Y^2)$$

这一不等式称为柯西-许瓦兹不等式.

第 4 章　大数定律与中心极限定理

§4.1　大数定律

在概率的统计定义中，我们提到当试验次数 n 增加时，事件发生的频率逐渐稳定在某个常数，即频率具有稳定性．在实践中人们还认识到大量测量值的算术平均值也具有稳定性，这种稳定性就是本节所要讨论的大数定律的客观背景．

首先给出大数定律的定义．

定义 4.1　设 $X_1, X_2, \cdots, X_n, \cdots$ 是随机变量序列，令

$$Y_n = \frac{1}{n}\sum_{i=1}^{n} X_i$$

如果存在这样一个常数序列 $a_1, a_2, \cdots a_n, \cdots$，对任意的 $\varepsilon > 0$，恒有

$$\lim_{n\to\infty} P\{|Y_n - a_n| \geqslant \varepsilon\} = 0 \tag{4.1}$$

则称随机变量序列 $\{X_n\}$ 服从大数定律(或大数法则)．

定理 4.1　(切比谢夫大数定律)　设 $X_1, X_2, \cdots, X_n, \cdots$ 是两两不相关的随机变量序列，每一随机变量都有有限的方差，并有公共的上界

$$D(X_1) \leqslant C, D(X_2) \leqslant C, \cdots, D(X_n) \leqslant C, \cdots$$

则对任意的 $\varepsilon > 0$，恒有

$$\lim_{n\to\infty} P\left\{\left|\frac{1}{n}\sum_{i=1}^{n} X_i - \frac{1}{n}\sum_{i=1}^{n} EX_i\right| \geqslant \varepsilon\right\} = 0 \tag{4.2}$$

证明　因为 $\{X_n\}$ 两两不相关，故

$$D\left(\frac{1}{n}\sum_{i=1}^{n} X_i\right) = \frac{1}{n^2}\sum_{i=1}^{n} D(X_i) \leqslant \frac{C}{n}$$

再由切比谢夫不等式得到

$$0 \leqslant P\left\{\left|\frac{1}{n}\sum_{i=1}^{n} X_i - \frac{1}{n}\sum_{i=1}^{n} EX_i\right| \geqslant \varepsilon\right\} \leqslant \frac{D\left(\frac{1}{n}\sum_{i=1}^{n} X_i\right)}{\varepsilon^2} \leqslant \frac{C}{n\varepsilon^2}$$

于是，当 $n \to \infty$ 时，有式(4.2)成立，因此定理 4.1 得证．

定理 4.1 表明，当 n 很大时，随机变量 $X_1, X_2, \cdots, X_n$ 的算术平均值

$\frac{1}{n}\sum_{i=1}^{n}X_i$ 接近于它们的数学期望的算术平均值 $\frac{1}{n}\sum_{i=1}^{n}EX_i$，这种接近是在概率意义下的接近．通俗地说，在定理的条件下，n 个随机变量的算术平均值，当 n 无限增大时，几乎变成一个常数．

定义 4.2　设 $Y_1,Y_2,\cdots,Y_n$，是随机变量序列，Y 是随机变量，如果对任意的实数 $\varepsilon>0$，有

$$\lim_{n\to\infty}P\{|Y_n-Y|\geqslant\varepsilon\}=0$$

则称随机变量序列 $Y_1,Y_2,\cdots,Y_n$ 依概率收敛于 Y，记为

$$Y_n\xrightarrow{P}Y$$

依概率收敛表示：Y_n 与 Y 相差不小于任一给定量 ε 的可能性将随着 n 增大而愈来愈小，直至趋于零．大数定律中收敛性就是 Y 为常数 a 时的依概率收敛．

定理 4.2　设 $\{Y_n\}$ 为一随机变量序列，且 $Y_n\xrightarrow{P}C$（常数），又函数 $g(\cdot)$ 在点 C 处连续，则 $g(Y_n)\xrightarrow{P}g(C)$.

证明　由连续性可知，对任意 $\varepsilon>0$，存在 $\delta>0$，使当 $|y-C|<\delta$ 时，总有 $|g(y)-g(C)|<\varepsilon$，从而

$$\{|Y_n-C|<\delta\}\subset\{|g(Y_n)-g(C)|<\varepsilon\}$$

$$P\{|g(Y_n)-g(C)|<\varepsilon\}\geqslant P\{|Y_n-C|<\delta\}=$$
$$1-P\{|Y_n-C|\geqslant\delta\}\to1\quad(n\to\infty)$$

这就说明：$g(Y_n)\xrightarrow{P}g(C)$.

定理 4.3　（贝努里大数定律）　设 μ_n 是 n 次独立重复贝努里试验中事件 A 发生的次数，p 是事件 A 在每次试验中发生的概率，则对任意的正数 $\varepsilon>0$，有

$$\lim_{n\to\infty}P\left\{\left|\frac{\mu_n}{n}-p\right|\geqslant\varepsilon\right\}=0 \tag{4.3}$$

证明　引入随机变量

$$X_k=\begin{cases}0, & \text{在第 } k \text{ 次试验中事件 } A \text{ 不发生}\\ 1, & \text{在第 } k \text{ 次试验中事件 } A \text{ 发生}\end{cases}\quad(k=1,2,\cdots,n)$$

显然
$$\mu_n=\sum_{k=1}^{n}X_k$$

由于 $X_1,X_2,\cdots,X_n$ 是相互独立的，且同服从 $B(1,p)$ 分布，故有

$$E(X_k)=p,\qquad D(X_k)=p(1-p)\leqslant\frac{1}{4}\qquad(k=1,2,\cdots,n)$$

由定理 4.1 对任意的 $\varepsilon>0$，有

$$\lim_{n\to\infty}P\left\{\left|\frac{1}{n}\sum_{i=1}^{n}X_i-p\right|\geqslant\varepsilon\right\}=0$$

即
$$\lim_{n\to\infty}P\left\{\left|\frac{\mu_n}{n}-p\right|\geqslant\varepsilon\right\}=0$$

贝努里大数定律表明事件发生的频率 μ_A/n 依概率收敛于事件的概率 p，表达了频率的稳定性．就是说当 n 很大时，事件发生的频率与概率有较大偏差的可能性很小．因此，在实际应用中，当试验次数很大时，经常用事件发生的频率作为事件的概率的估计．

定理 4.4　（泊松大数定律）　如果在一个独立试验序列中，事件 A 在第 k 次试验中出现的概率等于 p_k，以 μ_n 记在前 n 次试验中事件 A 出现的次数，则对任意 $\varepsilon>0$，都有

$$\lim_{n\to\infty}P\left\{\left|\frac{\mu_n}{n}-\frac{1}{n}\sum_{k=1}^{n}p_k\right|\geqslant\varepsilon\right\}=0 \tag{4.4}$$

证明　令

$$X_k=\begin{cases}1, & \text{第 } k \text{ 次试验中 } A \text{ 发生}\\ 0, & \text{第 } k \text{ 次试验中 } A \text{ 不发生}\end{cases}\quad (k=1,2,\cdots,n)$$

再由定理 4.1 立刻可以得出式(4.4)．

在定理 4.1 中要求随机变量 $X_1,X_2,\cdots$ 的方差存在且有界．但对独立同分布的随机变量序列，并不需要这一要求．我们有以下的定理．

定理 4.5　（辛钦大数定律）　设随机变量 $X_1,X_2,\cdots,X_n$，相互独立，服从同一分布，且具有数学期望 $E(X_k)=\mu\quad(k=1,2,\cdots,n)$，则对任意正数 $\varepsilon>0$，有

$$\lim_{n\to\infty}P\left\{\left|\frac{1}{n}\sum_{i=1}^{n}X_i-\mu\right|\geqslant\varepsilon\right\}=0$$

证略．

显然，贝努里大数定律是辛钦大数定律的特例．辛钦大数定律为数理统计中的矩估计提供了理论根据．

例 4.1　设 $X_1,X_2,\cdots,X_n$ 是独立同分布的随机变量序列，$E(X_i)=\mu$，$D(X_i)=\sigma^2$ 均存在、证明

$$Y_n=\frac{2}{n(n+1)}\sum_{i=1}^{n}iX_i$$

依概率收敛到 μ.

证明　因为

$$E(Y_n)=\frac{2}{n(n+1)}\sum_{i=1}^{n}iE(X_i)=\frac{2\mu}{n(n+1)}\sum_{i=1}^{n}i=\mu$$

$$D(Y_n)=\frac{4}{n^2(n+1)^2}\sum_{i=1}^{n}i^2D(X_i)=\frac{4\sigma^2}{n^2(n+1)^2}\sum_{i=1}^{n}i^2=$$

$$\frac{4n(n+1)(2n+1)\sigma^2}{6n^2(n+1)^2}=\frac{2(2n+1)\sigma^2}{3n(n+1)}$$

从而对任意给定的$\varepsilon>0$,由切比谢夫不等式得

$$0\leqslant P\{|Y_n-\mu|\geqslant\varepsilon\}\leqslant\frac{D(Y_n)}{\varepsilon^2}=$$

$$\frac{2(2n+1)\sigma^2}{3n(n+1)\varepsilon^2}\to 0\quad(n\to\infty)$$

因此$Y_n\xrightarrow{P}\mu$.

例 4.2 设$f(x)$ $(a\leqslant x\leqslant b)$是连续函数,试用概率论方法近似计算积分$\int_a^b f(x)\mathrm{d}x$,如图 4-1 所示.

解 设$|f(x)|$的一个上界为$M(M>0)$,$f(x)$的最小值为h,则$0\leqslant\frac{f(x)-h}{2M}\leqslant 1$,故不妨假定$0\leqslant f(x)\leqslant 1$,引进新变量$z$:$x=(b-a)z+a$后,可将$x$轴上的区间$[a,b]$变为$z$轴上$[0,1]$,故不妨设$a=0,b=1$.

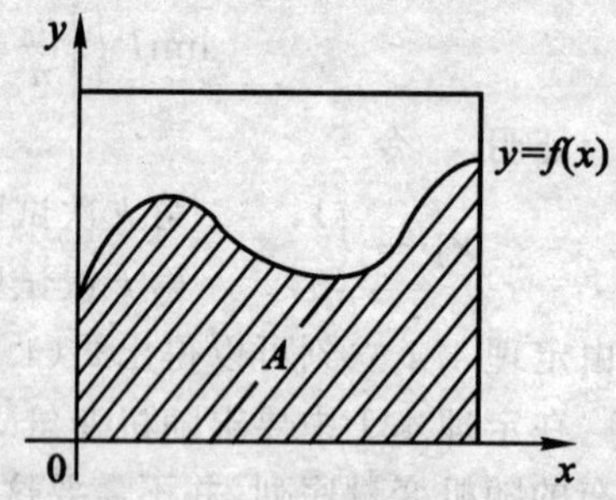

图 4-1 近似计算积分

考虑几何型随机试验E:向矩形$0\leqslant x\leqslant 1,0\leqslant y\leqslant 1$中均匀分布地掷点,将$E$独立地重复作下去,以$A$表示此矩形中曲线$y=f(x)$下的区域,即

$$A=\{(x,y):0\leqslant y\leqslant f(x);\ x\in[0,1]\}$$

并定义随机变量序列

$$X_k=\begin{cases}1, & \text{第 } k \text{ 次掷的点落于 } A \text{ 中}\\ 0, & \text{反之}\end{cases}$$

则$\{X_k:k\leqslant 1\}$独立同分布,而且

$$E(X_k)=P(X_k=1)=|A|=\int_0^1 f(x)\mathrm{d}x$$

$|A|$表A的面积,由贝努里大数定律知

$$\frac{1}{n}\sum_{k=1}^{n}X_i\xrightarrow{P}E(X_1)=\int_0^1 f(x)\mathrm{d}x$$

这表示当n充分大时,前n次试验中落于A中的点数$\sum_{k=1}^{n}X_k$除以n后以任意接近于 1 的概率与$\int_0^1 f(x)\mathrm{d}x$近似.

这种近似计算法叫蒙特卡洛(Monte-Carlo)方法.

§4.2　中心极限定理

4.2.1　问题的直观背景

在实际中，人们发现：n 个相互独立、同分布的随机变量之和的分布近似于正态分布，并且 n 愈大，此种近似程度愈好．下面通过一个例子来说明．

例 4.3　设 $X_1, X_2, \cdots, X_n$ 是 n 个独立同分布的随机变量，且共同服从区间 $(0,1)$ 上的均匀分布，即诸 $X_i \sim U(0,1)$．若取 $n = 100$，求概率 $P\left(\sum_{i=1}^{100} X_i \leqslant 60\right)$．

要精确地求出上述概率，就是要寻找 n 个独立同分布的随机变量之和 $Y_n = \sum_{i=1}^{n} X_i$ 的分布．若记 Y_n 的分布函数为 $p_n(y)$，则对较小的 n 场合用卷积公式可写出 $p_n(y)$．如

$$p_1(y) = \begin{cases} 1, & 0 < y < 1 \\ 0, & \text{其他} \end{cases}$$

$$p_2(y) = \begin{cases} y, & 0 < y < 1 \\ 2 - y, & 1 \leqslant y < 2 \\ 0, & \text{其他} \end{cases}$$

对 $p_2(y)$ 和 $p_1(y)$ 利用和的密度函数公式，又可得 $Y_3 = X_1 + X_2 + X_3$ 的密度函数

$$p_3(y) = \begin{cases} \frac{1}{2}y^2, & 0 < y < 1 \\ -\left(y - \frac{3}{2}\right)^2 + \frac{3}{4}, & 1 \leqslant y < 2 \\ \frac{(3-y)^2}{2}, & 2 \leqslant y < 3 \\ 0, & \text{其他} \end{cases}$$

这是一个连续函数，它的非零部分是由 3 段二次曲线相连，如图 4.2 所示，类似地可求出 $Y_4 = \sum_{i=1}^{4} X_i$ 的密度函数．

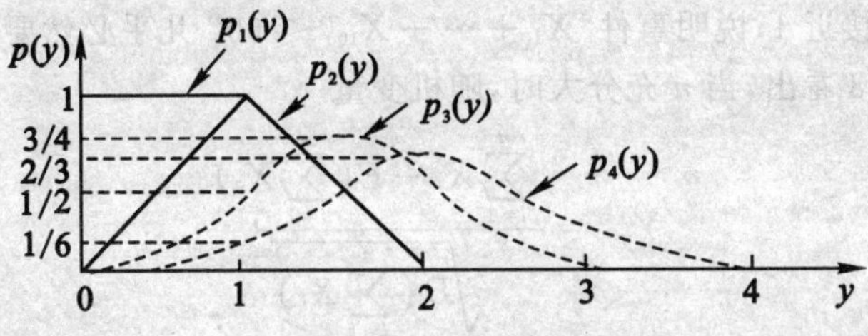

图 4.2　均匀分布的卷积

$$p_4(y)=\begin{cases}\dfrac{y^3}{6}, & 0<y<1\\ [y^3-4(y-1)^3]/6, & 1\leqslant y<2\\ [(4-y)^3-4(3-y)^3]/6, & 2\leqslant y<3\\ \dfrac{(4-y)^3}{6}, & 3\leqslant y<4\\ 0, & 其他\end{cases}$$

这也是一个连续的函数(见图 4.2),它的非零部分是由 4 段三次曲线相连,并且连续处较为光滑．照此下去,可以看出 Y_n 的密度函数 $p_n(y)$ 是一个连续函数,它的非零部分是由 n 段 $n-1$ 次曲线相连．但是要具体写出 $p_n(y)$ 的表达式绝非易事．即使写出表达式,使用起来也很不方便．这样一来,要精确计算概率 $P(X_1+X_2+\cdots+X_n\leqslant 60)$ 就发生困难．图 4.2 给我们提供了解决这一问题的思路,随着 n 增加,$p_n(y)$ 的图形愈来愈接近正态曲线,只是分布中心 $E(Y_n)$ 随着 n 的增加不断地向右移动,而标准差 $\sigma(Y_n)$ 不断增大．假如对 Y_n 施行标准化变换后,所得

$$Y_n^*=\frac{Y_n-E(Y_n)}{\sigma(Y_n)}=\frac{\sum_{i=1}^n X_i-E\left(\sum_{i=1}^n X_i\right)}{\sqrt{D\left(\sum_{i=1}^n X_i\right)}}=\frac{\sum_{i=1}^n X_i-nE(X_1)}{\sqrt{n}\sigma(X_1)}$$

的极限分布稳定于标准正态分布 $N(0,1)$,由于

$$X_1\sim U(0,1),\qquad EX_1=0.5,\qquad D(X_1)=\frac{1}{12}$$

当 $n=100$ 时,

$$E(Y_{100})=100\times 0.5=50,\qquad D(Y_{100})=100\times\frac{1}{12}=\frac{25}{3}$$

于是

$$P\left(\sum_{i=1}^{100}X_i\leqslant 60\right)=P\left(\frac{\sum_{i=1}^{100}X_i-50}{10\times\frac{5}{\sqrt{3}}}\leqslant\frac{60-50}{\frac{10\times 5}{\sqrt{3}}}\right)\approx\Phi(3.464)=0.9997$$

这个概率很接近 1,说明事件“$X_1+\cdots+X_{100}\leqslant 60$”几乎必然要发生．

从例 4.3 看出,当 n 充分大时,随机变量

$$Y_n^*=\frac{\sum_{i=1}^n X_i-E\left(\sum_{i=1}^n X_i\right)}{\sqrt{D\left(\sum_{i=1}^n X_i\right)}}$$

渐近服从标准正态分布 $N(0,1)$,这种现象就是中心极限定理的客观背景．本

节只介绍 3 个常用的中心极限定理.

4.2.2　中心极限定理

定理 4.6　(林德贝格-列维中心极限定理)　设随机变量 $X_1, X_2, \cdots, X_n$, 相互独立,服从同一分布,且具有数学期望与方差

$$E(X_i) = \mu, \quad D(X_i) = \sigma^2 \neq 0 \quad (i = 1, 2, \cdots, n)$$

则随机变量

$$Y_n^* = \frac{\sum_{i=1}^{n} X_i - n\mu}{\sqrt{n}\sigma} \tag{4.5}$$

的分布函数 $F_n(x)$ 对于任意 x 满足

$$\lim_{n\to\infty} F_n(x) = \lim_{n\to\infty} P\{Y_n^* \leqslant x\} = \int_{-\infty}^{x} \frac{1}{\sqrt{2\pi}} \mathrm{e}^{-\frac{t^2}{2}} \mathrm{d}t \tag{4.6}$$

这个定理的证明需要更多的数学工具,证明略. 这个定理告诉我们,对独立同分布随机变量序列,只要其共同分布的方差存在,且不为零,当 n 充分大时,就有 Y_n^* 渐近服从标准正态分布 $N(0,1)$ 的结论,记为

$$Y_n^* \sim \mathrm{AN}(0,1)$$

"$\mathrm{AN}(0,1)$"表示近似服从正态分布,当 n 愈大,近似程度愈好. 由式(4.6)不难得到

$$Y_n = \sum_{i=1}^{n} X_i \sim \mathrm{AN}(n\mu, n\sigma^2)$$

$$\overline{X} = \frac{1}{n} \sum_{i=1}^{n} X_i \sim \mathrm{AN}\left(\mu, \frac{\sigma^2}{n}\right)$$

定理 4.7　(李雅普诺夫(Liapunov)定理)　设随机变量 $X_1, X_2, \cdots, X_n$, 相互独立,它们具有数学期望与方差.

$$E(X_i) = \mu_i, \quad D(X_i) = \sigma_i^{\,2} \quad (i = 1, 2, \cdots, n)$$

记

$$B_n^2 = \sum_{i=1}^{n} \sigma_i^{\,2}$$

若存在正数 δ,使得当 $n \to \infty$ 时

$$\frac{1}{B_n^{\,2+\delta}} \sum_{i=1}^{n} E\{|X_i - \mu_i|^{2+\delta}\} \to 0$$

则随机变量

$$Y_n^* = \frac{\sum_{i=1}^{n} X_i - \sum_{i=1}^{n} \mu_i}{B_n}$$

的分布函数 $F_n(x)$ 对于任意 x，满足

$$\lim_{n\to\infty}F_n(x)=\lim_{n\to\infty}P\{Y_n^*\leqslant x\}=\int_{-\infty}^{x}\frac{1}{\sqrt{2\pi}}\mathrm{e}^{-\frac{t^2}{2}}\mathrm{d}t$$

证明略．

定理 4.7 是独立不同分布情形的中心极限定理，表明在定理条件下，当 n 充分大时，

$$Y_n^*=\frac{\sum_{i=1}^{n}X_i-\sum_{i=1}^{n}\mu_i}{B_n}$$

近似服从正态 $N(0,1)$ 分布，从而 $\sum_{i=1}^{n}X_i\sim AN\left(\sum_{i=1}^{n}\mu_i\sum_{i=1}^{n}\sigma_i{}^2\right)$．这就是正态随机变量在概率论中占有重要地位的一个基本原因．

在数理统计中，中心极限定理是大样本统计推断的理论基础．

定理 4.8 （棣莫佛-拉普拉斯(De Moivre-Laplace)定理） 设随机变量 Y_n 服从二项分布 $B(n,p)$，则其标准化随机变量

$$Y_n^*=\frac{Y_n-np}{\sqrt{np(1-p)}}$$

的分布函数的极限为

$$\lim_{n\to\infty}P\left\{\frac{Y_n-np}{\sqrt{np(1-p)}}\leqslant x\right\}=\frac{1}{\sqrt{2\pi}}\int_{-\infty}^{x}\mathrm{e}^{-\frac{t^2}{2}}\mathrm{d}t$$

证明 令

$$X_i=\begin{cases}1, & \text{第 } i \text{ 次试验 } A \text{ 发生}\\ 0, & \text{第 } i \text{ 次试验 } A \text{ 不发生}\end{cases}\quad(i=1,2,\cdots,n)$$

$X_1,X_2,\cdots,X_n$ 独立，同时服从 $B(1,p)$ 分布，且

$$Y_n=\sum_{i=1}^{n}X_i$$

由于

$$E(X_i)=p,\quad D(X_i)=p(1-p)\quad(i=1,2,\cdots,n)$$

由定理 4.6 得

$$\lim_{n\to\infty}P\left\{\frac{Y_n-np}{\sqrt{np(1-p)}}\leqslant x\right\}=\lim_{n\to\infty}P\left\{\frac{\sum_{i=1}^{n}X_i-np}{\sqrt{np(1-p)}}\leqslant x\right\}=\int_{-\infty}^{x}\frac{1}{\sqrt{2\pi}}\mathrm{e}^{-\frac{t^2}{2}}\mathrm{d}t$$

证毕．

定理 4.8 的实质是用正态分布对二项分布作近似计算，常称为“二项分布的正态近似”，它与“二项分布的泊松近似”都要求 n 很大．但在实际使用中为获得更好的近似，对 p 还是各有一个最佳适用范围．

当 p 很小，例如 $p \leqslant 0.1$，而 np 不太大时，用泊松近似；

当 $np \geqslant 5$ 和 $n(1-p) \geqslant 5$ 都成立时，用正态近似．

例 4.4　某车间有 200 台机床，它们独立地工作着，开工率各为 0.6，开工时耗电各为 1 000 W，问供电所至少要供给这个车间多少电力才能以 99.9% 的概率保证这个车间不会因供电不足而影响生产．

解　设 $$X_i = \begin{cases} 1, & \text{第 } i \text{ 台机床工作} \\ 0, & \text{第 } i \text{ 台机床不工作} \end{cases} \quad (i = 1,2,\cdots,200)$$

$X = \sum\limits_{i=1}^{200} X_i$ 表示工作的机床台数，$X \sim B(200, 0.6)$．问题是求 r，使

$$P\{X \leqslant r\} = \sum_{k=0}^{r} C_{200}^{k} (0.6)^k (0.4)^{200-k} \geqslant 0.999$$

由棣莫佛-拉普拉斯中心极限定理，有

$$\begin{aligned} P\{0 \leqslant X \leqslant r\} &= P\left\{\frac{0-200\times 0.6}{\sqrt{200\times 0.6\times 0.4}} \leqslant \frac{X-200\times 0.6}{\sqrt{200\times 0.6\times 0.4}} \leqslant \right. \\ &\left. \frac{r-200\times 0.6}{\sqrt{200\times 0.6\times 0.4}}\right\} \approx \Phi\left(\frac{r-200\times 0.6}{\sqrt{200\times 0.6\times 0.4}}\right) - \\ &\Phi\left(\frac{-200\times 0.6}{\sqrt{200\times 0.6\times 0.4}}\right) = \Phi\left(\frac{r-120}{\sqrt{48}}\right) - \\ &\Phi(-17.32) \approx \Phi\left(\frac{r-120}{\sqrt{48}}\right) \geqslant 0.999 \end{aligned}$$

查标准正态分布表得

$$\frac{r-120}{\sqrt{48}} = 3.1$$

所以 $r = 141$．

这个结果表明 $P\{X \leqslant 141\} \geqslant 0.999$，所以我们若供电 141 kW，那么由于供电不足而影响生产的可能性小于 0.001，相当于在 8 h 工作中有 0.5 min 受影响，这在一般工厂是允许的．

例 4.5　一加法器同时收到 20 个噪声电压 $V_k (k = 1,2,\cdots,20)$．设它们是相互独立的随机变量，且都在区间 $(0,10)$ 上服从均匀分布，记 $V = \sum\limits_{k=1}^{20} V_k$，求 $P\{V > 105\}$ 的近似值．

解　由于 $V_k \sim U(0,10)$，易知 $E(V_k) = 5$，$D(V_k) = \frac{100}{12}$ $(k = 1,2,\cdots,20)$．由林德贝格-列维中心极限定理知随机变量

$$Y_n^* = \frac{\sum_{k=1}^{20} V_k - 20 \times 5}{\sqrt{\frac{20 \times 100}{12}}} = \frac{V - 100}{\sqrt{\frac{5}{3}} \times 10}$$

近似服从标准正态分布 $N(0,1)$，于是

$$P\{V > 105\} = P\left\{\frac{V-100}{\sqrt{\frac{5}{3}} \times 10} > \frac{105-100}{\sqrt{\frac{5}{3}} \times 10}\right\} =$$

$$1 - P\left\{\frac{V-100}{\sqrt{\frac{5}{3}} \times 10} \leqslant \sqrt{\frac{15}{10}}\right\} \approx$$

$$1 - \Phi(0.387) = 0.348$$

即有

$$P\{V > 105\} \approx 0.348$$

例 4.6 一份考卷由 99 个题目组成，并按由易到难顺次排列．某学生答对第1题的概率是0.99；答对第2题的概率是0.98；一般地，他答对第 i 题的概率是 $1-\frac{i}{100}$ $(i=1,2,\cdots,99)$．假如该学生回答各问题是相互独立的，并且要正确回答其中 60 个问题以上(包括 60) 才算通过考试．试计算该学生通过考试的概率是多少？

解 设

$$X_i = \begin{cases} 1, & \text{学生答对第 } i \text{ 题} \\ 0, & \text{学生答错第 } i \text{ 题} \end{cases} \quad (i = 1,2,\cdots,99)$$

于是 X_i 是二点分布：

$$P\{X_i = 1\} = p_i, \qquad P\{X_i = 0\} = 1 - p_i$$

其中 $p_i = 1-\frac{i}{100}$. 因此 $E(X_i) = p_i, D(X_i) = p_i(1-p_i)$. 为了使其成为随机变量序列，我们规定从 X_{100} 开始都与 X_{99} 同分布，且相互独立，于是

$$B_n^2 = \sum_{i=1}^{n} D(X_i) = \sum_{i=1}^{n} p_i(1-p_i) \to \infty \quad (n \to \infty)$$

另一方面，因为

$$E(|X_i - p_i|^3) = p_i(1-p_i)^3 + p_i^{\,3}(1-p_i) =$$

$$p_i(1-p_i)[p_i^{\,2} + (1-p_i)^2] \leqslant$$

$$p_i(1-p_i) < \infty$$

于是

$$\frac{1}{B_n^3}\sum_{i=1}^{n}E(|X_i-p_i|^3)\leqslant\frac{1}{\left[\sum\limits_{i=1}^{n}p_i(1-p_i)\right]^{\frac{1}{2}}}\to 0\qquad(n\to\infty)$$

即独立随机变量序列满足李雅普洛夫定理的条件．因此随机变量

$$Y_n^*=\frac{\sum\limits_{i=1}^{n}X_i-\sum\limits_{i=1}^{n}E(X_i)}{\sqrt{D(\sum\limits_{i=1}^{n}X_i)}}$$

近似服从正态 $N(0,1)$ 分布．计算得

$$\sum_{i=1}^{99}E(X_i)=\sum_{i=1}^{99}\left(1-\frac{i}{100}\right)=99-\frac{1}{100}\times\frac{99\times 100}{2}=49.5$$

$$B_{99}^2=\sum_{i=1}^{99}D(X_i)=\sum_{i=1}^{99}\left(1-\frac{i}{100}\right)\left(\frac{i}{100}\right)=49.5-\frac{1}{100^2}\sum_{i=1}^{99}i^2=$$

$$49.5-\frac{1}{100^2}\times\frac{99\times 100\times 199}{6}=16.665$$

而该学生通过考试的概率应为

$$P(\sum_{i=1}^{99}X_i\geqslant 60)=P\left\{\frac{\sum\limits_{i=1}^{99}X_i-49.5}{\sqrt{16.665}}\geqslant\frac{60-49.5}{\sqrt{16.665}}\right\}\approx$$

$$1-\Phi(2.5735)=0.0050$$

此学生通过考试的可能性很小，大约只有千分之五的可能性．

习　题　四

1. 设 $h(x)\geqslant 0$，X 是随机变量，且 $E[h(x)]<\infty$，则对于任何 $C>0$，$P\{h(x)\geqslant C\}\leqslant C^{-1}E[h(x)]$.

2. 设 $\{X_k:k\geqslant 1\}$ 是独立的随机变量序列，$P\{X_k=\sqrt{\ln k}\}=P\{X_k=-\sqrt{\ln k}\}=\frac{1}{2}$，试问对 $\{X_k\}$ 大数定律是否成立？为什么？

3. 对随机变量序列 $\{X_n\}$，若记 $Y_n=\frac{1}{n}\sum\limits_{i=1}^{n}X_i$，$\alpha_n=\frac{1}{n}\sum\limits_{i=1}^{n}E(x_i)$，则 $\{X_n\}$ 服从大数定律的充要条件是

$$\lim_{n\to\infty}E\left\{\frac{(Y_n-\alpha_n)^2}{1+(Y_n-\alpha_n)^2}\right\}=0$$

4. 设在开关电路试验中，每次试验开或关的概率是 $\frac{1}{2}$，要使开的频率 $\frac{m}{n}$ 与其概率的差的绝对值小于 0.01 的概率不小于 0.99，问试验次数 n 应取多少？

5. 某保险公司有 10 000 个同年龄且同社会阶层的人参加人寿保险，已知该类人在一年内的死亡率为 0.006. 每个参加保险的人在年初付 12 元保险费，而在死亡时家属可从保

险公司领 1 000 元,问在此项业务活动中:

(1) 保险公司亏本的概率是多少?

(2) 保险公司获利不少于 40 000 元的概率是多少?

6. 某种电器元件的寿命服从均值为 100 h 的指数分布,现随机地抽取 100 只,设它们的寿命相互独立,求这 100 只元件的平均寿命大于 120 h 的概率.

7. 对某一目标不断进行独立射击,每次的命中率为 1/10.

(1) 试求 500 次射击中,射中次数在区间[49,55]之中的概率;

(2) 问至少要射击多少次,才能使射中的次数超过 50 次的概率大于 0.95.

8. 某单位设置一电话总机,共有 200 个电话分机. 设每个电话分机是否使用外线通话是相互独立的. 设每时刻每个分机有 5% 的概率使用外线通话,问总机需要多少条外线才能以不低于 90% 的概率保证每个分机要使用外线时可供使用?

9. 试问对下列独立随机变量序列,李雅普洛夫定理是否成立?为什么

(1)

X_k	$-\sqrt{k}$	$\sqrt{k}$
P	$\frac{1}{2}$	$\frac{1}{2}$

$(k = 1,2,3,\cdots)$

(2)

X_k	$-k^{\alpha}$	0	k^{α}
P	$\frac{1}{3}$	$\frac{1}{3}$	$\frac{1}{3}$

$(\alpha > 0; k = 1,2,\cdots)$

10. 一生产线生产的产品成箱包装,每箱的重量是随机的,假设每箱平均重 50 kg,标准差为 5 kg,若用最大载重量为 5 t 的汽车承运,问每辆车最多可以装多少箱,才能保证不超载的概率大于 0.977.

第5章　数理统计的基本概念与抽样分布

§5.1　基本概念

5.1.1　数理统计的基本问题

前4章介绍了概率论的基本内容，从本章开始将介绍数理统计的基本概念和一些常用的数理统计方法．

概率论和数理统计是研究随机现象统计规律性的一门学科．在概率论中，对随机现象的规律性采用从事件出现的频率抽象为概率的概念进行研究，以此为基础，建立了随机变量概率分布的基本理论，进而运用随机变量及其概率分布就能完整地对随机现象的统计规律进行描述．不过那时随机变量的概率分布通常是已知的，或者假设为已知的，一切计算与推理总是建立在概率分布已知的基础上的，因而可以说，概率论是对随机现象统计规律性演绎的研究．然而在实际问题中，描述一个随机现象的随机变量服从什么分布往往是未知的，即使由于其特殊性已知其分布函数的形式，但分布函数中的参数仍是未知的．例如，电灯泡的寿命服从什么分布是不知道的；可以认为测量误差服从正态分布 $N(0,\sigma^2)$，但其中反映测量精度的参数 σ 却是未知的．解决这类问题的基本思想是从所研究对象的全体中随机抽取一部分进行试验或观测，以获得试验数据，依据试验数据提供的信息，对整体作出推断，即从局部分析来推断整体，这正是数理统计研究的核心问题．概括地说，数理统计研究以有效的方式采集、整理和分析受到随机因素影响的数据，并对所考察的问题作出推断和预测，直至为采取某种决策提供依据和建议．由此可见，数理统计是对随机现象统计规律性归纳的研究，它与概率论在研究方法上有着明显的差异．

数理统计研究的内容十分广泛，概括起来可分为两大类：一是试验设计，即研究如何对随机现象进行观察和试验，以便更合理、更有效地获得试验数据；二是统计推断，即研究如何对所获得的试验数据进行加工和处理，从而对所考察对象的某些性质作出尽可能精确可靠的推断．本教材主要介绍统计推断，为使读者对此有一个直观的认识，先看一例．

例 5.1 某钢厂日产某型号钢筋 10 000 根，质检员每天只抽查其中 50 根钢筋的强度，并要解决以下问题：

(1) 如何从仅有的 50 根钢筋的强度数据去估计整批(10 000 根)钢筋的强度平均值？又如何估计整批钢筋强度偏离平均值的离散程度？

(2) 若规定了这种型号的钢筋的标准强度，从抽查的 50 根钢筋强度数据如何判断整批钢筋的平均强度与规定标准有无差异？

(3) 如果钢筋强度与某种原料成分的含量有关，那么从检查的 50 根钢筋的强度与该成分含量的 50 组对应数据，如何去表述整批钢筋的强度与该成分含量之间的关系？

问题(1) 实际上要从 50 个强度数据出发去估计整批钢筋强度分布的某些数字特征，这里是要估计数学期望与方差．在数理统计中解决这类问题的方法称为参数估计．

问题(2) 是要求用抽查所得的数据去检验强度分布的某些数字特征与规定标准有无差异，这里是检验数学期望．数理统计中解决这类问题的方法是先作一个假设(如假设平均强度与规定标准无差异)，然后利用概率反证法检验这一假设是否成立，这种方法称为假设检验．

问题(3) 是要根据观察数据研究随机变量与确定性变量之间的关系，这里是研究钢筋强度(随机变量) 与某成分含量(确定性变量) 这样两个变量间的关系，这种研究方法称为回归分析．

以上三个方面的内容都属于统计推断问题．其中参数估计与假设检验是数理统计中两个最基本的理论和方法，而回归分析方法在工程中应用极为广泛，其它诸如方差分析、多元统计分析、试验设计、抽样理论、统计决策理论等也都是数理统计研究的重要内容，由于学时、篇幅等限制，本教材不予讨论，有兴趣的读者可参阅相应的专著．

5.1.2 总体与样本

1. 总体

在数理统计中，把所研究对象的全体称为总体(或母体)，而把组成总体的每个研究对象称为个体．例如，在考察一批灯泡的质量时，该批灯泡的全体就组成一个总体，而其中每个灯泡就是一个个体．总体中所含有的个体的总数称为总体的容量，它可以是有限的也可以是无限的，因此总体分为有限总体和无限总体．

由于在实际应用中，人们所关心的并不是总体中个体的一切方面，而往往是个体的某一项或某几项数量指标．例如，考察灯泡质量时，我们并不关心灯泡的形状、式样等特征，而只研究灯泡的寿命、亮度等数量指标特征．当我们只考察灯泡寿命这一项指标时，由于每个灯泡都有一个确定的寿命值，自然地把这批灯泡寿命值的全体视为总体，而其中每个灯泡的寿命值就是一个个体．又如，考察一批钢筋这一总体，当我们只关心它的强度这一指标时，这批钢筋的强度值的全体就是总体，每个钢筋强度值就是一个个体．由于各种不同强度值的钢筋比例数是按一定规律分布的，即任取一根钢筋其强度为某一可能值是有一定概率的，因此这些钢筋强度是一个随机变量．同样就一批灯泡这个总体而言，这批灯泡的寿命这个数量指标 X 也是随机变量．假定 X 的分布函数为 $F(x)$，如果把表示这个数量指标的随机变量 X 的可能取值的全体看作总体，且称总体 X 为具有分布函数 $F(x)$ 的总体，这样就把总体与随机变量联系起来了．因而，任何一个总体，都可用一个相应的随机变量来描述．所以，今后我们说到总体，指的是一个具有确定概率分布的随机变量(但它的分布又是未知的或至少分布中的某些参数是未知的)，而每个个体则是随机变量可能取的每一个数值．这样对总体的研究就归结为对表示总体某个数量指标的随机变量的研究．所谓总体的分布及数字特征，就是指表示总体某个数量指标的随机变量的分布及数字特征．例如，正态总体即指表示总体某个数量指标的随机变量服从正态分布．

2. 样本

为了对总体 X 的分布规律或某些特征进行研究，就必须对总体进行抽样观察，根据抽样所得的数据来推断总体的性质．这种从总体 X 中随机抽取若干个个体来观察总体某种数量指标 X 的取值过程，称为抽样(又称采样)，这一做法称为抽样法．

从一个总体 X 中，随机抽取 n 个个体 $X_1, X_2, \cdots, X_n$(如从 10 000 件产品中随机抽取 50 件)，通常记为$(X_1, X_2, \cdots, X_n)$，并称它为来自总体 X 的一个样本(又称子样)，样本中个体的数目 n 称为样本容量．由于每个 $X_i(i=1,2,\cdots,n)$ 都是从总体 X 中随机抽取的，它的取值范围就是总体 X 的可能取值范围，故每个 X_i 都是随机变量，因而样本$(X_1, X_2, \cdots, X_n)$ 就是一个 n 维随机变量．在一次抽取观察之后，它们是 n 个数据$(x_1, x_2, \cdots, x_n)$，称之为样本$(X_1, X_2, \cdots, X_n)$ 的一个观测值，简称样本值．一般来说，两次不同的抽样得到的样本值是不相同的．样本$(X_1, X_2, \cdots, X_n)$ 所有可能取值的全体称为样本空间，记为 Ω，一个样本值$(x_1, x_2, \cdots, x_n)$ 就是样本空间 Ω 中的一个点．

抽取样本的目的是为了利用样本对总体的分布或某些数字特征进行推断，这就要求抽取的样本能够很好地反映总体的特性且便于处理，为此，需要对如何抽样提出一些要求，通常有两条：

(1) 代表性：因抽取的样本要尽可能地代表总体的特性，所以要求每个 $X_i(i=1,2,\cdots,n)$ 必须与总体 X 具有相同的分布．

(2) 独立性:因独立观察是一种最简单而实用的观察方法且独立样本便于处理,这就要求 $X_1,X_2,\cdots,X_n$ 是相互独立的随机变量,即每个观察结果既不影响其他观察结果,也不受到其他观察结果的影响.

满足上述两条性质的样本称为简单随机样本,获得简单随机样本的方法称为简单随机抽样.

在实际中,抽取简单随机样本的方法并不难,例如,当抽取的样本其容量 n 相对总体容量很小时(如 10 000 件中抽取 50 件),则接连抽取的 n 个个体就可以近似认为是一个简单随机样本. 如果每抽取一件后又原样放回总体中,然后再抽下一件,则不必要求 n 相对总体容量很小,这样抽得的 n 个个体就是一个简单随机样本. 又如,对一个物体重复测量其长度,测量值是一个随机变量,重复测量 n 次得到的样本也是简单随机样本.

为了使读者对总体和样本有一个明确的概念,给出如下定义.

定义 5.1 一个随机变量 X 或其相应的分布函数 $F(x)$ 称为一个总体.

定义 5.2 如果随机变量 $X_1,X_2,\cdots,X_n$ 相互独立且每个 X_i 与总体 X 具有相同的分布,则称 $(X_1,X_2,\cdots,X_n)$ 是来自总体 X 的容量为 n 的简单随机样本,简称为样本. 若总体 X 具有分布函数 $F(x)$,也称 $(X_1,X_2,\cdots,X_n)$ 为来自总体 $F(x)$ 的样本.

今后,若无特别说明,凡提到样本都是指简单随机样本.

3. 样本的分布

关于样本的分布有如下定理.

定理 5.1 设 $(X_1,X_2,\cdots,X_n)$ 为来自总体 X 的样本.

(1) 若总体 X 的分布函数为 $F(x)$,则样本 $(X_1,X_2,\cdots,X_n)$ 的分布函数为 $\prod\limits_{i=1}^{n}F(x_i)$.

(2) 若总体 X 的分布密度为 $p(x)$,则样本 $(X_1,X_2,\cdots,X_n)$ 的分布密度为 $\prod\limits_{i=1}^{n}p(x_i)$.

(3) 若总体 X 的分布律为 $P\{X=x_i^*\}=p(x_i^*)\ (i=1,2,\cdots)$,则样本 $(X_1,X_2,\cdots,X_n)$ 的分布律为 $\prod\limits_{i=1}^{n}p(x_i)$.

证明 (1) 样本 $(X_1,X_2,\cdots,X_n)$ 的分布函数为

$$F(x_1,x_2,\cdots,x_n)=F_{X_1}(x_1)F_{X_2}(x_2)\cdots F_{X_n}(x_n)=$$

$$F(x_1)F(x_2)\cdots F(x_n)=\prod_{i=1}^{n}F(x_i)$$

式中第一个等号利用了样本的独立性,而第二个等号利用了 $X_i(i=1,2,\cdots,$

n) 与总体 X 同分布.

(2) 证明同(1)类似.

(3) 样本$(X_1,X_2,\cdots,X_n)$的分布律为

$$P\{X_1=x_1,X_2=x_2,\cdots,X_n=x_n\}= P\{X_1=x_1\}P\{X_2=x_2\}\cdots P\{X_n=x_n\}= P\{X=x_1\}P\{X=x_2\}\cdots P\{X=x_n\}= \prod_{i=1}^{n}P\{X=x_i\}=\prod_{i=1}^{n}p(x_i)$$

其中 $x_1,x_2,\cdots,x_n$ 为 $x_1^*,x_2^*,\cdots,x_n^*,\cdots$ 中任意 n 个值.

例 5.2　设总体 X 服从两点分布,即

$$P\{X=1\}=p,\qquad P\{X=0\}=1-p\qquad (0<p<1)$$

试求样本$(X_1,X_2,\cdots,X_n)$的分布律.

解　由于总体的分布律可以写成

$$p(x)=P\{X=x\}=p^x(1-p)^{1-x}\qquad (x=0,1)$$

故由定理5.1,样本$(X_1,X_2,\cdots,X_n)$的分布律为

$$\prod_{i=1}^{n}p(x_i)=\prod_{i=1}^{n}p^{x_i}(1-p)^{1-x_i}=p^{\sum\limits_{i=1}^{n}x_i}(1-p)^{n-\sum\limits_{i=1}^{n}x_i}$$

例 5.3　设总体 X 服从正态分布 $N(\mu,\sigma^2)$,试求样本$(X_1,X_2,\cdots,X_n)$的分布密度.

解　总体 X 的分布密度为

$$p(x)=\frac{1}{\sqrt{2\pi}\sigma}e^{-\frac{(x-\mu)^2}{2\sigma^2}}\qquad (-\infty<x<+\infty)$$

故样本$(X_1,X_2,\cdots,X_n)$的分布密度为

$$\prod_{i=1}^{n}p(x_i)=\prod_{i=1}^{n}\frac{1}{\sqrt{2\pi}\sigma}e^{-\frac{(x_i-\mu)^2}{2\sigma^2}}=\frac{1}{(2\pi)^{\frac{n}{2}}\sigma^n}e^{-\frac{1}{2\sigma^2}\sum\limits_{i=1}^{n}(x_i-\mu)^2}$$

5.1.3　统计量

1. 统计量

样本是总体的代表和反映,但在抽取样本之后,并不能直接用样本推断总体,而是需要对样本进行“加工”和“处理”,以便把样本中关于总体的某种特征的信息提取出来,从数学角度来说,这就是针对不同的问题构造出样本的某种函数.为此,引进统计量的概念.

定义 5.3　设$(X_1,X_2,\cdots,X_n)$为总体 X 的一个样本,若样本的函数 $f(X_1,X_2,\cdots,X_n)$ 不包含任何未知参数,则称 $f(X_1,X_2,\cdots,X_n)$ 为一个统计量.如果$(x_1,x_2,\cdots,x_n)$是样本$(X_1,X_2,\cdots,X_n)$的一个观测值,则称 $f(x_1,$

$x_2, \cdots, x_n$) 是统计量 $f(X_1, X_2, \cdots, X_n)$ 的一个观测值．

例如，设总体 $X \sim N(\mu, \sigma^2)$，μ 已知而 σ^2 未知，$(X_1, X_2, \cdots, X_n)$ 是来自总体 X 的一个样本，则 $\frac{1}{n}\sum_{i=1}^{n} X_i$ 和 $\frac{1}{n}\sum_{i=1}^{n}(X_i - \mu)^2$ 都是统计量，但 $\frac{1}{\sigma}\sum_{i=1}^{n} X_i$ 和 $\frac{1}{\sigma^2}\sum_{i=1}^{n}(X_i - \mu)^2$ 都不是统计量．

2. 常用统计量 —— 样本矩

定义 5.4 设 $(X_1, X_2, \cdots, X_n)$ 是来自总体 X 的样本，称统计量

$$\overline{X} \xlongequal{\text{def}} \frac{1}{n}\sum_{i=1}^{n} X_i \tag{5.1}$$

为样本均值；统计量

$$S_n^2 \xlongequal{\text{def}} \frac{1}{n}\sum_{i=1}^{n}(X_i - \overline{X})^2 = \frac{1}{n}\sum_{i=1}^{n} X_i^2 - \overline{X}^2 \tag{5.2}$$

为样本方差；统计量

$$S_n^{*2} \xlongequal{\text{def}} \frac{1}{n-1}\sum_{i=1}^{n}(X_i - \overline{X})^2 \tag{5.3}$$

为修正样本方差；统计量

$$S_n \xlongequal{\text{def}} \sqrt{\frac{1}{n}\sum_{i=1}^{n}(X_i - \overline{X})^2} = \sqrt{S_n^2} \tag{5.4}$$

为样本标准差；统计量

$$A_k \xlongequal{\text{def}} \frac{1}{n}\sum_{i=1}^{n} X_i^k \qquad (k = 1, 2, \cdots, n) \tag{5.5}$$

为样本 k 阶原点矩；统计量

$$B_k \xlongequal{\text{def}} \frac{1}{n}\sum_{i=1}^{n}(X_i - \overline{X})^k \qquad (k = 1, 2, \cdots, n) \tag{5.6}$$

为样本 k 阶中心矩．用 $\overline{x}, s_n^2, a_k, b_k$ 分别表示 $\overline{X}, S_n^2, A_k, B_k$ 的观测值．

由定义 5.4 可见，$A_1 = \overline{X}, B_2 = S_n^2, S_n^{*2} = \frac{n}{n-1}S_n^2$. 并且，样本矩具有下列性质．

性质 5.1 设总体 X 的数学期望 $E(X) = \mu$，方差 $DX = \sigma^2$，$(X_1, X_2, \cdots, X_n)$ 为来自总体 X 的样本，则有：

(1) $E(\overline{X}) = \mu$；

(2) $D(\overline{X}) = \frac{1}{n}\sigma^2$；

(3) $E(S_n^2) = \frac{n-1}{n}\sigma^2$；

(4) $E(S_n^{*2})=\sigma^2$.　　(5.7)

证明　(1) $E(\overline{X})=E\left(\frac{1}{n}\sum_{i=1}^{n}X_i\right)=\frac{1}{n}\sum_{i=1}^{n}E(X_i)=\frac{1}{n}\sum_{i=1}^{n}\mu=\mu$

(2) $D(\overline{X})=D\left(\frac{1}{n}\sum_{i=1}^{n}X_i\right)=\frac{1}{n^2}\sum_{i=1}^{n}D(X_i)=\frac{1}{n^2}\sum_{i=1}^{n}\sigma^2=\frac{1}{n}\sigma^2$

(3) $E(S_n^2)=E\left[\frac{1}{n}\sum_{i=1}^{n}X_i^2-\overline{X}^2\right]=\frac{1}{n}\sum_{i=1}^{n}E(X_i^2)-E(\overline{X}^2)=$

$$\frac{1}{n}\sum_{i=1}^{n}(D(X_i)+(E(X_i))^2)-(D(\overline{X})+(E(\overline{X}))^2)=$$

$$\frac{1}{n}\sum_{i=1}^{n}(\sigma^2+\mu^2)-\left(\frac{1}{n}\sigma^2+\mu^2\right)=$$

$$\frac{n-1}{n}\sigma^2$$

(4) $E(S_n^{*2})=E\left(\frac{n}{n-1}S_n^2\right)=\frac{n}{n-1}E(S_n^2)=\sigma^2$

该性质表明，样本均值 $\overline{X}$ 与总体 X 有相同的数学期望，但 $\overline{X}$ 的方差却是总体 X 的方差的 $\frac{1}{n}$，因而它更向期望值 μ 集中，n 越大，$\overline{X}$ 越向 μ 集中.

性质 5.2　设总体 X 的 k 阶矩 $E(X^k)$ 存在，则样本的 k 阶矩依概率收敛于总体的 k 阶矩，即

$$\lim_{n\to\infty}P\left\{\left|\frac{1}{n}\sum_{i=1}^{n}X_i^k-E(X^k)\right|<\varepsilon\right\}=1\qquad(\forall\,\varepsilon>0)$$

对随机序列 $\{X_i^k\}$（k 固定）应用大数定理即可证明该性质. 由此性质进一步可得

$$\lim_{n\to\infty}P\{|\overline{X}-E(X)|<\varepsilon\}=1$$

$$\lim_{n\to\infty}P\{|S_n^2-D(X)|<\varepsilon\}=1$$

此结论表明，样本容量 n 很大时，可用一次抽样后所得的样本均值 $\overline{X}$ 和样本方差 S_n^2 分别作为总体 X 的均值 $E(X)$ 和方差 $D(X)$ 的近似值(即估计值).

3. *次序统计量*

设$(X_1,X_2,\cdots,X_n)$是从总体 X 中抽取的一个样本，$(x_1,x_2,\cdots,x_n)$为样本的一个观测值，将观测值按由小到大的次序重新编号排列为

$$x_{(1)}\leqslant x_{(2)}\leqslant\cdots\leqslant x_{(n)}$$

当$(X_1,X_2,\cdots,X_n)$取值为$(x_1,x_2,\cdots,x_n)$时，定义 $X_{(k)}$ 取值为 $x_{(k)}$ $(k=1,2,\cdots,n)$ 由此得到的$(X_{(1)},X_{(2)},\cdots,X_{(n)})$称为样本$(X_1,X_2,\cdots,X_n)$的次序统计量，$(x_{(1)},x_{(2)},\cdots,x_{(n)})$称为次序统计量的观测值.

次序统计量中 $X_{(1)}=\min\limits_{1\leqslant i\leqslant n}X_i$ 称为最小次序统计量，$X_{(n)}=\max\limits_{1\leqslant i\leqslant n}X_i$ 称为最大次序统计量，$X_{(k)}$ 称为第 k 个次序统计量．由于每个 $X_{(k)}$ 都是样本$(X_1,X_2,\cdots,X_n)$的函数，所以 $X_{(1)},X_{(2)},\cdots,X_{(n)}$ 也都是随机变量．次序统计量$(X_{(1)},X_{(2)},\cdots,X_{(n)})$一般不是相互独立的，因为次序统计量的任一观测值均为由小到大的次序排列．对于连续总体，次序统计量的分布由下列定理给出．

定理 5.2 设总体 X 的分布密度为 $p(x)$（或分布函数为 $F(x)$），$(X_{(1)},X_{(2)},\cdots,X_{(n)})$ 为总体 X 的样本$(X_1,X_2,\cdots,X_n)$的次序统计量，则有

(1) 最小次序统计量 $X_{(1)}$ 的分布密度为

$$p_{X_{(1)}}(x)=n[1-F(x)]^{n-1}p(x) \tag{5.8}$$

(2) 最大次序统计量 $X_{(n)}$ 的分布密度为

$$p_{X_{(n)}}(x)=n[F(x)]^{n-1}p(x) \tag{5.9}$$

(3)* 第 k 个次序统计量 $X_{(k)}$ 的分布密度为

$$p_{X_{(k)}}(x)=n\,C_{n-1}^{k-1}[F(x)]^{k-1}[1-F(x)]^{n-k}p(x) \tag{5.10}$$

(4)* 次序统计量$(X_{(1)},X_{(2)},\cdots,X_{(n)})$的分布密度为

$$p_{(X_{(1)},X_{(2)},\cdots,X_{(n)})}(x_{(1)},x_{(2)},\cdots,x_{(n)})=\begin{cases}n!\prod\limits_{i=1}^{n}p(x_{(i)}), & x_{(1)}<x_{(2)}<\cdots<x_{(n)}\\0, & \text{其他}\end{cases} \tag{5.11}$$

例 5.4 设总体 X 服从区间$[0,\theta]$上的均匀分布，$(X_1,X_2,\cdots,X_n)$为总体 X 的样本，试求 $X_{(1)}$ 和 $X_{(n)}$ 的分布．

解 总体 X 的分布密度为

$$p(x)=\begin{cases}\dfrac{1}{\theta}, & 0\leqslant x\leqslant\theta\\0, & \text{其他}\end{cases}$$

X 的分布函数为

$$F(x)=\begin{cases}0, & x<0\\\dfrac{x}{\theta}, & 0\leqslant x\leqslant\theta\\1, & x>\theta\end{cases}$$

由定理 5.2 得 $X_{(1)}$ 的分布密度为

$$p_{X_{(1)}}(x)=\begin{cases}\dfrac{n}{\theta}\left(1-\dfrac{x}{\theta}\right)^{n-1}, & 0\leqslant x\leqslant\theta\\0, & \text{其他}\end{cases}$$

而 $X_{(n)}$ 的分布密度为

$$p_{X_{(n)}}(x)=\begin{cases}\dfrac{n}{\theta^n}x^{n-1}, & 0\leqslant x\leqslant\theta\\ 0, & \text{其他}\end{cases}$$

4. 经验分布函数

根据样本值求总体的分布函数，是数理统计需要解决的一个重要问题．为此，引进经验分布函数的概念．

定义 5.5　设$(X_1,X_2,\cdots,X_n)$是来自总体X的样本，$(X_{(1)},X_{(2)},\cdots,X_{(n)})$是次序统计量，其观测值为$(x_{(1)},x_{(2)},\cdots,x_{(n)})$，设$x$是任一实数，称函数

$$F_n(x)=\begin{cases}0, & x<x_{(1)}\\ \dfrac{k}{n}, & x_{(k)}\leqslant x<x_{(k+1)}\quad(k=1,2,\cdots,n-1)\\ 1, & x\geqslant x_{(n)}\end{cases}\tag{5.12}$$

为总体X的经验分布函数．换句话说，对任何实数x，经验分布函数$F_n(x)$等于样本值中不超过x的个数再除以n，即

$$F_n(x)=\frac{(x_1,x_2,\cdots,x_n\text{ 中不超过 }x\text{ 的个数})}{n}\quad(-\infty<x<+\infty)$$

经验分布函数$F_n(x)$具有如下性质．

(1) 对给定的一组样本值$x_1,x_2,\cdots,x_n$，$F_n(x)$是一个分布函数，因为它具有分布函数的特征，即① $0\leqslant F_n(x)\leqslant 1$；② $F_n(-\infty)=0,F_n(+\infty)=1$；③ $F_n(x)$单调非减且右连续．

(2) 由于$F_n(x)$是样本的函数，故$F_n(x)$是随机变量，且取值为$0,\dfrac{1}{n},\dfrac{2}{n},\cdots,\dfrac{n-1}{n},1$，进一步可证明$nF_n(x)$服从二项分布$B(n,F(x))$，即

$$P\{nF_n(x)=k\}=C_n^kF^k(x)[1-F(x)]^{n-k}\quad(k=0,1,\cdots,n)\tag{5.13}$$

其中$F(x)$是总体X的分布函数．由此可知

$$E[F_n(x)]=F(x),\quad D[F_n(x)]=\frac{F(x)[1-F(x)]}{n}\tag{5.14}$$

(3) 当$n\to\infty$时，经验分布函数$F_n(x)$依概率收敛于总体X的分布函数$F(x)$，即

$$\lim_{n\to\infty}P\{|F_n(x)-F(x)|<\varepsilon\}=1\quad(\forall\varepsilon>0)$$

该性质利用贝努里大数定理即可证之．此性质表明，当n充分大时，就像可以用事件的频率近似它的概率一样，可以用经验分布函数$F_n(x)$近似总体X的分布函数$F(x)$．此外，还有一个比它更深刻的结果是下列格利汶科(Glivenko)定理．

定理 5.3　(Glivenko 定理)　总体X的经验分布函数$F_n(x)$依概率1

一致收敛于总体 X 的分布函数$F(x)$，即对任意实数 x，有

$$P\{\lim_{n\to\infty}(\sup_{-\infty<x<\infty}|F_n(x)-F(x)|)=0\}=1$$

该定理表明，当样本容量 n 充分大时，对一切实数 x，总体 X 的经验分布函数 $F_n(x)$ 与总体 X 的分布函数 $F(x)$ 之间的最大绝对误差也会足够地小．从而，当 n 很大时，$F_n(x)$ 能够很好地近似 $F(x)$．格利汶科定理为数理统计中用样本能够有效地估计和推断总体提供了理论依据．

§5.2 常用统计分布

5.2.1 χ^2分布

定义 5.6 设随机变量 $X_1,X_2,\cdots,X_n$ 独立同分布，且每个 $X_i\sim N(0,1)$，则称随机变量

$$\chi_n^2=X_1^2+X_2^2+\cdots+X_n^2=\sum_{i=1}^n X_i^2 \tag{5.15}$$

所服从的分布为自由度为 n 的 χ^2分布，记为 $\chi_n^2\sim\chi^2(n)$．这里自由度 n 表示式(5.15) 中独立变量的个数．随机变量 χ_n^2亦称为 χ^2变量．

定理 5.4 自由度为 n 的 χ^2变量 χ_n^2的分布密度为

$$p(x)=\begin{cases}\dfrac{1}{2^{\frac{n}{2}}\Gamma\left(\dfrac{n}{2}\right)}\mathrm{e}^{-\frac{x}{2}}x^{\frac{n}{2}-1}, & x>0\\ 0, & x\leqslant 0\end{cases} \tag{5.16}$$

其中 $\Gamma\left(\dfrac{n}{2}\right)$是伽玛函数 $\Gamma(\alpha)=\int_0^{+\infty}x^{\alpha-1}\mathrm{e}^{-x}\mathrm{d}x(\alpha>0)$ 在 $\alpha=\dfrac{n}{2}$ 处的值．

证明 先求 χ_n^2的分布函数 $F(x)$

$$F(x)=P\{\chi_n^2\leqslant x\}=\begin{cases}P\left\{\sum_{i=1}^n X_i^2\leqslant x\right\}, & x>0\\ 0, & x\leqslant 0\end{cases}$$

由于 $X_1,X_2,\cdots,X_n$ 独立且同服从于$N(0,1)$ 分布，所以 $X_1,X_2,\cdots,X_n$ 的联合分布密度为

$$f(x_1,x_2,\cdots,x_n)=\frac{1}{(2\pi)^{\frac{n}{2}}}\exp\left\{-\frac{1}{2}\sum_{i=1}^n x_i^2\right\}$$

故对 $x>0$，有

$$F(x)=P\left\{\sum_{i=1}^n X_i^2\leqslant x\right\}=$$

$$\frac{1}{(2\pi)^{\frac{n}{2}}}\underset{\sum\limits_{i=1}^{n}x_i^2\leqslant x}{\int\cdots\int}\exp\left\{-\frac{1}{2}\sum_{i=1}^{n}x_i^2\right\}\mathrm{d}x_1\cdots\mathrm{d}x_n \tag{5.17}$$

为计算上述积分，作变换

$$\begin{cases}x_1=\rho\cos\theta_1\cos\theta_2\cdots\cos\theta_{n-1}\\x_2=\rho\cos\theta_1\cos\theta_2\cdots\sin\theta_{n-1}\\\qquad\cdots\cdots\\x_n=\rho\sin\theta_1\end{cases}$$

该变换的雅可比行列式为

$$J=\frac{\partial(x_1\cdots x_n)}{\partial(\rho,\theta_1,\cdots,\theta_{n-1})}=\rho^{n-1}D(\theta_1,\cdots,\theta_{n-1})$$

其中 $D(\theta_1,\cdots,\theta_{n-1})$ 是 $\theta_1,\cdots,\theta_{n-1}$ 的函数，不包含变量 ρ，代入式(5.17) 得

$$F(x)=\frac{1}{(2\pi)^{\frac{n}{2}}}\int_0^{\sqrt{x}}\int_{-\frac{\pi}{2}}^{\frac{\pi}{2}}\cdots\int_{-\frac{\pi}{2}}^{\frac{\pi}{2}}\int_{-\pi}^{\pi}\mathrm{e}^{-\frac{1}{2}\rho^2}\rho^{n-1}D(\theta_1,\cdots,\theta_{n-1})\mathrm{d}\rho\mathrm{d}\theta_1\cdots\mathrm{d}\theta_{n-1}=$$

$$C_n\int_0^{\sqrt{x}}\mathrm{e}^{-\frac{1}{2}\rho^2}\rho^{n-1}\mathrm{d}\rho \tag{5.18}$$

其中

$$C_n=\frac{1}{(2\pi)^{\frac{n}{2}}}\int_{-\frac{\pi}{2}}^{\frac{\pi}{2}}\cdots\int_{-\frac{\pi}{2}}^{\frac{\pi}{2}}\int_{-\pi}^{\pi}D(\theta_1,\cdots,\theta_{n-1})\mathrm{d}\theta_1\cdots\mathrm{d}\theta_{n-1}$$

令 $y=\rho^2$，则 $\rho=\sqrt{y}$，$\mathrm{d}\rho=\dfrac{1}{2\sqrt{y}}\mathrm{d}y$，并将其代入式(5.18) 得

$$F(x)=\frac{C_n}{2}\int_0^x\mathrm{e}^{-\frac{y}{2}}y^{\frac{n}{2}-1}\mathrm{d}y \tag{5.19}$$

为求 C_n，将 $x=+\infty$ 代入式(5.19) 得

$$F(+\infty)=1=\frac{C_n}{2}\int_0^{+\infty}\mathrm{e}^{-\frac{y}{2}}y^{\frac{n}{2}-1}\mathrm{d}y=\frac{C_n}{2}\Gamma\left(\frac{n}{2}\right)2^{\frac{n}{2}}$$

所以

$$C_n=\frac{1}{2^{\frac{n}{2}}\Gamma\left(\frac{n}{2}\right)}$$

代入式(5.19) 得

$$F(x)=\frac{1}{2^{\frac{n}{2}}\Gamma\left(\frac{n}{2}\right)}\int_0^x\mathrm{e}^{-\frac{y}{2}}y^{\frac{n}{2}-1}\mathrm{d}y$$

上式两边对 x 求导即得所证．

χ^2 分布密度函数的曲线如图 5.1 所示，它随 n 取值不同而不同．

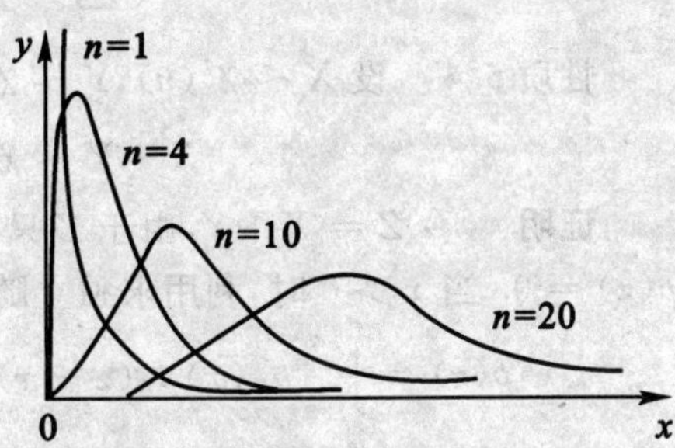

图 5.1　χ^2 分布的密度函数

例 5.5 设 $X_1, X_2, \cdots, X_n$ 是来自正态总体 $N(\mu, \sigma^2)$ 的样本，求随机变量

$$Y = \sum_{i=1}^{n} (X_i - \mu)^2$$

的概率分布.

解 因为 $X_1, X_2, \cdots, X_n$ 相互独立且同服从 $N(\mu, \sigma^2)$ 分布，作变换

$$Y_k = \frac{X_k - \mu}{\sigma} \quad (k = 1, 2, \cdots, n)$$

显然 $Y_1, Y_2, \cdots, Y_n$ 相互独立且服从 $N(0,1)$ 分布，由定义 5.6 知

$$\frac{Y}{\sigma^2} = \sum_{k=1}^{n} \left(\frac{X_k - \mu}{\sigma}\right)^2 = \sum_{k=1}^{n} Y_k^2 \xlongequal{\text{def}} \chi_n^2$$

服从自由度为 n 的 χ^2 分布. 因此 $Y = \sigma^2 \chi_n^2$ 的分布密度为

$$p_Y(y) = p_{\chi_n^2}\left(\frac{y}{\sigma^2}\right) \left| \left(\frac{y}{\sigma^2}\right)' \right| = \begin{cases} \dfrac{1}{2^{\frac{n}{2}} \sigma^n \Gamma\left(\dfrac{n}{2}\right)} y^{\frac{n}{2}-1} e^{-\frac{y}{2\sigma^2}}, & y > 0 \\ 0, & y \leqslant 0 \end{cases}$$

χ^2 分布具有下列性质：

性质 5.3 $$E(\chi_n^2) = n; \quad D(\chi_n^2) = 2n. \tag{5.20}$$

证明 由定义 5.6 得

$$E(\chi_n^2) = E\left(\sum_{i=1}^{n} X_i^2\right) = \sum_{i=1}^{n} E(X_i^2) = \sum_{i=1}^{n} \left[D(X_i) + (E(X_i))^2\right] = n$$

由于

$$D(X_i^2) = E(X_i^4) - (E(X_i^2))^2 = \int_{-\infty}^{+\infty} \frac{x^4}{\sqrt{2\pi}} e^{-\frac{x^2}{2}} dx - 1 = 3 - 1 = 2$$

所以

$$D(\chi_n^2) = D\left(\sum_{i=1}^{n} X_i^2\right) = \sum_{i=1}^{n} D(X_i^2) = 2n$$

性质 5.4 设 $X \sim \chi^2(n)$，$Y \sim \chi^2(m)$，且 X 与 Y 相互独立，则

$$X + Y \sim \chi^2(n + m) \tag{5.21}$$

证明 令 $Z = X + Y$，由于 Z 只取非负值，故当 $x \leqslant 0$ 时，Z 的分布密度 $p(z) = 0$. 当 $x > 0$ 时，利用求独立随机变量和的分布密度公式，有

$$p(z) = \int_{-\infty}^{+\infty} p_X(x) p_Y(z - x) dx = \int_0^z \frac{1}{2^{\frac{n}{2}} \Gamma\left(\dfrac{n}{2}\right)} x^{\frac{n}{2}-1} e^{-\frac{x}{2}} \frac{1}{2^{\frac{m}{2}} \Gamma\left(\dfrac{m}{2}\right)} (z - x)^{\frac{m}{2}-1} e^{-\frac{z-x}{2}} dx =$$

$$\frac{e^{-\frac{z}{2}}}{2^{\frac{n+m}{2}}\Gamma\left(\frac{n}{2}\right)\Gamma\left(\frac{m}{2}\right)}\int_0^z x^{\frac{n}{2}-1}(z-x)^{\frac{m}{2}-1}\mathrm{d}x$$

上式中令 $u=\frac{x}{z}$,$x=zu$,$\mathrm{d}x=z\mathrm{d}u$,则有

$$p(z)=\frac{z^{\frac{n+m}{2}-1}e^{-\frac{z}{2}}}{2^{\frac{n+m}{2}}\Gamma\left(\frac{n}{2}\right)\Gamma\left(\frac{m}{2}\right)}\int_0^1 u^{\frac{n}{2}-1}(1-u)^{\frac{m}{2}-1}\mathrm{d}u=$$

$$\frac{z^{\frac{n+m}{2}-1}e^{-\frac{z}{2}}}{2^{\frac{n+m}{2}}\Gamma\left(\frac{n}{2}\right)\Gamma\left(\frac{m}{2}\right)}\mathrm{B}\left(\frac{n}{2},\frac{m}{2}\right)=$$

$$\frac{1}{2^{\frac{n+m}{2}}\Gamma\left(\frac{n+m}{2}\right)}z^{\frac{n+m}{2}-1}e^{-\frac{z}{2}}$$

此即为 $\chi^2(n+m)$ 的分布密度．其中 $B(\alpha,\beta)$ 称为贝塔函数,其定义以及与伽马函数 $\Gamma(\alpha)$ 的关系为

$$B(\alpha,\beta)=\int_0^1 x^{\alpha-1}(1-x)^{\beta-1}\mathrm{d}x$$

$$B(\alpha,\beta)=\frac{\Gamma(\alpha)\Gamma(\beta)}{\Gamma(\alpha+\beta)}$$

性质 5.5　设 $\chi_n^2\sim\chi^2(n)$,则对任意 x,有

$$\lim_{n\to\infty}P\left\{\frac{\chi_n^2-n}{\sqrt{2n}}\leqslant x\right\}=\int_{-\infty}^x\frac{1}{\sqrt{2\pi}}e^{\frac{t^2}{2}}\mathrm{d}t$$

证明　由假设及定义 5.6,χ_n^2可表示 $\chi_n^2=\sum_{i=1}^n X_i^2$,其中 $X_1,X_2,\cdots,X_n$ 独立且每个 $X_i\sim N(0,1)$,因而 $X_1^2,X_2^2,\cdots,X_n^2$ 独立同分布,且

$$\mu\xlongequal{\text{def}}E(X_i^2)=1,\qquad\sigma^2\xlongequal{\text{def}}D(X_i^2)=2\qquad(i=1,2,\cdots,n)$$

由中心极限定理得

$$\lim_{n\to\infty}P\left\{\frac{\chi_n^2-n}{\sqrt{2n}}\leqslant x\right\}=\lim_{n\to\infty}P\left\{\frac{\sum_{i=1}^n X_i^2-n\mu}{\sqrt{n}\sigma}\leqslant x\right\}=\int_{-\infty}^x\frac{1}{\sqrt{2\pi}}e^{-\frac{t^2}{2}}\mathrm{d}t$$

该性质表明 χ^2变量的极限分布是正态分布,即当 n 很大时,$\frac{\chi_n^2-n}{\sqrt{2n}}$ 近似服从标准正态分布 $N(0,1)$,进而 χ_n^2近似服从正态分布 $N(n,2n)$.

5.2.2　*t* 分布

定义 5.7　设 $X\sim N(0,1)$,$Y\sim\chi^2(n)$,且 X 与 Y 相互独立,则称随机

变量

$$T=\frac{X}{\sqrt{Y/n}} \tag{5.22}$$

服从自由度为 n 的 t 分布，记为 $T\sim t(n)$. 随机变量 T 亦称为 t 变量 .

定理 5.5 若 $T\sim t(n)$，则 T 的分布密度为

$$p(x)=\frac{\Gamma\left(\frac{n+1}{2}\right)}{\sqrt{n\pi}\,\Gamma\left(\frac{n}{2}\right)}\left(1+\frac{x^2}{n}\right)^{-\frac{n+1}{2}}\quad(-\infty<x<+\infty) \tag{5.23}$$

证明 令 $Z=\sqrt{Y/n}$，先求 Z 的分布密度 $p_Z(z)$. 由于 Z 取非负值，所以当 $z\leqslant 0$ 时，$p_Z(z)=0$，当 $z>0$ 时，Z 的分布函数为

$$F_Z(z)=P\{Z\leqslant z\}=P\left\{\sqrt{Y/n}\leqslant z\right\}=P\{Y\leqslant nz^2\}=F_Y(nz^2)$$

因此 Z 的分布密度为

$$p_Z(z)=F'_Z(z)=F'_Y(nz^2)\times 2nz=p_Y(nz^2)\times 2nz=$$

$$\frac{1}{2^{\frac{n}{2}-1}\Gamma\left(\frac{n}{2}\right)}n^{\frac{n}{2}}z^{n-1}\mathrm{e}^{-\frac{nz^2}{2}}$$

由独立随机变量商的分布密度公式可得 $T=\dfrac{X}{Z}$ 的分布密度为

$$p(x)=\int_{-\infty}^{+\infty}|z|\,p_X(xz)p_Z(z)\mathrm{d}z=$$

$$\int_0^{+\infty}z\frac{1}{\sqrt{2\pi}}\mathrm{e}^{-\frac{(xz)^2}{2}}\frac{1}{2^{\frac{n}{2}-1}\Gamma\left(\frac{n}{2}\right)}n^{\frac{n}{2}}z^{n-1}\mathrm{e}^{-\frac{nz^2}{2}}\mathrm{d}z=$$

$$\frac{n^{\frac{n}{2}}}{\sqrt{\pi}2^{\frac{n-1}{2}}\Gamma\left(\frac{n}{2}\right)}\int_0^{+\infty}z^n\mathrm{e}^{-\frac{n+x^2}{2}z^2}\mathrm{d}z\xlongequal{\text{令}u=\frac{n+x^2}{2}z^2}$$

$$\frac{1}{\sqrt{n\pi}\,\Gamma\left(\frac{n}{2}\right)\left(1+\frac{x^2}{n}\right)^{\frac{n+1}{2}}}\int_0^{+\infty}u^{\frac{n+1}{2}-1}\mathrm{e}^{-u}\mathrm{d}u=$$

$$\frac{\Gamma\left(\frac{n+1}{2}\right)}{\sqrt{n\pi}\,\Gamma\left(\frac{n}{2}\right)}\left(1+\frac{x^2}{n}\right)^{-\frac{n+1}{2}}$$

图 5.2 给出了当 $n=1,5,10,\infty$ 时 t 分布密度函数图像 . 由于它是偶函数，所以 t 分布密度关于 y 轴对称，而且由图可见，当 n 很大时，t 分布接近于标准正态分布 .

例 5.6 设 $X\sim N(\mu,\sigma^2)$，$\dfrac{Y}{\sigma^2}\sim\chi^2(n)$，且 X 与 Y 相互独立，试求

$$T=\frac{X-\mu}{\sqrt{Y/n}}$$

的概率分布．

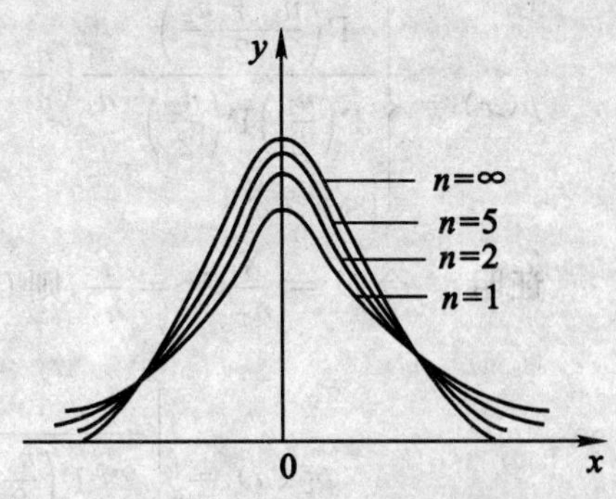

图 5.2　t 分布的密度函数

解　因为 $X\sim N(\mu,\sigma^2)$

所以

$$\frac{X-\mu}{\sigma}\sim N(0,1)$$

又

$$\frac{Y}{\sigma^2}\sim\chi^2(n)$$

且由于 X 与 Y 独立，则 $\frac{X-\mu}{\sigma}$ 与 $\frac{Y}{\sigma^2}$ 独立，

故由定义 5.7，得

$$T=\frac{X-\mu}{\sqrt{Y/n}}=\frac{(X-\mu)/\sigma}{\sqrt{(Y/\sigma^2)/n}}\sim t(n)$$

t 分布具有下列性质．

性质 5.6　设 $T\sim t(n)$，则当 $n>2$ 时，有

$$E(T)=0,\qquad D(T)=\frac{n}{n-2}\tag{5.24}$$

性质 5.7　设 $T\sim t(n)$，$p(t)$ 是 T 的分布密度，则

$$\lim_{n\to\infty}p(t)=\frac{1}{\sqrt{2\pi}}\mathrm{e}^{-\frac{t^2}{2}}$$

此性质说明，当 $n\to\infty$ 时，t 分布的极限分布是标准正态分布．在实际应用中，往往把自由度 $n>30$ 的 t 分布就近似看作标准正态分布．但对于较小的 n 值，t 分布与标准正态分布 $N(0,1)$ 有较大的差异，而且有

$$P\{|T|\geqslant t_0\}\geqslant P\{|X|\geqslant t_0\}$$

其中 $T\sim t(n)$，$X\sim N(0,1)$，即在 t 分布的尾部比标准正态分布尾部有着更大的概率(可参阅图 5.2)．

5.2.3　F 分布

定义 5.8　设 $X\sim\chi^2(n_1)$，$Y\sim\chi^2(n_2)$，且 X 与 Y 相互独立，则称随机变量

$$F=\frac{X/n_1}{Y/n_2}\tag{5.25}$$

服从自由度为 (n_1,n_2) 的 F 分布，记为 $F\sim F(n_1,n_2)$．其中 n_1 称为第一自由度，n_2 称为第二自由度．

定理 5.6　自由度为 (n_1,n_2) 的 F 分布的分布密度为

$$p(x)=\begin{cases}\dfrac{\Gamma\left(\dfrac{n_1+n_2}{2}\right)}{\Gamma\left(\dfrac{n_1}{2}\right)\Gamma\left(\dfrac{n_2}{2}\right)}\dfrac{n_1}{n_2}\left(\dfrac{n_1}{n_2}x\right)^{\frac{n_1}{2}-1}\left(1+\dfrac{n_1}{n_2}x\right)^{-\frac{n_1+n_2}{2}}, & x>0\\ 0, & x\leqslant 0\end{cases} \tag{5.26}$$

证明 令 $U=\dfrac{X}{n_1}, V=\dfrac{Y}{n_2}$，则 U 与 V 相互独立且分布密度分别为

$$p_U(u)=\begin{cases}\dfrac{n_1^{\frac{n_1}{2}}}{2^{\frac{n_1}{2}}\Gamma\left(\dfrac{n_1}{2}\right)}u^{\frac{n_1}{2}-1}\mathrm{e}^{-\frac{n_1}{2}u}, & u>0\\ 0, & u\leqslant 0\end{cases}$$

$$p_V(v)=\begin{cases}\dfrac{n_2^{\frac{n_2}{2}}}{2^{\frac{n_2}{2}}\Gamma\left(\dfrac{n_2}{2}\right)}v^{\frac{n_2}{2}-1}\mathrm{e}^{-\frac{n_2}{2}v}, & v>0\\ 0, & v\leqslant 0\end{cases}$$

由于 $F=\dfrac{U}{V}$，利用两个独立随机变量商的分布密度公式，当 $x>0$ 时，F 的分布密度为

$$p_F(x)=\int_{-\infty}^{+\infty}|v|\,p_U(xv)p_V(v)\mathrm{d}v=$$

$$\frac{n_1^{\frac{n_1}{2}}n_2^{\frac{n_2}{2}}}{2^{\frac{n_1+n_2}{2}}\Gamma\left(\frac{n_1}{2}\right)\Gamma\left(\frac{n_2}{2}\right)}\int_0^{+\infty}v(x\,v)^{\frac{n_1}{2}-1}\mathrm{e}^{-\frac{n_1xv}{2}}v^{\frac{n_2}{2}-1}\mathrm{e}^{-\frac{n_2v}{2}}\mathrm{d}v=$$

$$\frac{n_1^{\frac{n_1}{2}}n_2^{\frac{n_2}{2}}}{2^{\frac{n_1+n_2}{2}}\Gamma\left(\frac{n_1}{2}\right)\Gamma\left(\frac{n_2}{2}\right)}x^{\frac{n_1}{2}-1}\int_0^{+\infty}v^{\frac{n_1+n_2}{2}-1}\mathrm{e}^{-\frac{n_1x+n_2}{2}v}\mathrm{d}v \xlongequal{\text{令 } w=\frac{n_1x+n_2}{2}v}$$

$$\frac{n_1^{\frac{n_1}{2}}n_2^{\frac{n_2}{2}}x^{\frac{n_1}{2}-1}}{2^{\frac{n_1+n_2}{2}}\Gamma\left(\frac{n_1}{2}\right)\Gamma\left(\frac{n_2}{2}\right)}\left(\frac{n_1x+n_2}{2}\right)^{-\frac{n_1+n_2}{2}}\int_0^{+\infty}w^{\frac{n_1+n_2}{2}-1}\mathrm{e}^{-w}\mathrm{d}w=$$

$$\frac{\Gamma\left(\frac{n_1+n_2}{2}\right)}{\Gamma\left(\frac{n_1}{2}\right)\Gamma\left(\frac{n_2}{2}\right)}\frac{n_1}{n_2}\left(\frac{n_1}{n_2}x\right)^{\frac{n_1}{2}-1}\left(1+\frac{n_1}{n_2}x\right)^{-\frac{n_1+n_2}{2}}$$

由于 F 取非负值，所以当 $x\leqslant 0$ 时，$p_F(x)=0$.

图 5.3 给出了 F 分布的分布密度图像.

例 5.7 已知 $T\sim t(n)$，试证 $T^2\sim F(1,n)$.

证明 因为 $T\sim t(n)$，由定义5.7有

$$T = \frac{X}{\sqrt{Y/n}}$$

其中 $X \sim N(0,1)$，$Y \sim \chi^2(n)$ 且 X 与 Y 独立，那么

$$T^2 = \frac{X^2}{Y/n}$$

由于 $X^2 \sim \chi^2(1)$ 且 X^2 与 Y 相互独立，则由定义 5.8 有

$$T^2 \sim F(1,n)$$

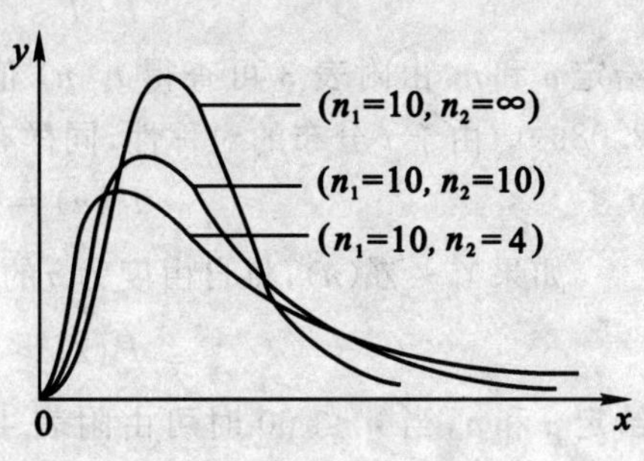

图 5.3　F 分布密度函数

F 分布具有下列性质.

性质 5.8　设 $F \sim F(n_1,n_2)$，则

$$\frac{1}{F} \sim F(n_2,n_1) \tag{5.27}$$

性质 5.9　设 $F \sim F(n_1,n_2)$，则

$$E(F) = \frac{n_2}{n_2-2} \quad (n_2 > 2) \tag{5.28}$$

$$D(F) = \frac{2n_2^2(n_1+n_2-2)}{n_1(n_2-2)^2(n_2-4)} \quad (n_2 > 4) \tag{5.29}$$

性质 5.10　设 $F \sim F(n_1,n_2)$，则当 $n_2 > 4$ 时，对任意 x，有

$$\lim_{n_1\to\infty} P\left\{\frac{F-E(F)}{\sqrt{D(F)}} \leqslant x\right\} = \int_{-\infty}^{x} \frac{1}{\sqrt{2\pi}} e^{-\frac{t^2}{2}} dt \tag{5.30}$$

其中 $E(F)$，$D(F)$ 由式(5.28)，式(5.29) 所确定.

5.2.4　概率分布的分位数

定义 5.9　对于总体 X 和给定的 $\alpha(0 < \alpha < 1)$，若存在 x_α，使

$$P\{X > x_\alpha\} = \alpha \tag{5.31}$$

则称 x_α 为 X 的分布的上侧分位数.

如果 $X \sim N(0,1)$，将标准正态分布的上侧分位数记为 u_α，它满足

$$P\{X > u_\alpha\} = 1 - P\{X \leqslant u_\alpha\} = 1 - \Phi(u_\alpha) = \alpha$$

即

$$\Phi(u_\alpha) = 1 - \alpha \tag{5.32}$$

给定 α，由附表 2 可查得 u_α 的值，如 $u_{0.05} = 1.64$，$u_{0.025} = 1.96$. 由于标准正态分布的对称性，显然有

$$u_\alpha = -u_{1-\alpha} \tag{5.33}$$

如果 $T \sim t(n)$，将自由度为 n 的 t 分布的上侧分位数记为 $t_\alpha(n)$，它满足

$$P\{T > t_\alpha(n)\} = \alpha$$

给定 α 和 n，由附表 3 可查得 $t_\alpha(n)$ 值．如 $t_{0.05}(10) = 1.8125$，$t_{0.025}(20) = 2.0860$. 由于 t 分布的对称性，同样有

$$t_\alpha(n) = -t_{1-\alpha}(n) \tag{5.34}$$

如果 $\chi_n^2 \sim \chi^2(n)$，将自由度为 n 的 χ^2 分布的上侧分位数记为 $\chi_\alpha^2(n)$，它满足

$$P\{\chi_n^2 > \chi_\alpha^2(n)\} = \alpha$$

给定 α 和 n，当 $n \leqslant 60$ 时可由附表 4 查出 $\chi_\alpha^2(n)$ 值．如 $\chi_{0.05}^2(10) = 18.3$，$\chi_{0.025}^2(20) = 34.2$. 对 $n > 60$ 时可由下列近似公式计算：

$$\chi_\alpha^2(n) \approx n + \sqrt{2n} \times u_\alpha \tag{5.35}$$

例如，当 $n = 120$，$\alpha = 0.05$ 时

$$\chi_{0.05}^2(120) \approx 120 + \sqrt{2 \times 120} \times u_{0.05} = 120 + \sqrt{240} \times 1.64 = 145.5$$

如果 $F \sim F(n_1, n_2)$，将自由度为 (n_1, n_2) 的 F 分布的上侧分位数记为 $F_\alpha(n_1, n_2)$，它满足

$$P\{F > F_\alpha(n_1, n_2)\} = \alpha$$

对 $\alpha = 0.05, 0.01, 0.10, 0.025$ 的 $F_\alpha(n_1, n_2)$ 的值，可由附表 5 查出．如 $F_{0.05}(5,10) = 3.33$，$F_{0.025}(10,20) = 2.77$，而对 $F_{1-\alpha}(n_1, n_2)$ 的值可由下列公式计算：

$$F_{1-\alpha}(n_1, n_2) = \frac{1}{F_\alpha(n_2, n_1)} \tag{5.36}$$

式(5.36)的证明留作练习．

§5.3 抽样分布

统计量都是随机变量，统计量的分布称为抽样分布．确定统计量的分布是数理统计的基本问题之一．关于抽样分布，我们关心两类问题：① 当总体 X 的分布已知时，对任一自然数 n，求出给定的统计量 $U_n = f(X_1, X_2, \cdots, X_n)$ 的分布，这个分布称为统计量的精确分布，它对数理统计中的所谓小样问题（即样本容量 n 较小时的统计问题）的研究十分重要．② 当 $n \to \infty$ 时，求统计量 U_n 的极限分布，统计量的极限分布对于数理统计中的大样问题的研究很重要．本节主要介绍第一类问题在正态总体下的抽样分布，这是因为正态总体的研究在数理统计中有着特别重要的地位．其原因之一是，由于正态总体下某些统计量的精确分布已有比较详尽的研究；另一个重要原因是，在许多领域中所遇到的总体，通常可以认为近似服从正态分布．下面讨论正态总体的抽样分布问题．

定理 5.7　设随机变量 $X_1,X_2,\cdots,X_n$ 相互独立,且

$$X_i \sim N(\mu_i,\sigma_i^2) \qquad (i=1,2,\cdots,n)$$

则它们的任一确定的线性函数

$$\sum_{i=1}^{n} C_i X_i \sim N\left(\sum_{i=1}^{n} C_i\mu_i, \sum_{i=1}^{n} C_i^2\sigma_i^2\right) \tag{5.37}$$

其中常数 $C_1,C_2,\cdots,C_n$ 不全为零.

证明　由于 $X_1,X_2,\cdots,X_n$ 独立且均为正态变量,故它们的线性函数 $\sum_{i=1}^{n} C_i X_i$ 仍为正态变量,又

$$E\left(\sum_{i=1}^{n} C_i X_i\right) = \sum_{i=1}^{n} C_i E(X_i) = \sum_{i=1}^{n} C_i\mu_i$$

$$D\left(\sum_{i=1}^{n} C_i X_i\right) = \sum_{i=1}^{n} C_i^2 D(X_i) = \sum_{i=1}^{n} C_i^2\sigma_i^2$$

所以

$$\sum_{i=1}^{n} C_i X_i \sim N\left(\sum_{i=1}^{n} C_i\mu_i, \sum_{i=1}^{n} C_i^2\sigma_i^2\right)$$

推论 1　设总体 $X\sim N(\mu,\sigma^2)$,$(X_1,X_2,\cdots,X_n)$ 是来自总体 X 的一个样本,则样本的任一确定的线性函数

$$\sum_{i=1}^{n} C_i X_i \sim N\left(\mu\sum_{i=1}^{n} C_i, \sigma^2\sum_{i=1}^{n} C_i^2\right) \tag{5.38}$$

其中 $C_1,C_2,\cdots,C_n$ 为不全为零的常数.

推论 2　设总体 $X\sim N(\mu,\sigma^2)$,$(X_1,X_2,\cdots,X_n)$ 是总体 X 的一个样本,则样本均值 $\overline{X}$ 的分布为

$$\overline{X} \sim N\left(\mu,\frac{\sigma^2}{n}\right)$$

或

$$\frac{\overline{X}-\mu}{\sigma/\sqrt{n}} \sim N(0,1) \tag{5.39}$$

推论 3　设 X 与 Y 为两个独立的正态总体,$X\sim N(\mu_1,\sigma_1^2)$,$(X_1,X_2,\cdots,X_{n_1})$ 为总体 X 的样本,$Y\sim N(\mu_2,\sigma_2^2)$,$(Y_1,Y_2,\cdots,Y_{n_2})$ 为总体 Y 的样本,则这两个样本均值 $\overline{X}$ 与 $\overline{Y}$ 的差 $\overline{X}-\overline{Y}$ 的分布为

$$\overline{X}-\overline{Y} \sim N\left(\mu_1-\mu_2,\frac{\sigma_1^2}{n_1}+\frac{\sigma_2^2}{n_2}\right)$$

或

$$\frac{(\overline{X}-\overline{Y})-(\mu_1-\mu_2)}{\sqrt{\sigma_1^2/n_1+\sigma_2^2/n_2}} \sim N(0,1) \tag{5.40}$$

其中

$$\overline{X}=\frac{1}{n_1}\sum_{i=1}^{n_1}X_i,\qquad \overline{Y}=\frac{1}{n_2}\sum_{i=1}^{n_2}Y_i$$

推论的证明很简单,留作练习.

定理 5.8　设总体 $X\sim N(\mu,\sigma^2)$,$(X_1,X_2,\cdots,X_n)$ 是来自总体 X 的一个样本,则有:

(1) 样本均值 $\overline{X}$ 与样本方差 S_n^2 相互独立;

(2) $$\frac{nS_n^2}{\sigma^2}=\frac{(n-1){S_n^*}^2}{\sigma^2}=\frac{1}{\sigma^2}\sum_{i=1}^{n}(X_i-\overline{X})^2\sim\chi^2(n-1).\tag{5.41}$$

该定理的证明较复杂,故从略.

推论 1　设总体 $X\sim N(\mu,\sigma^2)$,$(X_1,X_2,\cdots,X_n)$ 为总体 X 的一个样本,则有

$$\frac{\overline{X}-\mu}{S_n^*/\sqrt{n}}=\frac{\overline{X}-\mu}{S_n/\sqrt{n-1}}\sim t(n-1)\tag{5.42}$$

证明　由定理 5.7 的推论 2 和定理 5.8 知

$$\frac{\overline{X}-\mu}{\sigma/\sqrt{n}}\sim N(0,1),\qquad \frac{(n-1){S_n^*}^2}{\sigma^2}=\frac{nS_n^2}{\sigma^2}\sim\chi^2(n-1)$$

且 $\dfrac{\overline{X}-\mu}{\sigma/\sqrt{n}}$ 与 $\dfrac{(n-1){S_n^*}^2}{\sigma^2}=\dfrac{nS_n^2}{\sigma^2}$ 相互独立,再由 t 分布的定义得

$$\frac{\dfrac{\overline{X}-\mu}{\sigma/\sqrt{n}}}{\sqrt{(n-1){S_n^*}^2/[\sigma^2(n-1)]}}=\frac{\dfrac{\overline{X}-\mu}{\sigma/\sqrt{n}}}{\sqrt{nS_n^2/[\sigma^2(n-1)]}}\sim t(n-1)$$

即

$$\frac{\overline{X}-\mu}{S_n^*/\sqrt{n}}=\frac{\overline{X}-\mu}{S_n/\sqrt{n-1}}\sim t(n-1)$$

推论 2　设 X 与 Y 为两个独立且具有相同方差的正态总体,且 $X\sim N(\mu_1,\sigma^2)$,$(X_1,X_2,\cdots,X_{n_1})$ 为总体 X 的样本;$Y\sim N(\mu_2,\sigma^2)$,$(Y_1,Y_2,\cdots,Y_{n_2})$ 为总体 Y 的样本.则有

$$\frac{(\overline{X}-\overline{Y})-(\mu_1-\mu_2)}{S_W\sqrt{1/n_1+1/n_2}}\sim t(n_1+n_2-2)\tag{5.43}$$

其中

$$S_W=\sqrt{\frac{n_1S_1^2+n_2S_2^2}{n_1+n_2-2}}=\sqrt{\frac{(n_1-1){S_1^*}^2+(n_2-1){S_2^*}^2}{n_1+n_2-2}}$$

$$S_1^2=\frac{1}{n_1}\sum_{i=1}^{n_1}(X_i-\overline{X})^2,\qquad S_1^{*^2}=\frac{1}{n_1-1}\sum_{i=1}^{n_1}(X_i-\overline{X})^2$$

$$S_2^2=\frac{1}{n_2}\sum_{i=1}^{n_2}(Y_i-\overline{Y})^2,\qquad S_2^{*^2}=\frac{1}{n_2-1}\sum_{i=1}^{n_2}(Y_i-\overline{Y})^2$$

证明 由定理 5.7 的推论 3,得

$$\frac{(\overline{X}-\overline{Y})-(\mu_1-\mu_2)}{\sigma\sqrt{1/n_1+1/n_2}}\sim N(0,1)$$

由定理 5.8 的(2) 及 χ^2 分布的可加性,得

$$\frac{n_1S_1^2+n_2S_2^2}{\sigma^2}\sim\chi^2(n_1+n_2-2)$$

由定理 5.8 的 (1) 知 $\overline{X}$ 与 S_1^2 独立,$\overline{Y}$ 与 S_2^2 独立, 因此 $\frac{(\overline{X}-\overline{Y})-(\mu_1-\mu_2)}{\sigma\sqrt{1/n_1+1/n_2}}$ 与 $\frac{n_1S_1^2+n_2S_2^2}{\sigma^2}$ 相互独立,再由 t 分布的定义,得

$$\frac{\dfrac{(\overline{X}-\overline{Y})-(\mu_1-\mu_2)}{\sigma\sqrt{1/n_1+1/n_2}}}{\sqrt{[n_1S_1^2+n_2S_2^2]/[\sigma^2(n_1+n_2-2)]}}\sim t(n_1+n_2-2)$$

即

$$\frac{(\overline{X}-\overline{Y})-(\mu_1-\mu_2)}{S_W\sqrt{1/n_1+1/n_2}}\sim t(n_1+n_2-2)$$

推论3 设 X 与 Y 是两个独立的正态总体且 $X\sim N(\mu_1,\sigma_1^2)$,$(X_1,X_2,\cdots,X_{n_1})$ 是总体 X 的样本,$Y\sim N(\mu_2,\sigma_2^2)$,$(Y_1,Y_2,\cdots,Y_{n_2})$ 是总体 Y 的样本,则有

$$\frac{S_1^{*^2}/\sigma_1^2}{S_1^{*^2}/\sigma_2^2}\sim F(n_1-1,n_2-1)\qquad(5.44)$$

或

$$\frac{n_1S_1^2}{n_2S_2^2}\,\frac{(n_2-1)\sigma_2^2}{(n_1-1)\sigma_1^2}\sim F(n_1-1,n_2-1)$$

其中 $S_1^2,S_1^{*^2}$ 与 $S_2^2,S_2^{*^2}$ 分别是两个总体的样本方差和修正样本方差.

证明 由定理 5.8 知

$$\frac{(n_1-1)S_1^{*^2}}{\sigma_1^2}\sim\chi^2(n_1-1),\qquad\frac{(n_2-1)S_2^{*^2}}{\sigma_2^2}\sim\chi^2(n_2-1)$$

由于两个总体独立可知 $\frac{(n_1-1)S_1^{*^2}}{\sigma_1^2}$ 与 $\frac{(n_2-1)S_2^{*^2}}{\sigma_2^2}$ 独立,再根据 F 分布定义,得

$$\frac{(n_1-1)S_1^{*^2}/[\sigma_1^2(n_1-1)]}{(n_2-1)S_2^{*^2}/[\sigma_2^2(n_2-1)]}\sim F(n_1-1,n_2-1)$$

即
$$\frac{S_1^{*^2}/\sigma_1^2}{S_2^{*^2}/\sigma_2^2} \sim F(n_1-1, n_2-1)$$

例 5.8 设总体 $X \sim N(0,\sigma^2)$，$(X_1, X_2, \cdots, X_n, X_{n+1}, \cdots, X_{n+m})$ 是来自总体 X 的容量为 $n+m$ 的一个样本，试求统计量

$$T = \frac{\sqrt{m}\sum_{i=1}^{n} X_i}{\sqrt{n}\sqrt{\sum_{i=n+1}^{n+m} X_i^2}}$$

的概率分布．

解 由于 $X_1, X_2, \cdots, X_{n+m}$ 独立且 $\frac{X_i}{\sigma} \sim N(0,1)$，则有

$$\sum_{i=1}^{n}\left(\frac{X_i}{\sigma}\right) \sim N(0,n) \quad 或 \quad \frac{\sum_{i=1}^{n}(X_i/\sigma)}{\sqrt{n}} \sim N(0,1)$$

且
$$\sum_{i=n+1}^{n+m}\left(\frac{X_i}{\sigma}\right)^2 \sim \chi^2(m)$$

又因 $\sum_{i=1}^{n}\left(\frac{X_i}{\sigma}\right)^2/\sqrt{n}$ 与 $\sum_{i=n+1}^{n+m}\left(\frac{X_i}{\sigma}\right)^2$ 相互独立，再由 t 分布的定义，得

$$\frac{\sum_{i=1}^{n}(X_i/\sigma)/\sqrt{n}}{\sqrt{\sum_{i=n+1}^{n+m}(X_i/\sigma)^2/m}} \sim t(m)$$

即
$$T = \frac{\sqrt{m}\sum_{i=1}^{n} X_i}{\sqrt{n}\sqrt{\sum_{i=n+1}^{n+m} X_i^2}} \sim t(m)$$

例 5.9 设 $(X_1, X_2, \cdots, X_n)$ 为来自正态总体 $N(0,\sigma^2)$ 的样本，$\overline{X}$ 和 S_n 为样本均值和样本标准差，试求统计量 $U = \overline{X}/S_n$ 的分布密度．

解 由定理 5.8 的推论 1 知

$$\frac{\overline{X}}{S_n/\sqrt{n-1}} = \frac{\overline{X}}{S_n}\sqrt{n-1} \sim t(n-1)$$

先求 U 的分布函数 $F(u)$：

$$F(u) = P\{U \leqslant u\} = P\left\{\frac{\overline{X}}{S_n} \leqslant u\right\} =$$
$$P\left\{\frac{\overline{X}}{S_n}\sqrt{n-1} \leqslant \sqrt{n-1}u\right\} = F_{t(n-1)}(\sqrt{n-1}u)$$

所以,U 的分布密度为

$$p(u)=F'(u)=F'_{t(n-1)}(\sqrt{n-1}u)\sqrt{n-1}=$$

$$p_{t(n-1)}(\sqrt{n-1}u)\sqrt{n-1}=$$

$$\frac{\Gamma\left(\frac{n}{2}\right)}{\sqrt{(n-1)\pi}\Gamma\left(\frac{n-1}{2}\right)}\left[1+\frac{(\sqrt{n-1}u)^2}{n-1}\right]^{-\frac{n}{2}}\sqrt{n-1}=$$

$$\frac{\Gamma\left(\frac{n}{2}\right)}{\sqrt{\pi}\Gamma\left(\frac{n-1}{2}\right)}(1+u^2)^{-\frac{n}{2}}$$

习　题　五

1. 设总体 $X\sim P(\lambda)$,样本为$(X_1, X_2, \cdots, X_n)$,试求:

(1) 样本$(X_1, X_2, \cdots, X_n)$的联合分布律;

(2) $E\overline{X}$, $D\overline{X}$, ES_n^2, ES_n^{*2};

(3) 若一组样本值为(1,2,4,3,3,5,6,4,8),求 $\bar{x}$,S_n^2,$F_n(x)$.

2. 设总体 X 服从对数正态分布,即 X 的分布密度为

$$f(x)=\frac{1}{\sqrt{2\pi}\sigma x}e^{-\frac{1}{2\sigma^2}(\ln x-\mu)^2}\qquad(0<x<+\infty)$$

$(X_1, X_2, \cdots, X_n)$是来自总体 X 的样本,试求样本$(X_1, X_2, \cdots, X_n)$的联合分布密度.

3. 设$(X_1, X_2, \cdots, X_n)$和$(Y_1, Y_2, \cdots, Y_n)$是分别来自总体 X 和 Y 的样本,且有

$$Y_i=\frac{(X_i-a)}{b}\qquad(a,\ b\text{ 为非零常数})$$

试求样本均值 $\overline{Y}$ 与 $\overline{X}$ 之间以及样本方差 S_Y^2 与 S_X^2 之间的关系式.

4. 试证明

(1) $\sum\limits_{i=1}^{n}(X_i-\mu)^2=\sum\limits_{i=1}^{n}(X_i-\overline{X})^2+n(\overline{X}-\mu)^2$;

(2) $\sum\limits_{i=1}^{n}(X_i-\overline{X})^2=\sum\limits_{i=1}^{n}X_i^2-n\overline{X}^2$.

5. 设总体 X 的分布密度和分布函数分别为 $F(x)$, $f(x)$,$(X_1, X_2, \cdots, X_n)$为来自总体 X 的一个样本,记 $X_{(1)}=\min\limits_{1\leqslant i\leqslant n}\{X_i\}$,$X_{(n)}=\max\limits_{1\leqslant i\leqslant n}\{X_i\}$,试求 $X_{(1)}$ 和 $X_{(n)}$ 的分布函数和分布密度.

6. 设总体 X 的分布密度为 $f(x)=\begin{cases}2x, & 0<x<1\\ 0, & \text{其他}\end{cases}$,$(X_1, X_2, \cdots, X_n)$为来自总体 X 的样本,试求最小次序统计量 $X_{(1)}$ 和最大次序统计量 $X_{(n)}$ 的分布密度.

7. 设$(X_1, X_2, \cdots, X_6)$是来自正态总体 $N(0, 1)$的一个样本,

(1) 试求 C,使得 $\chi^2=C(X_1+X_2+X_3)^2+C(X_4+X_5+X_6)^2$ 服从 χ^2 分布;

(2) 试求 C,使得 $t=C\dfrac{X_1+X_2+X_3}{\sqrt{X_4^2+X_5^2+X_6^2}}$ 服从 t 分布.

8. 设 $X_1,\cdots,X_n,X_{n+1},\cdots,X_{n+m}$ 是来自正态总体 $N(0,\sigma^2)$ 的一个容量为 $n+m$ 的样本,试求统计量

$$F=\frac{m\sum\limits_{i=1}^{n}X_i^2}{n\sum\limits_{i=n+1}^{n+m}X_i^2}$$

的概率分布.

9. 设$(X_1,X_2,\cdots,X_n)$是来自正态总体 $N(0,\sigma^2)$ 的一个样本,试分别求:

(1) $Y=\sum\limits_{i=1}^{n}X_i^2$; (2) $Z=\left(\sum\limits_{i=1}^{n}X_i\right)^2$.

的概率分布.

10. 当 $\alpha=0.01$ 和 $\alpha=0.05$ 时,查表计算 $U_{\alpha/2}$,$\chi^2_{\alpha/2}(10)$,$\chi^2_{1-\alpha/2}(25)$,$t_{\alpha/2}(12)$,$F_{\alpha}(8,5)$,$F_{1-\alpha}(7,6)$.

11. 设总体 $X\sim N(80,20^2)$,从总体 X 中抽取一个容量为 100 的样本,求样本均值与总体均值之差的绝对值大于 3 的概率.

12. 设在总体 $X\sim N(\mu,\sigma^2)$ 中抽取一个容量为 16 的样本,这里 μ,σ^2 未知.

(1) 求 $P\left\{\dfrac{S_{16}^{*2}}{\sigma^2}\leqslant 2.041\right\}$,其中 S_{16}^{*2} 为修正样本方差;

(2) 求 ES_{16}^{*2},DS_{16}^{*2}.

13. 设总体 $X\sim N(\mu_1,\sigma_1^2)$,$Y\sim N(\mu_2,\sigma_2^2)$,从两个总体中分别抽样,得到下列结果:

$$n_1=8,\quad S_{n_1}^{*2}=8.75,\quad n_2=10,\quad S_{n_2}^{*2}=2.65$$

试求概率 $P\{\sigma_1^2>\sigma_2^2\}$.

14. 设总体 $X\sim N(\mu,\sigma^2)$,从总体 X 中抽取容量为 $2n$ 的样本$(X_1,X_2,\cdots,X_{2n})$,记 $\overline{X}=\dfrac{1}{2n}\sum\limits_{i=1}^{2n}X_i$,试求统计量

$$Y=\sum_{i=1}^{n}(X_i+X_{n+i}-2\overline{X})^2$$

的数学期望 EY.

15. 设 $X_1,X_2,\cdots,X_n$ 是来自正态总体 $N(\mu,\sigma^2)$ 的一个样本,$\overline{X}$,S_n^2 是其样本均值和样本方差,又设 $X_{n+1}\sim N(\mu,\sigma^2)$ 且与 $X_1,X_2,\cdots,X_n$ 独立,试求统计量

$$T=\frac{X_{n+1}-\overline{X}}{S_n}\sqrt{\frac{n-1}{n+1}}$$

的概率分布.

16. 设 $X_1,X_2,\cdots,X_9$ 是来自正态总体 $N(\mu,\sigma^2)$ 的样本,记

$$Y_1=\frac{1}{6}(X_1+X_2+\cdots+X_6)$$

$$Y_2=\frac{1}{3}(X_7+X_8+X_9)$$

$$S^2 = \frac{1}{2}\sum_{i=7}^{9}(X_i - Y_2)^2$$

$$Z = \frac{\sqrt{2}(Y_1 - Y_2)}{S}$$

试证明：$Z \sim t(2)$.

第6章　参数估计

§6.1　参数的点估计

6.1.1　问题的提出

在实际问题中经常遇到随机变量 X(即总体 X) 的分布函数 $F(x_j;\theta_1,\theta_2,\cdots,\theta_m)$ 的形式已知,但其中参数 $\theta_i(i=1,2,\cdots,m)$ 未知的情形. 当得到了 X 的一个样本值 $(x_1,x_2,\cdots,x_n)$ 后,希望利用样本值来估计 X 分布中的未知参数值;或者 X 的分布函数形式未知,利用样本值估计 X 的某些数字特征. 这类问题称为参数的点估计问题.

例 6.1　已知某电话局在单位时间内收到用户呼唤次数这个总体 X 服从泊松分布 $P(\lambda)$,即 X 的分布律

$$P\{X=k\}=\frac{\lambda^k}{k!}e^{-\lambda}\qquad(k=0,1,2,\cdots)$$

的形式已知,但参数 λ 未知. 今获得一个样本值 $(x_1,x_2,\cdots,x_n)$,要求估计 $\lambda=E(X)$ 的值,即要求估计在单位时间内平均收到的呼唤次数,进而可以确定在单位时间内收到 k 次呼唤的概率.

例 6.2　已知某种灯泡的寿命 $X\sim N(\mu,\sigma^2)$,即 X 的分布密度

$$p(x;\mu,\sigma^2)=\frac{1}{\sqrt{2\pi}\sigma}e^{-\frac{(x-\mu)^2}{2\sigma^2}}\qquad(-\infty<x<+\infty)$$

的形式已知,但参数 μ,σ^2 未知. 获得一个样本值 $(x_1,x_2,\cdots,x_n)$ 后,要求估计 $\mu=E(X),\sigma^2=D(X)$ 的值,即要求估计灯泡的平均寿命和寿命长度的差异程度,进而可以确定灯泡寿命 X 落在任何一个区间内的概率.

例 6.3　考虑某厂生产的一批电子元件的寿命这个总体 X;虽然不知道 X 的分布形式,但仍要求根据样本值 $(x_1,x_2,\cdots,x_n)$ 估计元件的平均寿命和元件寿命的差异程度,即估计总体 X 的均值 $E(X)$ 和方差 $D(X)$.

解决上述参数 θ 的点估计问题的思路是,设法构造一个合适的统计量 $\hat{\theta}=\hat{\theta}(X_1,X_2,\cdots,X_n)$,使其能在某种意义上对 θ 作出合理的估计. 在数理统计中称统计量 $\hat{\theta}=\hat{\theta}(X_1,X_2,\cdots,X_n)$ 为 θ 的估计量,$\hat{\theta}$ 的观测值 $\hat{\theta}=\hat{\theta}(x_1,x_2,\cdots,x_n)$

称为θ的估计值．由于对不同的样本值，所得到的估计值一般是不同的，因此，点估计问题主要是要寻求如何求得未知参数θ的估计量．目前点估计方法种类很多，本节介绍最常用的矩估计法和最大似然估计法．

6.1.2　矩估计法

矩估计法是由英国统计学家皮尔逊(K. Pearson)在1894年提出的求参数点估计的方法．由大数定理知道，样本矩依概率收敛于总体矩，这就是说，只要样本容量n取得充分大时，用样本矩作为总体矩的估计可以达到任意精确的程度．根据这一原理，矩估计法的基本思想是用样本的k阶原点矩$A_k = \frac{1}{n}\sum_{i=1}^{n} X_i^k$去估计总体$X$的$k$阶原点矩$E(X^k)$；用样本的$k$阶中心矩$B_k = \frac{1}{n}\sum_{i=1}^{n}(X_i - \overline{X})^k$去估计总体$X$的$k$阶中心矩$E(X-E(X))^k$，并由此得到未知参数的估计量．

设总体X的分布函数为$F(x;\theta_1,\theta_2,\cdots,\theta_m)$，$\theta_1,\theta_2,\cdots,\theta_m$是$m$个待估计的未知参数．设$\alpha_m = E(X^m)$存在，对任意$k(k=1,2,\cdots,m)$.

$$\alpha_k = E(X^k) = \int_{-\infty}^{+\infty} x^k \mathrm{d}F(x;\theta_1,\theta_2,\cdots,\theta_m) = \alpha_k(\theta_1,\theta_2,\cdots,\theta_m)$$

现用样本矩作为总体矩的估计，即令

$$\frac{1}{n}\sum_{i=1}^{n} X_i^k = \alpha_k(\hat{\theta}_1,\hat{\theta}_2,\cdots,\hat{\theta}_m) \qquad (k=1,2,\cdots,m)$$

这便得到含m个参数$\hat{\theta}_1,\hat{\theta}_2,\cdots,\hat{\theta}_m$的$m$个方程组，解该方程组得

$$\hat{\theta}_k = \hat{\theta}_k(X_1,X_2,\cdots,X_n) \qquad (k=1,2,\cdots,m)$$

以$\hat{\theta}_k$作为参数θ_k的估计量，并称$\hat{\theta}_k$为未知参数θ_k的矩估计量，这种求估计量的方法称为矩估计法．

例 6.4　设总体X服从泊松分布$P(\lambda)$，求参数λ的矩估计量．

解　设$X_1,X_2,\cdots,X_n$是总体X的一个样本，由于$E(X)=\lambda$，可得

$$\hat{\lambda} = \frac{1}{n}\sum_{i=1}^{n} X_i = \overline{X}$$

例 6.5　求总体X的均值μ和方差σ^2的矩估计．

解　设$X_1,X_2,\cdots,X_n$是总体X的一个样本，由于

$$\begin{cases} E(X) = \mu \\ E(X^2) = D(X) + (E(X))^2 = \sigma^2 + \mu^2 \end{cases}$$

故令

$$\begin{cases}\overline{X}=\hat{\mu}\\ \dfrac{1}{n}\sum_{i=1}^{n}X_i^2=\hat{\sigma}^2+\mu^2\end{cases}$$

解得 μ 和 σ^2 的矩估计量为

$$\hat{\mu}=\overline{X}$$

$$\hat{\sigma}^2=\frac{1}{n}\sum_{i=1}^{n}X_i^2-\overline{X}^2=S_n^2$$

由此可见，无论总体服从什么分布，样本均值 $\overline{X}$ 和样本方差 S_n^2 分别是总体均值 μ 和总体方差 σ^2 的矩估计量．特别对正态总体 $X\sim N(\mu,\sigma^2)$，μ 和 σ^2 的矩估计分别为 $\hat{\mu}=\overline{X}$，$\hat{\sigma}^2=S_n^2$.

例 6.6　设总体 X 服从区间 $[\theta_1,\theta_2]$ 上的均匀分布，求参数 θ_1,θ_2 的矩估计量．

解　设 $X_1,X_2,\cdots,X_n$ 是总体 X 的样本，容易求得

$$\begin{cases}E(X)=\dfrac{\theta_1+\theta_2}{2}\\ D(X)=\dfrac{(\theta_2-\theta_1)^2}{12}\end{cases}$$

故令

$$\begin{cases}\overline{X}=\dfrac{\hat{\theta}_1+\hat{\theta}_2}{2}\\ S_n^2=\dfrac{(\hat{\theta}_2-\hat{\theta}_1)^2}{12}\end{cases}$$

解得 θ_1 和 θ_2 的矩估计量为

$$\hat{\theta}_1=\overline{X}-\sqrt{3}S_n$$

$$\hat{\theta}_2=\overline{X}+\sqrt{3}S_n$$

例 6.7　设总体 X 的分布密度为

$$p(x;\theta)=\frac{1}{2\theta}e^{-\frac{|x|}{\theta}}\qquad(-\infty<x<+\infty,\theta>0)$$

$(X_1,X_2,\cdots,X_n)$ 为总体 X 的样本，求参数 θ 的矩估计量．

解　由于 $p(x;\theta)$ 只含有一个未知参数 θ，一般只需求出 $E(X)$ 便能得到 θ 的矩估计量，但是

$$E(X)=\int_{-\infty}^{+\infty}xp(x;\theta)\mathrm{d}x=\int_{-\infty}^{+\infty}x\,\frac{1}{2\theta}e^{-\frac{|x|}{\theta}}\mathrm{d}x=0$$

即 $E(X)$ 不含有 θ，故不能由此得到 θ 的矩估计量．为此，求

$$E(X^2)=\int_{-\infty}^{+\infty}x^2p(x;\theta)\mathrm{d}x=\int_{-\infty}^{+\infty}x^2\,\frac{1}{2\theta}e^{-\frac{|x|}{\theta}}\mathrm{d}x=$$

$$\frac{1}{\theta}\int_0^{+\infty} x^2 \mathrm{e}^{-\frac{x}{\theta}} \mathrm{d}x = 2\theta^2$$

故令

$$\frac{1}{n}\sum_{i=1}^{n} X_i^2 = 2\hat{\theta}^2$$

于是解得 θ 的矩估计量为

$$\hat{\theta} = \sqrt{\frac{1}{2n}\sum_{i=1}^{n} X_i^2}$$

本例 θ 的矩估计量也可以这样求得

$$E \mid X \mid = \int_{-\infty}^{+\infty} \mid x \mid p(x;\theta)\mathrm{d}x = \int_{-\infty}^{+\infty} \mid x \mid \frac{1}{2\theta}\mathrm{e}^{-\frac{|x|}{\theta}}\mathrm{d}x = \frac{1}{\theta}\int_0^{+\infty} x\mathrm{e}^{-\frac{x}{\theta}}\mathrm{d}x = \theta$$

故令

$$\frac{1}{n}\sum_{i=1}^{n} \mid X_i \mid = \hat{\theta}$$

即 θ 的矩估计量为

$$\hat{\theta} = \frac{1}{n}\sum_{i=1}^{n} \mid X_i \mid$$

该例表明参数的矩估计量不惟一.

6.1.3　最大似然估计

最大似然估计作为一种点估计方法最初是由德国数学家高斯(Gauss) 于 1821 年提出的,但未得到重视,英国统计学家费歇尔(R. A. Fisher) 在 1922 年再次提出了最大似然估计并探讨了它的性质,随后他又作了进一步发展,使之成为数理统计中最重要、应用最广泛的方法之一. 由于最大似然估计有许多优良性质,因此,当总体分布形式已知时,最好采用最大似然估计法来估计总体的未知参数.

1. 似然函数

设总体 X 的分布律为 $P(X=x)=p(x;\theta)$ (或分布密度为 $p(x;\theta)$),其中 $\theta=(\theta_1,\theta_2,\cdots,\theta_m)$ 是未知参数,$(X_1,X_2,\cdots,X_n)$ 是总体 X 的一个样本,则样本$(X_1,X_2,\cdots,X_n)$ 的分布律(或分布密度) 为 $\prod_{i=1}^{n} p(x_i;\theta)$,当给定样本值$(x_1,x_2,\cdots,x_n)$ 后,它只是参数 θ 的函数,记为 $L(\theta)$,即

$$L(\theta) = \prod_{i=1}^{n} p(x_i;\theta)$$

则称 $L(\theta)$ 为似然函数. 似然函数实质上是样本的分布律或分布密度.

2. 最大似然估计法

最大似然估计法，是建立在最大似然原理基础上的求点估计量的方法．最大似然原理的直观想法是：在试验中概率最大的事件最有可能出现．因此，一个试验如有若干个可能结果 $A,B,C,\cdots$，若在一次试验中，结果 A 出现，则一般以为 A 出现的概率最大．下面通过实例来介绍最大似然原理．

例 6.8 假定一个盒中黑球和白球两种球的数目之比为 3 : 1，但不知哪种球多，p 表示从盒中任取一球是黑球的概率，那么 $p=1/4$ 或 $3/4$. 现在有放回地从盒中抽 3 个球，试根据样本中的黑球数 X 来估计参数 p.

解 由概率论知，随机变量 $X\sim B(3,p)$，即

$$P\{X=x\}=\mathrm{C}_3^x p^x(1-p)^{3-x}\qquad(x=0,1,2,3)$$

由于估计 p 只需在 $p=\dfrac{1}{4}$ 和 $p=\dfrac{3}{4}$ 两者之间作出选择．为此，先计算这两种情况下 X 的分布律：

X	0	1	2	3
$p=\frac{1}{4}$ 时 $P\{X=x\}$ 的值	$\frac{27}{64}$	$\frac{27}{64}$	$\frac{9}{64}$	$\frac{1}{64}$
$p=\frac{3}{4}$ 时 $P\{X=x\}$ 的值	$\frac{1}{64}$	$\frac{9}{64}$	$\frac{27}{64}$	$\frac{27}{64}$

如果样本中黑球数 $X=0$，那么应当估计 p 为 1/4，因为当 $p=1/4$ 时，$P\{X=0\}=27/64$ 大于当 $p=3/4$ 时 $P(X=0)=1/64$. 因此，应当认为，具有 $X=0$ 的样本来自 $p=1/4$ 的总体 $B(3,1/4)$ 的可能性要比来自 $p=3/4$ 的总体 $B(3,3/4)$ 的可能性要大．同理可得，p 的估计量为

$$\hat{p}=\begin{cases}\dfrac{1}{4}, & x=0,1\\[2mm] \dfrac{3}{4}, & x=2,3\end{cases}$$

该例从参数估计的角度来看，总体分布中的参数 p 有 $\hat{p}=1/4$ 或 $\hat{p}=3/4$ 两种可作为估计值的选择，当给定样本 $X=x$ 时，我们选择使概率 $P\{X=x\}$ 大的 $\hat{p}$ 作为 p 的估计值．

一般地，设总体 X 的分布律为 $P\{X=x\}=p(x;\theta)$，其中 $\theta=(\theta_1,\theta_2,\cdots,\theta_m)$ 是未知参数．又设 $(x_1,x_2,\cdots,x_n)$ 是样本的一个观测值，那么，样本 $(X_1,X_2,\cdots,X_n)$ 取值 $(x_1,x_2,\cdots,x_n)$ 的概率为

$$P\{X_1=x_1,X_2=x_2,\cdots,X_n=x_n\}=$$

$$\prod_{i=1}^{n}P\{X=x_i\}=\prod_{i=1}^{n}p(x_i;\theta)=L(\theta)$$

既然在一次试验中得到了样本值 $(x_1,x_2,\cdots,x_n)$，那么，样本取该样本值的概

率应较大，所以就应选取使这一概率达到最大的参数值作为未知参数的估计值，也就是选取使似然函数 $L(\theta)$ 达到最大的参数值作为未知参数的估计值，这种求未知参数点估计的方法称为最大似然估计法．

定义 6.1　设总体 X 的分布密度(或分布律)为 $p(x;\theta)$，其中 $\theta=(\theta_1,\theta_2,\cdots,\theta_m)$ 为未知参数．又设 $(x_1,x_2,\cdots,x_n)$ 是总体 X 的一个样本值，如果似然函数

$$L(\theta)=\prod_{i=1}^{n}p(x_i;\theta) \tag{6.1}$$

在 $\hat{\theta}=(\hat{\theta}_1,\hat{\theta}_2,\cdots,\hat{\theta}_m)$ 处达到最大值，则称 $\hat{\theta}_1,\hat{\theta}_2,\cdots,\hat{\theta}_m$ 分别为 $\theta_1,\theta_2,\cdots,\theta_m$ 的最大似然估计值．

需要注意的是，最大似然估计值 $\hat{\theta}_i$ 依赖于样本值，即

$$\hat{\theta}_i=\hat{\theta}_i(x_1,x_2,\cdots,x_n)\qquad(i=1,2,\cdots,m)$$

若将上式中样本值 $(x_1,x_2,\cdots,x_n)$ 替换成样本 $(X_1,X_2,\cdots,X_n)$，所得的 $\hat{\theta}_i=\hat{\theta}_i(X_1,X_2,\cdots,X_n)$ 则称为参数 θ_i 的最大似然估计量．

由于

$$\ln L(\theta)=\sum_{i=1}^{n}\ln p(x_i,\theta)$$

而 $\ln L(\theta)$ 与 $L(\theta)$ 有相同的最大值点，因此，$\hat{\theta}$ 为最大似然估计的必要条件为

$$\left.\frac{\partial \ln L(\theta)}{\partial \theta_i}\right|_{\theta=\hat{\theta}}=0\qquad(i=1,2,\cdots,m) \tag{6.2}$$

称它为似然方程，其中 $\theta=(\theta_1,\theta_2,\cdots,\theta_m)$．

求最大似然估计量的一般步骤为：

(1) 求似然函数 $L(\theta)$；

(2) 一般地，求出 $\ln L(\theta)$ 及似然方程

$$\left.\frac{\partial \ln L(\theta)}{\partial \theta_i}\right|_{\theta=\hat{\theta}}=0\qquad(i=1,2,\cdots,m)$$

(3) 解似然方程得到最大似然估计值

$$\hat{\theta}_i=\hat{\theta}_i(x_1,x_2,\cdots,x_n)\qquad(i=1,2,\cdots,m)$$

(4) 最后得到最大似然估计量

$$\hat{\theta}_i=\hat{\theta}_i(X_1,X_2,\cdots,X_n)\qquad(i=1,2,\cdots,m)$$

例 6.9　设总体 X 服从泊松分布 $P(\lambda)$，其中 λ 为未知参数，试求参数 λ 的最大似然估计量．

解　设样本 $(X_1,X_2,\cdots,X_n)$ 的一个观测值为 $(x_1,x_2,\cdots,x_n)$，由于总体 $X\sim P(\lambda)$，故有

$$P(X=x)=\frac{\lambda^x}{x!}e^{-\lambda}$$

由式(6.1)似然函数为

$$L(\lambda)=\prod_{i=1}^{n}\frac{\lambda^{x_i}}{x_i!}e^{-\lambda}=\frac{\lambda^{\sum\limits_{i=1}^{n}x_i}}{\prod\limits_{i=1}^{n}x_i!}e^{-n\lambda}$$

取对数

$$\ln L(\lambda)=(\sum_{i=1}^{n}x_i)\ln\lambda-\ln\prod_{i=1}^{n}x_i!-n\lambda$$

由似然方程(6.2),有

$$\left.\frac{d\ln L(\lambda)}{d\lambda}\right|_{\lambda=\hat{\lambda}}=\frac{1}{\hat{\lambda}}\sum_{i=1}^{n}x_i-n=0$$

得 $$\hat{\lambda}=\frac{1}{n}\sum_{i=1}^{n}x_i=\bar{x}$$

所以 λ 的最大似然估计量为 $\hat{\lambda}=\bar{X}$.

例 6.10 设总体 $X\sim N(\mu,\sigma^2)$,求参数 μ,σ^2 的最大似然估计量.

解 设$(X_1,X_2,\cdots,X_n)$是总体 X 的样本,其观测值为$(x_1,x_2,\cdots,x_n)$,记 $\theta=(\mu,\sigma^2)$,由于总体 $X\sim N(\mu,\sigma^2)$,即 X 的分布密度为

$$p(x;\theta)=\frac{1}{\sqrt{2\pi}\sigma}e^{-\frac{(x-\mu)^2}{2\sigma^2}}$$

则似然函数为

$$L(\theta)=\prod_{i=1}^{n}\frac{1}{\sqrt{2\pi}\sigma}e^{-\frac{(x_i-\mu)^2}{2\sigma^2}}=\frac{1}{(2\pi)^{\frac{n}{2}}\sigma^n}e^{-\frac{1}{2\sigma^2}\sum\limits_{i=1}^{n}(x_i-\mu)^2}$$

$$\ln L(\theta)=-\frac{n}{2}\ln(2\pi)-\frac{n}{2}\ln\sigma^2-\frac{1}{2\sigma^2}\sum_{i=1}^{n}(x_i-\mu)^2$$

似然方程为

$$\left.\frac{\partial\ln L(\theta)}{\partial\mu}\right|_{\substack{\mu=\hat{\mu}\\ \sigma^2=\hat{\sigma}^2}}=\frac{1}{\hat{\sigma}^2}\sum_{i=1}^{n}(x_i-\hat{\mu})=0$$

$$\left.\frac{\partial\ln L(\theta)}{\partial\sigma^2}\right|_{\substack{\mu=\hat{\mu}\\ \sigma^2=\hat{\sigma}^2}}=-\frac{n}{2\hat{\sigma}^2}+\frac{1}{2\hat{\sigma}^4}\sum_{i=1}^{n}(x_i-\hat{\mu})^2=0$$

解似然方程得

$$\hat{\mu}=\frac{1}{n}\sum_{i=1}^{n}x_i=\bar{x},\qquad \hat{\sigma}^2=\frac{1}{n}\sum_{i=1}^{n}(x_i-\bar{x})^2=S_n^2$$

所求的最大似然估计量为 $\hat{\mu}=\bar{X},\hat{\sigma}^2=S_n^2$.

例 6.11 设总体 X 服从区间$[0,\theta]$上的均匀分布,试求参数 θ 的矩估计量和最大似然估计量.

解 设$(X_1,X_2,\cdots,X_n)$是总体 X 的样本,其观测值为$(x_1,x_2,\cdots,x_n)$,

由于

$$E(X)=\frac{\theta}{2}$$

故

$$\frac{1}{n}\sum_{i=1}^{n}X_i=\frac{\hat{\theta}}{2}$$

即 θ 的矩估计量为

$$\hat{\theta}=\frac{2}{n}\sum_{i=1}^{n}X_i=2\overline{X}$$

又总体 X 的分布密度为

$$p(x;\theta)=\begin{cases}\dfrac{1}{\theta}, & 0\leqslant x\leqslant\theta\\ 0, & \text{其他}\end{cases}$$

则似然函数为

$$L(\theta)=\prod_{i=1}^{n}p(x_i;\theta)=\begin{cases}\dfrac{1}{\theta^n}, & 0\leqslant x_1,x_2,\cdots,x_n\leqslant\theta\\ 0, & \text{其他}\end{cases}=$$

$$\begin{cases}\dfrac{1}{\theta^n}, & \max\limits_{1\leqslant i\leqslant n}\{x_i\}\leqslant\theta<+\infty\\ 0, & \text{其他}\end{cases}$$

由上式可见，当 $\theta=\max\limits_{1\leqslant i\leqslant n}\{x_i\}$ 时 $L(\theta)$ 达到最大，故 θ 的最大似然估计量为

$$\hat{\theta}=\max_{1\leqslant i\leqslant n}\{X_i\}=X_{(n)}$$

该例说明用微分法求最大似然估计不一定总是可行的，因而必须学会对一些特殊问题采用特殊的方法去处理. 另外，还必须懂得似然方程 $\dfrac{\partial\ln L(\theta)}{\partial\theta}=0$ 的根可能是极大值点，也可能是极小值点，因此，必须避免使用实际上是极小值的根.

§6.2　估计量的评价标准

由上节例6.11可见，对于总体分布中的同一个未知参数 θ，若采用不同的估计方法，可能得到不同的估计量 $\hat{\theta}$. 那么，究竟采用哪一个估计量更好呢？这就产生了如何评价与比较估计量的好坏的问题，下面从估计量的数学期望及方差这两个数字特征出发，引入无偏估计、最小方差无偏估计、有效估计和相合估计等概念.

6.2.1　无偏估计

定义 6.2　设 $\hat{\theta}=\hat{\theta}(X_1,X_2,\cdots,X_n)$ 是参数 θ 的一个估计量，如果

$$E(\hat{\theta}) = \theta \tag{6.3}$$

则称 $\hat{\theta}$ 是 θ 的无偏估计(量).

如果有 θ 的一列估计 $\hat{\theta}_n = \hat{\theta}_n(X_1, X_2, \cdots, X_n)(n = 1,2,\cdots)$,满足关系式

$$\lim_{n\to\infty} E(\hat{\theta}_n) = \theta \tag{6.4}$$

则称 $\hat{\theta}_n$ 是 θ 的渐近无偏估计(量).

一个估计量 $\hat{\theta}$ 如果不是无偏估计量,就称这个估计量是有偏的,且称 $E(\hat{\theta}) - \theta$ 为估计量 $\hat{\theta}$ 的偏差.

无偏性是对估计量的基本要求. 它的意义在于:当一个无偏估计量被大量重复使用时,其估计值在未知参数真值附近波动,并且这些估计值的理论平均值等于被估计参数. 这样,无偏估计保证了没有系统偏差,即用 $\hat{\theta}$ 估计 θ,不会始终偏大或偏小,这种要求在工程技术中是完全合理的.

例 6.12 设总体 X 的一阶和二阶矩存在,分布是任意的,记 $E(X) = \mu$, $D(X) = \sigma^2$,则样本均值 $\overline{X}$ 是 μ 的无偏估计,样本方差 S_n^2 是 σ^2 的渐近无偏估计,修正样本方差 S_n^{*2} 是 σ^2 的无偏估计.

证明 由式(5.7)知

$$E(\overline{X}) = \mu, \qquad E(S_n^2) = \frac{n-1}{n}\sigma^2, \qquad E(S_n^{*2}) = \sigma^2$$

所以,$\overline{X}$ 和 S_n^{*2} 均为无偏估计量,而

$$\lim_{n\to\infty} E(S_n^2) = \lim_{n\to\infty} \frac{n-1}{n}\sigma^2 = \sigma^2$$

故 S_n^2 是 σ^2 的渐近无偏估计.

例 6.13 设总体 X 服从区间$[0,\theta]$上的均匀分布,$(X_1, X_2, \cdots, X_n)$ 是总体 X 的一个样本,试证:参数 θ 的矩估计量 $\hat{\theta}_1 = 2\overline{X}$ 是 θ 的无偏估计;θ 的最大似然估计量 $\hat{\theta}_L = \max\limits_{1\leqslant i\leqslant n} X_i = X_{(n)}$ 是 θ 的渐近无偏估计.

证明 $E(\hat{\theta}_1) = E(2\overline{X}) = 2E(\overline{X}) = 2E(X) = 2 \times \dfrac{\theta}{2} = \theta$

故 θ 的矩估计 $\hat{\theta}_1$ 是无偏估计量.

由例 5.4 知

$$p_{X_{(n)}}(x) = \begin{cases} \dfrac{n}{\theta^n} x^{n-1}, & 0 \leqslant x \leqslant \theta \\ 0, & \text{其他} \end{cases}$$

于是

$$E(\hat{\theta}_L) = E(X_{(n)}) = \int_{-\infty}^{+\infty} x p_{X_{(n)}}(x) \mathrm{d}x =$$

$$\int_0^\theta \frac{n}{\theta^n} x^n \mathrm{d}x = \frac{n}{n+1}\theta \neq \theta$$

所以 $\hat{\theta}_L$ 是 θ 的有偏估计量，但是

$$\lim_{n\to\infty}E(\hat{\theta}_L) = \lim_{n\to\infty}\frac{n}{n+1}\theta = \theta$$

即 $\hat{\theta}_L$ 是 θ 的渐近无偏估计.

虽然 $\hat{\theta}_L$ 是 θ 的有偏估计量，但只要修正为

$$\hat{\theta}_2 = \frac{n+1}{n}\hat{\theta}_L = \frac{n+1}{n}X_{(n)}$$

那么 $\hat{\theta}_2$ 也是 θ 的无偏估计量．由此可知，一个未知参数可能有不止一个无偏估计量．其实，由 $\hat{\theta}_1$ 和 $\hat{\theta}_2$ 还可构造出无穷多个无偏估计量，例如，设 α_1 和 α_2 为满足 $\alpha_1+\alpha_2=1$ 的任意常数，则 $\alpha_1\hat{\theta}_1+\alpha_2\hat{\theta}_2$ 都是 θ 的无偏估计量.

无偏性虽然是评价估计量的一个重要标准，而且在许多场合是合理的、必要的，然而，有时一个参数的无偏估计可能不存在．例如，设总体 $X\sim N(\theta,1)$，则 $|\theta|$ 就没有无偏估计．有时无偏估计可能明显不合理．例如，设 X_1 是来自泊松总体 $P(\lambda)$ 的一个样本，可以证明 $(-2)^{X_1}$ 是 $\mathrm{e}^{-2\lambda}$ 的无偏估计，但这个无偏估计明显不合理，因为，当 X_1 取奇数值时，估计值为负数，用一个负数估计 $\mathrm{e}^{-2\lambda}$ 明显不合理．有时对同一个参数可以有很多个无偏估计，如上例．这些说明仅有无偏性要求是不够的．于是，人们又在无偏性的基础上增加了对方差的要求．若估计量的方差越小，表明该估计量的取值(即估计值)围绕着待估参数真值的波动就越小，也就是更为理想的估计量．为此，引入最小方差无偏估计.

6.2.2　最小方差无偏估计

定义 6.3　设 $\hat{\theta}_1$ 和 $\hat{\theta}_2$ 均为 θ 的无偏估计量，若对任意样本容量 n 有

$$D(\hat{\theta}_1) < D(\hat{\theta}_2) \tag{6.5}$$

则称 $\hat{\theta}_1$ 比 $\hat{\theta}_2$ 有效．如果存在 θ 的一个无偏估计量 $\hat{\theta}_0$，使对 θ 的任意无偏估计量 $\hat{\theta}$，都有

$$D(\hat{\theta}_0) \leqslant D(\hat{\theta}) \tag{6.6}$$

则称 $\hat{\theta}_0$ 是 θ 的最小方差无偏估计(量)，缩写为 MVUE.

例 6.14　设总体 X 服从区间 $[0,\theta]$ 上的均匀分布 $(X_1,X_2,\cdots,X_n)$ 是总体 X 的一个样本．由例 6.13 知，矩估计 $\hat{\theta}_1=2\overline{X}$ 和修正的最大似然估计 $\hat{\theta}_2=\frac{n+1}{n}X_{(n)}$ 均为 θ 的无偏估计，$\hat{\theta}_1$ 和 $\hat{\theta}_2$ 哪个更有效？

解　$D(\hat{\theta}_1) = D(2\overline{X}) = 4D(\overline{X}) = 4\,\dfrac{D(X)}{n} = \dfrac{4}{n}\,\dfrac{\theta^2}{12} = \dfrac{\theta^2}{3n}$

$$D(\hat{\theta}_2) = D\left(\frac{n+1}{n}X_{(n)}\right) = \frac{(n+1)^2}{n^2}D(X_{(n)}) =$$

$$\frac{(n+1)^2}{n^2}\left[E(X_{(n)}^2)-(E(X_{(n)}))^2\right]$$

由例 6.13 知

$$E(X_{(n)})=\frac{n}{n+1}\theta$$

而 $$E(X_{(n)}^2)=\int_{-\infty}^{+\infty}x^2p_{X_{(n)}}(x)\mathrm{d}x=\int_0^{\theta}\frac{n}{\theta^n}x^{n+1}\mathrm{d}x=\frac{n}{n+2}\theta^2$$

于是,得

$$D(\hat{\theta}_2)=\frac{(n+1)^2}{n^2}\left[\frac{n}{n+2}\theta^2-\frac{n^2}{(n+1)^2}\theta^2\right]=\frac{1}{n(n+2)}\theta^2$$

显然当 $n\geqslant 2$ 时,

$$D(\hat{\theta}_1)=\frac{\theta^2}{3n}>\frac{\theta^2}{n(n+2)}=D(\hat{\theta}_2)$$

即 $\hat{\theta}_2$ 比 $\hat{\theta}_1$ 有效.

最小方差无偏估计是一种最优估计. 对于最小方差无偏估计,一个自然的问题是:无偏估计的方差是否可以任意小?如果不可以任意小,那么它的下界是什么?罗-克拉美(Rao - Cramer) 不等式回答了这个问题.

定理 6.1 (Rao - Cramer 不等式) 设 Ⓗ 是实数轴上的一个开区间,总体 X 的分布密度为 $p(x;\theta),\theta\in$ Ⓗ,$(X_1,X_2,\cdots,X_n)$ 是来自总体 X 的一个样本,$\hat{\theta}=\hat{\theta}(X_1,X_2,\cdots,X_n)$ 是参数 θ 的一个无偏估计量,且满足条件:

(1) 集合 $S\xlongequal{\text{def}}\{x\mid p(x;\theta)\neq 0\}$ 与 θ 无关;

(2) $\dfrac{\partial p(x;\theta)}{\partial\theta}$ 存在且对 Ⓗ 中一切 θ 有

$$\frac{\partial}{\partial\theta}\int_{-\infty}^{+\infty}p(x;\theta)\mathrm{d}x=\int_{-\infty}^{+\infty}\frac{\partial p(x;\theta)}{\partial\theta}\mathrm{d}x$$

$$\frac{\partial}{\partial\theta}\int_{-\infty}^{+\infty}\cdots\int_{-\infty}^{+\infty}\hat{\theta}(x_1,x_2,\cdots,x_n)L(\theta)\mathrm{d}x_1\cdots\mathrm{d}x_n=$$
$$\int_{-\infty}^{+\infty}\cdots\int_{-\infty}^{+\infty}\hat{\theta}(x_1,x_2,\cdots,x_n)\frac{\partial}{\partial\theta}L(\theta)\mathrm{d}x_1\cdots\mathrm{d}x_n$$

其中 $L(\theta)=\prod\limits_{i=1}^{n}p(x_i;\theta)$;

(3) $$I(\theta)\xlongequal{\text{def}}E\left(\frac{\partial\ln p(X;\theta)}{\partial\theta}\right)^2>0\tag{6.7}$$

则对一切 $\theta\in$ Ⓗ,有

$$D(\hat{\theta})\geqslant\frac{1}{nI(\theta)}\tag{6.8}$$

不等式(6.8) 的右端项称为罗-克拉美下界,$I(\theta)$ 称为 Fisher 信息量. 还可证

明 $I(\theta)$ 的另一表达式为

$$I(\theta)=-E\left[\frac{\partial^2 \ln p(X;\theta)}{\partial\theta^2}\right] \tag{6.9}$$

式(6.9)有时比式(6.7)更易于计算,但必须满足 $I(\theta)>0$.

值得注意的是,对于离散总体情形,设总体 X 的分布律为

$$P\{X=x\}=p(x;\theta)$$

且满足于类似上述定理的条件,则罗-克拉美不等式仍然成立. 满足罗-克拉美不等式成立的条件的估计称为正规估计. 从而,若 $\hat{\theta}$ 为正规估计且 $D(\hat{\theta})$ 达到罗-克拉美下界,即 $D(\hat{\theta})=1/[nI(\theta)]$,则 $\hat{\theta}$ 必为 θ 的最小方差无偏估计.

例 6.15　设 $X_1,X_2,\cdots,X_n$ 是来自泊松分布 $P(\lambda)(\lambda>0)$ 的一个样本,试证 $\overline{X}$ 是 λ 的最小方差无偏估计.

证明　X 的分布律为

$$P\{X=x\}=\frac{\lambda^x}{x!}e^{-\lambda}\overset{\text{def}}{=\!=}p(x;\lambda)$$

$$E(\overline{X})=E(X)=\lambda$$

$$D(\overline{X})=\frac{1}{n}D(X)=\frac{\lambda}{n}$$

$$\ln p(x;\lambda)=x\ln\lambda-\lambda-\ln x!$$

因此

$$I(\lambda)=E\left[\frac{\partial \ln p(X;\lambda)}{\partial\lambda}\right]^2=E\left(\frac{X}{\lambda}-1\right)^2=$$

$$\frac{1}{\lambda^2}E(X-\lambda)^2=\frac{1}{\lambda^2}D(X)=\frac{\lambda}{\lambda^2}=\frac{1}{\lambda}$$

故有

$$D(\overline{X})=\frac{1}{nI(\lambda)}=\frac{\lambda}{n}$$

即 $\overline{X}$ 的方差达到了罗-克拉美下界,所以,$\overline{X}$ 是 λ 的最小方差无偏估计.

例 6.16　设总体 X 的分布密度为

$$p(x,\theta)=\begin{cases}\dfrac{1}{\theta}e^{-\frac{x}{\theta}}, & x>0\\[2ex] 0, & x\leqslant 0\end{cases}$$

$\theta>0$ 为未知参数,$X_1,X_2,\cdots,X_n$ 为总体 X 的样本,证明 $\hat{\theta}=\overline{X}$ 是 θ 的最小方差无偏估计.

证明

$$E(X)=\int_{-\infty}^{+\infty}xp(x;\theta)\mathrm{d}x=\int_0^{+\infty}\frac{x}{\theta}e^{-\frac{x}{\theta}}\mathrm{d}x=\theta$$

$$E(X)^2=\int_{-\infty}^{+\infty}x^2p(x;\theta)\mathrm{d}x=\int_0^{+\infty}\frac{x^2}{\theta}e^{-\frac{x}{\theta}}\mathrm{d}x=2\theta^2$$

$$D(X)=E(X^2)-(EX)^2=2\theta^2-\theta^2=\theta^2$$

故
$$D(\overline{X})=\frac{1}{n}D(X)=\frac{\theta^2}{n}$$

而
$$\ln p(x;\theta)=-\ln\theta-\frac{x}{\theta}$$

$$I(\theta)=E\left[\frac{\partial\ln p(X;\theta)}{\mathrm{d}\theta}\right]^2=E\left(-\frac{1}{\theta}+\frac{X}{\theta^2}\right)^2=$$

$$\frac{1}{\theta^4}E(X-\theta)^2=\frac{1}{\theta^4}D(X)=\frac{1}{\theta^2}$$

所以

$$D(\overline{X})=\frac{1}{nI(\theta)}=\frac{\theta^2}{n}$$

即 $\overline{X}$ 的方差达到罗-克拉美下界，所以，$\overline{X}$ 是 θ 的最小方差无偏估计．

6.2.3 有效估计

定义 6.4 设 $\hat{\theta}$ 是 θ 的任一无偏估计量，称

$$e(\hat{\theta})\xlongequal{\text{def}}\frac{\left(\dfrac{1}{nI(\theta)}\right)}{D(\hat{\theta})}\tag{6.10}$$

为估计量 $\hat{\theta}$ 的效率．

显然 θ 的任一无偏估计量 $\hat{\theta}$ 的效率满足

$$0<e(\hat{\theta})\leqslant 1$$

定义 6.5 如果 θ 的无偏估计量 $\hat{\theta}$ 的效率

$$e(\hat{\theta})=1\tag{6.11}$$

则称 $\hat{\theta}$ 为 θ 的有效估计(量)．如果

$$\lim_{n\to\infty}e(\hat{\theta})=1\tag{6.12}$$

则称 $\hat{\theta}$ 为 θ 的渐近有效估计(量)．

由式(6.10)和式(6.11)可知，如果 $\hat{\theta}$ 是 θ 的有效估计，则它也是最小方差无偏估计．但反之却不一定成立．

例 6.17 设 $X_1,X_2,\cdots,X_n$ 是来自正态总体 $N(\mu,\sigma^2)$ 的一个样本，证明 $\overline{X}$ 是 μ 的有效估计量；S_n^{*2} 是 σ^2 的渐近有效估计量．

证明 总体 X 的分布密度为

$$p(x;\mu,\sigma^2)=\frac{1}{\sqrt{2\pi}\sigma}\mathrm{e}^{-\frac{(x-\mu)^2}{2\sigma^2}}$$

$$\ln p(x;\mu,\sigma^2)=-\ln\sqrt{2\pi}-\frac{1}{2}\ln\sigma^2-\frac{(x-\mu)^2}{2\sigma^2}$$

所以

$$I(\mu)=E\left[\frac{\partial \ln p(X;\mu,\sigma^2)}{\partial \mu}\right]^2=E\left(\frac{X-\mu}{\sigma^2}\right)^2=$$

$$\frac{1}{\sigma^4}E(X-\mu)^2=\frac{1}{\sigma^4}D(X)=\frac{1}{\sigma^2}$$

而

$$D(\overline{X})=\frac{1}{n}D(X)=\frac{1}{n}D(X)=\frac{1}{n}\sigma^2$$

故有

$$e(\overline{X})=\frac{1/[nI(\mu)]}{D(\overline{X})}=\frac{\sigma^2/n}{\sigma^2/n}=1$$

即 $\overline{X}$ 是 μ 的有效估计．由于

$$\frac{\partial}{\partial \sigma^2}\ln p(x;\mu,\sigma^2)=-\frac{1}{2\sigma^2}+\frac{(x-\mu)^2}{2\sigma^4}$$

$$\frac{\partial^2}{\partial (\sigma^2)^2}\ln p(x;\mu,\sigma^2)=\frac{1}{2\sigma^4}-\frac{(x-\mu)^2}{\sigma^6}$$

根据式(6.9)，则有

$$I(\sigma^2)=-E\left[\frac{\partial^2}{\partial (\sigma^2)^2}\ln p(X;\mu,\sigma^2)\right]=$$

$$\frac{E(X-\mu)^2}{\sigma^6}-\frac{1}{2\sigma^4}=\frac{1}{2\sigma^4}$$

又由例 6.12 知 S_n^{*2} 是 σ^2 的无偏估计，并且由定理 5.8

$$\frac{(n-1)S_n^{*2}}{\sigma^2}\sim \chi^2(n-1)$$

再由 χ^2 分布的性质知

$$D\left[\frac{(n-1)S_n^{*2}}{\sigma^2}\right]=2(n-1)$$

因此

$$D(S_n^{*2})=\frac{2\sigma^4}{n-1}$$

所以

$$e(S_n^{*2})=\frac{\dfrac{1}{nI(\sigma^2)}}{D(S_n^{*2})}=\frac{2\sigma^4/n}{2\sigma^4/(n-1)}=\frac{n-1}{n}\to 1 \quad (n\to\infty)$$

即 S_n^{*2} 是 σ^2 的渐近有效估计量．由于 $e(S_n^{*2})\neq 1$，S_n^{*2} 不是 σ^2 的有效估计，但是可以证明 S_n^{*2} 是 σ^2 的最小方差无偏估计．

例 6.18　设总体 $X\sim B(N,p)$，$X_1,X_2,\cdots,X_n$ 为总体 X 的一个样本，试证 $\hat{p}=\frac{1}{N}\overline{X}$ 是 p 的有效估计量．

证明　总体 X 的分布律为

$$P\{X=x\}=C_N^x p^x(1-p)^{N-x}\xlongequal{\text{def}}P(x;p)$$

$$\ln P(x;p) = \ln C_N^x + x\ln p + (N-x)\ln(1-p)$$

所以

$$I(p) = E\left[\frac{\partial \ln P(X;p)}{\partial p}\right]^2 = E\left(\frac{X}{p} - \frac{N-X}{1-p}\right)^2 =$$

$$\frac{1}{p^2(1-p)^2}E(X-Np)^2 = \frac{D(X)}{p^2(1-p)^2} =$$

$$\frac{Np(1-p)}{p^2(1-p)^2} = \frac{N}{p(1-p)}$$

又 $$E(\hat{p}) = E\left(\frac{1}{N}\overline{X}\right) = \frac{1}{N}E(\overline{X}) = \frac{1}{N}E(X) = \frac{Np}{N} = p$$

$$D(\hat{p}) = D\left(\frac{1}{N}\overline{X}\right) = \frac{1}{N^2}D(\overline{X}) = \frac{1}{N^2}\frac{D(X)}{n} =$$

$$\frac{Np(1-p)}{N^2 n} = \frac{p(1-p)}{Nn}$$

所以

$$e(\hat{p}) = \frac{1/[nI(p)]}{D(\hat{p})} = 1$$

即 $\hat{p} = \frac{1}{N}\overline{X}$ 是 p 的有效估计量.

6.2.4 相合估计(一致估计)

我们不仅要求一个估计量是无偏的，且具有较小的方差，还希望当样本容量 n 充分大时，估计量能在某种意义下收敛于被估计参数，这就是所谓相合性(或一致性) 概念.

定义 6.6 设 $\hat{\theta}_n = \hat{\theta}_n(X_1, X_2, \cdots, X_n)$ 是未知参数 θ 的估计序列，如果 $\hat{\theta}_n$ 依概率收敛于 θ，即对任意 $\varepsilon > 0$，有

$$\lim_{n\to\infty} P\{|\hat{\theta}_n - \theta| < \varepsilon\} = 1 \quad (\text{或} \lim_{n\to\infty} P\{|\hat{\theta}_n - \theta| \geqslant \varepsilon\} = 0)$$

则称 $\hat{\theta}_n$ 是 θ 的相合估计(量)(或一致估计量)。

定理 6.2 设 $\hat{\theta}_n$ 是 θ 的一个估计量，若

$$\lim_{n\to\infty} E(\hat{\theta}_n) = \theta \qquad \text{且} \qquad \lim_{n\to\infty} D(\hat{\theta}_n) = 0$$

则 $\hat{\theta}_n$ 是 θ 的相合估计(或一致估计).

证明 由于

$$0 \leqslant P\{|\hat{\theta}_n - \theta| \geqslant \varepsilon\} \leqslant \frac{1}{\varepsilon^2}E(\hat{\theta}_n - \theta)^2 =$$

$$\frac{1}{\varepsilon^2}E[\hat{\theta}_n - E(\hat{\theta}_n) + E(\hat{\theta}_n) - \theta]^2 =$$

$$\frac{1}{\varepsilon^2}E[(\hat{\theta}_n - E(\hat{\theta}_n))^2 + 2(\hat{\theta}_n - E(\hat{\theta}_n))(E(\hat{\theta}_n) - \theta) + (E(\hat{\theta}_n) - \theta)^2] = \frac{1}{\varepsilon^2}[D(\hat{\theta}_n) + (E(\hat{\theta}_n) - \theta)^2]$$

令 $n \to \infty$ 且由定理的假设，得

$$\lim_{n\to\infty} P\{|\hat{\theta}_n - \theta| \geqslant \varepsilon\} = 0$$

即 $\hat{\theta}_n$ 是 θ 的相合估计.

例 6.19　若总体 X 的 $E(X)$ 和 $D(X)$ 存在，则样本均值 $\overline{X}$ 是总体均值 $E(X)$ 的相合估计.

解

$$E(\overline{X}) = E(X)$$

$$\lim_{n\to\infty} D(\overline{X}) = \lim_{n\to\infty} \frac{D(X)}{n} = 0$$

一般地，样本的 k 阶原点矩 $A_k = \frac{1}{n}\sum_{i=1}^{n} X_i^k$ 是总体 X 的 k 阶原点矩 $E(X^k)$ 的相合估计. 由此可见，矩估计往往是相合估计.

例 6.20　设总体 X 的二阶矩存在，$X_1, X_2, \cdots, X_n$ 是总体 X 的样本，$n = 1, 2, \cdots$，试证：

$$\hat{\mu}_n = \frac{2}{n(n+1)}\sum_{i=1}^{n} iX_i$$

是总体均值 μ 的相合估计.

证明

$$E(\hat{\mu}_n) = E\left(\frac{2}{n(n+1)}\sum_{i=1}^{n} iX_i\right) = \frac{2}{n(n+1)}\sum_{i=1}^{n} iE(X_i) = \frac{2}{n(n+1)}\sum_{i=1}^{n} i \cdot \mu = \frac{2}{n(n+1)} \cdot \frac{n(n+1)}{2}\mu = \mu$$

$$D(\hat{\mu}_n) = D\left(\frac{2}{n(n+1)}\sum_{i=1}^{n} iX_i\right) = \left(\frac{2}{n(n+1)}\right)^2 \sum_{i=1}^{n} i^2 D(X_i) = \frac{4}{n^2(n+1)^2}\sum_{i=1}^{n} i^2 D(X) = \frac{4}{n^2(n+1)^2} \cdot \frac{n(n+1)(2n+1)}{6} D(X) = \frac{2(2n+1)DX}{3n(n+1)} \to 0 \quad (n \to \infty)$$

所以 $\hat{\mu}_n$ 是 μ 的相合估计.

§6.3　参数的区间估计

在参数的点估计中，当 $\hat{\theta} = \hat{\theta}(X_1, X_2, \cdots, X_n)$ 是未知参数 θ 的一个估计量

时，对于一组样本值$(x_1,x_2,\cdots,x_n)$就得到θ的一个估计值$\hat{\theta}=\hat{\theta}(x_1,x_2,\cdots,x_n)$. 点估计就是取$\theta\approx\hat{\theta}$，这使我们对$\theta$的值有了一个明确的数量概念. 但是，点估计值$\hat{\theta}$仅仅是未知参数$\theta$的一个近似值，这种近似值的精确程度或误差范围都没有给出，这是点估计的缺陷，而区间估计在一定程度上正好弥补了点估计的这个缺陷.

定义 6.7 设总体X的分布函数为$F(x;\theta)$，θ为未知参数，$(X_1,X_2,\cdots,X_n)$是来自总体X的样本. 如果存在两个统计量$\hat{\theta}_1(X_1,X_2,\cdots,X_n)$和$\hat{\theta}_2(X_1,X_2,\cdots,X_n)$，对于给定的$\alpha(0<\alpha<1)$，使得

$$P\{\hat{\theta}_1(X_1,X_2,\cdots,X_n)\leqslant\theta\leqslant\hat{\theta}_2(X_1,X_2,\cdots,X_n)\}=1-\alpha \tag{6.13}$$

则称区间$[\hat{\theta}_1,\hat{\theta}_2]$为参数$\theta$的置信度为$1-\alpha$的置信区间，$\hat{\theta}_1$称为置信下限，$\hat{\theta}_2$称为置信上限.

本节仅讨论正态总体下参数的区间估计问题.

6.3.1 数学期望的置信区间

1. 已知方差σ^2，求μ的置信区间

设总体$X\sim N(\mu,\sigma^2)$，σ^2已知，求总体均值μ的区间估计.

设$X_1,X_2,\cdots,X_n$是来自总体X的一个样本，自然用$\overline{X}$对μ作点估计，因为$\overline{X}\sim N\left(\mu,\frac{\sigma^2}{n}\right)$，故

$$U\xlongequal{\text{def}}\frac{\overline{X}-\mu}{\sigma/\sqrt{n}}\sim N(0,1)$$

由正态分布表(附表 2)可知，对于给定的α，存在一个值$u_{\alpha/2}$，使得

$$P\{|U|\leqslant u_{\alpha/2}\}=1-\alpha$$

其中$u_{\alpha/2}$是标准正态分布$\alpha/2$上侧分位数. 于是

$$P\left\{\left|\frac{\overline{X}-\mu}{\frac{\sigma}{\sqrt{n}}}\right|\leqslant u_{\frac{\alpha}{2}}\right\}=1-\alpha$$

即

$$P\left\{\overline{X}-u_{\alpha/2}\frac{\sigma}{\sqrt{n}}\leqslant\mu\leqslant\overline{X}+u_{\alpha/2}\frac{\sigma}{\sqrt{n}}\right\}=1-\alpha$$

故μ的置信度为$1-\alpha$的置信区间为

$$\left[\overline{X}-u_{\alpha/2}\frac{\sigma}{\sqrt{n}},\overline{X}+u_{\alpha/2}\frac{\sigma}{\sqrt{n}}\right] \tag{6.14}$$

若给定$\alpha=0.05$，查正态分布表知$u_{0.025}=1.96$，于是得μ的置信度为95%的置信区间为

$$\left[\overline{X}-1.96\frac{\sigma}{\sqrt{n}},\overline{X}+1.96\frac{\sigma}{\sqrt{n}}\right] \tag{6.15}$$

这意味着总体均值 μ 以 95% 的概率落在该区间内．粗略地说，如果做 100 次抽样，可由式(6.15)算出 100 个区间，则有 95 个区间都包含着 μ. 这样，在实际应用中，做一次抽样算出的置信区间，我们就认为它包含了 μ，即是 μ 的区间估计．当然，也可能遇到算出的区间不包含 μ 的偶然情形，但这种情况出现的可能性很小(约为 5%). 此外，由式(6.13) 可知

$$P\left\{|\overline{X}-\mu|\leqslant 1.96\frac{\sigma}{\sqrt{n}}\right\}=95\%$$

这表明当方差 σ^2 已知时，用 $\overline{X}$ 作为 μ 的点估计，其绝对误差以 95% 的概率不超过 $1.96\sigma/\sqrt{n}$. 由此便确定了点估计的估计精度和误差范围．

值得注意的是，在总体 X 分布未知时，只要 n 充分大，仍可用 $\left[\overline{X}-u_{\alpha/2}\frac{\sigma}{\sqrt{n}},\overline{X}+u_{\alpha/2}\frac{\sigma}{\sqrt{n}}\right]$ 作为总体均值 μ 的置信区间．这是因为，由中心极限定理可知，无论 X 服从什么分布，当 n 充分大时，随机变量

$$U=\frac{\overline{X}-\mu}{\sigma/\sqrt{n}}$$

近似服从正态分布．至于 n 多大才算充分大没有绝对标准，一般认为 n 不应小于 50，最好大于 100.

例 6.21　某车间生产的滚珠直径 X 服从正态分布 $N(\mu,0.06)$，现从某天生产的产品中抽取 6 个，测得直径分别为(单位：mm)：

14.6，　15.1，　14.9，　14.8，　15.2，　15.1

试求平均直径置信度为 95% 的置信区间．

解　置信度 $1-\alpha=0.95$，$\alpha=0.05$，$u_{\frac{\alpha}{2}}=u_{0.025}=1.96$，又由样本值得 $\bar{x}=14.95$，$n=6$，$\sigma=\sqrt{0.06}$，由式(6.14) 有

置信下限　$\bar{x}-u_{\alpha/2}\frac{\sigma}{\sqrt{n}}=14.95-1.96\sqrt{\frac{0.06}{6}}\approx 14.75$

置信上限　$\bar{x}+u_{\alpha/2}\frac{\sigma}{\sqrt{n}}=14.95+1.96\sqrt{\frac{0.06}{6}}\approx 15.15$

所以平均直径 μ 的置信度为 95% 的置信区间为[14.75,15.15].

若取 $\alpha=0.01$，则可算出 μ 的置信度为 99% 的置信区间为[14.69, 15.21].

2. 未知方差 σ^2，求 μ 的置信区间

设总体 X 服从正态分布 $N(\mu,\sigma^2)$，σ^2 未知，求 μ 的区间估计．

设 $X_1,X_2,\cdots,X_n$ 是来自总体 X 的样本，由于 σ^2 未知，若仍用上述 U 的分

布求 μ 的置信区间时,因置信上下限中包含 σ 而无法计算．此时,自然想到用样本标准差 S_n^* 来代替 σ,再考虑到式(5.42),有

$$T \xlongequal{\text{def}} \frac{\overline{X}-\mu}{S_n^*/\sqrt{n}} \sim t(n-1)$$

从而,对给定的置信度 $1-\alpha$,存在 $t_{\alpha/2}(n-1)$,使得

$$P\{|T| \leqslant t_{\alpha/2}(n-1)\} = 1-\alpha$$

其中 $t_{\alpha/2}(n-1)$ 是自由度为 $n-1$ 的 t 分布关于 $\alpha/2$ 的上侧分位数,它可由附表 3 查得,于是有

$$P\left\{\left|\frac{\overline{X}-\mu}{S_n^*/\sqrt{n}}\right| \leqslant t_{\alpha/2}(n-1)\right\} = 1-\alpha$$

即

$$P\left\{\overline{X}-t_{\alpha/2}(n-1)\frac{S_n^*}{\sqrt{n}} \leqslant \mu \leqslant \overline{X}+t_{\alpha/2}(n-1)\frac{S_n^*}{\sqrt{n}}\right\} = 1-\alpha$$

故 μ 的置信度为 $1-\alpha$ 的置信区间为

$$\left[\overline{X}-t_{\alpha/2}(n-1)\frac{S_n^*}{\sqrt{n}}, \overline{X}+t_{\alpha/2}(n-1)\frac{S_n^*}{\sqrt{n}}\right] \tag{6.16}$$

例 6.22　某糖厂用自动包装机装糖,设每包糖的重量服从正态分布 $N(\mu,\sigma^2)$,某日开工后测得 9 包糖的重量分别为(单位:kg)

99.3,　98.7,　100.5,　101.2,　98.3,　99.7,　99.5,　102.1,　100.5

试求每包糖平均重量 μ 的置信度为 95% 的置信区间．

解　置信度 $1-\alpha=0.95$,$\alpha=0.05$,查附表 3 得 $t_{\frac{\alpha}{2}}(n-1)=t_{0.025}(8)=2.306$,由样本值算得 $\bar{x}=99.978$,${S_n^*}^2=1.47$,故

置信下限为　$\bar{x}-t_{\alpha/2}(n-1)\dfrac{S_n^*}{\sqrt{n}} = 99.978-2.306\sqrt{\dfrac{1.47}{9}} = 99.046$

置信上限为　$\bar{x}+t_{\alpha/2}(n-1)\dfrac{S_n^*}{\sqrt{n}} = 99.978+2.306\sqrt{\dfrac{1.47}{9}} = 100.91$

所以 μ 的置信度为 95% 的置信区间为[99.046,100.91].

6.3.2　正态总体方差的区间估计

在研究生产的稳定性与加工的精度问题时,需要考虑总体 X 的方差 σ^2 的区间估计．

设总体 $X\sim N(\mu,\sigma^2)$,μ,σ^2 未知,$X_1,X_2,\cdots,X_n$,是来自总体 X 的样本,现求总体方差 σ^2 或标准差 σ 的区间估计．

考虑用 ${S_n^*}^2$ 估计 σ^2,由定理 5.8 知

$$\chi^2 \xlongequal{\text{def}} \frac{(n-1)S_n^{*2}}{\sigma^2} \sim \chi^2(n-1) \tag{6.17}$$

于是,对于给定的置信度 $1-\alpha$,可选择 c,d,使得

$$P\{c \leqslant \chi^2 \leqslant d\} = 1-\alpha$$

但满足上式的 c,d 有很多对,究竟如何选取呢?通常采用的方法是选取 $\chi^2_{\alpha/2}(n-1)$ 和 $\chi^2_{1-\alpha/2}(n-1)$(如图 6.1 所示),使

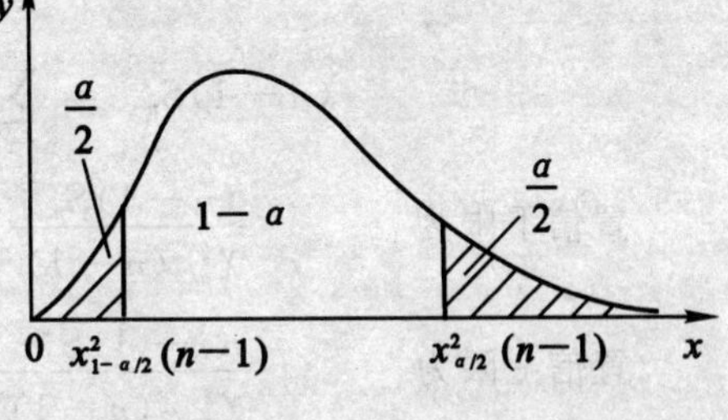

图 6.1　χ^2分布的分位数

$$P\{\chi^2 > \chi^2_{\alpha/2}(n-1)\} = \frac{\alpha}{2}$$

$$P\{\chi^2 < \chi^2_{1-\alpha/2}(n-1)\} = \frac{\alpha}{2}$$

于是就有

$$P\{\chi^2_{1-\alpha/2}(n-1) \leqslant \chi^2 \leqslant \chi^2_{\alpha/2}(n-1)\} = 1-\alpha$$

故将式(6.17)代入上式,得

$$P\left\{\frac{(n-1)S_n^{*2}}{\chi^2_{\alpha/2}(n-1)} \leqslant \sigma^2 \leqslant \frac{(n-1)S_n^{*2}}{\chi^2_{1-\alpha/2}(n-1)}\right\} = 1-\alpha$$

或

$$P\left\{\sqrt{\frac{(n-1)S_n^{*2}}{\chi^2_{\alpha/2}(n-1)}} \leqslant \sigma \leqslant \sqrt{\frac{(n-1)S_n^{*2}}{\chi^2_{1-\alpha/2}(n-1)}}\right\} = 1-\alpha$$

所以 σ^2 的置信度为 $1-\alpha$ 的置信区间为

$$\left[\frac{(n-1)S_n^{*2}}{\chi^2_{\alpha/2}(n-1)}, \frac{(n-1)S_n^{*2}}{\chi^2_{1-\alpha/2}(n-1)}\right] \tag{6.18}$$

而 σ 的置信度为 $1-\alpha$ 的置信区间为

$$\left[\sqrt{\frac{(n-1)S_n^{*2}}{\chi^2_{\alpha/2}(n-1)}}, \sqrt{\frac{(n-1)S_n^{*2}}{\chi^2_{1-\alpha/2}(n-1)}}\right] \tag{6.19}$$

例 6.23　从自动机床加工的同类零件中抽取 16 件,测得长度值分别为(单位:cm):

12.15,　12.12,　12.01,　12.08,　12.09,　12.16,　12.06,　12.13
12.07,　12.11,　12.08,　12.01,　12.03,　12.01,　12.03,　12.06

假设零件长度服从正态分布 $N(\mu,\sigma^2)$,分别求零件长度方差 σ^2 和标准差 σ 的置信度为 95% 的置信区间.

解　根据题意 $n=16, 1-\alpha=0.95, \alpha=0.05$,查附表 4 得 $\chi^2_{0.025}(15)=$

27.5，$\chi^2_{0.975}(15)=6.26$，又

$$\bar{x}=\frac{1}{n}\sum_{i=1}^{n}x_i=12.08$$

$$(n-1)S_n^{*2}=\sum_{i=1}^{n}x_i^2-n\bar{x}^2=0.037$$

置信下限为 $$\frac{(n-1)S_n^{*2}}{\chi^2_{\alpha/2}(n-1)}=\frac{0.037}{27.5}\approx 0.0013$$

置信上限为 $$\frac{(n-1)S_n^{*2}}{\chi^2_{1-\alpha/2}(n-1)}=\frac{0.037}{6.26}\approx 0.0059$$

故 σ^2 的置信区间为[0.0013，0.0059]，σ 的置信区间为[0.036，0.077].

6.3.3 两个正态总体均值差的区间估计

设有两个总体 $X\sim N(\mu_1,\sigma_1^2)$，$Y\sim N(\mu_1,\sigma_2^2)$，$X$ 与 Y 相互独立且 σ_1^2,σ_2^2 未知，但 $\sigma_1^2=\sigma_2^2$. $X_1,X_2,\cdots,X_{n_1}$ 和 $Y_1,Y_2,\cdots,Y_{n_2}$ 分别是来自总体 X 和 Y 的样本，求两个总体的均值差 $\mu_1-\mu_2$ 的区间估计.

由式(5.43)知

$$T\xlongequal{\text{def}}\frac{(\bar{X}-\bar{Y})-(\mu_1-\mu_2)}{S_W\sqrt{1/n_1+1/n_2}}\sim t(n_1+n_2-2)$$

其中

$$S_w=\sqrt{\frac{n_1S_1^2+n_2S_2^2}{n_1+n_2-2}}=\sqrt{\frac{(n_1-1)S_1^{*2}+(n_2-1)S_2^{*2}}{n_1+n_2-2}}$$

于是，对给定的置信度 $1-\alpha$，存在 $t_{\frac{\alpha}{2}}(n_1+n_2-1)$，使得

$$P\{|T|\leqslant t_{\alpha/2}(n_1+n_2-2)\}=1-\alpha$$

即

$$P\left\{(\bar{X}-\bar{Y})-t_{\alpha/2}(n_1+n_2-2)S_w\sqrt{\frac{1}{n_1}+\frac{1}{n_2}}\leqslant\right.$$

$$\left.\mu_1-\mu_2\leqslant(\bar{X}-\bar{Y})+t_{\alpha/2}(n_1+n_2-2)S_w\sqrt{\frac{1}{n_1}+\frac{1}{n_2}}\right\}=1-\alpha$$

从而得 $\mu_1-\mu_2$ 的置信度为 $1-\alpha$ 的置信区间为

$$\left[(\bar{X}-\bar{Y})-t_{\alpha/2}(n_1+n_2-2)S_w\sqrt{\frac{1}{n_1}+\frac{1}{n_2}},\right.$$

$$\left.(\bar{X}-\bar{Y})+t_{\alpha/2}(n_1+n_2-2)S_w\sqrt{\frac{1}{n_1}+\frac{1}{n_2}}\right] \tag{6.20}$$

例 6.24 机床厂某日从两台机床加工的零件中，分别抽取若干个样品，测得零件尺寸分别如下(单位：cm)：

第一台机器　6.2，　5.7，　6.5，　6.0，　6.3，　5.8

　　　　　　5.7，　6.0，　6.0，　5.8，　6.0

第二台机器　5.6，　5.9，　5.6，　5.7，　5.8

　　　　　　6.0，　5.5，　5.7，　5.5

假设两台机器加工的零件尺寸均服从正态分布，且方差相等，试求两机床加工的零件平均尺寸之差的区间估计($\alpha=0.05$).

解　用 X 表示第一台机床加工的零件尺寸，Y 表示第二台机床加工的零件尺寸．由题设 $n_1=11, n_2=9, \alpha=0.05, t_{0.025}(18)=2.1009$，经计算，得

$$\bar{x}=6.0,\qquad (n_1-1)S_1^{*^2}=\sum_{i=1}^{n_1}x_i^2-n_1\bar{x}^2=0.64$$

$$\bar{y}=5.7,\qquad (n_2-1)S_2^{*^2}=\sum_{i=1}^{n_2}y_i^2-n_2\bar{y}^2=0.24$$

$$S_w=\sqrt{\frac{(n_1-1)S_1^{*^2}+(n_2-1)S_2^{*^2}}{n_1+n_2-2}}=\sqrt{\frac{0.64+0.24}{11+9-2}}=0.2211$$

置信下限为　$\bar{x}-\bar{y}-t_{0.025}(18)S_w\sqrt{\dfrac{1}{n_1}+\dfrac{1}{n_2}}=0.0912$

置信上限为　$\bar{x}-\bar{y}+t_{0.025}(18)S_w\sqrt{\dfrac{1}{n_1}+\dfrac{1}{n_2}}=0.5088$

故所求 $\mu_1-\mu_2$ 的置信度为 95% 的置信区间为[0.0912, 0.5088].

请注意，这里给出 $\mu_1-\mu_2$ 的置信区间时假定了两个正态总体的方差相等，若方差不相等时，则不能用式(6.20)求 $\mu_1-\mu_2$ 的置信区间．检验两个正态总体方差是否相等的方法将在下一章给出．特别对于正态总体 $N(\mu_1,\sigma_1^2)$ 和 $N(\mu_2,\sigma_2^2)$，若 σ_1^2,σ_2^2 已知时，如何求 $\mu_1-\mu_2$ 的置信区间，留给读者作为练习．

6.3.4　两个正态总体方差比的区间估计

设有两个正态总体 $X\sim N(\mu_1,\sigma_1^2)$ 和 $Y\sim N(\mu_2,\sigma_2^2)$，$X$ 与 Y 相互独立，$\mu_1,\mu_2,\sigma_1^2,\sigma_2^2$ 未知，$X_1,X_2,\cdots,X_{n_1}$ 和 $Y_1,Y_2,\cdots,Y_{n_2}$ 是分别来自总体 X 和 Y 的样本，现对两个总体的方差比 σ_1^2/σ_2^2 作区间估计．

自然可用 $S_1^{*^2}$ 和 $S_2^{*^2}$ 分别作为 σ_1^2 和 σ_2^2 的点估计，根据式(5.44)知

$$F\overset{\text{def}}{=\!=}\frac{S_2^{*^2}\sigma_1^2}{S_1^{*^2}\sigma_2^2}\sim F(n_2-1,n_1-1)\tag{6.21}$$

于是，给定置信度 $1-\alpha$，选取 c,d 使得

$$P\{c\leqslant F\leqslant d\}=1-\alpha$$

满足上式的 c,d 有许多对，一般采用的方法是选取 $F_{\alpha/2}(n_2-1,n_1-1)$ 和

$F_{1-\alpha/2}(n_2-1,n_1-1)$，(如图 6.2 所示) 使得

$$P\{F > F_{\alpha/2}(n_2-1,n_1-1)\} = \frac{\alpha}{2}$$

$$P\{F < F_{1-\alpha/2}(n_2-1,n_1-1)\} = \frac{\alpha}{2}$$

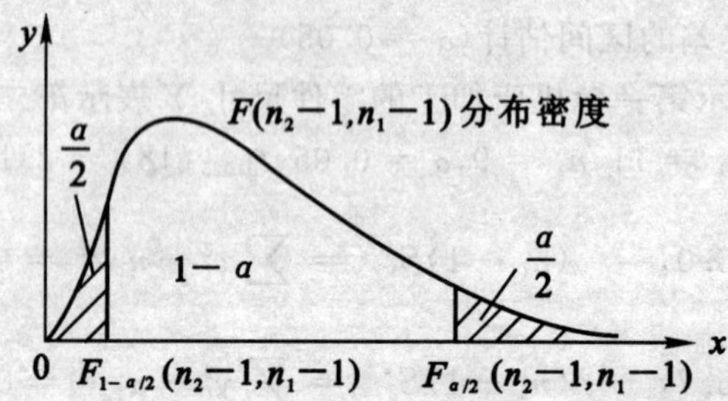

图 6.2　F 分布的分位数

从而

$$P\{F_{1-\alpha/2}(n_2-1,n_1-1) \leqslant F \leqslant F_{\alpha/2}(n_2-1,n_1-1)\} = 1-\alpha$$

将式(6.22) 代入上式，得

$$P\left\{F_{1-\alpha/2}(n_2-1,n_1-1)\frac{S_1^{*^2}}{S_2^{*^2}} \leqslant \frac{\sigma_1^2}{\sigma_2^2} \leqslant F_{\alpha/2}(n_2-1,n_1-1)\frac{S_1^{*^2}}{S_2^{*^2}}\right\} = 1-\alpha$$

故 σ_1^2/σ_2^2 的置信度为 $1-\alpha$ 的置信区间为

$$\left[F_{1-\alpha/2}(n_2-1,n_1-1)\frac{S_1^{*^2}}{S_2^{*^2}}, F_{\alpha/2}(n_2-1,n_1-1)\frac{S_1^{*^2}}{S_2^{*^2}}\right] \quad (6.22)$$

例 6.25　为了考察温度对某物体断裂强度的影响，在 70℃ 与 80℃ 分别重复作了 8 次试验，测得断裂强度的数据如下(单位：MPa)：

70℃：　20.5，　18.8，　19.8，　20.9，　21.5，　19.5，　21.0，　21.2

80℃：　17.7，　20.3，　20.0，　18.8，　19.0，　20.1，　20.2，　19.1

假定 70℃ 和 80℃ 下的断裂强度分别用 X 和 Y 表示，且 $X \sim N(\mu_1,\sigma_1^2)$，$Y \sim N(\mu_2,\sigma_2^2)$，$X$ 与 Y 相互独立．试求方差比 σ_1^2/σ_2^2 的置信度为 90% 的置信区间．

解　由样本值计算得

$$n_1 = 8,\quad \bar{x} = 20.4,\quad S_1^{*^2} = 0.8857$$

$$n_2 = 8,\quad \bar{y} = 19.4,\quad S_2^{*^2} = 0.8286$$

由 $1-\alpha = 0.90$，$\alpha = 0.10$，查附表 5 得 $F_{0.05}(7,7) = 3.79$，而 $F_{0.95}(7,7)$ 在表中不能直接查到，此时，可利用式(5.36) 得

$$F_{0.95}(7,7) = \frac{1}{F_{0.05}(7,7)} = \frac{1}{3.79} = 0.2639$$

将以上结果代入式(6.23) 得到 σ_1^2/σ_2^2 的置信区间为

$$\left[0.2639\times\frac{0.8857}{0.8286},8.79\times\frac{0.8857}{0.8286}\right]$$

即[0.282 1,4.051 2].

对于正态总体参数的区间估计，我们概括总结于表 6.1 中，以便读者查用.

表 6.1 正态总体参数的区间估计

估计对象	对总体的要求	统计量及其分布	置信区间
均值 μ	正态总体 σ^2 已知	$\dfrac{\overline{X}-\mu}{\sigma/\sqrt{n}}\sim N(0,1)$	$\left[\overline{X}-u_{\alpha/2}\dfrac{\sigma}{\sqrt{n}},\overline{X}+u_{\alpha/2}\dfrac{\sigma}{\sqrt{n}}\right]$
均值 μ	正态总体 σ^2 未知	$\dfrac{\overline{X}-\mu}{S_n^*/\sqrt{n}}\sim t(n-1)$	$\left[\overline{X}-t_{\alpha/2}(n-1)\dfrac{S_n^*}{\sqrt{n}},\overline{X}+t_{\alpha/2}(n-1)\dfrac{S_n^*}{\sqrt{n}}\right]$
方差 σ^2	正态总体	$\dfrac{(n-1){S_n^*}^2}{\sigma^2}\sim$ $\chi^2(n-1)$	$\left[\dfrac{(n-1){S_n^*}^2}{\chi^2_{\alpha/2}(n-1)},\dfrac{(n-1){S_n^*}^2}{\chi^2_{1-\alpha/2}(n-1)}\right]$
均值差 $\mu_1-\mu_2$	两个正态总体,方差相等	$\dfrac{(\overline{X}-\overline{Y})-(\mu_1-\mu_2)}{S_n\sqrt{\dfrac{1}{n_1}+\dfrac{1}{n_2}}}$ $\sim t(n_1+n_2-2)$	$\left[(\overline{X}-\overline{Y})-t_{\alpha/2}(n_1+n_2-2)S_n\sqrt{\dfrac{1}{n_1}+\dfrac{1}{n_2}},\right.$ $\left.(\overline{X}-\overline{Y})+t_{\alpha/2}(n_1+n_2-2)S_n\sqrt{\dfrac{1}{n_1}+\dfrac{1}{n_2}}\right]$
方差比 σ_1^2/σ_2^2	两个正态总体	$\dfrac{{S_2^*}^2\sigma_1^2}{{S_1^*}^2\sigma_2^2}\sim F(n_2-1,$ $n_1-1)$	$\left[F_{1-\alpha/2}(n_2-1,n_1-1)\dfrac{{S_1^*}^2}{{S_2^*}^2},\right.$ $\left.F_{\alpha/2}(n_2-1,n_1-1)\dfrac{{S_1^*}^2}{{S_2^*}^2}\right]$

习 题 六

1. 设总体 X 的密度函数为：

$$p(x;\alpha)=\begin{cases}(\alpha+1)x^{\alpha}, & 0<x<1\\ 0, & 其他\end{cases}$$

式中 $\alpha>-1$ 是未知参数，$(X_1,X_2,\cdots,X_n)$ 是一样本．试求参数 α 的矩估计量和最大似然估计量．

2. 设总体 X 的分布密度为

$$f(x;\alpha)=\begin{cases}\dfrac{2}{\alpha^2}(\alpha-x), & 0\leqslant x\leqslant\alpha\\ 0, & 其他\end{cases}$$

试求参数 α 的矩估计量和最大似然估计量．

3. 设总体 X 的分布律为

$$P\{X=k\}=(1-p)^{k-1}p,\quad k=1,2,\cdots$$

样本为 $X_1, X_2, \cdots, X_n$，试求参数 p 的矩估计量和最大似然估计量.

4. 设总体 $X\sim B(N,p)$，样本为 $X_1, X_2, \cdots, X_n$，试求参数 p 的矩估计量和最大似然估计量.

5. 设总体 X 服从对数正态分布，其分布密度为

$$f(x;\mu,\sigma^2)=\frac{1}{\sqrt{2\pi}\sigma x}e^{-\frac{1}{2\sigma^2}(\ln x-\mu)^2},\qquad 0<x<+\infty$$

式中 $-\infty<\mu<+\infty,\sigma>0$ 是未知参数，$(X_1, X_2, \cdots, X_n)$ 是一个样本，求 μ 和 σ^2 的最大似然估计．

6. 设总体 X 服从双参数指数分布，其分布密度为

$$f(x;\theta,\lambda)=\begin{cases}\frac{1}{\lambda}e^{-\frac{x-\theta}{\lambda}}, & \theta\leqslant x<+\infty\\ 0, & \text{其他}\end{cases}$$

式中 $\theta,\lambda(\lambda>0)$ 为未知参数，试求 θ 和 λ 的最大似然估计.

7. 设总体 X 的分布密度为

$$f(x;\theta)=\begin{cases}\frac{2\theta^2}{(\theta^2-1)x^3}, & 0<x<1\\ 0, & \text{其他}\end{cases}$$

(1) 求总体 X 的一阶矩 $\alpha_1=EX$；

(2) 把参数 θ 用 α_1 表示出来；

(3) 设$(X_1, X_2, \cdots, X_n)$是来自总体 X 的样本，若用 $\overline{X}$ 估计 α_1，即 $\hat{\alpha}_1=\overline{X}$，试求 θ 的估计量.

8. 设总体 $X\sim N(\mu,\sigma^2)$，$f(x;\mu,\sigma^2)$ 为总体 X 的分布密度，样本为$(X_1, X_2, \cdots, X_n)$，试求满足等式 $\int_A^{+\infty}(x;\mu,\sigma^2)\mathrm{d}x=0.05$ 的点 A 的最大似然估计.

9. 设总体 $X\sim U[\theta,\theta+1]$，样本为 $X_1, X_2, \cdots, X_n$，试证：

$$\hat{\theta}_1=\overline{X}-\frac{1}{2},\quad \hat{\theta}_2=X_{(1)}-\frac{1}{n+1},\quad \hat{\theta}_3=X_{(n)}-\frac{n}{n+1}$$

均为 θ 的无偏估计.

10. 设$(X_1, X_2, \cdots, X_n)$为来自总体 $N(\mu,\sigma^2)$ 的样本，试求常数 C，使得 $\hat{\sigma}=C\sum_{i=1}^{n-1}|X_{i+1}-X_i|$ 为 σ 的无偏估计；$\hat{\sigma}^2=C\sum_{i=1}^{n-1}(X_{i+1}-X_i)^2$ 是 σ^2 的无偏估计.

11. 设(X_1, X_2)是来自总体 X 的样本，试证统计量：

$$d_1(X_1, X_2)=\frac{1}{4}X_1+\frac{3}{4}X_2$$

$$d_2(X_1, X_2)=\frac{1}{3}X_1+\frac{2}{3}X_2$$

$$d_3(X_1, X_2)=\frac{1}{2}X_1+\frac{1}{2}X_2$$

均为总体均值 EX 的无偏估计，并说明哪一个最有效.

12. 设从正态总体 $X \sim N(\mu, \sigma^2)$ 中分别抽取容量为 n_1, n_2 的两个独立样本，两个样本的样本均值分别为 $\overline{X}_1, \overline{X}_2$，试求常数 a, b，使得 $\hat{\mu} = a\overline{X}_1 + b\overline{X}_2$ 是参数 μ 的最小方差无偏估计.

13. 设总体 $X \sim N(\mu, 1)$，样本为 $X_1, X_2, \cdots, X_n$，试求：

(1) μ 的最大似然估计 $\hat{\mu}$；

(2) $\hat{\mu}$ 是否为 μ 的有效估计；

(3) $\hat{\mu}$ 是否为 μ 的相合估计.

14. 设总体 $X \sim N(0, \sigma^2)$，样本为 $X_1, X_2, \cdots, X_n$，试求：

(1) σ^2 的最大似然估计 $\hat{\sigma}^2$；

(2) $\hat{\sigma}^2$ 是否为 σ^2 的有效估计；

(3) $\hat{\sigma}^2$ 是否为 σ^2 的相合估计.

15. 设总体 X 的分布密度为

$$f(x) = \begin{cases} \dfrac{1}{\theta} e^{-\frac{x}{\theta}}, & x > 0 \\ 0, & x \leqslant 0 \end{cases}$$

样本为 $X_1, X_2, \cdots, X_n$，试证 $\overline{X}$ 是 θ 的有效估计和相合估计.

16. 设 $X_1, X_2, \cdots, X_n$ 是来自总体 X 服从两点分布 $B(1, p)$ 的一个样本，证明参数 p 的最大似然估计 $\hat{p}$ 是 p 的有效估计和相合估计.

17. 对方差 σ^2 为已知的正态总体来说，需抽取容量 n 为多大的样本，才能使总体均值 μ 的置信度为 $1-\alpha$ 的置信区间的长度不超过 L.

18. 从正态总体 $X \sim N(3.4, 6^2)$ 中抽取容量为 n 的样本，问样本容量 n 至少应取多大，才能使样本均值 $\overline{X}$ 位于区间(1.4, 5.4)内的概率不小于 0.95.

19. 设总体 $X \sim N(\mu, \sigma^2)$，$(x_1, x_2, \cdots, x_9)$ 为总体 X 的一组样本值，已知其样本均值 $\overline{x} = 30.1$ 和样本均方差 $S_n = 6$，试求 μ 的置信度为 0.99 的置信区间.

20. 某单位职工每天的医疗费服从正态分布 $N(\mu, \sigma^2)$，现抽查 25 天，得 $\overline{x} = 170$ 元，$S_n^* = 30$ 元，求职工每天医疗费均值 μ 的置信度为 0.95 的置信区间.

21. 一批零件的 20 个样品的直径(单位：cm)为

4.98, 5.11, 5.20, 5.20, 5.11, 5.00, 5.61, 4.88, 5.27, 5.38, 5.46, 5.27, 5.23, 4.96, 5.35, 5.15, 5.35, 4.77, 5.38, 5.54.

假设零件的直径服从正态分布，求：

(1) 零件直径总体均值 μ 的置信度为 0.95 的置信区间；

(2) 零件直径总体标准差 σ 的置信度为 0.95 的置信区间.

22. 投资的回收利润率常常用来衡量投资的风险，随机地调查 26 个年回收利润率(%)，得 $S_n^* = 15\%$，设回收利润率为正态分布，求它的方差的置信度为 0.95 的置信区间.

23. 为了比较甲、乙两种型号的灯泡寿命，随机地抽取甲种灯泡 5 只，测得平均寿命

$\overline{X}=1\ 000$ h,修正的样本标准差 $S_{n_1}^*=28$ h;随机地抽取乙种灯泡 7 只,测得平均寿命 $\overline{Y}=980$ h,修正样本标准差 $S_{n_2}^*=32$ h,假定这两种灯泡的寿命都服从正态分布且方差相同,试求 $\mu_1-\mu_2$ 的置信度为 0.95 的置信区间.

24. 甲、乙两位化验员独立地对某种聚合物的含氮量用相同的方法分别测定 25 次和 15 次,其测定值的修正样本方差为 $S_{25}^{*2}=4.292$,$S_{15}^{*2}=3.429$,试求总体方差比$\dfrac{\sigma_1^2}{\sigma_2^2}$的置信度为 0.90 的置信区间.

第7章　假设检验

§7.1　假设检验的基本概念

假设检验是统计推断的另一类重要问题.在许多实际问题中,常常会遇到这样的情形,人们对所考察的总体的某些统计特征了解不够,但可以根据历史资料、实际经验,对总体的这些统计特征作某些可能的假设.例如,总体服从某一特定分布的假设,正态总体的均值等于已知常数 μ_0 的假设等,而后根据抽样得到的信息,对这些假设的正确与否进行判断,我们把这种关于总体某些统计特征的假设称为统计假设(也称为原假设或零假设),一般用 H_0 表示.把根据样本信息来判断某一假设正确与否的过程称为假设检验.

下面考察几个例子.

例 7.1　某食品厂生产猪肉罐头,按规定每瓶的标准重量为 500 g,由以往经验知,该厂生产的猪肉罐头重量服从正态分布 $N(500,2^2)$,现随机抽查 5 瓶,其重量分别为(单位:g)

$$501,\quad 507,\quad 498,\quad 502,\quad 504$$

能否认为该厂猪肉罐头的标准重量为 500 g?

设该厂生产的猪肉罐头的平均重量 $\mu=500$ g,则问题变为检验假设 H_0:"$\mu=500$"是否成立?

例 7.2　某厂有一批产品,共 10 000 件,须经检验合格后方能出厂,按规定次品率不得超过 30%,今从中任取 100 件,发现有 5 件次品,问这批产品能否出厂?

设这批产品的次品率为 p,则问题变为检验假设 H_0:"$p\leqslant 0.03$"是否成立.

例 7.3　检查了一本书的 100 页,记录各页中印刷错误的个数,其结果见表 7.1.

问能否认为一页中印刷错误个数服从泊松分布.

表 7.1 印刷错误数据表

错误个数 f_i/ 个	0	1	2	3	4	5	6	$\geqslant 7$
含 f_i 个错误的页数 / 页	36	40	19	2	0	2	1	0

本题是要检验假设 H_0:"一页中印刷错误的个数服从泊松分布 $P(\lambda)$"是否成立.

以上例子都归结为假设检验问题. 例 7.1 和例 7.2 中的假设都是关于一个总体的参数提出的,用来自总体的样本信息检验该假设是否成立,我们称这类问题为参数的假设检验. 例 7.3 中是对总体的分布类型作假设,用来自总体的某一样本检验此假设是否成立,称这类问题为非参数假设检验.

在假设检验中,若对某个问题提出了原假设 H_0,也就有另外一个"假设",称为备择假设,一般用 H_1 表示. 例如,在例 7.1 中 H_1 为 $\mu \neq 500$,在例 7.2 中 H_1 为 $p > 0.03$. 当 H_1 为 H_0 的对立假设时,H_1 可省略不写.

通过以上分析可知,所谓假设检验问题,就是利用样本提供给我们的信息,要在原假设 H_0 和备择假设 H_1 之间作出拒绝哪一个,接受哪一个的选择或判断. 如何解决这个问题,这涉及到假设检验的基本原理.

7.1.1 假设检验的基本原理

我们通过例 7.1 来说明假设检验的基本原理. 在例 7.1 中,原假设与备择假设分别为

$$H_0:\mu = 500, \qquad H_1:\mu \neq 500$$

我们设 $\mu_0 = 500$,$\sigma = 2$. 由于要检验的假设涉及总体均值 μ,故自然想到样本均值 $\overline{X}$,由参数估计一节知,$\overline{X}$ 是 μ 的无偏估计,$\overline{X}$ 的观测值的大小在一定程度上反映了 μ 的大小. 因此,如果假设 H_0 为真,则观测值 $\overline{x}$ 与 μ_0 的偏差 $|\overline{x}-\mu_0|$ 不应太大(即 $|\overline{x}-\mu_0|$ 的值偏大的概率较小);若 $|\overline{x}-\mu_0|$ 过分大,我们就怀疑假设 H_0 不真而拒绝 H_0. 当 H_0 为真时,$\dfrac{\overline{X}-\mu_0}{\sigma}\sqrt{n} \sim N(0,1)$,而衡量 $|\overline{x}-\mu_0|$ 的大小可归结为衡量 $\left|\dfrac{\overline{x}-\mu_0}{\sigma}\sqrt{n}\right|$ 的大小. 基于上述想法,我们可适当选定一个正数 k,使当观测值 $\overline{x}$ 满足 $\left|\dfrac{\overline{x}-\mu_0}{\sigma}\sqrt{n}\right| \geqslant k$ 时就拒绝 H_0,反之,

若$\left|\frac{\bar{x}-\mu_0}{\sigma}\sqrt{n}\right|<k$,就接受 H_0.

如何选择正数 k,我们可采用如下方法.

当 H_0 为真时,$\bar{X}$ 服从正态分布 $N(500,\frac{4}{n})$,于是选取一个接近于 0 的正常数 $\alpha(0<\alpha<1)$,例如取 $\alpha=0.05$,使

$$P\left\{\left|\frac{\bar{x}-\mu_0}{\sigma}\sqrt{n}\right|\geqslant k\right\}=0.05 \tag{7.1}$$

由正态分布 $N(0,1)$ 的上侧分位数定义知,$k=u_{\alpha/2}=u_{0.025}=1.96$,其中 $u_{\alpha/2}$ 为正态分布 $N(0,1)$ 的上侧 $\alpha/2$ 分位数.

由样本值算得 $\bar{x}=502.4$,$\left|\frac{\bar{x}-\mu_0}{\sigma}\sqrt{n}\right|=\left|\frac{502.4-500}{2}\sqrt{n}\right|=2.68>1.96=u_{\alpha/2}$,从而拒绝 H_0,接受 H_1,即不能认为该厂猪肉罐头的标准重量为 500 g.

由式(7.1)可以看出,随机事件$\left\{\left|\frac{\bar{x}-\mu_0}{\sigma}\sqrt{n}\right|\geqslant k\right\}$发生的概率仅为0.05,我们称它为小概率事件(一般把概率为 0.01,0.05 甚至不超过 0.01 的事件称为小概率事件)."小概率事件在一次试验中几乎是不可能发生的"这一原理称为小概率原理,它是假设检验的基本原理.在上述对 H_0 作出的判断中,我们实际上运用了小概率原理.如果在一次试验中,小概率事件发生了,就可以看做不合理的现象出现了,从而认为 H_0 不真,我们就拒绝 H_0 而接受 H_1.

7.1.2 两类错误

在例7.1中,原假设为 $H_0:\mu=500$ g,当样本观测值$(x_1,\cdots,x_n)$满足不等式$\left|\frac{\bar{x}-\mu_0}{\sigma}\sqrt{n}\right|\geqslant 1.96=u_{\alpha/2}$ 时,即当样本观测值

$$(x_1,x_2,\cdots,x_n)\in\{(x_1,x_2,\cdots,x_n):|u|\geqslant u_{\alpha/2}\}$$

时,就拒绝 H_0,也就是认为 H_0 不正确,其中 $u=\frac{\bar{x}-\mu_0}{\sigma}\sqrt{n}$.若样本观测值不满足上述不等式,即当

$$(x_1,x_2,\cdots,x_n)\in\{(x_1,x_2,\cdots,x_n):|u|<u_{\alpha/2}\}$$

时,就接受 H_0,也就是认为 H_0 正确.

一般地,一个统计检验总是可以如下表述:把样本空间划分成两个不相交的集合 W_0 与 W_1,当样本观测值$(x_1,x_2,\cdots,x_n)\in W_1$ 时,就拒绝 H_0,当

$(x_1, x_2, \cdots, x_n) \in W_0$ 时，就接受 H_0. 我们称 W_1 为检验的拒绝域，称 W_0 为检验的接受域. 在一个给定的统计问题中，样本空间是可以事先知道的，因此，确定了拒绝域 W_1，也就确定了 W_0. 对一个统计检验问题，通常的办法是指明它的拒绝域 W_1.

对于例 7.1，检验的拒绝域为

$$W_1 = \{(x_1, x_2, \cdots x_n): \left|\frac{\bar{x} - \mu_0}{\sigma}\sqrt{n}\right| \geqslant u_{\alpha/2}\}$$

在假设检验中，我们是从样本信息出发依据小概率原理，作出接受或拒绝原假设 H_0 的判断，由于样本$(X_1, X_2, \cdots X_n)$具有随机性，所以我们接受或拒绝 H_0 都不是绝对无误的，我们可能会犯两类错误：一是当 H_0 正确时，根据一次抽样结果(样本值)，作出了拒绝 H_0 的判断，因而犯了错误，这类错误称为第 Ⅰ 类错误，也简称为“弃真”错误；二是当 H_0 不正确时，根据一次抽样结果我们作出了接受 H_0 的判断，显然也犯了错误，称这类错误为第 Ⅱ 类错误，也简称为“取伪”错误. 将两类错误的情况列于表 7.2 中.

表 7.2　两类错误

判断 \ 真实情况	接受 H_0	拒绝 H_0
H_0 正确	判断正确	犯第 Ⅰ 类错误
H_0 不正确	犯第 Ⅱ 类错误	判断正确

犯两类错误的大小通常用概率来衡量，犯第 Ⅰ 类错误的概率为

$$P\{\text{拒绝 } H_0 \mid H_0 \text{ 正确}\} = P\{(X_1, X_2, \cdots, X_n) \in W_1 \mid H_0 \text{ 正确}\} = \alpha \tag{7.2}$$

犯第 Ⅱ 类错误的概率为

$$P\{\text{接受 } H_0 \mid H_0 \text{ 不正确}\} = P\{(X_1, X_2 \cdots, X_n) \in W_0 \mid H_0 \text{ 不正确}\} = \beta \tag{7.3}$$

在假设检验中，人们总是希望犯两类错误的概率愈小愈好，但是当样本容量 n 固定时，若 α 的值减小，则 β 的值就增大；反之，若 α 的值增大，则 β 的值就减小，要同时减小犯两类错误的概率是不可能的. 因此，一般只规定 α 的取值，即控制犯第 Ⅰ 类错误的概率，而使犯第 Ⅱ 类错误的概率 β 尽可能地小. 要使 α 和 β 都达到预先指定的值，就必须增大样本容量. 在假设检验中，为了防止 β 过

大,一般取样本容量大于等于5.

对于例7.1,给定$\alpha=0.05$,犯第Ⅰ类错误的概率正好等于α,对应的犯第Ⅱ类错误的概率为

$$\beta=P\{(X_1,X_2,\cdots,X_n)\in W_0\mid\mu\neq\mu_0=500\}=$$

$$P\{\mid\overline{X}-\mu_0\mid<u_{\alpha/2}\frac{\sigma}{\sqrt{n}}\mid\mu=\mu_1\neq\mu_0=500\}=$$

$$P\{\mu_0-u_{\alpha/2}\frac{\sigma}{\sqrt{n}}<\overline{X}<\mu_0+u_{\alpha/2}\frac{\sigma}{\sqrt{n}}\mid\mu=\mu_1\}=$$

$$P\{\frac{\mu_0-\mu_1}{\sigma}\sqrt{n}-u_{\alpha/2}<\frac{\overline{X}-\mu_1}{\sigma}\sqrt{n}<\frac{\mu_0-\mu_1}{\sigma}\sqrt{n}+u_{\alpha/2}\}=$$

$$\Phi[\frac{\mu_0-\mu_1}{\sigma}\sqrt{n}+u_{\alpha/2}]-\Phi[\frac{\mu_0-\mu_1}{\sigma}\sqrt{n}-u_{\alpha/2}] \tag{7.4}$$

这里Φ表示标准正态随机变量的分布函数.上述概率等于图7.1中阴影部分的面积.显然当n固定时,$\mid\mu_0-\mu_1\mid$的值越大,即μ_0离μ_1越远,β的值越小;当μ_1不变时,随着n趋于无穷大,$\frac{\mu_0-\mu_1}{\sigma}\sqrt{n}$趋于正无穷大或负无穷大,因此,当$n\to\infty$时,$\beta\to 0$.由此可知,给定$\alpha$,加大样本容量,可以减少犯第Ⅱ类错误的概率.

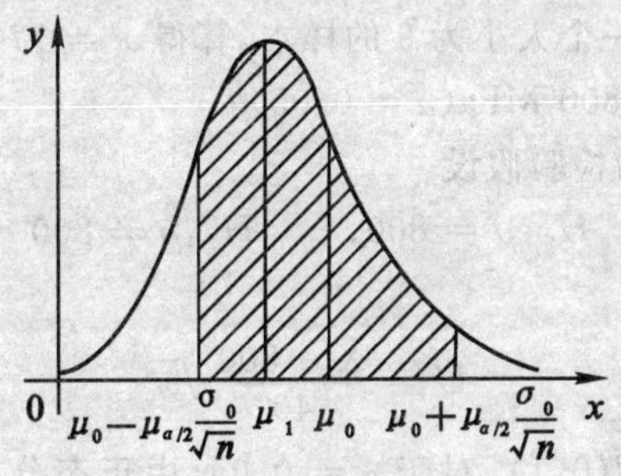

图 7.1

§7.2 正态总体均值与方差的假设检验

在生产实践与科学试验中,我们经常遇到一些总体服从正态分布,由于在正态总体下抽样分布已得到较完整的解决,因此,本节主要研究正态总体下参数的假设检验问题,详细介绍几种常用的检验方法.

7.2.1 一个正态总体均值与方差的检验

1. *方差已知时，正态总体均值的检验（U 检验）*

设 $X_1, X_2, \cdots, X_n$ 是来自正态总体 $N(\mu, \sigma_0^2)$ 的一个样本，其中 μ 未知，$-\infty < \mu < +\infty$，σ_0^2 已知，要检验假设

$$H_0: \mu = \mu_0 \qquad H_1: \mu \neq \mu_0$$

其中 μ_0 为已知常数. 我们取检验的统计量为

$$U = \frac{\overline{X} - \mu_0}{\sigma_0}\sqrt{n} \tag{7.5}$$

当 H_0 成立时，U 服从标准正态分布 $N(0,1)$. 且当 H_0 成立时，$|\overline{X} - \mu_0|$ 的值应较小，故 $|U|$ 的值也应较小，若根据一次抽样结果发现 $|U|$ 的值较大，自然怀疑 H_0 不成立. 对于给定的检验水平 $\alpha(0 < \alpha < 1)$，由标准正态分布分位数定义知，当 H_0 成立时，

$$P\{|U| \geqslant u_{\alpha/2}\} = \alpha$$

因此，检验的拒绝域为

$$W_1 = \{(x_1, x_2, \cdots, x_n): |u| \geqslant u_{\alpha/2}\} \tag{7.6}$$

其中 u 为统计量 U 的观测值. 这种利用服从标准正态分布的统计量作为检验统计量的检验称为 U 检验.

例 7.4 某厂生产的一种钢索，断裂强度 X（单位：MPa）服从正态分布 $N(\mu, 40^2)$，从中选取一个大小为 9 的样本，算得 $\bar{x} = 770$ MPa，问能否认为这批钢索的断裂强度为 800 MPa($\alpha = 0.05$)？

解 本题归结为检验假设

$$H_0: \mu = 800, \qquad H_1: \mu \neq 800$$

选择统计量

$$U = \frac{\overline{X} - 800}{40}\sqrt{9}$$

当 H_0 成立时，$U \sim N(0,1)$，对于 $\alpha = 0.05$，由正态分布函数表查得 $u_{\alpha/2} = u_{0.025} = 1.96$，从而得检验的拒绝域为

$$W_1 = \{(x_1, x_2, \cdots, x_n): |u| \geqslant u_{0.025} = 1.96\}$$

U 的观测值为

$$u = \frac{\bar{x} - 800}{40}\sqrt{9} = \frac{770 - 800}{40} \times 3 = -2.25$$

因 $|u| = 2.25 > 1.96$，故拒绝原假设 H_0，即不能认为这批钢索断裂强度是 800 MPa.

上述 U 检验法的步骤具有一般性. 通过以上分析，我们将假设检验的步骤归纳如下：

(1) 提出待检验的假设 H_0 及备择假设 H_1；

(2) 选择适当的检验统计量，在 H_0 成立的条件下，确定它的概率分布；

(3) 给定检验水平 α，确定拒绝域 W_1；

(4) 由样本观测值计算统计量的值；

(5) 根据统计量的观测值落入拒绝域 W_1 还是落入 W_0 中，作出拒绝或者接受 H_0 的判断.

2. 方差未知时，正态总体均值的检验（t 检验）

设 $X_1, X_2, \cdots, X_n$ 是来自正态总体 $N(\mu, \sigma^2)$ 的一个样本，μ, σ^2 均未知，要检验假设

$$H_0: \mu = \mu_0, \qquad H_1: \mu \neq \mu_0 \qquad (\mu_0 \text{ 为已知常数})$$

当方差 σ^2 已知时，采用统计量 $U = \frac{\overline{X} - \mu_0}{\sigma}\sqrt{n}$，现在 σ^2 未知，U 不再是统计量了，很自然的想法是用修正样本方差 S_n^{*2} 来代替总体的方差 σ^2，仿照 U 的形式，构造一个统计量

$$T = \frac{\overline{X} - \mu_0}{S_n^*}\sqrt{n} \tag{7.7}$$

当 $\mu = \mu_0$ 成立时，由抽样分布一节的定理知 T 服从自由度为 $n-1$ 的 t 分布. 于是，对于给定的 α，由 t 分布临界值表可查得临界值 $t_{\alpha/2}(n-1)$，使得

$$P\{|T| \geqslant t_{\alpha/2}(n-1)\} = \alpha$$

因此，检验的拒绝域为

$$W_1 = \{(x_1, x_2, \cdots, x_n): |t| \geqslant t_{\alpha/2}(n-1)\} \tag{7.8}$$

其中 t 为统计量 T 的观测值. 当获得样本观测值 $(x_1, x_2, \cdots, x_n)$ 后，我们可求得 T 的值 t，若 $|t| \geqslant t_{\alpha/2}(n-1)$，则拒绝 H_0，若 $|t| < t_{\alpha/2}(n-1)$，则接受 H_0. 这种检验称为 t 检验.

例 7.5 某型灯泡寿命 X 服从正态分布，从一批灯泡中任意取出 10 只，测得其寿命分别为（单位：h）

1 490， 1 440， 1 680， 1 610， 1 500

1 750， 1 550， 1 420， 1 800， 1 580

能否认为这批灯泡平均寿命为 1 600 h（$\alpha = 0.05$）？

解 本题是要检验假设

$$H_0: \mu = 1\,600, \qquad H_1: \mu \neq 1\,600$$

由于方差 σ^2 未知，故选择统计量

$$T = \frac{\overline{X} - 1\,600}{S_n^*}\sqrt{n}$$

当 H_0 成立时，$T \sim t(n-1) = t(9)$，由所给的样本值求得

$$\bar{x} = 1\ 582, \quad S_n^{*2} = 16\ 528.89$$

故

$$t = \frac{1\ 582 - 1\ 600}{\sqrt{16\ 528.89}} \times \sqrt{10} \approx -0.443$$

查自由度 $n-1=9$ 的 t 分布表得临界值 $t_{\alpha/2}(n-1) = t_{0.025}(9) = 2.262$，由于 $|t| = 0.443 < t_{0.025}(9)$，因此可以接受 H_0，即可以认为这批灯泡的平均寿命为 1 600 h.

3. 均值未知时，正态总体方差的检验（χ^2 检验）

设 $X_1, X_2, \cdots, X_n$ 为来自正态总体 $N(\mu, \sigma^2)$ 的一个样本，μ, σ^2 均未知，欲检验假设

$$H_0: \sigma^2 = \sigma_0^2, \qquad H_1: \sigma^2 \neq \sigma_0^2 \qquad (\sigma_0^2 \text{ 为已知常数}).$$

因为检验的对象为总体方差，所以可用 σ^2 的无偏估计量 S_n^{*2} 与 σ_0^2 作比较，当比值 S_n^{*2}/σ_0^2 很大或很小时，都表明 S_n^{*2} 与 σ_0^2 相差很大，从而否定 H_0. 由于比值 S_n^{*2}/σ_0^2 的分布不易求出，故稍加修改，选择统计量

$$K^2 = \frac{(n-1)S_n^{*2}}{\sigma_0^2} = \sum_{i=1}^{n} (X_i - \bar{X})^2 / \sigma^2$$

当 H_0 成立时，由抽样分布一节的结论知，$K^2 \sim \chi^2(n-1)$. 因 χ^2 分布的密度函数的图形不对称，所以对给定的 $\alpha (0 < \alpha < 1)$，一般选取临界值 $\chi^2_{\alpha/2}(n-1)$ 和 $\chi^2_{1-\alpha/2}(n-1)$，使得

$$P\{K^2 \geqslant \chi^2_{\alpha/2}(n-1)\} = P\{K^2 \leqslant \chi^2_{1-\alpha/2}(n-1)\} = \frac{\alpha}{2}$$

由此得检验的拒绝域为

$$W_1 = \{(x_1, x_2, \cdots, x_n): k^2 \geqslant \chi^2_{\alpha/2}(n-1)\} \cup \{(x_1, x_2, \cdots, x_n): k^2 \leqslant \chi^2_{1-\alpha/2}(n-1)\} \tag{7.9}$$

由样本观测值 $(x_1, x_2, \cdots, x_n)$ 计算统计量 K^2 的值 k^2，当 $k^2 \geqslant \chi^2_{\alpha/2}(n-1)$ 或 $k^2 \leqslant \chi^2_{1-\alpha/2}(n-1)$ 时，拒绝假设 H_0，反之接受 H_0. 通常称这个检验为 χ^2 检验.

例 7.6 某炼铁厂的铁水含碳质量分数 X 在正常情况下服从正态分布 $N(\mu, \sigma^2)$. 现在对操作工艺进行了改革，又测量了 5 炉铁水，含碳质量分数分别为

4.421，4.052，4.357，4.287，4.683

是否可以认为由新工艺炼出的铁水含碳质量分数的方差仍为 $0.108^2 (\alpha = 0.05)$?

解 本题是要检验假设

$$H_0: \sigma^2 = 0.108^2, \qquad H_1: \sigma^2 \neq 0.108^2$$

由于 μ 未知，故采用 χ^2 检验法，选取检验统计量为

$$K^2 = \sum_{i=1}^{n}(X_i - \overline{X})^2/\sigma_0^2$$

其中 $\sigma_0^2 = 0.108^2$，由样本值求得 $\overline{x} = 4.364$，故

$$k^2 = \sum_{i=1}^{5}(x_i - \overline{x})^2/0.108^2 = 17.85$$

对于 $\alpha = 0.05$，查自由度 $n-1=4$ 的 χ^2 分布表，得临界值 $\chi^2_{0.975}(4) = 0.484$，$\chi^2_{0.025}(4) = 11.1$. 由于 $k^2 = 17.85 > 11.1 = \chi^2_{0.025}(4)$，故拒绝假设 H_0，即不能认为由新工艺炼出的铁水含碳质量分数的方差为 0.108^2.

7.2.2 两个正态总体均值与方差的假设检验

设总体 X 服从正态分布 $N(\mu_1,\sigma_1^2)$，Y 服从正态分布 $N(\mu_2,\sigma_2^2)$，X 与 Y 独立，$X_1,X_2,\cdots,X_{n_1}$ 是来自总体 X 的样本，$Y_1,Y_2,\cdots,Y_{n_2}$ 是来自总体 Y 的样本，记它们的样本均值和修正样本方差分别为

$$\overline{X} = \frac{1}{n_1}\sum_{i=1}^{n_1}X_i, \qquad S_{1n_1}^{*2} = \frac{1}{n_1-1}\sum_{i=1}^{n_1}(X_i - \overline{X})^2$$

$$\overline{Y} = \frac{1}{n_2}\sum_{i=1}^{n_2}Y_i, \qquad S_{2n_2}^{*2} = \frac{1}{n_2-1}\sum_{i=1}^{n_2}(Y_i - \overline{Y})^2$$

下面分几种不同情况进行讨论.

1. 已知方差时两个正态总体均值的检验

在上述正态总体 $N(\mu_1,\sigma_1^2)$ 与 $N(\mu_2,\sigma_2^2)$ 中，若 μ_1,μ_2 均未知，σ_1^2,σ_2^2 已知，欲检验假设

$$H_0:\mu_1 = \mu_2, \qquad H_1:\mu_1 \neq \mu_2$$

上述假设可等价地变为

$$H_0:\mu_1 - \mu_2 = 0, \qquad H_1:\mu_1 - \mu_2 \neq 0$$

由于 $\overline{X}$，$\overline{Y}$ 分别服从正态分布且相互独立，故由正态分布的可加性知，$\overline{X}-\overline{Y}$ 也服从正态分布，而

$$E(\overline{X} - \overline{Y}) = E(\overline{X}) - E(\overline{Y}) = \mu_1 - \mu_2$$

$$D(\overline{X} - \overline{Y}) = D(\overline{X}) + D(\overline{Y}) = \frac{\sigma_1^2}{n_1} + \frac{\sigma_2^2}{n_2}$$

因此取检验的统计量为

$$U = (\overline{X} - \overline{Y})\Big/\sqrt{\frac{\sigma_1^2}{n_1} + \frac{\sigma_2^2}{n_2}} \tag{7.10}$$

当 H_0 成立时，统计量 U 服从标准正态分布 $N(0,1)$. 式(7.10) 给出的统计量称为 U 统计量，相应的检验法称为 U 检验法.

对于给定的 α，由正态分布表查得临界值 $u_{\alpha/2}$，使

$$P\{|U| \geqslant u_{\alpha/2}\} = \alpha$$

故检验的拒绝域为

$$W_1 = \{(x_1, x_2, \cdots, x_{n_1}, y_1, y_2, \cdots, y_{n_2}): |u| \geqslant u_{\alpha/2}\} \quad (7.11)$$

其中 u 为统计量 U 的观测值.

例 7.7　卷烟厂向化验室送去 A,B 两种烟草,化验尼古丁的含量是否相同,从A,B中各随机抽取重量相同的5例进行化验,测得尼古丁的含量(单位:mg) 分别为

A: 24, 27, 26, 21, 24

B: 27, 28, 23, 31, 26

据经验知,两种烟草的尼古丁含量均服从正态分布,且相互独立,A 种的方差为 5,B种的方差为 8,取 $\alpha = 0.05$,问两种烟草的尼古丁含量是否有显著差异?

解　以 X 和 Y 分别表示 A,B 两种烟草的尼古丁含量,$X \sim N(\mu_1, \sigma_1^2)$,$Y \sim N(\mu_2, \sigma_2^2)$,$X$ 与 Y 独立,欲检验假设

$$H_0: \mu_1 = \mu_2, \qquad H_1: \mu_1 \neq \mu_2$$

现已知 $\sigma_1^2 = 5, \sigma_2^2 = 8, n_1 = n_2 = 5$. 由所给数据求得

$$\bar{x} = 24.4, \qquad \bar{y} = 27$$

$$u = (\bar{x} - \bar{y}) / \sqrt{\frac{\sigma_1^2}{n_1} + \frac{\sigma_2^2}{n_2}} = \frac{24.4 - 27}{\sqrt{\frac{5}{5} + \frac{8}{5}}} = -1.612$$

对 $\alpha = 0.05$,查正态分布表得 $u_{\alpha/2} = 1.96$,由于 $|u| = 1.612 < 1.96$,故接受原假设 H_0,即认为两种烟草的尼古丁平均含量无显著差异.

2. 未知方差时两个正态总体均值的检验

在上述正态总体 $N(\mu_1, \sigma_1^2)$,$N(\mu_2, \sigma_2^2)$ 中,若 $\mu_1, \mu_2, \sigma_1^2, \sigma_2^2$ 均未知,但 $\sigma_1^2 = \sigma_2^2 = \sigma^2$. $X_1, X_2, \cdots X_{n_1}$ 是取自总体 $N(\mu_1, \sigma_1^2)$ 的一个样本,$Y_1, Y_2, \cdots, Y_{n_2}$ 是取自总体 $N(\mu_2, \sigma_2^2)$ 的一个样本,且假定两个样本相互独立,检验假设

$$H_0: \mu_1 = \mu_2, \qquad H_1: \mu_1 \neq \mu_2$$

由于 σ_1^2, σ_2^2 均未知,所以不能选择 U 统计量,但我们已知 $S_{1n_1}^{*2}, S_{2n_2}^{*2}$ 分别是 σ_1^2 与 σ_2^2 的无偏估计,于是用 $S_{1n_1}^{*2}, S_{2n_2}^{*2}$ 分别代替 σ_1^2 与 σ_2^2,对代替后的统计量进行修正,选择检验的统计量为

$$T = \frac{\bar{X} - \bar{Y}}{\sqrt{(n_1 - 1) S_{1n_1}^{*2} + (n_2 - 1) S_{2n_2}^{*2}}} \sqrt{\frac{n_1 n_2 (n_1 + n_2 - 2)}{n_1 + n_2}}$$

在 H_0 成立的条件下,由抽样分布定理知,T 服从自由度为 $n_1 + n_2 - 2$ 的 t 分布. 对给定的检验水平 $\alpha(0 < \alpha < 1)$,查 t 分布表得临界值 $t_{\alpha/2}(n_1 + n_2 - 2)$,使得

$$P\{|T| \geqslant t_{\alpha/2}(n_1 + n_2 - 2)\} = \alpha$$

从而得检验的拒绝域为

$$W_1 = \{(x_1, x_2, \cdots, x_{n_1}, y_1, y_2, \cdots, y_{n_2}):$$

$$\frac{|\overline{x} - \overline{y}|}{\sqrt{(n_1 - 1)S_{1n_1}^{*2} + (n_2 - 1)S_{2n_2}^{*2}}}\sqrt{\frac{n_1 n_2 (n_1 + n_2 - 2)}{n_1 + n_2}} \geqslant$$

$$t_{\alpha/2}(n_1 + n_2 - 2)\}$$

例 7.8 某种物品在处理前与处理后取样分析其含脂率如下：

处理前： 0.19， 0.18， 0.21， 0.30， 0.66

0.42， 0.08， 0.12， 0.30， 0.27

处理后： 0.15， 0.13， 0.00， 0.07， 0.24

0.24， 0.19， 0.04， 0.08， 0.20， 0.12

假定处理前后含脂率都服从正态分布，且相互独立，方差相等。问处理前后含脂率的均值有无显著差异($\alpha = 0.05$)？

解 以 X 表示物品在处理前的含脂率，Y 表示物品在处理后的含脂率，且 $X \sim N(\mu_1, \sigma_1^2)$，$Y \sim N(\mu_2, \sigma_2^2)$. 由题知 σ_1^2，σ_2^2 未知，但 $\sigma_1^2 = \sigma_2^2$，于是问题归结为检验假设

$$H_0: \mu_1 = \mu_2, \qquad H_1: \mu_1 \neq \mu_2$$

由样本值求得统计量 T 的观测值

$$t = \frac{\overline{x} - \overline{y}}{\sqrt{(n_1 - 1)s_{1n_1}^{*2} + (n_2 - 1)s_{2n_2}^{*2}}}\sqrt{\frac{n_1 n_2 (n_1 + n_2 - 2)}{n_1 + n_2}} = 2.49$$

对自由度 $n_1 + n_2 - 2 = 19$，$\alpha = 0.05$，查 t 分布表得临界值 $t_{\alpha/2}(n_1 + n_2 - 2) = t_{0.025}(19) = 2.09$. 因为 $|t| = 2.49 > 2.09 = t_{\alpha/2}(n_1 + n_2 - 2)$，故拒绝假设 H_0，即认为物品处理前后含脂率的均值有显著差异.

3. 基于配对数据的检验(t 检验)

有时为了比较两种产品、两种仪器或两种试验方法等的差异，我们常常在相同的条件下做对比试验，得到一批成对(配对)的观测值，然后对观测数据进行分析，作出推断，这种方法常称为配对分析法.

例 7.9 比较甲、乙两种橡胶轮胎的耐磨性，今从甲、乙两种轮胎中各随机抽取 8 个，其中各取一个组成一对. 再随机选取 8 架飞机，将 8 对轮胎随机地搭配给 8 架飞机，做耐磨性试验，这样安排的试验叫配对试验. 飞行一段时间的起落后，测得轮胎磨损量(单位：mg) 数据如下：

轮胎甲： 4 900， 5 220， 5 500， 6 020

6 340， 7 660， 8 650， 4 870

轮胎乙： 4 930， 4 900， 5 140， 5 700

6 110， 6 880， 7 930， 5 010

试问这两种轮胎的耐磨性有无显著差异($\alpha = 0.05$)？

解 用 X 及 Y 分别表示甲、乙两种轮胎的磨损量，假定 $X \sim N(\mu_1, \sigma_1^2)$，$Y \sim N(\mu_2, \sigma_2^2)$，其中 $\sigma_1^2 = \sigma_2^2$，欲检验假设

$$H_0: \mu_1 = \mu_2, \qquad H_1: \mu_1 \neq \mu_2$$

下面分两种情况讨论：

(1) 试验数据配对分析：记 $Z = X - Y$，则 $E(Z) = \mu_1 - \mu_2 \overset{\text{def}}{=\!=} d$，$D(Z) = 2\sigma^2$，由正态分布的可加性知，$Z$ 服从正态分布 $N(d, 2\sigma^2)$. 于是，对 μ_1 与 μ_2 是否相等的检验就变为对 $d = 0$ 的检验，这时我们可采用关于一个正态总体均值的 t 检验法. 将甲、乙两种轮胎的数据对应相减得 Z 的样本值为

$$-30,\quad 320,\quad 360,\quad 320,\quad 230,\quad 780,\quad 720,\quad -140$$

计算得样本均值

$$\bar{Z} = \frac{1}{8}\sum_{i=1}^{8} Z_i = 320$$

$$S_n^{*2} = \sum_{i=1}^{8}(Z_i - \bar{Z})^2/7 = 102\,200$$

$$t = (\bar{Z} - 0)/\sqrt{S_n^{*2}/8} = 320 \times \sqrt{8}/\sqrt{102\,200} \approx 2.83$$

对给定 $\alpha = 0.05$，查自由度为 $8 - 1 = 7$ 的 t 分布表得临界值 $t_{0.025}(7) = 2.365$，由于 $t = 2.83 > 2.365$，因而否定 H_0，即认为这两种轮胎的耐磨性有显著差异.

(2) 试验数据不配对分析：将两种轮胎的数据看作来自两个总体的样本观测值，这种方法称为不配对分析法. 欲检验假设

$$H_0: \mu_1 = \mu_2 \qquad , H_1: \mu_1 \neq \mu_2$$

我们选取统计量

$$T = \frac{\bar{X} - \bar{Y}}{\sqrt{(n_1 - 1)S_{1n_1}^{*2} + (n_2 - 1)S_{2n_2}^{*2}}}\sqrt{\frac{n_1 n_2 (n_1 + n_2 - 2)}{n_1 + n_2}} \tag{7.12}$$

由样本数据及 $n_1 = n_2 = 8$ 可算得

$$\bar{x} = 6\,145, \qquad \bar{y} = 5\,825$$

$$S_{1n_1}^{*2} = 1\,633\,900 \times 8/7, S_{2n_2}^{*2} = 1\,053\,875 \times 8/7$$

$$t = 320/619.7 \approx 0.516$$

对给定的 $\alpha = 0.05$，查自由度为 $2n - 2 = 14$ 的 t 分布表，得临界值 $t_{\alpha/2}(2n - 2) = t_{0.025}(14) = 2.145$，由于 $|t| = 0.516 < 2.145 = t_{0.025}(14)$，因而接受 H_0，即认为这两种轮胎的耐磨性无显著差异.

以上是在同一检验水平 $\alpha = 0.05$ 下采用两种不同方法的分析结果，方法不同所得结果也不一致，到底哪个结果正确呢？下面作一简要分析. 因为我们将 8 对轮胎随机地搭配给 8 架飞机作轮胎耐磨性试验，两种轮胎不仅对试验

数据产生影响，而且不同的飞机也对试验数据产生干扰，因此试验数据配对分析消除了飞机本身对数据的干扰，突出了比较两种轮胎之间耐磨性的差异. 对试验数据不作配对分析，轮胎之间和飞机之间对数据的影响交织在一起，这时样本 $X_1,\cdots X_n$ 与样本 $Y_1,\cdots Y_n$ 实际上不独立，因此，用两个独立正态总体的 t 检验法是不合适的. 由本例看出，对同一批试验数据，采用配对分析还是不配对分析方法，要根据抽样方法而定.

4. 两个正态总体方差的检验

在上面的假设检验中，我们曾假定两个正态总体的方差相等，但在实际中，有时我们并不能肯定正态总体的方差是相等的，这就需要根据抽样得到的样本值检验假设 $H_0:\sigma_1^2=\sigma_2^2$ 是否成立.

设$(X_1,X_2,\cdots,X_{n_1})$是来自正态总体 $N(\mu_1,\sigma_1^2)$ 的样本，$(Y_1,Y_2,\cdots,Y_{n_2})$ 是来自正态总体 $N(\mu_2,\sigma_2^2)$ 的样本，且两样本独立，$\mu_1,\mu_2,\sigma_1^2,\sigma_2^2$ 均未知，需检验假设

$$H_0:\sigma_1^2=\sigma_2^2,\qquad H_1:\sigma_1^2\neq\sigma_2^2$$

要比较 σ_1^2 与 σ_2^2，自然想到用它们的无偏估计量 $S_{1n_1}^{*2}$ 与 $S_{2n_2}^{*2}$ 进行比较. 注意到如下事实：

$$(n_1-1)S_{1n_1}^{*2}/\sigma_1^2\sim\chi^2(n_1-1),\quad (n_2-1)S_{2n_2}^{*2}/\sigma_2^2\sim\chi^2(n_2-1)$$

且它们相互独立，因此

$$F=\frac{(n_1-1)S_{1n_1}^{*2}/[\sigma_1^2(n_1-1)]}{(n_2-1)S_{2n_2}^{*2}/[\sigma_2^2(n_2-1)]}=\frac{S_{1n_1}^{*2}/\sigma_1^2}{S_{2n_2}^{*2}/\sigma_2^2}\tag{7.13}$$

当 $H_0:\sigma_1^2=\sigma_2^2$ 成立时，F 服从自由度为(n_1-1,n_2-1)的 F 分布，于是对给定的检验水平 $\alpha(0<\alpha<1)$，查 F 分布表得临界值 $F_{\alpha/2}(n_1-1,n_2-1)$ 及 $F_{1-\alpha/2}(n_1-1,n_2-1)$，使得

$$P\{F\geqslant F_{\alpha/2}(n_1-1,n_2-1)\}=P\{F\leqslant F_{1-\alpha/2}(n_1-1,n_2-1)\}=\frac{\alpha}{2}$$

于是得检验的拒绝域为

$$\begin{aligned}W_1=&\{(x_1,x_2,\cdots,x_{n_1},y_1,y_2,\cdots,y_{n_2}):F_0\geqslant F_{\alpha/2}(n_1-1,n_2-1)\}\cup\\&\{(x_1,x_2,\cdots,x_{n_1},y_1,y_2,\cdots,y_{n_2}):F_0\leqslant F_{1-\alpha/2}(n_1-1,n_2-1)\}\end{aligned}$$

其中 F_0 为统计量 F 的观测值. 由 F 分布临界值的性质知

$$F_{1-\alpha/2}(n_1-1,n_2-1)=\frac{1}{F_{\alpha/2}(n_2-1,n_1-1)}$$

例 7.10 为了考察温度对某物体断裂强度的影响，在 70℃ 与 80℃ 下分别重复作了 8 次试验，得断裂强度的数据如下(单位：MPa)：

70℃： 20.5， 18.8， 19.8， 20.9， 21.5， 19.5， 21.0， 21.2

80℃： 17.7， 20.3， 20.0， 18.8， 19.0， 20.1， 20.2， 19.1

假定 70℃ 下的断裂强度用 X 表示，且服从 $N(\mu_1,\sigma_1^2)$，80℃ 下的断裂强度用 Y 表示，且服从 $N(\mu_2,\sigma_2^2)$，试问在 70℃ 与 80℃ 下断裂强力的方差是否相同 $(\alpha=0.05)$？

解 本题实质上是检验假设

$$H_0:\sigma_1^2=\sigma_2^2,\qquad H_1:\sigma_1^2\neq\sigma_2^2$$

根据所给样本值求得

$$\bar{x}=20.4,\qquad \bar{y}=19.4\qquad (\text{其中 } n_1=n_2=8)$$

$$\sum_{i=1}^{8}(x_i-\bar{x})^2=(20.5-20.4)^2+(18.8-20.4)^2+\cdots+(21.2-20.4)^2=6.20$$

$$\sum_{i=1}^{8}(y_i-\bar{y})^2=(17.7-19.4)^2+(20.3-19.4)^2+\cdots+(19.1-19.4)^2=5.80$$

$$S_{1n_1}^{*2}=\frac{6.20}{7},\qquad S_{2n_2}^{*2}=\frac{5.80}{7}$$

于是

$$F_0=\frac{S_{1n_1}^{*2}}{S_{2n_2}^{*2}}=\frac{6.20}{5.80}=1.07$$

对 $\alpha=0.05$，由 F 分布临界值表查得

$$F_{0.025}(7.7)=4.99,F_{0.975}(7.7)=\frac{1}{F_{0.025}(7.7)}=\frac{1}{4.99}\approx 0.20$$

因为

$$0.20<F_0=1.07<4.99$$

故接受假设 $H_0:\sigma_1^2=\sigma_2^2$，即认为 70℃ 与 80℃ 下断裂强度的方差相同.

7.2.3 单侧假设检验

在前面的讨论中，我们对总体作出的假设 H_0 及 H_1 有以下几种形式：

$$H_0:\mu=\mu_0,\qquad H_1:\mu\neq\mu_0$$
$$H_0:\sigma^2=\sigma_0^2,\qquad H_1:\sigma^2\neq\sigma_0^2$$
$$H_0:\mu_1=\mu_2,\qquad H_1:\mu_1\neq\mu_2$$
$$H_0:\sigma_1^2=\sigma_2^2,\qquad H_1:\sigma_1^2\neq\sigma_2^2$$

观察备择假设 $H_1:\mu\neq\mu_0$，它表示 μ 可能大于 μ_0，也可能小于 μ_0，即表示备择假设 H_1 的参数区域都在表示原假设 $H_0:\mu=\mu_0$ 的参数区域的两则（区域 $\{\mu:\mu\neq\mu_0\}$ 在 $\{\mu:\mu=\mu_0\}$ 的两侧），我们称这类假设为双侧假设，相应的检验问题为双侧假设检验. 按这种规定，以上几种形式的假设都称为双侧假设.

在实际问题中，我们还会遇到以下几种形式的假设及备择假设：

$$H_0:\mu\geqslant\mu_0,\qquad H_1:\mu<\mu_0$$
$$H_0:\sigma^2\leqslant\sigma_0^2,\qquad H_1:\sigma^2>\sigma_0^2$$

$$H_0:\mu_1 \geqslant \mu_2, \qquad H_1:\mu_1 < \mu_2$$

$$H_0:\sigma_1^2 \leqslant \sigma_2^2 \qquad H_1:\sigma_1^2 > \sigma_2^2$$

此时，假设 H_0 仍称为原假设或零假设. 这时，由于表示 H_1 的参数区域总在表示 H_0 的参数区域的一侧，如区域 $\{\mu:\mu < \mu_0\}$ 在 $\{\mu:\mu \geqslant \mu_0\}$ 的左侧，区域 $\{\sigma^2:\sigma^2 > \sigma_0^2\}$ 在 $\{\sigma^2:\sigma^2 \leqslant \sigma_0^2\}$ 的右侧，故称由原假设与相应的备择假设构成的一对假设为单侧假设，相应的检验问题称为单侧假设检验. 有时，我们还会遇到其他一些假设，如

$$H_0:\mu = \mu_0, \qquad H_1:\mu > \mu_0$$

$$H_0:\mu_1 = \mu_2, \qquad H_1:\mu_1 > \mu_2$$

$$H_0:\sigma_1^2 = \sigma_2^2, \qquad H_1:\sigma_1^2 < \sigma_2^2$$

等，它们也称为单侧假设.

单侧假设检验的方法步骤与双侧假设检验类似，本节我们给出以下几种假设的检验方法，其余情形留给读者作为练习.

(1) $H_0:\mu \leqslant \mu_0, \qquad H_1:\mu > \mu_0$

(2) $H_0:\mu_1 \geqslant \mu_2, \qquad H_1:\mu_1 < \mu_2$

(3) $H_0:\sigma_1^2 \leqslant \sigma_2^2, \qquad H_1:\sigma_1^2 > \sigma_2^2$

1. *未知方差 σ^2，检验假设 $H_0:\mu \leqslant \mu_0, H_1:\mu > \mu_0$*

设总体 X 服从正态分布 $N(\mu,\sigma^2)$，$X_1,X_2,\cdots,X_n$ 是来自 X 的样本. 由抽样理论知

$$T^* = \frac{\overline{X}-\mu}{S_n^*/\sqrt{n}}$$

服从自由度为 $n-1$ 的 t 分布，对给定的检验水平 α，查 t 分布临界值表得临界值 $t_\alpha(n-1)$，它满足

$$P\{T^* \geqslant t_\alpha(n-1)\} = \alpha$$

即 $\{T^* \geqslant t_\alpha(n-1)\}$ 是“小概率事件”. 遗憾的是，我们不能求出 $T^* = \dfrac{\overline{X}-\mu}{S_n^*/\sqrt{n}}$ 的值(因 μ 未知)，但是在原假设 $H_0:\mu \leqslant \mu_0$ 成立的条件下，我们有

$$T^* = \frac{\overline{X}-\mu}{S_n^*/\sqrt{n}} \geqslant \frac{\overline{X}-\mu_0}{S_n^*/\sqrt{n}} \xlongequal{\text{def}} T$$

由此推知事件 $\{T \geqslant t_\alpha(n-1)\} \subset \{T^* \geqslant t_\alpha(n-1)\}$，从而

$$P\{T \geqslant t_\alpha(n-1)\} \leqslant P\{T^* \geqslant t_\alpha(n-1)\}$$

这表明事件

$$\{T \geqslant t_\alpha(n-1)\} = \left\{\frac{\overline{X}-\mu_0}{S_n^*/\sqrt{n}} \geqslant t_\alpha(n-1)\right\}$$

更是一个“小概率事件”.

根据小概率原理可以作出决策.若由样本值求出 T 的值,当 $T \geqslant t_\alpha(n-1)$ 时,我们就拒绝原假设 H_0,接受备择假设 H_1.相应的拒绝域为

$$W_1 = \left\{(x_1, x_2, \cdots, x_n): \frac{\overline{x} - \mu_0}{s_n^* / \sqrt{n}} \geqslant t_\alpha(n-1)\right\}$$

当 $T < t_\alpha(n-1)$ 时,则接受 H_0,拒绝 H_1.

例 7.11 某种电子元件的寿命 X(单位: h)服从正态分布 $N(\mu, \sigma^2)$,μ, σ^2 均未知,观测得 16 只元件的寿命分别为

159, 280, 101, 212, 224, 379, 179, 264

222, 362, 163, 250, 149, 260, 485, 170

问是否可以认为元件的平均寿命大于 225 h($\alpha = 0.05$)?

解 依题意需检验假设

$$H_0: \mu \leqslant \mu_0 = 225, \qquad H_1: \mu > 225$$

由 $\alpha = 0.05$,$n = 16$,查 t 分布表得临界值 $t_{0.05}(15) = 1.753\ 1$,又算得 $\overline{x} = 241.5$,$S_n^{*2} = 98.725\ 9$,由于 T 的观测值

$$t = \frac{\overline{x} - \mu_0}{S_n^* / \sqrt{n}} = 0.668\ 5 < 1.753\ 1$$

t 不落在拒绝域中,故接受 H_0,即认为元件的平均寿命不大于 225 h.

2. 在条件 $\sigma_1^2 = \sigma_2^2$ 下,检验假设 $H_0: \mu_1 \leqslant \mu_2$, $H_1: \mu_1 > \mu_2$

设总体 X 服从正态分布 $N(\mu_1, \sigma_1^2)$,总体 Y 服从正态分布 $N(\mu_2, \sigma_2^2)$,σ_1^2, σ_2^2 均未知,但 $\sigma_1^2 = \sigma_2^2$,$X_1, \cdots, X_{n_1}$ 和 $Y_1, \cdots, Y_{n_2}$ 分别是来自 X 和 Y 的相互独立样本,检验假设

$$H_0: \mu_1 \geqslant \mu_2, \qquad H_1: \mu_1 < \mu_2$$

由于随机变量

$$T^* = \frac{\overline{X} - \overline{Y} - (\mu_1 - \mu_2)}{\sqrt{(n_1 - 1)S_{1n_1}^{*2} + (n_2 - 1)S_{2n_2}^{*2}}} \sqrt{\frac{n_1 n_2 (n_1 + n_2 - 2)}{n_1 + n_2}}$$

服从自由度为 $n_1 + n_2 - 2$ 的 t 分布.对给定的显著性水平 α,由 t 分布临界值表查得临界值 $t_\alpha(n_1 + n_2 - 2)$,它满足

$$P\{T^* \leqslant -t_\alpha(n_1 + n_2 - 2)\} = \alpha$$

即事件 $\{T^* \leqslant -t_\alpha(n_1 + n_2 - 2)\}$ 是“小概率事件”,但 T^* 的值不能求出(因 μ_1, μ_2 均未知).然而当 H_0 成立时(即 $\mu_1 \geqslant \mu_2$ 时,$\mu_1 - \mu_2 \geqslant 0$),从而有

$$T^* = \frac{\overline{X} - \overline{Y} - (\mu_1 - \mu_2)}{\sqrt{(n_1 - 1)S_{1n_1}^{*2} + (n_2 - 1)S_{2n_2}^{*2}}} \sqrt{\frac{n_1 n_2 (n_1 + n_2 - 2)}{n_1 + n_2}} \leqslant$$

$$\frac{\overline{X} - \overline{Y}}{\sqrt{(n_1 - 1)S_{1n_1}^{*2} + (n_2 - 1)S_{2n_2}^{*2}}} \sqrt{\frac{n_1 n_2 (n_1 + n_2 - 2)}{n_1 + n_2}} \xlongequal{\text{def}} T$$

因此事件

$$\{T \leqslant -t_\alpha(n_1-n_2-2)\} \subset \{T^* \leqslant -t_\alpha(n_1-n_2-2)\}$$

从而

$$P\left\{\frac{\overline{X}-\overline{Y}}{\sqrt{(n_1-1)S_{1n_1}^{*2}+(n_2-1)S_{2n_2}^{*2}}}\sqrt{\frac{n_1n_2(n_1+n_2-2)}{n_1+n_2}} \leqslant -t_\alpha(n_1+n_2-2)\right\} \leqslant$$

$$P\left\{\frac{\overline{X}-\overline{Y}-(\mu_1-\mu_2)}{\sqrt{(n_1-1)S_{1n_1}^{*2}+(n_2-1)S_{2n_2}^{*2}}}\sqrt{\frac{n_1n_2(n_1+n_2-2)}{n_1+n_2}} \leqslant -t_\alpha(n_1+n_2-2)\right\} = \alpha$$

这说明$\{T \leqslant -t_\alpha(n_1+n_2-2)\}$更是一个"小概率事件".若根据样本值求出$T$的值,则当$T \leqslant -t_\alpha(n_1+n_2-2)$时拒绝$H_0$接受$H_1$.相应的拒绝为

$$W_1 = \{(x_1, x_2, \cdots, x_{n_1}, y_1, y_2, \cdots, y_{n_2}) : T \leqslant -t_\alpha(n_1+n_2-2)\}$$

当$T \geqslant -t_\alpha(n_1+n_2-2)$时,应接受$H_0$拒绝$H_1$.

例 7.12 改进某种金属的热处理方法,要检验金属的抗拉强度有无显著提高(强度单位: MPa).在改进前,取12个试样,测量并计算得

$$\bar{x} = 28.67, \quad (n_1-1)S_{1n_1}^{*2} = 66.64$$

在改进后,再取12个试样,测量并计算得

$$\bar{y} = 31.75, \qquad (n_2-1)S_{2n_2}^{*2} = 112.25$$

假定热处理前与热处理后金属抗拉强度分别服从正态分布$N(\mu_1, \sigma_1^2)$及$N(\mu_2, \sigma_2^2)$,且方差相等,问热处理后抗拉强度有无显著提高($\alpha = 0.05$)?

解 按题意要检验假设

$$H_0: \mu_1 \geqslant \mu_2, \qquad H_1: \mu_1 < \mu_2$$

在本例中$\bar{x}-\bar{y} = 28.67-31.75 = -3.08$,经计算得$T$的观测值为

$$t = \frac{28.67-31.75}{\sqrt{66.64+112.25}} = \sqrt{\frac{12 \times 12(12+12-2)}{12+12}} = -2.647$$

对于$\alpha = 0.05, n_1+n_2-2 = 22$,查$t$分布表得临界值$t_\alpha(n_1+n_2-2) = 1.7171$,因为$t = -2.647 < -17171 = -t_{0.05}(22)$从而拒绝原假设$H_0$,即认为改进热处理方法后抗拉强度有显著提高.

3. 未知均值,检验假设$H_0: \sigma_1^2 \leqslant \sigma_2^2, H_1: \sigma_1^2 > \sigma_2^2$

设总体X服从正态分布$N(\mu_1, \sigma_1^2)$,Y服从正态分布$N(\mu_2, \sigma_2^2)$,μ_1, μ_2, σ_1^2,σ_2^2均未知,$X_1, X_2, \cdots, X_{n_1}$和$Y_1, Y_2, \cdots, Y_{n_2}$分别是来自总体$X$和$Y$的独立样本,欲检验假设

$$H_0: \sigma_1^2 \leqslant \sigma_2^2 (\text{即 } \sigma_1^2/\sigma_2^2 \leqslant 1) \qquad H_1: \sigma_1^2 > \sigma_2^2$$

能否选择

$$F = \frac{S_{1n_1}^{*2}}{S_{2n_2}^{*2}}$$

作为统计量,从直观上看,如果根据所给的样本值算出的F值远大于1,则有理由怀疑零假设的正确性(拒绝零假设).因而希望在H_0成立的条件下,求出函数

F 所服从的分布，但由于 σ_1^2,σ_2^2 未知，因而 F 的分布求不出来，然而我们知道

$$F^* = \frac{S_{1n_1}^{*2}/\sigma_1^2}{S_{2n_2}^{*2}/\sigma_2^2}$$

服从自由度 (n_1-1,n_2-1) 的 F 分布，给定显著性水平 α，查 F 分布表得临界值 $F_\alpha(n_1-1,n_2-1)$，它满足

$$P\{F^* \geqslant F_\alpha(n_1-1,n_2-1)\} = \alpha$$

也就是说事件 $\{F^* \geqslant F_\alpha(n_1-1,n_2-1)\}$ 是一个“小概率事件”. 当原假设 H_0：$\sigma_1^2 \leqslant \sigma_2^2$ 成立时，$F^* \geqslant F$，由此推知事件 $\{F \geqslant F_\alpha(n_1-1,n_2-1)\} \subset \{F^* \geqslant F_\alpha(n_1-1,n_2-1)\}$，因此有

$$P\{F \geqslant F_\alpha(n_1-1,n_2-1)\} \leqslant P\{F^* \geqslant F_\alpha(n_1-1,n_2-1)\} = \alpha$$

所以事件 $\{F \geqslant F_\alpha(n_1-1,n_2-1)\}$ 更是一个“小概率事件”. 因而可得拒绝域为

$$W_1 = \{(x_1,x_2,\cdots,x_{n_1},y_1,y_2,\cdots,y_{n_2}): F \geqslant F_\alpha(n_1-1,n_2-1)\}$$

根据所给样本值求出 F 的值，若 $F \geqslant F_\alpha(n_1-1,n_2-1)$，则拒绝原假设 H_0，反之则接受 H_0.

例 7.13　有两台车床生产同一种型号的滚珠，根据以往经验可以认为，这两台车床生产的滚珠直径均服从正态分布. 现从这两台车床生产的滚珠中分别抽取 8 个和 9 个，测得滚珠的直径如下（单位：mm）：

甲车床：　15.0，　14.5，　15.2，　15.5
　　　　　14.8，　15.1，　15.2，　14.8

乙车床：　15.2，　15.0，　14.8，　15.2
　　　　　15.0，　15.0，　14.8，　15.1，　14.8

问是否可以认为乙车床产品的直径方差比甲车床的小？$(\alpha = 0.05)$

解　设 X 与 Y 分别表示甲、乙车床生产的滚珠直径，且 $X \sim N(\mu_1,\sigma_1^2)$，$Y \sim N(\mu_2,\sigma_2^2)$ 提出原假设及备择假设

$$H_0: \sigma_1^2 \leqslant \sigma_2^2, \qquad H_1: \sigma_1^2 > \sigma_2^2$$

对 $\alpha = 0.05$，$n_1 - 1 = 7$，$n_2 - 1 = 8$，查 F 分布表得临界值 $F_{0.05}(7,8) = 3.50$. 由样本值求得

$$\bar{x} = 15.01, \qquad \bar{y} = 14.99$$

$$S_{1n_1}^{*2} = \frac{1}{7}\sum_{i=1}^{8}(x_i - \bar{x})^2 = 0.096$$

$$S_{2n_2}^{*2} = \frac{1}{8}\sum_{i=1}^{9}(y_i - \bar{y})^2 = 0.026$$

$$F = S_{1n_1}^{*2}/S_{2n_2}^{*2} = 3.69$$

由于 $F = 3.69 > 3.50 = F_{0.05}(7,8)$，故应拒绝原假设 H_0，即认为乙车床产品的直径的方差比甲车床的小.

最后，我们将正态总体参数假设检验小结于表 7.3 中.

表　7.3　正态总体参数的检验

H_0	H_1	对总体要求	检验方法	统计量	拒绝域
$\mu=\mu_0$	$\mu\neq\mu_0$	正态总体 $N(\mu,\sigma_0^2)$ σ_0^2 已知	u 检验	$U=\dfrac{\overline{X}-\mu_0}{\sigma_0/\sqrt{n}}$	$\lvert\bar{x}-\mu_0\rvert\geqslant u_{\alpha/2}\dfrac{\sigma_0}{\sqrt{n}}$
$\mu\leqslant\mu_0$	$\mu>\mu_0$				$\bar{x}\geqslant\mu_0+u_\alpha\dfrac{\sigma_0}{\sqrt{n}}$
$\mu\geqslant\mu_0$	$\mu<\mu_0$				$\bar{x}\leqslant\mu_0-u_\alpha\dfrac{\sigma_0}{\sqrt{n}}$
$\mu=\mu_0$	$\mu\neq\mu_0$	正态总体 $N(\mu,\sigma^2)$ σ^2 未知	t 检验	$T=\dfrac{\overline{X}-\mu_0}{S^*/\sqrt{n}}$	$\lvert\bar{x}-\mu_0\rvert\geqslant t_{\alpha/2}(n-1)\dfrac{S^*}{\sqrt{n}}$
$\mu\leqslant\mu_0$	$\mu>\mu_0$				$\bar{x}\geqslant\mu_0+t_\alpha(n-1)\dfrac{S^*}{\sqrt{n}}$
$\mu\geqslant\mu_0$	$\mu<\mu_0$				$\bar{x}\leqslant\mu_0-t_\alpha(n-1)\dfrac{S^*}{\sqrt{n}}$
$\mu_1=\mu_2$	$\mu_1\neq\mu_2$	两正态总体 $N(\mu_1,\sigma_1^2)$，$N(\mu_2,\sigma_2^2)$，σ_1^2,σ_2^2 已知	u 检验	$U=\dfrac{\overline{X}_1-\overline{X}_2}{\sqrt{\dfrac{\sigma_1^2}{n_1}+\dfrac{\sigma_2^2}{n_2}}}$	$\lvert\bar{x}_1-\bar{x}_2\rvert\geqslant u_{\alpha/2}\sqrt{\dfrac{\sigma_1^2}{n_1}+\dfrac{\sigma_2^2}{n_2}}$
$\mu_1\leqslant\mu_2$	$\mu_1>\mu_2$				$\bar{x}_1-\bar{x}_2\geqslant u_\alpha\sqrt{\dfrac{\sigma_1^2}{n_1}+\dfrac{\sigma_2^2}{n_2}}$
$\mu_1\geqslant\mu_2$	$\mu_1<\mu_2$				$\bar{x}_1-\bar{x}_2<-u_\alpha\sqrt{\dfrac{\sigma_1^2}{n_1}+\dfrac{\sigma_2^2}{n_2}}$

续　表

H_0	H_1	对总体要求	检验方法	统计量	拒绝域
$\mu_1=\mu_2$	$\mu_1\neq\mu_2$	两正态总体 $N(\mu_1,\sigma_1^2)$ $N(\mu_2,\sigma_2^2)$ 方差相等	t 检验	$T=\dfrac{\overline{X}_1-\overline{X}_2}{\sqrt{(n_1-1)S_1^{*2}+(n_2-1)S_2^{*2}}}\times\sqrt{\dfrac{n_1n_2(n_1+n_2-2)}{n_1+n_2}}$	$\|t\|\geqslant t_{\alpha/2}(n_1+n_2-2)$
$\mu_2\leqslant\mu_2$	$\mu_1>\mu_2$				$t\geqslant t_\alpha(n_1+n_2-2)$
$\mu_1\geqslant\mu_2$	$\mu_1<\mu_2$				$t\leqslant -t_\alpha(n_1+n_2-2)$
$\sigma^2=\sigma_0^2$	$\sigma^2\neq\sigma_0^2$	单个正态总体 $N(\mu,\sigma^2)$，μ 未知	χ^2 检验	$x^2=\dfrac{(n-1)S^{*2}}{\sigma_2^2}$	$\chi^2\geqslant x_{\alpha/2}^2(n-1)$ 或 $\chi^2\leqslant x_{1-\alpha/2}^2(n-1)$
$\sigma^2\geqslant\sigma_0^2$	$\sigma^2<\sigma_0^2$				$\chi^2\leqslant x_{1-\alpha}^2(n-1)$
$\sigma^2\leqslant\sigma_0^2$	$\sigma^2>\sigma_0^2$				$\chi^2\geqslant x_\alpha^2(n-1)$
$\sigma_1^2=\sigma_2^2$	$\sigma_1^2\neq\sigma_2^2$	两个正态总体 $N(\mu_1,\sigma_1^2)$ $N(\mu_2,\sigma_2^2)$ μ_1,μ_2 未知	F 检验	$F=\dfrac{S_1^{*2}}{S_2^{*2}}$	$F\geqslant F_{\alpha/2}(n_1-1,n_2-1)$ 或 $F\leqslant F_{1-\alpha/2}(n_1-1,n_2-1)$
$\sigma_1^2\leqslant\sigma_2^2$	$\sigma_2^2>\sigma_2^2$				$F\geqslant F_\alpha(n_1-1,n_2-1)$
$\sigma_1^2\geqslant\sigma_2^2$	$\sigma_1^2<\sigma_2^2$				$F\leqslant F_{1-\alpha}(n_1-1,n_2-1)$

§7.3 非正态总体大样本参数检验

在上面讲述的检验法中，我们都假设总体服从正态分布，但在生产和科学试验中，我们还会遇到非正态总体的情形. 本节将讨论非正态总体的参数检验.

7.3.1 用大样本检验总体均值

设总体 X 的一、二阶矩存在，记 $E(X)=\mu, D(X)=\sigma^2$（σ^2 已知）. 但 X 的分布未知，$X_1, X_2, \cdots, X_n$ 是来自总体 X 的样本，现检验假设

$$H_0: \mu=\mu_0, \qquad H_1: \mu \neq \mu_0 \qquad (\mu_0 \text{ 已知})$$

由中心极限定理知，当 n 足够大时，$U=\dfrac{\overline{X}-\mu_0}{\sigma/\sqrt{n}}$ 近似地服从正态分布 $N(0,1)$，从而当 H_0 成立，且 n 足够大时，统计量

$$U=\frac{\overline{X}-\mu_0}{\sigma/\sqrt{n}}$$

近似地服从正态分布 $N(0,1)$，这样该问题就转化成前面所讲的 U 检验问题了.

对于给定的显著性水平 α，由正态分布表查得临界值 $u_{\alpha/2}$，它满足

$$P\{|U| \geqslant u_{\alpha/2}\} \approx \alpha$$

根据样本值求出 U 的观测值 u，如果 $|u| \geqslant u_{\alpha/2}$，则拒绝 H_0；反之，如果 $|u|< u_{\alpha/2}$，则接受 H_0. 该检验问题的拒绝域为

$$W_1=\{(x_1, \cdots, x_n): |u| \geqslant u_{\alpha/2}\}$$

类似地，也可以讨论单侧检验问题.

如果方差 σ^2 未知，则当样本容量足够大时，可以用样本方差 $S_n^2=\dfrac{1}{n}\sum\limits_{i=1}^{n}(X_i-\overline{X})^2$ 代替上面统计量中的 σ^2，此时

$$U=\frac{\overline{X}-\mu_0}{S_n/\sqrt{n}}$$

近似地服从正态分布 $N(0,1)$，类似上面的讨论可以得到相应的检验步骤.

例 7.14 某零件的直径一直保持在 2.85 cm，改变加工工艺后，测得 121 个零件的直径，计算得平均直径为 2.83 cm，直径标准差为 $s=0.06$，问新工艺对此零件的直径有无显著影响（$\alpha=0.01$）？

解 设改变加工工艺后零件的直径构成的总体为 X. 按题意，要检验假设

$$H_0:\mu = 2.85, \qquad H_1:\mu \neq 2.85$$

用大样本检验法. 已知 $n = 121$,样本均值和样本标准差分别为 $\bar{x} = 2.83$, $S_n = 0.06$,计算得统计量 U 的值为

$$u = \frac{2.83 - 2.85}{0.06/\sqrt{121}} = -3.67$$

对于 $\alpha = 0.01$,查正态分布表得 $u_{\alpha/2} = 2.57$,由于 $|u| = 3.67 > 2.57 = u_{\alpha/2}$,故拒绝假设 H_0,即可认为新工艺对零件的平均直径有显著影响.

例 7.15 同例 7.2.

解 令 $X_i = \begin{cases} 1, & \text{抽取的第 } i \text{ 件产品为次品} \\ 0, & \text{抽取的第 } i \text{ 件产品为正品} \end{cases} \quad (i = 1,2,\cdots,n)$

则 $X_1,\cdots,X_n$ 是来自总体 X 的样本,且 X_i 服从两点分布 $B(1,p)$ $(i = 1,2,\cdots,n)$. 从而总体 X 的均值和方差分别为 $E(X) = p, D(X) = p(1-p)$.

按题意要检验假设

$$H_0:p \leqslant p_0, \qquad H_1:p > p_0$$

由于样本容量为 100,故可用大样本检验. 当 n 充分大且条件 $p = p_0$ 成立时,统计量

$$U = \frac{\overline{X} - p_0}{\sqrt{p_0(1-p_0)}}\sqrt{n}$$

渐近服从正态分布 $N(0,1)$. 对给定的显著性水平 α,查正态分布表求得 u_α,使得

$$P\{U \geqslant u_\alpha\} \approx \alpha$$

于是得检验的拒绝域为

$$W_1 = \{(x_1,x_2,\cdots,x_n):u > u_\alpha\}$$

其中 u 为 U 的观测值. 根据样本值计算得 U 的值为

$$u = \frac{\bar{x} - p_0}{\sqrt{p_0(1-p_0)}}\sqrt{n} = \frac{0.05 - 0.03}{\sqrt{0.03 \times 0.97}}\sqrt{100} = 1.46$$

对 $\alpha = 0.05$,查正态分布表得 $u_\alpha = 1.64$,由于 $u = 1.46 < 1.64 = u_\alpha$,故接受假设 H_0,即认为这批产品可以出厂.

7.3.2 用大样本检验两个总体的均值相等

设 X 和 Y 分别为两个总体,它们的分布是任意的,而一、二阶矩均存在 $(E(X) = \mu_1, E(Y) = \mu_2)$. $X_1,X_2,\cdots,X_{n_1}$ 是来自总体 X 的样本,$Y_1,Y_2,\cdots,Y_{n_2}$ 是来自总体 Y 的样本,X 与 Y 相互独立. 以 $\overline{X},S_{n_1}^2$ 和 $\overline{Y},S_{n_2}^2$ 分别表示取自总体 X 与 Y 的样本均值和样本方差. 检验假设

$$H_0:\mu_1 = \mu_2, \qquad H_1:\mu_1 \neq \mu_2$$

当 n_1 和 n_2 都充分大且 H_0 成立时，由中心极限定理可知，统计量

$$U=\frac{\overline{X}-\overline{Y}}{\sqrt{\frac{S_{n_1}^2}{n_1}+\frac{S_{n_2}^2}{n_2}}} \tag{7.14}$$

渐近服从正态分布 $N(0,1)$.

给定显著性水平 α，由正态分布表查得 $u_{\alpha/2}$ 使得

$$P\left\{\frac{|\overline{X}-\overline{Y}|}{\sqrt{\frac{S_{n_1}^2}{n_1}+\frac{S_{n_2}^2}{n_2}}}\geqslant u_{\alpha/2}\right\}\approx\alpha$$

故得检验的拒绝域为

$$W_1=\{(x_1,\cdots,x_{n_1},y_1,\cdots,y_{n_2}):|u|\geqslant u_{\alpha/2}\}$$

其中 u 为统计量 U 的观测值.

例 7.16 在两种不同的工艺条件下纺得细纱，各抽取 100 个试样，试验得强度数据(单位：g)，经计算得：

甲工艺： $n_1=100,\quad \bar{x}=280,\quad S_{n_1}=28$

乙工艺： $n_2=100,\quad \bar{y}=286,\quad S_{n_2}=28.5$

试问在两种不同工艺条件下细纱强度有无显著差异($\alpha=0.05$)?

解 设 X 和 Y 分别表示甲、乙工艺生产的细纱强度，且 $E(X)=\mu_1$，$E(Y)=\mu_2$. 依题意要检验假设

$$H_0:\mu_1=\mu_2,\qquad H_1:\mu_1\neq\mu_2$$

根据所给数据求得 $|U|$ 的观测值

$$|u|=|\bar{x}-\bar{y}|/\sqrt{\frac{s_{n_1}^2}{n_1}+\frac{s_{n_2}^2}{n_2}}=\frac{|280-286|}{\sqrt{(28^2+28.5^2)/100}}=1.50$$

对于 $\alpha=0.05$，查正态分布表得 $u_{\alpha/2}=1.96$，由于 $|u|=1.50<1.96=u_{\alpha/2}$，故接受 H_0，即认为两种不同工艺条件下生产的细纱强度无显著差异.

§7.4 分布的假设检验

在前面介绍参数区间估计和参数假设检验时，除大样本情形外，我们都假定总体服从正态分布，但在实际中，有时不能确知总体分布的类型，此时需要根据样本提供的信息，对总体分布的种种假设进行检验，这就是分布的假设检验问题，对总体所作的假设可分为两类.

一类是假设总体的分布为某个已知分布，即作假设 $H_0:F(x)=F_0(x)$，其中 $F_0(x)$ 是某个已知的分布函数. 例如，检验一颗骰子的六个面是否匀称，可作假设 $H_0:P\{X=i\}=1/6\ (i=1,2,\cdots,6)$，其中 X 表示骰子出现的点数.

另一类是假设总体分布为某个已知类型的分布，但其中含有未知参数. 即作假设

$$H_0: F(x) = F_0(x;\theta_1,\cdots,\theta_m)$$

其中分布函数 F_0 的形式是已知的，而参数 $\theta_1,\theta_2,\cdots,\theta_m$ 未知. 例如，检验一个总体的分布是否为二项分布，可作假设

$$H_0: P\{X=k\} = C_n^k p^k (1-p)^{n-k} \qquad (k=0,1,2,\cdots,n)$$

其中 p 为未知参数($0<p<1$).

再如检验总体 X 的分布是否为正态分布，可作假设

$$H_0: F(x) = \frac{1}{\sqrt{2\pi}\sigma}\int_{-\infty}^{x} \exp\{-\frac{1}{2\sigma^2}(x-u)^2\}\mathrm{d}x$$

或
$$p(x) = \frac{1}{\sqrt{2\pi}\sigma}\exp\{-\frac{1}{2\sigma^2}(x-u)^2\}$$

其中 μ,σ^2 未知.

7.4.1　χ^2检验法

关于分布的假设检验方法有几种，本节仅介绍其中的一种——χ^2检验法.

多项分布的 χ^2 检验法：设总体 X 是离散型随机变量，它仅取 k 个可能的值. 为方便计，不妨设 X 的可能取值为 $1,2,\cdots,k$，记取值 i 的概率为 p_i，即

$$P\{X=i\} = p_i \qquad (i=1,2,\cdots,k,\text{且}\sum_{i=1}^{k} p_i = 1)$$

设$(X_1,X_2,\cdots,X_n)$ 是总体 X 的一个大小为 n 的简单随机样本，$(x_1, x_2,\cdots,x_n)$ 是样本观测值，记 n_i 为 $x_1,x_2,\cdots,x_n$ 中取值为 i 的个数，即样本中出现事件$\{X=i\}$ 的频数，则得到 $n_1,n_2,\cdots,n_k$，易知 $n_i(i=1,2,\cdots,k)$ 都是样本的函数，因而它们也是随机变量，且 $\sum_{i=1}^{k} n_i = n$，而$(n_1,n_2,\cdots,n_k)$ 服从多项分布，其概率分布为

$$\frac{n!}{n_1!n_2!\cdots n_k!}p_1^{n_1}p_2^{n_2}\cdots p_k^{n_k}$$

我们要检验假设

$$H_0: p_i = p_{i0} \qquad (p_{i0}\text{ 已知},i=1,2,\cdots,k)$$

我们知道，频率是概率的反映，如果假设 H_0 成立，则由贝努里大数定律，频率 n_i/n 和 p_{i0} 之间的差异不应太大；反之，如果二者之间的差异很大，那么就可以认为 H_0 不成立. 基于以上分析，皮尔逊(K. Pearson) 首先提出用统计量

$$\chi^2 = \sum_{i=1}^{k} \frac{(n_i - np_i)^2}{np_i} \tag{7.15}$$

来反映频率与概率的差异程度.式(7.15)也称为皮尔逊统计量.

χ^2统计量的等价形式为

$$\chi^2 = \sum_{i=1}^{k} \frac{\left(\frac{n_i}{n} - p_i\right)^2}{p_i/n}$$

从而当χ^2的观测值较小时,可认为频率$\frac{n_i}{n}$与概率p_i之间的差别较小,即可以认为原假设H_0成立,反之,当χ^2的观测值较大时,可认为频率$\frac{n_i}{n}$与概率p_i之间的差别较大,因而应拒绝假设H_0.

按假设检验法的要求,在选择检验的统计量后,还应找出该统计量的分布,这样才能确定临界值及检验的拒绝域.下面的定理给出了统计量χ^2的渐近分布.

定理 7.1 若H_0成立,则由式(7.15)给出统计量χ^2,当$n \to \infty$时,渐近服从自由度为$k-1$的χ^2分布.其分布密度为

$$p(x) = \begin{cases} \dfrac{1}{2^{(k-1)/2}\Gamma\left(\dfrac{k-1}{2}\right)} x^{(k-3)/2} e^{-x/2}, & x > 0 \\ 0, & x \leqslant 0 \end{cases}$$

其中$\Gamma\left(\frac{k-1}{2}\right)$是伽马函数$\Gamma(x)$在$x = \frac{k-1}{2}$处的值.根据这个定理,当我们检验假设$H_0: p_i = p_{i0}, i = 1,2,\cdots,k$时,可先求出$\chi^2$的观测值

$$\hat{\chi}^2 = \sum_{i=1}^{k} \frac{(n_i - np_i)^2}{np_i}$$

再由给定的显著性水平α,查χ^2分布查表得到临界值$\chi^2_\alpha(k-1)$,使得

$$P\{\chi^2 > \chi^2_\alpha(k-1)\} \approx \alpha$$

若$\hat{\chi} > \hat{\chi}^2_\alpha(k-1)$,则拒绝$H_0$,可以认为试验结果与假设有显著差异,否则就接受$H_0$.这种检验法通常称为$\chi^2$拟合优度检验法(简称$\chi^2$检验法).

例 7.17 按孟德尔的遗传定律,让开粉红花的豌豆随机交配,子代可区分为红花、粉红花和白花三类,其比例为 1∶2∶1.为了检验这个理论,特别安排了一个试验,得试验数据为:100 株豌豆中有 30 株开红花,48 株开粉红花,22 株开白花,问这些数据与孟德尔遗传定律是否一致($\alpha = 0.05$)?

解 从豌豆中任选一株，开红花、粉红花及白花分别设为事件 A_1, A_2, A_3，则按孟德尔定律有

$$P(A_1)=\frac{1}{4},\quad P(A_2)=\frac{1}{2},\quad P(A_3)=\frac{1}{4}$$

观测值和期望值见表 7.4.

表 7.4

事件	A_1	A_2	A_3
观测值 O_i	30	48	22
期望值 E_i	25	50	25

按题意需检验假设

$$H_0: P(A_1)=\frac{1}{4},\ P(A_2)=\frac{1}{2},\ P(A_3)=\frac{1}{4}$$

由观测值计算统计量 χ^2 的值

$$\hat{\chi}^2=\frac{(30-25)^2}{25}+\frac{(48-50)^2}{50}+\frac{(22-25)^2}{25}=1+0.08+0.36=1.44$$

对 $\alpha=0.05$，查 χ^2 分布表得临界值 $\chi^2_{0.05}(2)=5.991$，由于 $\hat{\chi}^2=1.44<5.991=\chi^2_{0.05}(2)$，从而接受原假设 H_0，即可认为试验数据与孟德尔定律一致.

当总体 X 不具有多项分布，但其分布函数具有明确的表达式时，也可用 χ^2 检验法检验关于分布的假设.

设 $X_1,\cdots,X_n$ 是来自 $F(x)$ 的样本，欲检验假设 $H_0: F(x)=F_0(x)$（$F_0(x)$ 是某个已知的分布）.

为此我们视具体情况选取 $k-1$ 个实数 $a_1,a_2,\cdots,a_{k-1}$，满足 $-\infty<a_1<a_2<\cdots<a_{k-1}<\infty$，它们将实轴分为 k 个互不相交的区间 $A_1=(-\infty,a_1]$，$A_2=(a_1,a_2]$，$\cdots$，$A_k=(a_{k-1},+\infty)$. 设 $x_1,\cdots,x_n$ 是容量为 n 的样本的一组观测值，n_i 为样本观测值 $x_1,\cdots,x_n$ 落入 A_i 的频数 $(i=1,\cdots,k)$，$\sum\limits_{i=1}^{k}n_i=n$，则在 n 次试验中事件 A_i 出现的频率为 $\frac{n_i}{n}$，且 $(n_1,\cdots,n_k)$ 服从多项分布. 记

$$\begin{cases}p_{10}=F_0(a_1)\\ p_{i0}=F_0(a_i)-F_0(a_i-1)\\ \qquad\qquad (i=1,2,\cdots,k-1)\\ p_{k0}=1-F_0(a_{k-1})\end{cases}\tag{7.16}$$

将式(7.16)中的 $p_{i0}(i=1,2,\cdots,k)$ 代入式(7.15)中就可构造皮尔逊统计量，

其余检验步骤与多项分布的 χ^2 检验法相同.

7.4.2 分布中含有未知参数的检验法

前面我们讨论了多项分布和总体分布函数形式完全确定时的 χ^2 检验法. 但在许多场合,假设 H_0 只确定了总体分布的类型,而分布中包含未知参数 $\theta_1,\cdots,\theta_m$. 例如,最常见的问题是要检验假设 H_0:总体 X 服从正态分布 $N(\mu,\sigma^2)$,而其中包含两个未知参数 μ 和 σ^2. 对于这类问题,我们作假设

$$H_0:F(x)=F_0(x;\theta_1,\theta_2,\cdots,\theta_m) \tag{7.17}$$

其中 F_0 已知,而 $\theta_1,\cdots,\theta_m$ 未知. 从总体中抽取一个容量较大的样本 $X_1,\cdots,X_n$,求得 $\theta_1,\theta_2,\cdots,\theta_m$ 的最大似然估计量 $\hat{\theta}_1,\hat{\theta}_2,\cdots,\hat{\theta}_m$. 然后,代入 F_0 的表达式,这时 $F_0(x;\hat{\theta}_1,\hat{\theta}_2,\cdots,\hat{\theta}_m)$ 变成已知函数,且不含任何未知参数. 将它代入式(7.16),并记

$$\begin{cases}\hat{p}_{10}=F_0(a_1;\hat{\theta}_1,\hat{\theta}_2,\cdots,\hat{\theta}_m)\\ \hat{p}_{i0}=F_0(a_i;\hat{\theta}_1,\hat{\theta}_2,\cdots,\hat{\theta}_m)-F_0(a_{i-1};\hat{\theta}_1,\hat{\theta}_2,\cdots,\hat{\theta}_m)\\ \qquad\qquad (i=2,3,\cdots,k-1)\\ \hat{p}_{k0}=1-F_0(a_{k-1};\hat{\theta}_1,\hat{\theta}_2\cdots,\hat{\theta}_m)\end{cases} \tag{7.18}$$

将式(7.18)代入式(7.15)得到统计量.

$$\hat{\chi}^2=\sum_{i=1}^{k}(n_i-n\hat{p}_{i0})^2/n\hat{p}_{i0} \tag{7.19}$$

费歇尔(R. A. Fisher)在下述定理中给出统计量 $\hat{\chi}^2$ 的渐近分布.

定理 7.2 若 H_0 成立,则由式(7.19)给出的统计量 $\hat{\chi}^2$,当 $n\to\infty$ 时,渐近服从自由度为 $k-m-1$ 的 χ^2 分布.

定理的证明超出了教学大纲的要求,有兴趣的读者可参阅克拉美编著的《统计数学方法》一书. 显见皮尔逊定理是上述定理在 $m=0$ 时的特殊情形. 由定理 7.2 可得下面检验方法.

抽取一个大样本后,查 χ^2 表求得临界值 $\chi^2_\alpha(k-m-1)$,若

$$\hat{\chi}^2\geqslant\chi^2_\alpha(k-m-1)$$

则拒绝 H_0,即认为总体分布函数与 F_0 有显著差异;若

$$\hat{\chi}^2<\chi^2_\alpha(k-m-1)$$

则接受 H_0,即认为总体分布函数与 F_0 无显著差异.

在使用 χ^2 检验时必须注意样本容量 n 要足够大,以及 np_i 不太小这两个条件. 一般要求样本容量 $n\geqslant 50$,以及每个 np_i 都不小于 5,且 np_i 最好在 10 以上,否则应适当地合并区间,使 np_i 满足这个要求.

例 7.18　某市 1988 年的职工家庭抽样调查，获得月人均收入的资料见表 7.5.

表　7.5

每月每人收入 / 元	$\leqslant 40$	(40,60]	(60,80]	(80,100]	>100
户数 / 户	5	16	40	27	12

计算 100 户的月人均收入 $\overline{x}=72.3$，样本方差 $S_n^2=20^2$，问该市居民的月人均收入是否服从正态分布 $N(\mu,\sigma^2)(\alpha=0.05)$？

解　令月人均收入为 X，由题意知要检验假设

$$H_0: X \text{ 服从正态分布 } N(\mu,\sigma^2)$$

由于总体中的参数 μ 和 σ^2 未知，而 μ 和 σ^2 的最大似然估计分别为 $\hat{\mu}=\overline{x}=72.3$，$\hat{\sigma}^2=S_n^2=20^2$. 于是原假设 H_0 可改写成：X 服从正态分布 $N(72.3,20^2)$. 按收入水平分成 5 类，先计算相应的 $\hat{p}_{i0}(i=1,2,\cdots,5)$.

$$F(a_1)=P\{X\leqslant a_1\}=P\left\{\frac{X-72.3}{20}\leqslant\frac{a_1-72.3}{20}\right\}=$$

$$\Phi\left(\frac{40-72.3}{20}\right)=\Phi(-1.615)=0.053\ 2$$

$$F(a_2)=P\{X\leqslant a_2\}=P\left\{\frac{X-72.3}{20}\leqslant\frac{a_2-72.3}{20}\right\}=$$

$$\Phi\left(\frac{60-72.3}{20}\right)=\Phi(-1.615)=0.269\ 3$$

$$F(a_3)=\Phi\left(\frac{80-72.3}{20}\right)=\Phi(0.385)=0.649\ 9$$

$$F(a_4)=\Phi\left(\frac{100-72.3}{20}\right)=\Phi(1.385)=0.917\ 0$$

$$\hat{p}_{10}=F(a_1)=0.053\ 2$$

$$\hat{p}_{20}=F(a_2)-F(a_1)=0.216\ 1$$

$$\hat{p}_{30}=F(a_3)-F(a_2)=0.380\ 6$$

$$\hat{p}_{40}=F(a_4)-F(a_3)=0.267\ 1$$

$$\hat{p}_{50}=1-F(a_4)=0.083\ 0$$

为了计算统计量 $\hat{\chi}^2$ 的观测值，我们将有关数据列于表 7.6.

表　7.6

每月每人收入 / 元	$\leqslant 40$	(40,60]	(60,80]	(80,100]	>100
观测值 n_i	5	16	40	27	4
期望值 $n\hat{p}_{i0}$	5.32	21.61	38.06	26.71	8.30

经计算 $\hat{\chi}^2 = 3.226$. 对于 $\alpha = 0.05$，自由度 $k - m - 1 = 5 - 2 - 1 = 2$，查 χ^2 分布表得临界值 $\chi^2_{0.05}(2) = 5.991$，由于 $\hat{\chi}^2 = 3.226 < 5.991 = \chi^2_{0.05}(2)$，故接受假设 H_0，即可认为该市居民家庭的月人均收入服从正态分布.

例 7.19 考察某种铀所放射的到达计数器上的 α 粒子数 X，每隔一定时间观察一次，共观察了 100 次，其结果列于表 7.7.

表 7.7

i	0	1	2	3	4	5	6	7	8	9	10	11	$\sum$
n_i	1	5	16	17	26	11	9	9	2	1	2	1	100

其中 n_i 是观察到有 i 个 α 粒子的次数，问 X 的分布与泊松分布有无显著差异 $(\alpha = 0.05)$？

解 欲检验假设 H_0：总体 X 服从泊松分布. 因泊松分布中参数 λ 未知，由观测值求得 λ 的最大似然估计为 $\hat{\lambda} = \bar{x} = 4.2$. 若 H_0 成立，则有估计

$$\hat{p}_{i0} = P(X = i) = \frac{4.2^i}{i!}\mathrm{e}^{-4.2} \quad (i = 0, 1, 2, \cdots, n)$$

然后计算理论频率

$$n\hat{p}_{i0} = 100 \times \frac{4.2^i}{i!}\mathrm{e}^{-4.2} \quad (i = 0, 1, 2, \cdots, n)$$

结果列于表 7.8. 将表中那些理论频数小于 5 的组适当合并，使合并后的组的理论频数 $\geqslant 5$，如表中第二列带 * 号所示，并组后 $k = 8, m = 1$，故对显著水平 $\alpha = 0.05$，查 χ^2 分布表得 $\chi^2_{0.05}(6) = 12.592$. 计算得

$$\hat{\chi}^2 = \sum_{i=1}^{8} \frac{(n_i - n\hat{p}_{i0})^2}{n\hat{p}_{i0}} = 6.257$$

易见 $\hat{\chi}^2 < \chi^2_{0.05}(6)$，故可以认为 X 的分布为泊松分布.

表 7.8

n_i	$n\hat{p}_{i0}$	$n_i - n\hat{p}_{i0}$	$(n_i - n\hat{p}_{i0})^2$	$\frac{(n_i - n\hat{p}_{i0})^2}{n\hat{p}_{i0}}$
1	1.5*			
5	6.3*	−1.8	3.24	0.415
16	13.2	2.8	7.84	0.594
17	18.5	−1.5	2.25	0.122
26	19.4	6.6	43.56	2.245
11	16.3	−5.3	28.09	1.732

续表

n_i	$n\hat{p}_{i0}$	$n_i - n\hat{p}_{i0}$	$(n_i - n\hat{p}_{i0})^2$	$\frac{(n_i - n\hat{p}_{i0})^2}{n\hat{p}_{i0}}$
9	11.4	−2.4	5.76	0.505
9	6.9	2.1	4.41	0.639
2	3.6*			
1	1.7*			
2	0.7*			
1	0.3*	−0.3	0.09	0.014
$\sum$				6.257

习 题 七

1. 某种产品单个质量的均值是 12 g，标准差是 1 g. 更新设备后，从所生产的产品中随机取出 100 个，测得样本均值是 $\bar{x} = 12.5$ g. 设这批产品的重量服从正态分布，问设备更新前后产品的平均重量是否有变化($\alpha = 0.05$)？

2. 某工厂生产的铜丝的折断力(单位：N) 服从正态分布 $N(\mu, 8^2)$. 某日抽取 10 根铜丝，进行折断力试验，测得结果如下：

578， 572， 570， 568， 572， 570， 572， 596， 584， 570

若已知 $\mu = 576$，问是否可以认为该日生产的铜丝合格($\alpha = 0.10$)？

3. 某种元件，要求其使用寿命不得低于 1 000 h，现在从一批这种元件中随机地抽取 25 件，测得其寿命平均值是 950 h. 已知这种元件寿命服从标准差 $\sigma = 100$ h 的正态分布，试在显著水平 0.05 下确定这批元件是否合格？

4. 微波炉在炉门关闭时的辐射量是一个重要的质量指标. 某厂该指标服从正态分布 $N(\mu, \sigma^2)$，长期以来 $\sigma = 0.1$，且均值都符合要求，即不超过 0.12. 为检查近期产品的质量，抽查了 25 台，得其炉门关闭时辐射量的均值 $\bar{x} = 0.120\,3$. 试问：在 $\alpha = 0.05$ 水平下，该厂生产的微波炉在炉门关闭时辐射量是否升高了？

5. 设某次考试的考生成绩服从正态分布. 从中随机地抽取 36 位考生的成绩，算得平均成绩为 66.5 分，标准差为 15 分. 问在显著性水平 0.05 下，是否可以认为这次考试全体考生的平均成绩为 70 分？

6. 按规定，每 100 g 的罐头，番茄汁维生素 C(VC) 的含量不得少于 21 mg，现从某厂生产的一批罐头中抽取 17 个，得 VC 的含量(单位：mg) 如下：

16， 22， 21， 20， 23， 21， 19， 15， 13
23， 17， 20， 29， 18， 22， 16， 25

已知 VC 的含量服从正态分布，试以 0.025 的检验水平检验该批罐头的 VC 含量是否合格？

7. 电池在货架上滞留的时间不能太长. 下面给出某商店随机选取的 8 只电池在货架

上的滞留时间(以天计)：

108， 124， 124， 106， 138， 163， 159， 134

设数据来自正态总体 $N(\mu,\sigma^2)$，μ,σ^2 未知. 试检验假设 $H_0:\mu = 125, H_1:\mu > 125$. 取 $\alpha = 0.05$.

8. 某纺织厂生产的维尼纶纤维强度(用 X 表示)，在生产稳定的情况下，服从正态分布. 按往常资料 $\sigma = 0.048$，今从某批维尼纶中抽测 5 根纤维，得纤维强度数据为

1.32， 1.55， 1.36， 1.40， 1.44

试问：这批纤维强度的方差 σ^2 有无显著变化($\alpha = 0.10$)?

9. 从一台车床加工的一批轴料中，抽取15件测量其椭圆度，计算得 $S_n^2 = 0.025^2$. 问该批轴料椭圆度的总体方差与规定的方差 $\sigma_0^2 = 0.000\,4$ 有无显著差别($\alpha = 0.05$，椭圆度服从正态分布).

10. 某冶金工作者对锰的熔化点做了 4 次试验，结果分别为 1 269℃，1 271℃，1 263℃，1 265℃. 假定数据服从正态分布，在 $\alpha = 0.05$ 条件下，试检验：

(1) 这些结果符合于公布的数字 1 260℃.

(2) 测定值的均方差小于等于 2℃.

11. 测定某种溶液的水分，由它的 10 个测定值给出 $s_n = 0.037\%$，设测定值总体为正态分布，σ^2 为总体方差，试在水平 $\alpha = 0.05$ 下检验假设 $H_0:\sigma = 0.04\%, H_1:\sigma < 0.04\%$.

12. (1) 在第 2 题中，若已知 $\mu = 576$，问是否可以认为该日生产的铜丝的折断力的标准差是 8 N($\alpha = 0.05$)?

(2) 若 μ 未知，是否也可以认为该日生产的铜丝的折断力的标准差是 8 N($\alpha = 0.05$)?

13. 某苗圃采用两种育苗方案做杨树的育苗试验. 在两组育苗试验中，已知苗高的标准差分别为 $\sigma_1 = 20, \sigma_2 = 18$，各取 60 株苗作为样本，求出苗高的平均数为 $\bar{x}_1 = 59.34$ cm，$\bar{x}_2 = 49.16$ cm，试以 95% 的置信度估计两种试验方案对平均苗高的影响.

14. 某厂铸造车间为提高缸体的耐磨性而试制了一种镍合金铸件，以取代一种铜合金铸件. 现从两种铸件中各抽一个样本进行硬度测试(是表示耐磨性的一种考核指标)，其结果如下：

镍合金铸件(X)： 72.0， 69.5， 74.0， 70.5， 71.8

铜合金铸件(Y)： 69.8， 70.0， 72.0， 68.5， 73.0， 70.0

根据以往经验知硬度 $X \sim N(\mu, 2^2)$，$Y \sim N(\mu_2, 2^2)$，试在水平 $\alpha = 0.05$ 下比较两种铸件硬度有无显著差异.

15. 从某锌矿的东西两支矿脉中，各抽取样本容量分别为 9 和 8 的样本，分析后，算得其样本含锌质量分数(%) 平均数及方差如下：

东支： $\bar{x}_1 = 0.230$， $S_{1n_1}^{*2} = 0.133\,7$， $n_1 = 9$

西支： $\bar{x}_2 = 0.269$， $S_{2n_2}^{*2} = 0.173\,6$， $n_2 = 8$

若东西两支矿脉中含锌质量分数都服从正态分布. 试问在 $\alpha = 0.05$ 的条件下，东西两支矿脉含锌质量分数的平均值是否相同?

16. 某厂使用两种不同的原料 A，B 生产同一类型产品. 在一星期的产品中取样进行分析比较，取使用原料 A 生产的样品 220 件，测得平均重量为 2.46 kg，标准差为 0.57 kg；

取使用原料B生产的样品205件，测得平均重量为2.55 kg，标准差为0.48 kg.设两个总体都服从正态分布，且方差相等.问在显著性水平0.05下，能否认为使用原料B的产品的平均重量较使用原料A的大？

17. 某化工厂为了提高某种化学药品的得率，提出了两种工艺方案，为了确定哪一种方案好，分别用两种工艺各进行了10次试验，数据如下：

方案甲得率(%)：

69.1， 71.0， 69.1， 70.0， 69.1， 69.1， 67.3， 70.2， 72.1， 67.3

方案乙得率(%)：

68.1， 62.4， 64.3， 64.7， 68.4， 66.0， 65.5， 66.7， 67.3， 66.2

假设两种方案的得率分别服从正态分布 $N(\mu_1,\sigma^2)$ 和 $N(\mu_2,\sigma^2)$，问方案甲是否能比方案乙显著提高得率($\alpha=0.01$)？

18. 测得两批电子器材的样本电阻为：

A 批 $X(\Omega)$： 0.140， 0.138， 0.143， 0.142， 0.144， 0.137

B 批 $Y(\Omega)$： 0.135， 0.140， 0.142， 0.136， 0.138， 0.140

设这批器材的电阻分别服从正态分布 $N(\mu_1,\sigma_1^2)$ 和 $N(\mu_2,\sigma_2^2)$，且样本相互独立，试以水平 $\alpha=0.05$ 检验假设：

(1) $H_0:\sigma_1^2=\sigma_2^2$；

(2) $H_1:\mu_1=\mu_2$.

19. 甲、乙两台机床加工同一种零件，依次分别取6个和9个，测量其长度，并计算得 $S_{甲}^{*2}=0.245$，$S_{乙}^{*2}=0.357$.假设零件长度服从正态分布，问是否可以认为甲机床加工精度比乙机床高($\alpha=0.05$)？

20. 10个失眠者，服用甲、乙两种安眠药，延长睡眠时间如下表

时间 /h 种类	1	2	3	4	5	6	7	8	9	10
甲	1.9	0.8	1.1	0.1	−0.1	4.4	5.5	1.6	4.6	3.4
乙	0.7	−1.6	−0.2	−1.2	−0.1	3.4	3.7	0.8	0	2.0

问这两种安眠药蕴含的疗效有无显著性差异？分别用以下两种方法讨论：

(1) 用配对分析讨论；

(2) 用不配对分析讨论.

21. 长期观测的结果确信，服药A后，患者完全痊愈的概率等于0.8；指定800名患者服新药B，其中有660名完全痊愈.在显著水平 $\alpha=0.05$ 下，可以认为新药B比原来的药A更有显著效果吗？

22. 为了估计两个工厂所生产的产品的质量，取出样本 $n_1=200$ 件和 $n_2=300$ 件的产品，在这两个样本中，分别出现 $m_1=20$ 件和 $m_2=15$ 件废品，在显著水平0.05下，问两个工厂生产的废品的概率是否相等.

23. 有一正四面体，将它的四面分别涂为红，黄，蓝，白4种不同颜色，现作如下抛掷试

验:任意地抛掷该四面体,直到白色的一面与地面相接触为止,记录下抛掷的次数.做如此试验 200 次,其结果如下:

抛掷次数/次	1	2	3	4	$\geqslant 5$
频数	56	48	32	28	36

试问该四面体是否均匀($\alpha = 0.05$)?

24. 卢瑟福在 2 612 个相等时间间隔(每次 1/8 min)内,观测了某放射性物质放射的粒子数 X,表中的 n_i 是每 1/8 min 时间间隔内观察到 x 个粒子的时间间隔数.

$x=i$	0	1	2	3	4	5	6	7	8	9	10	11	$\sum$
n_i	57	203	383	525	532	408	273	139	49	27	10	6	2 612

试用 χ^2 检验法检验观测数据服从泊松分布这一假设($\alpha = 0.05$).

25. 从自动精密机床产品的传送带中取出 200 个零件,以 1 μm 以内的测量精度检查零件尺寸,把测量值与额定尺寸按每隔 5 μm 进行分组,计算这种偏差落在各组内的频数 n_i,列成下表:

组号	1	2	3	4	5	6	7	8	9	10
组限	$-20\sim-15$	$-15\sim-10$	$-10\sim-5$	$-5\sim0$	$0\sim5$	$5\sim10$	$10\sim15$	$15\sim20$	$20\sim25$	$25\sim30$
n_i	7	11	15	24	49	41	26	17	7	3

试利用 χ^2 检验法检验尺寸偏差服从正态分布的假设($\alpha = 0.05$).

第8章 回归分析

回归分析是一种讨论变量间相关关系的数学方法.在客观世界中,变量之间的关系可分为两大类:

一类是确定性关系,即当自变量取确定的值时因变量的值随之而确定.例如,圆面积 s 和半径 r 之间有关系式 $s=\pi r^2$.质点作匀速直线运动时路程与时间的关系

$$s=s_0+vt$$

它们都是确定的函数关系.

另一类是非确定性关系,例如,人的年龄 x 与血压 Y 的关系.一般地说,年龄愈大者血压愈高,但年龄相同者,血压不一定相同.

在土壤、水利、种子和耕作技术等条件基本相同的情况下,亩产量 Y 与施肥量 x 有一定的关系,但施肥量相同,亩产量不一定相同.

纺织厂纺出来的细纱,其强度 Y 与原棉的纤维长度 x_1,纤维细度 x_2,纤维强度 x_3 有一定的关系,但 x_1,x_2,x_3 相同时,强度 Y 可以取不同的值.

上述几例的共同特点是,当自变量取确定值时,因变量 Y 的值是不确定的,但两者有一定的关系,变量间的这种非确定性关系称为相关关系.以上几例中的变量:年龄 x,施肥量 x,纤维长度 x_1,纤维细度 x_2,纤维强度 x_3 都可以在某范围内随意地取指定的值,这类变量称为可控变量;而血压 Y,亩产量 Y,强度 Y 都是随机变量,具有各自的概率分布,称这种变量为不可控变量.当自变量是可控变量,因变量是随机变量时,变量间关系的分析和讨论称为回归分析.

只有一个自变量的回归分析称为一元回归分析,多于一个自变量的回归分析称为多元回归分析.当变量间具有线性关系时,相应的回归分析称为线性回归分析.

§8.1 一元线性回归分析

8.1.1 数学模型

设随机变量 Y 依赖于可控变量 x,它们之间的关系为

$$Y = \alpha + \beta x + \varepsilon$$
$$\varepsilon \sim N(0, \sigma^2) \tag{8.1}$$

其中 α, β, σ^2 是模型参数，ε 为随机误差. Y 与 x 的这种关系式称为一元线性回归(模型)，或称为一元线性正态回归(模型). 当 x 取定值时，$E(Y) = \alpha + \beta x$，且 Y 服从正态分布 $N(\alpha + \beta x, \sigma^2)$.

若记 $\tilde{y} = E(Y)$，则由 $E(Y) = \alpha + \beta x$ 得

$$\tilde{y} = \alpha + \beta x \tag{8.2}$$

式(8.2) 称为 Y 关于 x 的线性回归方程，α, β 称为回归系数.

通常，式(8.1) 中的 α, β, σ^2 都是未知参数，可通过 (x, Y) 的样本观测值来估计. 对于 x 的一组完全不相同的值 $x_1, x_2, \cdots, x_n$，作 n 次独立试验，得到随机变量 Y 的相应观测值 $y_1, y_2, \cdots, y_n$，从而构成 n 对数组

$$(x_1, y_1), (x_2, y_2), \cdots, (x_n, y_n)$$

称它们为 (x, Y) 的容量为 n 的样本值.

研究 x 与 Y 间的相关关系，直观的方法是作图. 在平面坐标系里，把 (x, Y) 的每一个观测值 (x_i, y_i) $(i = 1, 2, \cdots, n)$ 描成点，它们构成的图像称为散点图. 若 n 较大时，散点图的 n 个点分布在一条直线附近，如图 8.1 所示，直观上就可认为 x 与 Y 之间大致呈线性关系.

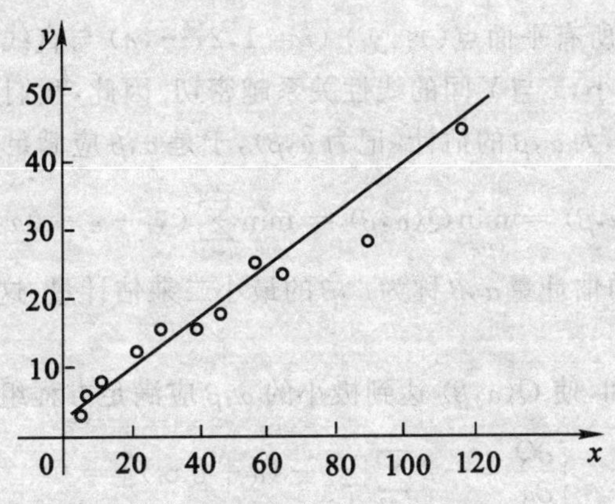

图 8.1　线性关系

一元线性回归分析主要解决下列问题：

(1) 用样本值 (x_i, y_i) $(i = 1, 2, \cdots, n)$ 对未知参数，α, β, σ^2 作估计.

(2) 对回归系数 β 作检验.

(3) 对于 x 的某个取值 x_0，给出 Y 的区间估计(预测问题)，对于 Y 的一个取值范围 (c, d)，给出 x 的一个区间 (a, b)，使当 x 在此区间取值时，Y 以一定的

置信度在(c,d)内取值(控制问题).

8.1.2 未知参数的估计

对于模型(8.1),假设我们已经获得(x,Y)的n对独立观测值

$$(x_1,y_1),(x_2,y_2),\cdots,(x_n,y_n)$$

其中$y_1,y_2,\cdots,y_n$可以看作$Y_1,Y_2,\cdots,Y_n$的观测值,显然有

$$Y_i=\alpha+\beta x_i+\varepsilon_i \quad (i=1,2,\cdots,n) \tag{8.3}$$

其中ε_i表示第i次观测的随机误差,$\varepsilon_1,\cdots,\varepsilon_n$相互独立,且同服从于正态分布$N(0,\sigma^2)$.

对未知参数的估计,一般采用最小二乘法.将上述n对观测值(x_i,y_i) $(i=1,2,\cdots,n)$描成点,对于平面上任一直线

$$l: \quad y=\alpha+\beta x \tag{8.4}$$

记

$$\tilde{y}_i=\alpha+\beta x_i \quad (i=1,2,\cdots,n) \tag{8.5}$$

($(x_i,\tilde{y}_i)$表示直线l上横坐标x_i的点),显然

$$|y_i-\tilde{y}_i|=|y_i-(\alpha+\beta x_i)|$$

就刻画了点(x_i,y_i)与直线l的偏离程度.记

$$Q(\alpha,\beta)=\sum_{i=1}^{n}(y_i-\tilde{y}_i)^2=\sum_{i=1}^{n}(y_i-\alpha-\beta x_i)^2$$

则$Q(\alpha,\beta)$反映了所有平面点(x_i,y_i) $(i=1,2,\cdots,n)$与直线l的偏离程度.显然$Q(\alpha,\beta)$的值愈小,x与Y间的线性关系越密切.因此,我们应求使得$Q(\alpha,\beta)$达到极小的α,β作为α,β的估计(记为$\hat{\alpha},\hat{\beta}$),于是$\hat{\alpha},\hat{\beta}$应满足

$$Q(\hat{\alpha},\hat{\beta})=\min_{\alpha,\beta}Q(\alpha,\beta)=\min_{\alpha,\beta}\sum_{i=1}^{n}(y_i-\alpha-\beta x_i)^2$$

这样得到的α,β的估计量$\hat{\alpha},\hat{\beta}$称为α,β的最小二乘估计量,这种方法称为最小二乘法.

由微分学可知,使$Q(\alpha,\beta)$达到极小的α,β应满足方程组

$$\begin{cases}\dfrac{\partial Q}{\partial\alpha}=-2\sum\limits_{i=1}^{n}[y_i-(\alpha+\beta x_i)]=0\\[2ex]\dfrac{\partial Q}{\partial\beta}=-2\sum\limits_{i=1}^{n}[y_i-(\alpha+\beta x_i)]x_i\end{cases} \tag{8.6}$$

经整理,得到

$$\begin{cases}n\alpha+\sum\limits_{i=1}^{n}x_i\beta=\sum\limits_{i=1}^{n}y_i\\[2ex]\sum\limits_{i=1}^{n}x_i\alpha+\sum\limits_{i=1}^{n}x_i^2\beta=\sum\limits_{i=1}^{n}x_iy_i\end{cases} \tag{8.7}$$

方程组(8.7)称为正规方程组.若记

$$\bar{x} = \frac{1}{n}\sum_{i=1}^{n} x_i, \qquad \bar{y} = \frac{1}{n}\sum_{i=1}^{n} y_i$$

且设方程组的解为 $\hat{\alpha}, \hat{\beta}$,由于 x_i 不相同,正规方程组的系数行列式

$$\begin{vmatrix} n & n\bar{x} \\ n\bar{x} & \sum_{i=1}^{n} x_i^2 \end{vmatrix} = n\sum_{i=1}^{n}(x_i - \bar{x})^2 \neq 0$$

故正规方程组有惟一的一组解

$$\hat{\alpha} = \bar{y} - \hat{\beta}\bar{x} \tag{8.8}$$

$$\hat{\beta} = \sum_{i=1}^{n}(x_i - \bar{x})(y_i - \bar{y}) \Big/ \sum_{i=1}^{n}(x_i - \bar{x})^2 \tag{8.9}$$

于是得到经验回归方程

$$\hat{y} = \hat{\alpha} + \hat{\beta}x$$

若记

$$l_{xx} = \sum_{i=1}^{n}(x_i - \bar{x})^2, \qquad l_{yy} = \sum_{i=1}^{n}(y_i - \bar{y})^2$$

$$l_{xy} = l_{yx} = \sum_{i=1}^{n}(x_i - \bar{x})(y_i - \bar{y})$$

则 $\hat{\beta}$ 又可写为

$$\hat{\beta} = l_{xy}/l_{xx} \tag{8.10}$$

应当指出,在上面计算 $\hat{\alpha}, \hat{\beta}$ 的公式(8.8),式(8.9)及式(8.10)中,y_i 和 $\bar{y}$ 亦可分别换成 Y_i 和 $\bar{Y}$,这时有

$$\hat{\alpha} = \bar{Y} - \hat{\beta}\bar{x}, \qquad \hat{\beta} = \sum_{i=1}^{n}(x_i - \bar{x})(Y_i - \bar{Y}) \Big/ \sum_{i=1}^{n}(x_i - \bar{x})^2$$

下面我们用矩估计法求 σ^2 的估计.由于 $\sigma^2 = D(\varepsilon) = E(\varepsilon^2)$,它可以用 $\frac{1}{n}\sum_{i=1}^{n}\varepsilon_i^2$ 作估计,而 $\varepsilon_i = Y_i - \alpha - \beta x_i$,这里 α, β 分别用相应的估计量代入,可得 σ^2 的矩估计 $\hat{\sigma}^2$,即

$$\hat{\sigma}^2 = \frac{1}{n}\sum_{i=1}^{n}(Y_i - \hat{\alpha} - \hat{\beta}x_i)^2$$

为使计算 $\hat{\sigma}^2$ 更简便,下面将 $\hat{\sigma}^2$ 变形导出另一种表达式.利用式(8.8)和式(8.9)可得

$$\sum_{i=1}^{n}(Y_i - \hat{\alpha} - \hat{\beta}x_i)^2 = \sum_{i=1}^{n}(Y_i - \bar{Y} + \hat{\beta}\bar{x} - \hat{\beta}x_i)^2 =$$

$$\sum_{i=1}^{n}[(Y_i - \bar{Y}) - \hat{\beta}(x_i - \bar{x})]^2 =$$

$$\sum_{i=1}^{n}(Y_i-\overline{Y})^2-2\hat{\beta}\sum_{i=1}^{n}(x_i-\overline{x})(Y_i-\overline{Y})+\hat{\beta}^2\sum_{i=1}^{n}(x_i-\overline{x})^2=$$

$$\sum_{i=1}^{n}(Y_i-\overline{Y})^2-\hat{\beta}^2\sum_{i=1}^{n}(x_i-\overline{x})^2$$

从而

$$\hat{\sigma}^2=\frac{1}{n}\sum_{i=1}^{n}(Y_i-\overline{Y})^2-\hat{\beta}^2\frac{1}{n}\sum_{i=1}^{n}(x_i-\overline{x})^2\xlongequal{\text{def}}\frac{1}{n}Q_{\min} \tag{8.11}$$

例 8.1 某实验室在作混凝土实验中，考察每立方米混凝土的水泥量(单位：kg)，对 28 d 后的混凝土抗压强度(单位：MPa)的影响，测得数据如表 8.1. 这里水泥用量 x 是可控变量，混凝土的抗压强度 Y 是随机变量. 求 Y 关于 x 的线性回归方程.

表 8.1

x_i	150	160	170	180	190	200	210	220	230	240	250	260
y_i	56.9	58.3	61.6	64.6	68.1	71.3	74.1	77.4	80.2	82.6	86.4	89.7

解 由表中数据求得

$$\overline{x}=\frac{1}{12}\sum_{i=1}^{12}x_i=205,\qquad \overline{y}=\frac{1}{12}\sum_{i=1}^{12}y_i=72.6$$

$$\sum_{i=1}^{12}x_i^2=518\ 600,\qquad \sum_{i=1}^{12}x_iy_i=182\ 943$$

$$n\overline{x}\overline{y}=178\ 596,\qquad n\overline{x}^2=504\ 300$$

故

$$\hat{\beta}=\frac{182\ 943-178\ 596}{518\ 600-504\ 300}=\frac{4\ 347}{14\ 300}=0.304\ 0$$

$$\hat{\alpha}=\overline{y}-\hat{\beta}\overline{x}=72.6-0.304\times 205=10.283$$

于是得一元线性回归方程为

$$\hat{y}=10.283+0.304\ 0x$$

8.1.3 参数估计量的分布

先考察 $\hat{\beta}$ 的分布. 由于

$$\hat{\beta}=\sum_{i=1}^{n}(x_i-\overline{x})(Y_i-\overline{Y})\Big/\sum_{i=1}^{n}(x_i-\overline{x})^2=\sum_{i=1}^{n}(x_i-\overline{x})Y_i\Big/\sum_{i=1}^{n}(x_i-\overline{x})^2$$

它是 $Y_1,\cdots,Y_n$ 的线性组合，而 $Y_1,\cdots,Y_n$ 是相互独立且服从正态分布的随机变量，从而 $\hat{\beta}$ 服从正态分布，且有

$$E(\hat{\beta}) = E\left[\frac{\sum_{i=1}^{n}(x_i - \bar{x})(Y_i - \bar{Y})}{\sum_{i=1}^{n}(x_i - \bar{x})^2}\right] = \frac{\sum_{i=1}^{n}(x_i - \bar{x})E(Y_i)}{\sum_{i=1}^{n}(x_i - \bar{x})^2} =$$

$$\sum_{i=1}^{n}(x_i - \bar{x})(\alpha + \beta x_i) / \sum_{i=1}^{n}(x_i - \bar{x})^2 =$$

$$\beta\sum_{i=1}^{n}(x_i - \bar{x})x_i / \sum_{i=1}^{n}(x_i - \bar{x})^2 = \beta$$

所以 $\hat{\beta}$ 是 β 的无偏估计. 又由于 $D(Y_i) = \sigma^2$，于是

$$D(\hat{\beta}) = \sum_{i=1}^{n}(x_i - \bar{x})^2 D(Y_i) / [\sum_{i=1}^{n}(x_i - \bar{x})^2]^2 = \sigma^2 / \sum_{i=1}^{n}(x_i - \bar{x})^2$$

从而 $\hat{\beta}$ 服从正态分布 $N(\beta, \sigma^2 / \sum_{i=1}^{n}(x_i - \bar{x})^2)$.

类似可得 $\hat{\alpha}$ 的分布(略去证明). $\hat{\alpha}$ 服从正态分布 $N(\alpha, \sigma^2(\frac{1}{n} + \bar{x}^2 / \sum_{i=1}^{n}(x_i - \bar{x})^2))$. 下面讨论 $\hat{\sigma}^2$ 的分布，为此，先计算 $E(\hat{\sigma}^2)$，由于

$$E[\sum_{i=1}^{n}(Y_i - \bar{Y})^2] = \sum_{i=1}^{n}E(Y_i^2) - nE(\bar{Y}^2) =$$

$$\sum_{i=1}^{n}[D(Y_i) + (E(Y_i))^2] - n[D(\bar{Y}) + (E(\bar{Y}))^2] =$$

$$\sum_{i=1}^{n}[\sigma^2 + (\alpha + \beta x_i)^2] - n[\frac{\sigma^2}{n} + (\alpha + \beta\bar{x})^2] =$$

$$(n-1)\sigma^2 + \beta^2(\sum_{i=1}^{n}x_i^2 - n\bar{x}^2) =$$

$$(n-1)\sigma^2 + \beta^2\sum_{i=1}^{n}(x_i - \bar{x})^2 \tag{8.12}$$

$$E[\hat{\beta}^2\sum_{i=1}^{n}(x_i - \bar{x})^2] = \sum_{i=1}^{n}(x_i - \bar{x})^2 E(\hat{\beta}) =$$

$$[D(\hat{\beta}) + (E(\hat{\beta}))^2]\sum_{i=1}^{n}(x_i - \bar{x})^2 =$$

$$\left[\frac{\sigma^2}{\sum_{i=1}^{n}(x_i - \bar{x})^2} + \beta^2\right]\sum_{i=1}^{n}(x_i - \bar{x})^2 =$$

$$\sigma^2 + \beta^2\sum_{i=1}^{n}(x_i - \bar{x})^2 \tag{8.13}$$

综合式(8.12) 和式(8.13)，得

$$E[\sum_{i=1}^{n}(Y_i - \bar{Y})^2 - \hat{\beta}^2\sum_{i=1}^{n}(x_i - \bar{x})^2] = (n-2)\sigma^2$$

即
$$E(\hat{\sigma}^2)=\frac{n-2}{n}\sigma^2$$
$\hat{\sigma}^2$ 不是 σ^2 的无偏估计.若记
$$\hat{\sigma}^{*2}=\frac{1}{n-2}\sum_{i=1}^{n}(Y_i-\hat{\alpha}-\hat{\beta}x_i)^2=\frac{1}{n-2}Q_{\min}$$
则有
$$E(\hat{\sigma}^{*2})=\sigma^2$$
$\hat{\sigma}^{*2}$ 是 σ^2 的无偏估计.

推导 $\hat{\sigma}^{*2}$ 的分布比较复杂,下面仅给出有关结论.

定理 8.1 在一元线性回归模型的假设条件下,可以证明
$$\frac{(n-2)}{\sigma^2}\hat{\sigma}^{*2}\sim\chi^2(n-2)$$
$\hat{\alpha},\hat{\beta}$ 分别与 $\hat{\sigma}^{*2}$ 独立.

8.1.4 回归方程的显著性检验

由最小二乘法获得 α,β 的估计后,可以求得 x 与 Y 间的线性回归方程.但应注意,得到的线性回归方程是假定 x 与 Y 间存在线性相关关系,如果 x,Y 间不具备这种关系,也能根据观测数据 (x_i,y_i) $(i=1,2,\cdots,n)$,运用最小二乘法求出一个线性回归方程,但这样的线性回归方程无意义.所以需要考察 x 与 Y 间是否确有线性相关关系,即判定回归方程是否有意义.这类问题一般称为回归方程的显著性检验,下面介绍两种检验方法.

1. *F* 检验法

首先给出试验数据总变动平方和的分解公式.

设 (x_i,Y_i) $(i=1,2,\cdots,n)$ 为取自 (x,Y) 的一个大小为 n 的样本,则恒有
$$\sum_{i=1}^{n}(Y_i-\overline{Y})^2=\sum_{i=1}^{n}(Y_i-\hat{Y}_i)^2+\sum_{i=1}^{n}(\hat{Y}_i-\overline{Y})^2 \tag{8.14}$$
其中 $\hat{Y}_i=\hat{\alpha}+\hat{\beta}x_i$,而 $\hat{\alpha},\hat{\beta}$ 分别为 α 与 β 的最小二乘估计.

事实上,
$$\sum_{i=1}^{n}(Y_i-\overline{Y})^2=\sum_{i=1}^{n}[(Y_i-\hat{Y}_i)+(\hat{Y}_i-\overline{Y})]^2=$$
$$\sum_{i=1}^{n}(Y_i-\hat{Y}_i)^2+2\sum_{i=1}^{n}(Y_i-\hat{Y}_i)(\hat{Y}_i-\overline{Y})+\sum_{i=1}^{n}(\hat{Y}_i-\overline{Y})^2$$
但由于 $\hat{\alpha}=\overline{Y}-\hat{\beta}\overline{x}$,从而
$$\sum_{i=1}^{n}(Y_i-\hat{Y}_i)(\hat{Y}_i-\overline{Y})=\sum_{i=1}^{n}(Y_i-\hat{\alpha}-\hat{\beta}x_i)(\hat{\alpha}+\hat{\beta}x_i-\overline{Y})=$$

$$\sum_{i=1}^{n}[(Y_i-\overline{Y})-\hat{\beta}(x_i-\overline{x})][\hat{\beta}(x_i-\overline{x})]=$$

$$\hat{\beta}\sum_{i=1}^{n}[(Y_i-\overline{Y})(x_i-\overline{x})-\hat{\beta}(x_i-\overline{x})^2]=$$

$$\hat{\beta}[\sum_{i=1}^{n}(Y_i-\overline{Y})(x_i-\overline{x})-$$

$$\frac{\sum_{i=1}^{n}(x_i-\overline{x})(Y_i-\overline{Y})}{\sum_{i=1}^{n}(x_i-\overline{x})^2}\sum_{i=1}^{n}(x_i-\overline{x})^2]=0$$

所以式(8.14)成立.若记

$$U=\sum_{i=1}^{n}(\hat{Y}_i-\overline{Y})^2,\quad Q=\sum_{i=1}^{n}(Y_i-\hat{Y}_i)^2,\quad T=\sum_{i=1}^{n}(Y_i-\overline{Y})^2$$

则有

$$T=\sum_{i=1}^{n}(Y_i-\overline{Y})^2=U+Q \tag{8.15}$$

上式称为试验数据总变动平方和分解式.欲了解式(8.15)右端各项的意义,我们将U变形为

$$U=\sum_{i=1}^{n}(\hat{Y}_i-\overline{Y})^2=$$

$$\sum_{i=1}^{n}[\hat{\alpha}+\hat{\beta}x_i-(\hat{\alpha}+\hat{\beta}\overline{x})]^2=\hat{\beta}^2\sum_{i=1}^{n}(x_i-\overline{x})^2 \tag{8.16}$$

从而看出,$\sum_{i=1}^{n}(\hat{Y}_i-\overline{Y})^2$ 表示 $\hat{Y}_1,\cdots,\hat{Y}_n$ 与 $\overline{Y}$ 的偏差平方和,它描述了 $\hat{Y}_1,\hat{Y}_2,\cdots,\hat{Y}_n$ 与 $\overline{Y}$ 的分散程度.由于$(x_i,\hat{Y}_i)$是回归直线上的点,于是由式(8.16)知,$\hat{Y}_1,\hat{Y}_2,\cdots,\hat{Y}_n$ 的分散性来源于 $x_1,x_2,\cdots,x_n$ 的分散性,且通过 x 对于 Y 的线性相关关系引起的.因此,U反映了总变动平方和T中由于x与Y的线性关系所引起的Y的变化情况,我们把U称为回归平方和.量Q表示除了x对Y的线性影响之外,剩余因素对 $Y_1,Y_2,\cdots,Y_n$ 分散性的作用,这些剩余因素包括 x 对 Y 的非线性影响及试验误差等.因此,我们称 Q 为剩余平方和(或残差平方和).

在实际问题中,要考察x与Y间是否确有线性相关关系,等价于检验假设

$$H_0:\beta=0,\qquad H_1:\beta\neq 0$$

为了构造检验上述假设的统计量,一个自然的想法是把回归平方和U(线性影响)与剩余平方和(其他影响)进行比较.我们记

$$F=\frac{U}{Q/(n-2)} \tag{8.17}$$

如果 F 的值较大，则表明 x 对 Y 的线性影响大，就可以认为 x 与 Y 间有线性相关关系；反之，若 F 的值较小，则可认为 x 与 Y 间不存在线性相关关系.

下面给出 F 的分布. 在式(8.1) 的条件下，可以证明 Q/σ^2 服从自由度为 $n-2$ 的 χ^2 分布，U/σ^2 服从自由度为 1 的 χ^2 分布. 令 f_T，f_U 与 f_Q 分别表示 T，U 与 Q 的自由度，则有

$$f_T = f_Q + f_U = n-1$$
$$f_Q = n-2$$
$$f_U = 1$$

于是

$$F = \frac{U}{Q/(n-2)} = \frac{U/f_U}{Q/f_Q} = (n-2)U/Q$$

由抽样分布中有关定理知，F 服从自由度为$(1,n-2)$ 的 F 分布. 由以上分析可知，F 可作为检验假设 $H_0:\beta=0$，$H_1:\beta\neq 0$ 的统计量.

回归方程显著性检验的步骤为：

(1) 根据(x,Y) 的观测值(x_i,y_i) $(i=1,2,\cdots,n)$，计算 U 和 Q 的观测值 U_0 和 Q_0，并由式(8.17) 计算 F 的值 F_0.

(2) 对给定的显著水平 α，查 F 分布表求得临界值 $F_\alpha(1,n-2)$，使得

$$P\{F > F_\alpha\} = \alpha$$

如果 $F_0 > F_\alpha(1,n-2)$，则可以认为在显著水平 α 下回归方程显著，反之，不能认为 x 和 Y 间存在线性相关关系，即回归方程意义不大.

这一检验法也称为 F 检验法.

例 8.2 对某工件表面进行腐蚀刻线试验，得到腐蚀时间 x 与腐蚀深度 Y 间的一组数据，见表 8.2. 由表中数据已求得 x 与 Y 间的回归方程为 $\hat{Y} = 4.37 + 0.323x$，试检验回归方程是否显著($\alpha = 0.01$).

表 8.2

腐蚀时间 x/s	5	5	10	20	30	40	50	60	65	90	120
腐蚀深度 Y/μm	4	6	8	13	16	17	19	25	25	29	46

解 由表中数据求得

$$U_0 = 1\,420,\quad Q_0 = 45,\quad n = 11$$

于是

$$F_0 = (11-2)\times\frac{1\,420}{45} = 284$$

对 $\alpha = 0.01$ 及自由度(1,9)，查 F 分布表得临界值 $F_{0.01}(1,9) = 10.56$，由于 $F_0 = 284 > F_{0.01}(1,9) = 10.56$，故可认为回归方程是高度显著的.

2. 相关系数检验法

为了检验回归方程的显著性，我们给出另一种检验方法 —— 相关系数检验法.

设 (x_i, Y_i) $(i = 1, 2, \cdots, n)$ 是取自 (x, Y) 的一个样本，令

$$l_{xY} = \sum_{i=1}^{n} (x_i - \bar{x})(Y_i - \bar{Y})$$

$$l_{xx} = \sum_{i=1}^{n} (x_i - \bar{x})^2$$

$$l_{YY} = \sum_{i=1}^{n} (Y_i - \bar{Y})^2$$

$$R = \frac{\sum_{i=1}^{n} (x_i - \bar{x})(Y_i - \bar{Y})}{\sqrt{\sum_{i=1}^{n} (x_i - \bar{x})^2 \sum_{i=1}^{n} (Y_i - \bar{Y})^2}} = \frac{l_{xY}}{\sqrt{l_{xx} l_{YY}}} \tag{8.18}$$

统计量 R 称为样本相关系数. 它是总体相关系数的估计量.

相关系数 R 反映了回归平方和在总平方和 l_{YY} 中的比例，显然 $|R|$ 愈大，回归效果愈好. $|R|$ 愈小回归效果愈差. 可以证明 $|R| \leqslant 1$.

当 $R = 0$ 时，$l_{xY} = 0$，因此 $\hat{\beta} = 0$，说明 x 与 Y 无线性关系. 当 $0 < |R| < 1$ 时，说明 x 与 Y 间存在一定的线性关系. 如果 $R > 0$，则 $\hat{\beta} > 0$，这时 x 与 Y 正相关，若 $R < 0$，则 $\hat{\beta} < 0$，这时 x 与 Y 负相关，当 $|R| = 1$ 时，$Q = l_{YY} - U = l_{YY}(1 - R^2) = 0$，这说明 n 个点 (x_i, Y_i) $(i = 1, 2, \cdots, n)$ 全在回归直线上，这时 x 与 Y 之间存在确定的线性函数关系.

从上面的分析可知，相关系数 R 确实反映了 x 与 Y 之间线性相关的密切程度. $|R|$ 愈接近于 0，x 与 Y 间的线性相关程度愈小，反之，$|R|$ 愈大，愈接近于 1，x 与 Y 间的线性相关程度愈大. 对于一个具体问题，只有当 $|R|$ 大到一定程度时才可认为 x 与 Y 间有线性相关关系. 对于给定的显著性水平 α，查相关系数临界值表得到相应的临界值(记为 $R_{临}$)，根据样本值计算出 $|R|$ 的值 $|R_0|$，如果 $|R_0| > R_{临}$. 则可认为 x 与 Y 间存在线性相关关系，并称回归方程在水平 α 下显著，若 $|R_0|$ 的值愈大，线性关系愈密切. 反之，当 $|R_0| \leqslant R_{临}$ 时，则认为 x 与 Y 间不存在线性相关关系，或称回归方程在水平 α 下不显著.

若以 $f_{临}$ 表示 $|R|$ 的自由度，则有 $f_{临} = n - 2$. 例如，在例 8.2 中，可求得 $|R_0| = 0.98$，$f_{临} = 11 - 2 = 9$，对给定的 $\alpha = 0.01$，查自由度为 9 的相关系数表得 $R_{临} = r_{0.01}(9) = 0.735$，由于 $0.735 < |R_0| = 0.98$，故可以认为腐蚀时间 x 与腐蚀深度 Y 之间线性关系密切，回归方程是有显著意义的. 这与前面检验的结果一致.

应该指出，前面介绍的两种检验方法本质上是等价的. 因为

$$R^2=\frac{\left[\sum_{i=1}^{n}(x_i-\bar{x})(Y_i-\bar{Y})\right]^2}{\sum_{i=1}^{n}(x_i-\bar{x})^2\sum_{i=1}^{n}(Y_i-\bar{Y})^2}=\frac{\hat{\beta}\sum_{i=1}^{n}(x_i-\bar{x})(Y_i-\bar{Y})}{\sum_{i=1}^{n}(Y_i-\bar{Y})^2}=\frac{U}{l_{yy}}$$

$$1-R^2=1-\frac{U}{l_{yy}}=\frac{Q}{l_{yy}}$$

于是有

$$\frac{(n-2)R^2}{1-R^2}=(n-2)\frac{U}{Q}=F$$

由上式可知，$|R|$ 愈大 F 也愈大，x 与 Y 之间的线性相关程度愈好.

8.1.5 预测和控制

当我们求出 x 与 Y 间的线性回归方程后，就可以考虑预测和控制问题.

所谓预测问题是指，给定自变量 x 某个观测值 x_0，对因变量 Y 的相应取值 Y_0 作区间估计. 控制是预测的反问题，即指定 Y 的一个取值范围 (Y_1,Y_2)，求出 x 的一个取值区间. 下面先考虑预测问题. 当 $x=x_0$（x_0 与 $x_1,x_2,\cdots,x_n$ 都不相同）时，我们有

$$Y_0=\alpha+\beta x_0+\varepsilon_0,\qquad \hat{Y}_0=\hat{\alpha}+\hat{\beta}x_0$$

其中 ε_0 服从正态分布 $N(0,\sigma^2)$，假定 $Y_1,Y_1,\cdots,Y_n$ 相互独立，求 Y_0 的置信区间. 首先考虑随机变量

$$Y_0-\hat{Y}_0=Y_0-(\hat{\alpha}+\hat{\beta}x_0)$$

的概率分布. 显然 Y_0 是正态变量，且与 $Y_1,Y_2,\cdots,Y_n$ 相互独立，又因 $\hat{\alpha},\hat{\beta}$ 都是 $Y_1,\cdots,Y_n$ 的线性组合，从而 $\hat{Y}_0=\hat{\alpha}+\hat{\beta}x_0$ 也是正态变量且与 Y_0 相互独立. 于是可知 $Y_0-\hat{Y}$ 服从正态分布. 由

$$E(\hat{Y}_0)=E(\hat{\alpha})+x_0E(\hat{\beta})=\alpha+\beta x_0$$

$$Y_0\sim N(\alpha+\beta x_0,\sigma^2)$$

可得

$$E(Y_0-\hat{Y}_0)=E(Y_0)-E(\hat{Y}_0)=0$$

$$D(Y_0-\hat{Y}_0)=\left[1+\frac{1}{n}+\frac{(x_0-\bar{x})^2}{\sum_{i=1}^{n}(x_i-\bar{x})^2}\right]\sigma^2$$

从而有

$$Y_0-\hat{Y}\sim N\left(0,\left[1+\frac{1}{n}+\frac{(x_0-\bar{x})^2}{\sum_{i=1}^{n}(x_i-\bar{x})^2}\right]\sigma^2\right)$$

$$U=\frac{Y_0-\hat{\alpha}-\hat{\beta}x_0}{\sigma\sqrt{1+\frac{1}{n}+(x_0-\bar{x})^2/\sum_{i=1}^{n}(x_i-\bar{x})^2}}\sim N(0,1)$$

由定理 8.1 可知

$$\frac{(n-2)\hat{\sigma}^{*2}}{\sigma^2}\sim\chi^2(n-2)$$

且 $\hat{\alpha}$,$\hat{\beta}$ 分别与 $\hat{\sigma}^{*2}$ 相互独立,$\hat{\sigma}^{*2}$ 与 Y_0 相互独立.从而统计量

$$T=\frac{Y_0-\hat{\alpha}-\hat{\beta}x_0}{\hat{\sigma}^*\sqrt{1+\frac{1}{n}+(x_0-\bar{x})^2/\sum_{i=1}^{n}(x_i-\bar{x})^2}}\sim t(n-2)$$

给定置信度 $1-\alpha$,查 t 分布表得临界值 $t_{\alpha/2}(n-2)$,使得

$$P\{|T|<t_{\alpha/2}(n-2)\}=1-\alpha$$

即

$$P\{\hat{\alpha}+\hat{\beta}x_0-t_{\alpha/2}(n-2)\hat{\sigma}^*\sqrt{1+\frac{1}{n}+\frac{(x_0-\bar{x})^2}{\sum_{i=1}^{n}(x_i-\bar{x})^2}}<Y_0<$$

$$\hat{\alpha}+\hat{\beta}x_0+t_{\alpha/2}(n-2)\hat{\sigma}^*\sqrt{1+\frac{1}{n}+\frac{(x_0-\bar{x})^2}{\sum_{i=1}^{n}(x_i-\bar{x})^2}}\}=1-\alpha$$

若令

$$\delta(x)=t_{\alpha/2}(n-2)\hat{\sigma}^*\sqrt{1+\frac{1}{n}+\frac{(x_0-\bar{x})^2}{\sum_{i=1}^{n}(x_i-\bar{x})^2}}$$

则可得 Y_0 的置信区间为

$$(\hat{\alpha}+\hat{\beta}x_0-\delta(x_0),\hat{\alpha}+\hat{\beta}x_0+\delta(x_0))=(\hat{Y}_0-\delta(x_0),\hat{Y}_0+\delta(x_0))$$

当 x_0 变动时,可得 Y 的区间估计为

$$(Y_1(x),Y_2(x))=(\hat{Y}-\delta(x),\hat{Y}+\delta(x))$$

由 Y_0 的置信区间可以看出,对于给定的样本值及置信度 $1-\alpha$,当 x_0 愈靠近 $\bar{x}$,置信区间的长度愈短,预测就愈精确;当 x_0 偏离 $\bar{x}$ 愈远,置信区间的长度愈长,预测的精度愈差.当 n 很大且 x 离 $\bar{x}$ 不太远时,有近似公式

$$\delta(x)\approx u_{\alpha/2}\hat{\sigma}^*$$

其中 $u_{\alpha/2}$ 为标准正态分布 $N(0,1)$ 的上侧 $\alpha/2$ 分位数.这时,上述 Y 的置信下限及上限可近似地表示为

$$Y_1(x)\approx\hat{\alpha}+\hat{\beta}x-u_{\alpha/2}\hat{\sigma}^*$$

$$Y_2(x)\approx\hat{\alpha}+\hat{\beta}x+u_{\alpha/2}\hat{\sigma}^*$$

例 8.3 (续例 8.1) 设 $x_0 = 225$,求 Y_0 的预测值及预测区间($\alpha = 0.05$).

解 由公式 $\hat{Y}_0 = \hat{\alpha} + \hat{\beta} x_0$ 知,当 $x_0 = 225$ 时,Y_0 的预测值为

$$\hat{y}_0 = 10.283 + 0.3040 \times 225 = 78.683$$

经计算得

$$\delta(x_0) = \delta(225) = 2.2281 \times 0.489\sqrt{1 + \frac{1}{12} + \frac{(225-205)^2}{14300}} = 1.149$$

于是得 Y_0 的置信度为 0.95 的预测区间为

$$(\hat{y} - \delta(225), \hat{y}_0 + \delta(225)) = (78.683 - 1.149, 78.683 + 1.149) = (77.534, 79.832)$$

关于控制问题,我们设 Y 的取值范围为(Y_1, Y_2),求自变量 x 的上下限,使得

$$\hat{Y} - \delta(x) \geqslant Y_1, \qquad \hat{Y} + \delta(x) \leqslant Y_2$$

由于 $\delta(x)$ 是 x 的非线性函数,计算量较大,所以在解决实际问题时还需简化.当 n 比较大且 x 在 $\bar{x}$ 附近取值时,

$$\delta(x) \approx u_{\alpha/2}\sqrt{\frac{\sum_{i=1}^{n}(Y_i - \hat{Y}_i)^2}{n-2}} = u_{\alpha/2}\hat{\sigma}^*$$

这时有

$$Y_1(x) \approx \hat{\alpha} + \hat{\beta} x - u_{\alpha/2}\hat{\sigma}^*$$

$$Y_2(x) \approx \hat{\alpha} + \hat{\beta} x + u_{\alpha/2}\hat{\sigma}^*$$

从上述两公式分别解出 x 来作为控制 x 的上下限. 即有

$$[Y_1(x) + u_{\alpha/2}\hat{\sigma}^* - \hat{\alpha}]/\hat{\beta} \leqslant x \leqslant [Y_2(x) - u_{\alpha/2}\hat{\sigma}^* - \hat{\alpha}]/\hat{\beta}$$

§8.2 可线性化的非线性回归模型

在实际问题中,有时两个变量间的关系不是线性关系,而是某种非线性关系,这时,如果仍作线性回归,回归方程就毫无意义,所以必须作非线性回归.但直接求非线性回归方程往往较难,不过对一些特殊情况,可以通过变量代换化为线性回归问题来处理. 下面通过一个例子来说明处理这类问题的方法.

例 8.4 炼钢时所使用的钢包,由于受到钢液及炉渣的影响,钢包的容积随着试验次数的增加会不断增大,经过试验,得试验次数 x,钢包容积 Y 的数据见表 8.3. 试找出 x 与 Y 的关系式.

表　8.3

x	Y	x	Y
2	6.42	10	10.49
3	8.20	11	10.59
4	9.58	12	10.60
5	9.50	13	10.80
7	10.00	14	10.60
8	9.93	15	10.90
9	9.99	16	10.76

解　在坐标纸上画出散点图，如图 8.2 所示，可以看出 x,Y 之间不存在线性关系. 根据散点图的变化趋势，可以设想 x,Y 具有双曲线的关系. 设双曲线方程为

$$\frac{1}{Y}=a+\frac{b}{x}$$

其中 a,b 为待定常数，若令

$$Y'=\frac{1}{Y},\qquad x'=\frac{1}{x}$$

则双曲线的方程可改写为线性方程

$$Y'=a+bx'$$

于是，只要将表 8.3 中的数据相应地变为

$$(x'_1,Y'_1),(x'_2,Y'_2),\cdots,(x'_{13},Y'_{13})$$

应用前面介绍的求线性回归方程的方法，可求出

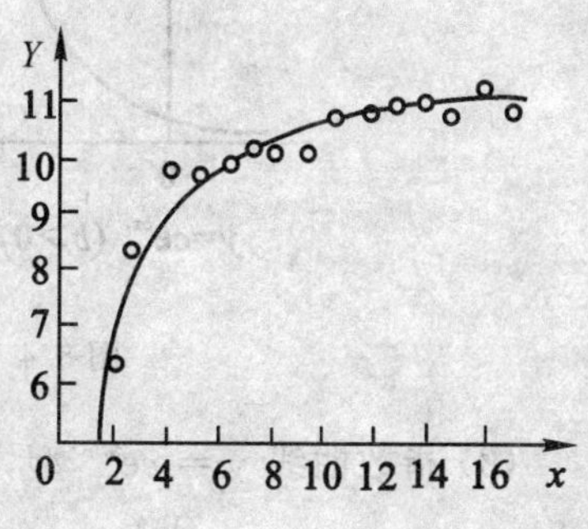

图 8.2　双曲线关系

$$\hat{Y}'=0.008\,966+0.008\,302x'$$

再将 $x',\hat{Y}'$ 换为 $(x,\hat{Y})$，即得

$$\frac{1}{\hat{Y}}=0.008\,966+0.008\,302\,\frac{1}{x}$$

通过以上例子可以看出，解决这类问题的关键是根据 x,Y 的散点图，选择合适的曲线. 如何选择曲线类型，除了根据散点图的特征外，还要依靠专业知识和经验来决定. 下面介绍几种常用的类型.

(1) 双曲线 $\frac{1}{y}=a+\frac{b}{x}$ 型，如图 8.3 所示.

令 $u=\frac{1}{y},v=\frac{1}{x}$，则得 $u=a+bv$.

(2) 指数曲线 $y=ce^{bx}$ 型，如图 8.4 所示.

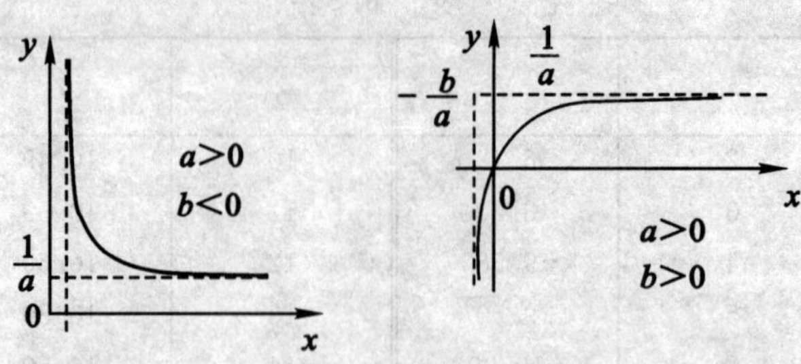

图 8.3　双曲线

令 $u = \ln y, v = x, a = \ln c$,则得 $u = a + bv$.

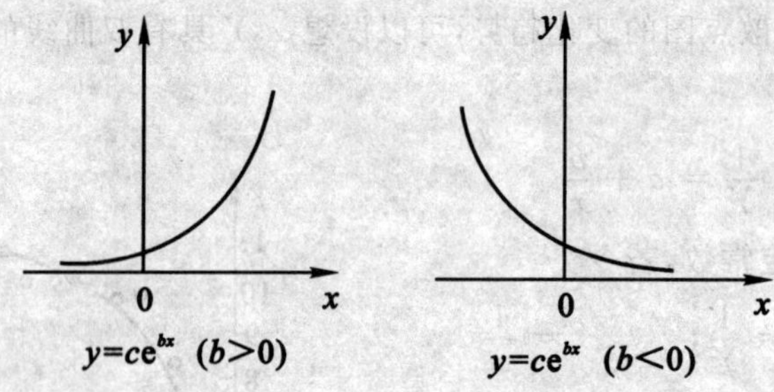

图 8.4　指数曲线 $y = ce^{bx}$ 型

(3) 指数曲线 $y = ce^{b/x}$ 型,如图 8.5 所示.

令 $u = \ln y, v = \dfrac{1}{x}, a = \ln c$,则得 $u = a + bv$.

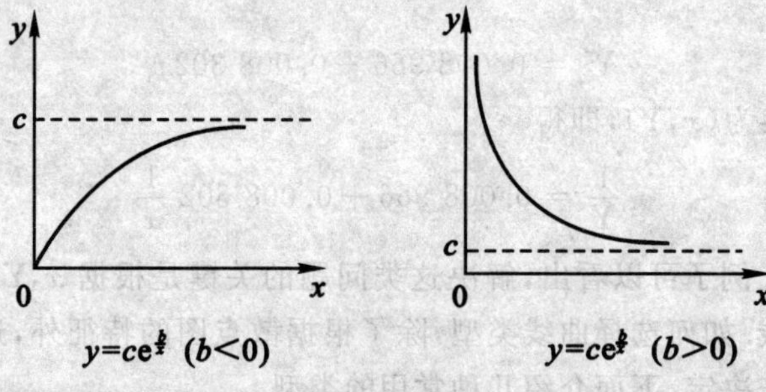

图 8.5　指数曲线 $y = ce^{b/x}$ 型

(4) 幂函数 $y = cx^b$ 型,如图 8.6 所示.

令 $u = \ln y, v = \ln x, a = \ln c$,则得 $u = a + bv$.

(5) 对数曲线 $y = a + b\ln x$ 型,如图 8.7 所示.

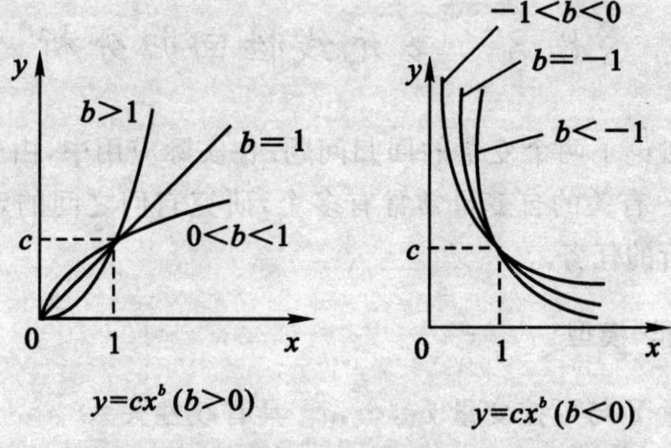

图 8.6　幂函数 $y = cx^b$ 型

令 $u = y, v = \ln x$，则得 $u = a + bv$.

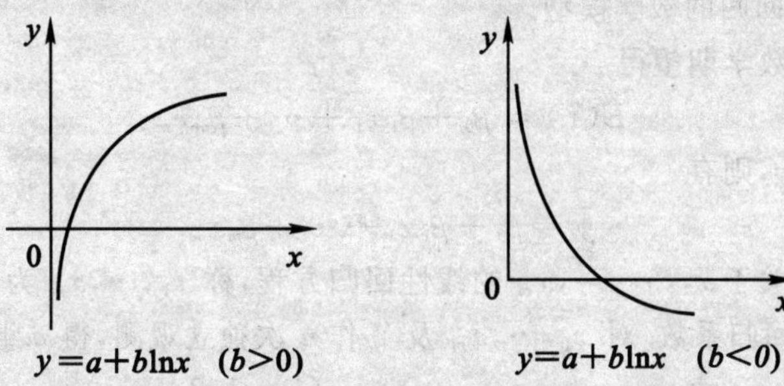

图 8.7　对数曲线

(6) S 曲线 $y = \dfrac{1}{a + b\mathrm{e}^{-x}}$ 型，如图 8.8 所示.

令 $u = \dfrac{1}{y}, v = \mathrm{e}^{-x}$，则得 $u = a + bv$.

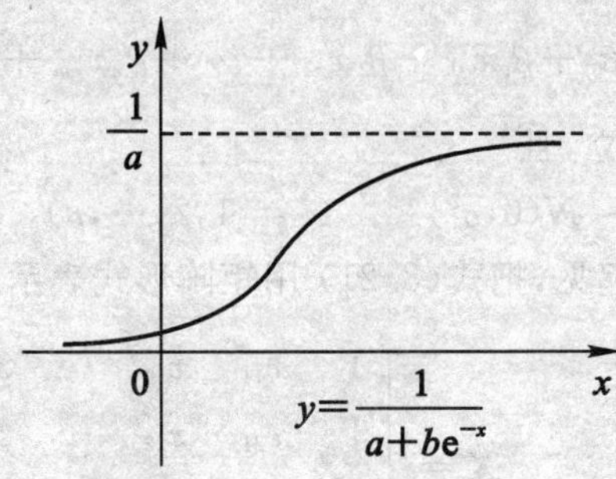

图 8.8　S 曲线

§8.3 多元线性回归分析

前面我们讨论了两个变量的回归问题.在实际应用中,由于事物的复杂性和某一因变量 Y 有关的自变量常常有多个,研究它们之间的定量关系问题即为多元回归分析的任务.

8.3.1 数学模型

设随机变量 Y 与可控变量 $x_1,\cdots,x_m$ 具有线性关系

$$\begin{cases}Y=\beta_0+\beta_1x_1+\cdots+\beta_mx_m+\varepsilon\\ \varepsilon\sim N(0,\ \sigma^2)\end{cases}\tag{8.19}$$

其中,$\beta_0,\beta_1,\cdots,\beta_m,\sigma^2$ 都是未知参数,ε 为随机误差,$m\geqslant 2$ 为常数,称式(8.19)为 m 元线性回归的数学模型.

对 Y 求数学期望得

$$E(Y)=\beta_0+\beta_1x_1+\cdots+\beta_mx_m$$

记 $E(Y)=\tilde{y}$,则有

$$\tilde{y}=\beta_0+\beta_1x_1+\cdots+\beta_mx_m\tag{8.20}$$

上式称为 Y 关于 $x_1,x_2,\cdots,x_m$ 的线性回归方程,称 $x_1,\cdots,x_m$ 为回归变量,称 $\beta_0,\cdots,\beta_m$ 为回归系数.对 $x_1,\cdots,x_m$ 及 Y 作 n 次独立观测,得 n 组观测值

$$(x_{i1},x_{i2},\cdots,x_{im},y_i)\qquad(i=1,2,\cdots,n)$$

把对应于 $x_{i1},x_{i2},\cdots,x_{im}$ 的 y_i 看作随机变量 Y_i,就得

$$(x_{i1},x_{i2},\cdots,x_{im},Y_i)\qquad(i=1,2,\cdots,n)$$

由于 $Y_1,Y_2,\cdots,Y_n$ 相互独立,于是有

$$\begin{cases}Y_1=\beta_0+\beta_1x_{11}+\beta_2x_{12}+\cdots+\beta_mx_{1m}+\varepsilon_1\\ Y_2=\beta_0+\beta_1x_{21}+\beta_2x_{22}+\cdots+\beta_mx_{2m}+\varepsilon_2\\ \quad\cdots\cdots\\ Y_n=\beta_0+\beta_1x_{n1}+\beta_2x_{n2}+\cdots+\beta_mx_{nm}+\varepsilon_n\end{cases}\tag{8.21}$$

其中 $\varepsilon_1,\varepsilon_2,\cdots,\varepsilon_n$ 相互独立,且

$$\varepsilon_i\sim N(0,\sigma^2)\qquad(i=1,2,\cdots,n)$$

为了讨论问题方便起见,把式(8.21)用矩阵形式表示出来.为此,引入

$$\boldsymbol{Y}=\begin{bmatrix}Y_1\\Y_1\\ \vdots\\Y_n\end{bmatrix},\qquad \boldsymbol{X}=\begin{bmatrix}1&x_{11}&x_{12}&\cdots&x_{1m}\\1&x_{21}&x_{22}&\cdots&x_{2m}\\ \vdots&\vdots&\vdots&&\vdots\\1&x_{n1}&x_{n2}&\cdots&x_{nm}\end{bmatrix}$$

$$\boldsymbol{\beta}=\begin{bmatrix}\beta_0\\ \beta_1\\ \vdots\\ \beta_m\end{bmatrix},\qquad \boldsymbol{\varepsilon}=\begin{bmatrix}\varepsilon_1\\ \varepsilon_2\\ \vdots\\ \varepsilon_n\end{bmatrix}$$

式(8.21) 就可写为

$$\boldsymbol{Y}=\boldsymbol{X\beta}+\boldsymbol{\varepsilon} \tag{8.22}$$

8.3.2 未知参数的估计

我们直接应用最小二乘法求 $\beta_0,\beta_1,\cdots,\beta_m$ 的估计。由离差平方和

$$Q=\sum_{i=1}^{n}(y_i-\tilde{y}_i)^2=\sum_{i=1}^{n}(y_i-\beta_0-\beta_1x_{i1}-\cdots-\beta_mx_{im})^2$$

求 $\beta_0,\cdots,\beta_m$ 的估计 $\hat{\beta}_0,\hat{\beta}_1,\hat{\beta}_2,\cdots,\hat{\beta}_m$，使 Q 取得最小值，即使 $Q=Q_{\min}$。根据高等数学求最小值的方法，要求解方程组

$$\begin{cases}\dfrac{\partial Q}{\partial\beta_0}=-2\sum\limits_{i=1}^{n}(y_i-\beta_0-\beta_1x_{i1}-\cdots-\beta_mx_{im})=0\\ \dfrac{\partial Q}{\partial\beta_1}=-2\sum\limits_{i=1}^{n}(y_i-\beta_0-\beta_1x_{i1}-\cdots-\beta_mx_{im})x_{i1}=0\\ \qquad\cdots\cdots\\ \dfrac{\partial Q}{\partial\beta_m}=-2\sum\limits_{i=1}^{n}(y_i-\beta_0-\beta_1x_{i1}-\cdots-\beta_mx_{im})x_{im}=0\end{cases}$$

其解就是 $\beta_0,\beta_1,\cdots,\beta_m$ 的最小二乘估计 $\hat{\beta}_0,\cdots,\hat{\beta}_m$.

将以上方程组改写为

$$\begin{cases}n\hat{\beta}_0+\sum\limits_{i=1}^{n}x_{i1}\hat{\beta}_1+\sum\limits_{i=1}^{n}x_{i2}\hat{\beta}_2+\cdots+\sum\limits_{i=1}^{n}x_{im}\hat{\beta}_m=\sum\limits_{i=1}^{n}y_i\\ \sum\limits_{i=1}^{n}x_{i1}\hat{\beta}_0+\sum\limits_{i=1}^{n}x_{i1}^2\hat{\beta}_1+\sum\limits_{i=1}^{n}x_{i1}x_{i2}\hat{\beta}_2+\cdots+\sum\limits_{i=1}^{n}x_{i1}x_{im}\hat{\beta}_m=\sum\limits_{i=1}^{n}x_{i1}y_i\\ \qquad\cdots\cdots\\ \sum\limits_{i=1}^{n}x_{im}\hat{\beta}_0+\sum\limits_{i=1}^{n}x_{im}x_{i1}\hat{\beta}_1+\sum\limits_{i=1}^{n}x_{im}x_{i1}\hat{\beta}_2+\cdots+\sum\limits_{i=1}^{n}x_{im}^2\hat{\beta}_m=\sum\limits_{i=1}^{n}x_{im}y_i\end{cases} \tag{8.23}$$

这个方程组称为正规方程组。为了把正规方程(组) 写成矩阵形式，记系数矩阵为 $\boldsymbol{A}$，常数项向量为 $\boldsymbol{B}$，$\boldsymbol{\beta}$ 的估计值向量为 $\hat{\boldsymbol{\beta}}$，即

$$\boldsymbol{A}=\begin{bmatrix} n & \sum_{i=1}^{n}x_{i1} & \sum_{i=1}^{n}x_{i2} & \cdots & \sum_{i=1}^{n}x_{im} \\ \sum_{i=1}^{n}x_{i1} & \sum_{i=1}^{n}x_{i2}^{2} & \sum_{i=1}^{n}x_{i1}x_{i2} & \cdots & \sum_{i=1}^{n}x_{i1}x_{im} \\ \vdots & \vdots & \vdots & & \vdots \\ \sum_{i=1}^{n}x_{im} & \sum_{i=1}^{n}x_{im}x_{i1} & \sum_{i=1}^{n}x_{im}x_{i2} & \cdots & \sum_{i=1}^{n}x_{im}^{2} \end{bmatrix}=$$

$$\begin{bmatrix} 1 & 1 & 1 & \cdots & 1 \\ x_{11} & x_{21} & x_{31} & \cdots & x_{n1} \\ \vdots & \vdots & \vdots & & \vdots \\ x_{1m} & x_{2m} & x_{3m} & \cdots & x_{nm} \end{bmatrix}\begin{bmatrix} 1 & x_{11} & x_{12} & \cdots & x_{1m} \\ 1 & x_{21} & x_{22} & \cdots & x_{2m} \\ \vdots & \vdots & \vdots & & \vdots \\ 1 & x_{n1} & x_{n2} & \cdots & x_{nm} \end{bmatrix}=\boldsymbol{X}^{\mathrm{T}}\boldsymbol{X} \tag{8.24}$$

$$\boldsymbol{B}=\begin{bmatrix} \sum_{i=1}^{n}y_i \\ \sum_{i=1}^{n}x_{i1}y_i \\ \vdots \\ \sum_{i=1}^{n}x_{im}y_i \end{bmatrix}=\begin{bmatrix} 1 & 1 & \cdots & 1 \\ x_{11} & x_{21} & \cdots & x_{n1} \\ \vdots & \vdots & & \vdots \\ x_{1m} & x_{2m} & \cdots & x_{nm} \end{bmatrix}\begin{bmatrix} y_1 \\ y_2 \\ \vdots \\ y_n \end{bmatrix}=\boldsymbol{X}^{\mathrm{T}}\boldsymbol{Y}$$

其中 $\hat{\boldsymbol{\beta}}=(\hat{\beta}_0,\hat{\beta}_1,\cdots,\hat{\beta}_m)^{\mathrm{T}}$，$\boldsymbol{Y}=(y_1,y_2,\cdots,y_n)^{\mathrm{T}}$. 于是正规方程(组)可以表示为

$$\boldsymbol{A}\hat{\boldsymbol{\beta}}=\boldsymbol{B} \qquad 或 \qquad (\boldsymbol{X}^{\mathrm{T}}\boldsymbol{X})\hat{\boldsymbol{\beta}}=\boldsymbol{X}^{\mathrm{T}}\boldsymbol{X}$$

当系数矩阵可逆时，正规方程(组)的解为

$$\hat{\boldsymbol{\beta}}=\boldsymbol{A}^{-1}\boldsymbol{B}=(\boldsymbol{X}^{\mathrm{T}}\boldsymbol{X})^{-1}\boldsymbol{X}^{\mathrm{T}}\boldsymbol{Y} \tag{8.25}$$

将 $\hat{\boldsymbol{\beta}}$ 代入式(8.20)，就得线性回归方程(经验回归方程)

$$\hat{y}=\hat{\beta}_0+\hat{\beta}_1x_1+\cdots+\hat{\beta}_mx_m$$

在 $\hat{\boldsymbol{\beta}}$ 的表示式(8.25)中，将 $y_1,\cdots,y_n$ 用随机变量 $Y_1,Y_2,\cdots,Y_n$ 代替，即得 $\boldsymbol{\beta}$ 的最小二乘估计量 $\hat{\boldsymbol{\beta}}$.

和一元线性回归类似，$\hat{\beta}_0$ 和 $\hat{\beta}_1,\cdots,\hat{\beta}_m$ 有一定的关系. 如果记

$$\overline{Y}=\frac{1}{n}\sum_{i=1}^{n}Y_i, \qquad \overline{x}_j=\frac{1}{n}\sum_{i=1}^{n}x_{ij} \qquad (j=1,2,\cdots,m)$$

在正规方程组(8.23)中，将第一个方程两边同除以 n，移项整理得

$$\hat{\beta}_0 = \overline{Y} - \hat{\beta}_1\overline{x}_1 - \hat{\beta}_2\overline{x}_2 - \cdots - \hat{\beta}_m\overline{x}_m$$

为以后计算方便起见，将最小离差平方和改写为另一种形式

$$\begin{aligned} Q_{\min} = \| \boldsymbol{Y} - \boldsymbol{X}\hat{\boldsymbol{\beta}} \|^2 = (\boldsymbol{Y} - \boldsymbol{X}\hat{\boldsymbol{\beta}})^{\mathrm{T}}(\boldsymbol{Y} - \boldsymbol{X}\hat{\boldsymbol{\beta}}) = \\ (\boldsymbol{Y}^{\mathrm{T}} - \hat{\boldsymbol{\beta}}^{\mathrm{T}}\boldsymbol{X}^{\mathrm{T}})(\boldsymbol{Y} - \boldsymbol{X}\hat{\boldsymbol{\beta}}) = \\ \boldsymbol{Y}^{\mathrm{T}}\boldsymbol{Y} - \boldsymbol{Y}^{\mathrm{T}}\boldsymbol{X}\hat{\boldsymbol{\beta}} - \hat{\boldsymbol{\beta}}^{\mathrm{T}}\boldsymbol{X}^{\mathrm{T}}\boldsymbol{Y} = \\ \boldsymbol{Y}^{\mathrm{T}}\boldsymbol{Y} - \hat{\boldsymbol{\beta}}\boldsymbol{X}^{\mathrm{T}}\boldsymbol{Y} = \\ \boldsymbol{Y}^{\mathrm{T}}\boldsymbol{Y} - \hat{\boldsymbol{\beta}}^{\mathrm{T}}\boldsymbol{B} \end{aligned}$$

即

$$\begin{aligned} Q_{\min} = \sum_{i=1}^{n} Y_i^2 - (\sum_{i=1}^{n} Y_i)\hat{\beta}_0 - (\sum_{i=1}^{n} x_{i1}Y_i)\hat{\beta}_1 - \cdots - (\sum_{i=1}^{n} x_{im}Y_i)\hat{\beta}_m = \\ \sum_{i=1}^{n} Y_i^2 - B_0\hat{\beta}_1 - B_2\hat{\beta}_1 - B_2\hat{\beta}_2 - \cdots - B_m\hat{\beta}_m \end{aligned}$$

其中 $B_0, B_1, \cdots, B_m$ 为矩阵 $\boldsymbol{B}$ 的元素.

如果取统计量 $\hat{\sigma}^2$ 为

$$\hat{\sigma}^2 = \frac{1}{n} Q_{\min}$$

则可证明 $\hat{\sigma}^2$ 是 σ^2 的估计量，但后面将说明它不是 σ^2 的无偏估计量.

8.3.3　求回归系数的另一方法

直接解正规方程组(8.23)，可得回归系数，多元线性回归方程也随之而定，但是，这种方法要解 $m+1$ 个线性方程的方程组. 下面介绍另外一种较为简便的方法。

由于回归系数具有关系式

$$\hat{\beta}_0 = \overline{y} - \hat{\beta}_1\overline{x}_1 - \hat{\beta}_2\overline{x}_2 - \cdots - \hat{\beta}_m\overline{x}_m$$

可以把该式代入方程组(8.23)中的后 m 个方程中，经过整理后可得

$$\begin{cases} \hat{\beta}_1 \sum (x_{i1} - \overline{x})x_{i1} + \hat{\beta}_2 \sum (x_{i2} - \overline{x}_2)x_{i1} + \cdots + \hat{\beta}_m \sum (x_{im} - \overline{x}_m)x_{i1} = \\ \qquad \sum (y_i - \overline{y})x_{i1} \\ \hat{\beta}_1 \sum (x_{i1} - \overline{x}_1)x_{i2} + \hat{\beta}_2 \sum (x_{i2} - \overline{x}_2)x_{i2} + \cdots + \hat{\beta}_m \sum (x_{im} - \overline{x}_m)x_{i2} = \\ \qquad \sum (y_i - \overline{y})x_{i2} \\ \qquad \cdots\cdots \\ \hat{\beta}_1 \sum (x_{i1} - \overline{x}_1)x_{im} + \hat{\beta}_2 \sum (x_{i2} - \overline{x}_2)x_{im} + \cdots + \hat{\beta}_m \sum (x_{im} - \overline{x}_m)x_{im} = \\ \qquad \sum (y_i - \overline{y})x_{im} \end{cases}$$

注：其中符号 $\sum$ 表示 $\sum_{i=1}^{n}$，以下不另说明.

显然，只要解上述 m 个线性方程的方程组，就能得到 $\hat{\beta}_1,\hat{\beta}_2,\cdots,\hat{\beta}_m$，进而得到 $\hat{\beta}_0$，这种方法比直接求解 $m+1$ 个方程的方程组要简单些.若引入

$$\begin{cases} L_{jk} \xlongequal{\text{def}} \sum (x_{ij}-\bar{x}_j)x_{ik} = \sum (x_{ij}-\bar{x}_j)(x_{ik}-\bar{x}_k) \\ L_{jy} \xlongequal{\text{def}} \sum (y_i-\bar{y})x_{ij} = \sum (y_i-\bar{y})(x_{ij}-\bar{x}_j) \end{cases} \quad (j,k=1,2,\cdots,m)$$

上述方程组可简写为

$$\begin{cases} L_{11}\hat{\beta}_1 + L_{12}\hat{\beta}_2 + \cdots + L_{1m}\hat{\beta}_m = L_{1y} \\ L_{21}\hat{\beta}_1 + L_{22}\hat{\beta}_2 + \cdots + L_{2m}\hat{\beta}_m = L_{2y} \\ \quad \cdots\cdots \\ L_{m1}\hat{\beta}_1 + L_{m2}\hat{\beta}_2 + \cdots + L_{mm}\hat{\beta}_m = L_{my} \end{cases} \tag{8.26}$$

此方程组形式简单，容易求解，通常也称为正规方程(组)，其系数矩阵为

$$\boldsymbol{L} = \begin{bmatrix} L_{11} & L_{12} & \cdots & L_{1m} \\ L_{21} & L_{22} & \cdots & L_{2m} \\ \vdots & \vdots & & \vdots \\ L_{m1} & L_{m2} & \cdots & L_{mm} \end{bmatrix}$$

由定义知 $\boldsymbol{L}$ 为对称矩阵，于是式(8.26) 可以写为

$$\boldsymbol{L}\hat{\boldsymbol{\beta}} = \boldsymbol{L}_Y \tag{8.27}$$

其中

$$\boldsymbol{L}_Y = (L_{1y},L_{2y},\cdots,L_{my})^{\mathrm{T}}$$

当 L 可逆时，我们可求得 β 的估计 $\hat{\beta}$ 为

$$\hat{\boldsymbol{\beta}} = \boldsymbol{L}^{-1}\boldsymbol{L}_Y$$

例 8.5 某种水泥在凝固时放出的热量 y (单位：J/g) 与水泥中下列 4 种化学成分有关：

x_1：$3CaO \cdot Al_2O_3$

x_2：$3CaO \cdot SiO_2$

x_3：$4CaO \cdot Al_2O_3 \cdot Fe_2O_3$

x_4：$2CaO \cdot SiO_2$

现记录了 13 组观测数据，见表 8.4，求 y 对 $x_1,\cdots,x_4$ 的线性回归方程.

表 8.4 观测数据

编号	x_1	x_2	x_3	x_4	$y/(4.185\ \mathrm{J\cdot g^{-1}})$
1	7%	26%	6%	60%	78.5
2	1%	29%	15%	52%	74.3
3	11%	56%	8%	20%	104.3
4	11%	31%	8%	47%	87.6
5	7%	52%	6%	33%	95.6
6	11%	56%	9%	22%	109.2
7	3%	71%	17%	6%	102.7
8	1%	31%	22%	44%	72.5
9	2%	54%	18%	22%	93.1
10	21%	47%	4%	26%	115.9
11	1%	40%	23%	34%	83.8
12	11%	66%	9%	12%	113.3
13	10%	68%	8%	12%	109.4

解 由上表中的数据,算出

$$L_{11}=\sum_{i=1}^{13}(x_{i1}-\bar{x}_1)^2=\sum_{i=1}^{13}x_{i1}^2-\frac{1}{13}(\sum_{i=1}^{13}x_{i1})^2=415.23$$

$$L_{22}=\sum_{i=1}^{13}x_{i2}^2-\frac{1}{13}(\sum_{i=1}^{13}x_{i2})^2=2\,905.69$$

$$L_{33}=\sum_{i=1}^{13}x_{i3}^2-\frac{1}{13}(\sum_{i=1}^{13}x_{i3})^2=492.31$$

$$L_{44}=\sum_{i=1}^{13}x_{i4}^2-\frac{1}{13}(\sum_{i=1}^{13}x_{i4})^2=3\,362$$

$$L_{12}=L_{21}=\sum_{i=1}^{13}x_{i1}x_{i2}-\frac{1}{13}(\sum_{i=1}^{13}x_{i1})(\sum_{i=1}^{13}x_{i2})=251.08$$

$$L_{13}=L_{31}=\sum_{i=1}^{13}x_{i1}x_{i3}-\frac{1}{13}(\sum_{i=1}^{13}x_{i1})(\sum_{i=1}^{13}x_{i3})=-372.62$$

$$L_{14}=L_{41}=\sum_{i=1}^{13}x_{i1}x_{i4}-\frac{1}{13}(\sum_{i=1}^{13}x_{i1})(\sum_{i=1}^{13}x_{i4})=-290$$

$$L_{23}=L_{32}=\sum_{i=1}^{13}x_{i2}x_{i3}-\frac{1}{13}(\sum_{i=1}^{13}x_{i2})(\sum_{i=1}^{13}x_{i3})=-166.51$$

$$L_{24}=L_{42}=\sum_{i=1}^{13}x_{i2}x_{i4}-\frac{1}{13}(\sum_{i=1}^{13}x_{i1})(\sum_{i=1}^{13}x_{i4})=-3\ 041$$

$$L_{34}=L_{43}=\sum_{i=1}^{13}x_{i3}x_{i4}-\frac{1}{13}(\sum_{i=1}^{13}x_{i3})(\sum_{i=1}^{13}x_{i4})=38$$

$$L_{1y}=\sum_{i=1}^{13}x_{i1}y_i-\frac{1}{13}(\sum_{i=1}^{13}x_{i1})(\sum_{i=1}^{13}y_i)=775.96$$

$$L_{2y}=\sum_{i=1}^{13}x_{i2}y_i-\frac{1}{13}(\sum_{i=1}^{13}x_{i2})(\sum_{i=1}^{13}y_i)=2\ 292.95$$

$$L_{3y}=\sum_{i=1}^{13}x_{i3}y_i-\frac{1}{13}(\sum_{i=1}^{13}x_{i3})(\sum_{i=1}^{13}y_i)=-618.23$$

$$L_{4y}=\sum_{i=1}^{13}x_{i4}y_i-\frac{1}{13}(\sum_{i=1}^{13}x_{i4})(\sum_{i=1}^{13}y_i)=-2\ 481.70$$

于是有

$$\boldsymbol{L}=\begin{bmatrix}415.23 & 251.08 & -372.62 & -290\\ 251.08 & 2\ 905.69 & -166.54 & -3\ 041\\ -372.62 & -166.54 & 492.31 & 38\\ -290 & -3\ 041 & 38 & 3\ 362\end{bmatrix}$$

$$\begin{bmatrix}L_{1y}\\ L_{2y}\\ L_{3y}\\ L_{4y}\end{bmatrix}=\begin{bmatrix}775.96\\ 2\ 292.95\\ -618.23\\ -2\ 481.70\end{bmatrix}$$

正规方程组(8.26)为

$$\boldsymbol{L}[\hat{\beta}_1\quad \hat{\beta}_2\quad \hat{\beta}_3\quad \hat{\beta}_4]^{\mathrm{T}}=[L_{1y}\quad L_{2y}\quad L_{3y}\quad L_{4y}]^{\mathrm{T}}$$

其解为

$$\begin{bmatrix}\hat{\beta}_1\\ \hat{\beta}_2\\ \hat{\beta}_3\\ \hat{\beta}_4\end{bmatrix}=\boldsymbol{L}^{-1}\begin{bmatrix}L_{1y}\\ L_{2y}\\ L_{3y}\\ L_{4y}\end{bmatrix}=\begin{bmatrix}1.551\ 1\\ 0.510\ 1\\ 0.101\ 9\\ -0.144\ 1\end{bmatrix}$$

$$\hat{\beta}_0=\bar{y}-\hat{\beta}_1\bar{x}_1-\hat{\beta}_2\bar{x}_2-\hat{\beta}_3\bar{x}_3-\hat{\beta}_4\bar{x}_4=$$
$$95.403-7.462\hat{\beta}-48.154\hat{\beta}_2-11.769\hat{\beta}_3-30\hat{\beta}_4=$$
$$62.450\ 2$$

所求的线性回归方程为

$$\hat{y}=62.450\ 2+1.551\ 1x_1+0.510\ 1x_2+0.101\ 9x_3-0.144\ 1x_4$$

8.3.4 估计量 $\hat{\boldsymbol{\beta}}$ 的分布

由 β 的估计量 $\hat{\beta}$ 的表达式可见，$\hat{\beta}$ 的每一个分量都是相互独立且服从正态

分布的随机变量 $Y_1, Y_2, \cdots, Y_n$ 的线性组合，从而由多元分析理论知，随机变量 $\hat{\beta}$ 服从 $m+1$ 维正态分布.

为了求出 $\hat{\beta}$ 的分布，我们首先计算 $\hat{\beta}$ 的数学期望和方差(方差阵).

向量 $\hat{\beta}$ 的数学期望的定义为

$$E(\hat{\boldsymbol{\beta}}) = (E(\hat{\beta}_0), E(\hat{\beta}_1), \cdots, E(\hat{\beta}_m))^{\mathrm{T}}$$

而且对任意 $n\times(m+1)$ 阶矩阵 A，容易证明

$$E(\boldsymbol{A}\hat{\boldsymbol{\beta}}) = \boldsymbol{A}E(\hat{\boldsymbol{\beta}})$$

由式(8.25)知

$$\begin{aligned} E(\hat{\boldsymbol{\beta}}) = E[(\boldsymbol{X}^{\mathrm{T}}\boldsymbol{X})^{-1}\boldsymbol{X}^{\mathrm{T}}\boldsymbol{Y}] = (\boldsymbol{X}^{\mathrm{T}}\boldsymbol{X})^{-1}\boldsymbol{X}^{\mathrm{T}}E\boldsymbol{Y} = \\ (\boldsymbol{X}^{\mathrm{T}}\boldsymbol{X})^{-1}\boldsymbol{X}^{\mathrm{T}}E(\boldsymbol{X\beta}+\boldsymbol{\varepsilon}) = (\boldsymbol{X}^{\mathrm{T}}\boldsymbol{X})^{-1}\boldsymbol{X}^{\mathrm{T}}\boldsymbol{X\beta} = \boldsymbol{\beta} \end{aligned}$$

所以，$\hat{\boldsymbol{\beta}}$ 是 $\boldsymbol{\beta}$ 的无偏估计，即 $\hat{\beta}_0, \hat{\beta}_1, \cdots, \hat{\beta}_m$ 依次是 $\beta_0, \beta_1, \cdots, \beta_m$ 的无偏估计. 为了计算 $\hat{\boldsymbol{\beta}}$ 的方差矩阵，先把方差阵写为矢量乘积的形式

$$\boldsymbol{D}(\hat{\boldsymbol{\beta}}) = \begin{bmatrix} D(\hat{\beta}_0) & \mathrm{cov}(\hat{\beta}_0, \hat{\beta}_1) & \cdots & \mathrm{cov}(\hat{\beta}_0, \hat{\beta}_m) \\ \mathrm{cov}(\hat{\beta}_1, \hat{\beta}_0) & D(\hat{\beta}_1) & \cdots & \mathrm{cov}(\hat{\beta}_1, \hat{\beta}_m) \\ \vdots & \vdots & & \vdots \\ \mathrm{cov}(\hat{\beta}_m, \hat{\beta}_0) & \mathrm{cov}(\hat{\beta}_m, \hat{\beta}_1) & \cdots & D(\hat{\beta}_m) \end{bmatrix} =$$

$$\begin{bmatrix} E(\hat{\beta}_0 - E(\hat{\beta}_0))^2 & E(\hat{\beta}_0 - E(\hat{\beta}_0))(\hat{\beta}_1 - E(\hat{\beta}_1)) & \cdots & E(\hat{\beta}_0 - E(\hat{\beta}_0))(\hat{\beta}_m - E(\hat{\beta}_m)) \\ E(\hat{\beta}_1 - E(\hat{\beta}_1))(\hat{\beta}_0 - E(\hat{\beta}_0)) & E(\hat{\beta}_1 - E(\hat{\beta}_1))^2 & \cdots & E(\hat{\beta}_1 - E(\hat{\beta}_1))(\hat{\beta}_m - E(\hat{\beta}_m)) \\ \vdots & \vdots & & \vdots \\ E(\hat{\beta}_m - E(\hat{\beta}_m))(\hat{\beta}_0 - E(\hat{\beta}_0)) & E(\hat{\beta}_m - E(\hat{\beta}_m))(\hat{\beta}_1 - E(\hat{\beta}_1)) & \cdots & E(\hat{\beta}_m - E(\hat{\beta}_m))^2 \end{bmatrix} =$$

$$\begin{aligned} & E\{[(\hat{\beta}_0 - E(\hat{\beta}_0)), (\hat{\beta}_1 - E(\hat{\beta}_1)), \cdots, (\hat{\beta}_m - E(\hat{\beta}_m))]^{\mathrm{T}} \times \\ & [(\hat{\beta}_0 - E(\hat{\beta}_0)), (\hat{\beta}_1 - E(\hat{\beta}_1)), \cdots, (\hat{\beta}_m - E(\hat{\beta}_m))]\} = \\ & E\{(\hat{\boldsymbol{\beta}} - E(\hat{\boldsymbol{\beta}}))(\hat{\boldsymbol{\beta}} - E(\hat{\boldsymbol{\beta}}))^{\mathrm{T}}\} \end{aligned}$$

而且

$$\begin{aligned} & E\{(\hat{\boldsymbol{\beta}} - E(\hat{\boldsymbol{\beta}}))(\hat{\boldsymbol{\beta}} - E(\hat{\boldsymbol{\beta}}))^{\mathrm{T}}\} = \\ & \quad E\{[(\boldsymbol{X}^{\mathrm{T}}\boldsymbol{X})^{-1}\boldsymbol{X}^{\mathrm{T}}(\boldsymbol{Y} - E\boldsymbol{Y})][(\boldsymbol{X}^{\mathrm{T}}\boldsymbol{X})^{-1}\boldsymbol{X}^{\mathrm{T}}(\boldsymbol{Y} - E\boldsymbol{Y})]^{\mathrm{T}}\} = \\ & \quad E\{(\boldsymbol{X}^{\mathrm{T}}\boldsymbol{X})^{-1}\boldsymbol{X}^{\mathrm{T}}(\boldsymbol{Y} - E(\boldsymbol{Y}))(\boldsymbol{Y} - E(\boldsymbol{Y}))^{\mathrm{T}}\boldsymbol{X}(\boldsymbol{X}^{\mathrm{T}}\boldsymbol{X}^{-1})\} = \\ & \quad (\boldsymbol{X}^{\mathrm{T}}\boldsymbol{X})^{-1}\boldsymbol{X}^{\mathrm{T}}E\{(\boldsymbol{Y} - E(\boldsymbol{Y}))(\boldsymbol{Y} - E(\boldsymbol{Y}))^{\mathrm{T}}\}\boldsymbol{X}(\boldsymbol{X}^{\mathrm{T}}\boldsymbol{X})^{-1} = \\ & \quad (\boldsymbol{X}^{\mathrm{T}}\boldsymbol{X})^{-1}\boldsymbol{X}^{\mathrm{T}}E\{[\boldsymbol{X\beta} + \boldsymbol{\varepsilon} - E(\boldsymbol{X\beta} + \boldsymbol{\varepsilon})] \\ & [\boldsymbol{X\beta} + \boldsymbol{\varepsilon} - E(\boldsymbol{X\beta} + \boldsymbol{\varepsilon})]^{\mathrm{T}}\}\boldsymbol{X}(\boldsymbol{X}^{\mathrm{T}}\boldsymbol{X})^{-1} = \\ & \quad (\boldsymbol{X}^{\mathrm{T}}\boldsymbol{X})^{-1}\boldsymbol{X}^{\mathrm{T}}E(\boldsymbol{\varepsilon\varepsilon}^{\mathrm{T}})\boldsymbol{X}(\boldsymbol{X}^{\mathrm{T}}\boldsymbol{X})^{-1} = \\ & \quad (\boldsymbol{X}^{\mathrm{T}}\boldsymbol{X})^{-1}\boldsymbol{X}^{\mathrm{T}}\sigma^2\boldsymbol{IX}(\boldsymbol{X}^{\mathrm{T}}\boldsymbol{X})^{-1} = \\ & \quad \sigma^2(\boldsymbol{X}^{\mathrm{T}}\boldsymbol{X})^{-1}\boldsymbol{X}^{\mathrm{T}}\boldsymbol{X}(\boldsymbol{X}^{\mathrm{T}}\boldsymbol{X})^{-1} = \sigma^2(\boldsymbol{X}^{\mathrm{T}}\boldsymbol{X})^{-1} \end{aligned} \tag{8.28}$$

若记
$$\boldsymbol{C} = (\boldsymbol{X}^{\mathrm{T}}\boldsymbol{X})^{-1} = A^{-1}$$

则 $\hat{\boldsymbol{\beta}}$ 的方差阵等于 $\sigma^2\boldsymbol{C}$，于是知 $\hat{\boldsymbol{\beta}} \sim N(\beta, \sigma^2\boldsymbol{C})$，且可得

$$\hat{\boldsymbol{\beta}} = (\hat{\beta}_0, \hat{\beta}_1, \cdots, \hat{\beta}_m)^{\mathrm{T}}$$

的密度函数为

$$f(x) = (2\pi)^{-\frac{m+1}{2}} \mid \boldsymbol{C} \mid^{-\frac{1}{2}} \exp\left[-\frac{1}{2}(x-\boldsymbol{\beta})^{\mathrm{T}}\boldsymbol{C}^{-1}(x-\boldsymbol{\beta})\right] \qquad (x \in \boldsymbol{R}^{m+1})$$

8.3.5 线性回归的显著性检验

与一元线性回归类似，要检验随机变量 Y 和可控变量 $x_1, x_2, \cdots, x_m$ 之间是否具有线性相关关系，即关系式

$$\begin{cases} Y = \beta_0 + \beta_1 x_1 + \cdots + \beta_m x_m + \varepsilon \\ \varepsilon \sim N(0, \sigma^2) \end{cases}$$

是否成立，主要检验 m 个系数 $\beta_1, \beta_2, \cdots, \beta_m$ 是否全为零。若全为零，则可认为线性回归不显著；反之，若系数 $\beta_1, \beta_2, \cdots, \beta_m$ 不全为零，则可认为线性回归是显著的。为进行线性回归的显著性检验，在上述模型中作假设

$$H_0: \beta_1 = 0, \beta_2 = 0, \cdots, \beta_m = 0$$

设对 $(x_1, \cdots, x_m, Y)$ 已进行了 n 次独立观测，得观测值 $(x_{i1}, x_{i2}, \cdots, x_{im} y_i)$ $(i = 1, 2, \cdots, n)$。由观测值确定的线性回归方程为

$$\hat{y} = \hat{\beta}_0 + \hat{\beta}_1 x_1 + \cdots + \hat{\beta}_m x_m$$

将 $x_1, x_2, \cdots, x_m$ 的观测值代入，有

$$\hat{y}_i = \hat{\beta}_0 + \hat{\beta}_1 x_{i1} + \hat{\beta}_2 x_{i2} + \cdots + \hat{\beta}_m x_{im} \qquad (i = 1, 2, 3, \cdots, n)$$

记

$$\bar{y} = \frac{1}{n}\sum_{i=1}^{n} y_i$$

我们采用 F 检验法。首先对总离差平方和进行分解

$$Q_T = \sum_{i=1}^{n}(y_i - \bar{y})^2 = \sum_{i=1}^{n}[(y_i - \hat{y}_i) + (\hat{y}_i - \bar{y})]^2 =$$

$$\sum_{i=1}^{n}(y_i - \hat{y}_i)^2 + \sum_{i=1}^{n}(\hat{y}_i - \bar{y})^2 + 2\sum_{i=1}^{n}(y_i - \hat{y}_i)(\hat{y}_i - \bar{y})$$

应用正规方程组可证上式右端的第三项为零。事实上

$$\sum_{i=1}^{n}(y_i - \hat{y}_i)(\hat{y}_i - \bar{y}) =$$

$$\sum_{i=1}^{n}(y_i - \hat{\beta}_0 - \hat{\beta}_1 x_{i1} - \cdots - \hat{\beta}_m x_{im})[(\hat{\beta}_0 - \bar{y}) + \hat{\beta}_1 x_{i1} + \cdots + \hat{\beta}_m x_{im}] =$$

$$(\hat{\beta}_0 - \bar{y})\sum_{i=1}^{n}(y_i - \hat{\beta}_0 - \hat{\beta}_1 x_{i1} - \hat{\beta}_2 x_{i2} - \cdots - \hat{\beta}_m x_{im}) +$$

$$\hat{\beta}_1\sum_{i=1}^{n}(y_i - \hat{\beta}_0 - \hat{\beta}_1 x_{i1} - \cdots - \hat{\beta}_m x_{im})x_{i1} + \cdots +$$

$$\hat{\beta}_m \sum_{i=1}^{n} (y_i - \hat{\beta}_0 - \hat{\beta}_1 x_{i1} - \cdots - \hat{\beta}_m x_{im}) x_{im} = 0$$

故得 Q_T 的分解式

$$Q_T = \sum_{i=1}^{n} (y_i - \hat{y}_i)^2 + \sum_{i=1}^{n} (\hat{y}_i - \bar{y})^2$$

把分解式的第一项简记为

$$Q_{剩} = \sum_{i=1}^{n} (y_i - \hat{y}_i)^2$$

称其为剩余离差平方和。它反映试验时随机误差的影响。显然有

$$Q_{剩} = \sum_{i=1}^{n} (y_i - \hat{\beta}_0 - \hat{\beta}_1 x_{i1} - \cdots - \hat{\beta}_m x_{im})^2 = Q_{\min}$$

把分解式的第二项简记为

$$Q_{回} = \sum_{i=1}^{n} (\hat{y}_i - \bar{y})^2$$

它反映线性回归引起的误差，从而总离差平方和 Q_T 可写为

$$Q_T = Q_{剩} + Q_{回}$$

为了研究 Q_T 分解式的统计特性，将分解式中的 $y_1, y_2, \cdots, y_n$ 依次换为随机变量 $Y_1, Y_2, \cdots, Y_n$. 这种情形的各项记为

$$Q_T = \sum_{i=1}^{n} (Y_i - \bar{Y})^2, \quad Q_{剩} = \sum_{i=1}^{n} (Y_i - \hat{Y}_i)^2, \quad Q_{回} = \sum_{i=1}^{n} (\hat{Y}_i - \bar{Y})^2$$

在 H_0 成立的条件下，我们得

$$Y_i = \beta_0 + \varepsilon_i \qquad (i = 1, 2, \cdots, n)$$

$$\bar{Y} = \beta_0 + \bar{\varepsilon}$$

观察 $Q_{回}$ 和 $Q_{剩}$ 两项，如果 $Q_{回}$ 比 $Q_{剩}$ 大得多，就不能认为所有 $\beta_1, \beta_2, \cdots, \beta_m$ 全为零，即拒绝假设 H_0，反之，则接受 H_0. 从而考虑由这两项之比构造检验 H_0 的统计量.

当 H_0 成立时，可以证明

$$\frac{1}{\sigma^2} Q_{剩} \sim \chi^2(n-1), \qquad \frac{1}{\sigma^2} Q_{回} \sim \chi^2(m)$$

且 $\frac{1}{\sigma^2} Q_{剩}$ 与 $\frac{1}{\sigma^2} Q_{回}$ 相互独立. 由 F 分布的定义可知

$$F = \frac{Q_{回} / m}{Q_{剩} / (n - m - 1)} \sim F(m, n - m - 1)$$

给定显著性水平 α，由 F 分布表查得临界值 $F_\alpha(m, n - m - 1)$，使得

$$P\{F \geqslant F_\alpha(m, n - m - 1)\} = \alpha$$

由抽样得到的观测数据，求得 F 的数值，若

$$F \geqslant F_{\alpha}(m, n-m-1)$$

则拒绝 H_0，即认为线性回归是显著的，若

$$F < F_{\alpha}(m, n-m-1)$$

则接受 H_0，即认为线性回归方程不显著.

在计算 F 值时，可以先算出 Q_T 的数值，再应用 $Q_{\min}$ 的表达式

$$Q_{\min} = \sum_{i=1}^{n} y_i^2 - B_0\hat{\beta}_0 - B_1\hat{\beta}_1 - \cdots - B_m\hat{\beta}_m$$

算出 $Q_{剩}$，最后应用

$$Q_{回} = Q_T - Q_{剩}$$

求出 $Q_{回}$ 的数值. 这样，F 的数值可容易求得.

例 8.6　(续例 8.5) 检验例 8.5 中线性回归的显著性($\alpha = 0.05$).

解　由例 8.5 给出的数据，求得

$$Q_T = \sum_{i=1}^{13}(y_i - \bar{y})^2 = \sum_{i=1}^{13} y_i^2 - \frac{1}{13}\left(\sum_{i=1}^{13} y_i\right)^2 = 2\,715.75$$

$$Q_{剩} = \sum_{i=1}^{13} y_i^2 - B_0\hat{\beta}_0 - B_1\hat{\beta}_1 - \cdots - B_4\hat{\beta}_4 = 47.92$$

$$Q_{回} = 2\,715.76 - 47.92 = 2\,667.84$$

这里 $n = 13, m = 4, \alpha = 0.05$，查 F 分布表得 $F_{0.05}(4,8) = 3.84$.

而且　$$F = \frac{2\,667.84/4}{47.92/8} = \frac{2\,667.84}{23.96} = 111.35$$

因　$$F = 111.35 > 3.84 = F_{0.05}(4,8)$$

故拒绝 H_0，即可认为线性回归是显著的.

8.3.6　回归系数的显著性检验

在多元线性回归中，若线性回归显著，回归系数不全为零，则回归方程

$$\hat{y} = \hat{\beta}_0 + \hat{\beta}_1 x_1 + \hat{\beta}_2 x_2 + \cdots + \hat{\beta}_m x_m$$

是有意义的. 但是线性回归显著并不能保证每一回归系数都足够大，或者说不能保证每一个回归系数显著地不等于零. 若某一系数等于零，例如 $\beta_j = 0$，则变量 x_j 对 Y 的取值就不起作用. 因此，要考察每一个自变量 $x_i (i = 1, 2, \cdots, m)$ 对 Y 的取值是否起作用，需对每一个回归系数 $\beta_j (1 \leqslant j \leqslant m)$ 进行检验. 为此在线性回归模型上作假设

$$H_0: \beta_j = 0 \qquad (1 \leqslant j \leqslant m)$$

由于 $\hat{\beta}_j$ 是 β_j 的无偏估计量，自然由 $\hat{\beta}_j$ 构造检验用的统计量. 由

$$\hat{\boldsymbol{\beta}} = (\boldsymbol{X}^{\mathrm{T}}\boldsymbol{X})^{-1}\boldsymbol{X}^{\mathrm{T}}\boldsymbol{Y}$$

易知 $\hat{\beta}_j$ 是相互独立正态随机变量 $Y_1, Y_2, \cdots, Y_n$ 的线性组合. 所以 $\hat{\beta}_j$ 也服从正

态分布，由式(8.27)和式(8.28)可知

$$E(\hat{\beta}_j)=\beta_j,\qquad D(\hat{\beta}_j)=c_{jj}\sigma^2$$

其中 c_{jj} 是阵矩 $\boldsymbol{C}=\boldsymbol{A}^{-1}$ 的主对线上的第 j 个元素. 要注意，这里是从第零个起算的. 于是

$$\hat{\beta}_j\sim N(\beta_j,c_{jj}\sigma^2)$$

$$U=\frac{\hat{\beta}_j-\beta_j}{\sqrt{c_{jj}\sigma^2}}\sim N(0,1)$$

而
$$\frac{1}{\sigma^2}Q_{\text{剩}}\sim\chi^2(n-m-1)$$

还可证明 $\hat{\beta}_j$ 与 $Q_{\text{剩}}$ 是相互独立的. 故在 H_0 成立的条件下，有

$$T=\frac{\hat{\beta}_j}{\sqrt{c_{jj}}\sqrt{Q_{\text{剩}}/(n-m-1)}}\sim t(n-m-1)\tag{8.29}$$

给定显著性水平 α，查 t 分布表得 $t_{\alpha/2}(n-m-1)$，由样本值算得 T 的数值，若

$$|T|\geqslant t_{\alpha/2}(n-m-1)$$

则拒绝 H_0，即认为 β_j 和零有显著的差异；若

$$|T|<t_{\alpha/2}(n-m-1)$$

则接受 H_0，即认为 β_j 显著地等于零.

由于
$$E\left[\frac{1}{\sigma^2}Q_{\text{剩}}\right]=n-m-1$$

故
$$\hat{\sigma}^{*2}=\frac{1}{n-m-1}Q_{\text{剩}}$$

是 σ^2 的无偏估计. 式(8.29)可简写为

$$T=\frac{\hat{\beta}_j}{\sqrt{c_{jj}}\hat{\sigma}^*}\sim t(n-m-1)$$

其中
$$\hat{\sigma}^*=\sqrt{\hat{\sigma}^{*2}}$$

8.3.7 预测

对于线性回归模型

$$\begin{cases}Y=\beta_0+\beta_1x_1+\cdots+\beta_mx_m+\varepsilon\\ \varepsilon\sim N(0,\sigma^2)\end{cases}$$

当求得 β 的最小二乘估计 $\hat{\beta}$ 后，就可以建立回归方程

$$\hat{Y}=\hat{\beta}_0+\hat{\beta}_1x_1+\cdots+\hat{\beta}_mx_m$$

若经上述两种检验后，回归方程及回归系数都显著，则可利用回归方程 Y 作预测. 给定自变量 $x_1,x_2,\cdots,x_m$ 的任意一组值 $x_{01},x_{02},\cdots,x_{0m}$，由回归方程可得到对应的 Y_0 的预测量 $\hat{Y}_0$，即

$$\hat{Y}_0 = \hat{\beta}_0 + \hat{\beta}_1 x_{01} + \hat{\beta}_2 x_{02} + \cdots + \hat{\beta}_m x_{0m}$$

设 $\boldsymbol{x}_0 = (1, x_{01}, x_{02}, \cdots, x_{0m})^{\mathrm{T}}$，则上式可以写为

$$\hat{Y}_0 = \boldsymbol{x}_0^{\mathrm{T}} \hat{\boldsymbol{\beta}}$$

令 $Z = Y_0 - \boldsymbol{x}_0^{\mathrm{T}}\hat{\boldsymbol{\beta}}$，因为 Y_0 服从正态分布 $N(\boldsymbol{x}_0^{\mathrm{T}}\boldsymbol{\beta}, \sigma^2)$，且 $Y_0, Y_1, \cdots, Y_n$ 相互独立，从而 Z 服从正态分布. 又因为 $Q = \sum_{i=1}^{n}(Y_i - \hat{Y}_i)^2$ 与 $\hat{\beta}$ 独立，故知 Z 与 Q 独立.

从而

$$E(Z) = E(Y_0) - E(\boldsymbol{X}_0^{\mathrm{T}}\hat{\boldsymbol{\beta}}) = \boldsymbol{x}_0^{\mathrm{T}}\boldsymbol{\beta} - \boldsymbol{x}_0^{\mathrm{T}}\boldsymbol{\beta} = 0$$

$$D(Z) = D(Y_0 - \boldsymbol{x}_0^{\mathrm{T}}\hat{\boldsymbol{\beta}}) = D(Y_0) + D(\boldsymbol{x}_0^{\mathrm{T}}\hat{\boldsymbol{\beta}}) =$$

$$\sigma^2 + \sigma^2 \boldsymbol{x}_0^{\mathrm{T}}(\boldsymbol{X}^{\mathrm{T}}\boldsymbol{X})^{-1}\boldsymbol{x}_0 = \sigma^2[1 + \boldsymbol{x}_0^{\mathrm{T}}(\boldsymbol{X}^{\mathrm{T}}\boldsymbol{X})^{-1}\boldsymbol{x}_0]$$

故

$$Z \sim N(0, \sigma^2[1 + \boldsymbol{x}_0^{\mathrm{T}}(\boldsymbol{X}^{\mathrm{T}}\boldsymbol{X})^{-1}\boldsymbol{x}_0])$$

又因 $\dfrac{Q}{\sigma^2} \sim \chi^2(n-m-1)$

从而统计量

$$T = \frac{Z}{[1 + \boldsymbol{x}_0^{\mathrm{T}}(\boldsymbol{X}^{\mathrm{T}}\boldsymbol{X})^{-1}\boldsymbol{x}_0]^{1/2}} \cdot \frac{\sqrt{n-m-1}}{\sqrt{Q}} \sim t(n-m-1)$$

对于给定的显著性水平 α，查 t 分布表得临界值 $t_{\alpha/2}(n-m-1)$，使得

$$P\{|T| < t_{\alpha/2}(n-m-1)\} = 1-\alpha$$

由此得到，在显著性水平 α 下 Y_0 的预测区间为 $(\hat{Y}_{01}, \hat{Y}_{02})$，其中

$$\hat{Y}_{01} = \boldsymbol{x}_0^{\mathrm{T}}\hat{\boldsymbol{\beta}} - t_{\alpha/2}(n-m-1)\sqrt{\frac{Q}{n-m-1}}[1 + \boldsymbol{x}_0^{\mathrm{T}}(\boldsymbol{X}^{\mathrm{T}}\boldsymbol{X})^{-1}\boldsymbol{x}_0]^{\frac{1}{2}}$$

$$\hat{Y}_{02} = \boldsymbol{x}_0^{\mathrm{T}}\hat{\boldsymbol{\beta}} + t_{\alpha/2}(n-m-1)\sqrt{\frac{Q}{n-m-1}}[1 + \boldsymbol{x}_0^{\mathrm{T}}(\boldsymbol{X}^{\mathrm{T}}\boldsymbol{X})^{-1}\boldsymbol{x}_0]^{\frac{1}{2}}$$

习　题　八

1. 在镁合金 X 光探伤中，为寻求透视电压 u 与透视厚度 l 的关系，做了 5 次试验，得数据为

l/mm	8	16	20	34	54
u/kV	45	52.5	55	62.5	70

求 l 关于 u 的一元线性回归方程并检验回归方程的显著性($\alpha = 0.05$).

2. 某医院用光电比色计检验尿汞时，得到尿汞含量与消光因数读数的结果如下：

尿汞含量 $x/(\mathrm{mg} \cdot \mathrm{l}^{-1})$	2	4	6	8	10
消光因数 y	64	138	205	285	360

求 x 关于 y 的线性回归方程并检验回归方程的显著性($\alpha = 0.05$).

3. 设(x,Y)服从一元正态回归模型，有下列观测值：

x	−2.0	0.6	1.4	1.3	0.1	−1.6	−1.7	0.7	−1.8	−1.1
Y	−6.1	−0.5	7.2	6.9	−0.2	−2.1	−3.9	3.8	−7.5	−2.1

(1) 求 x 关于 Y 的线性回归方程；

(2) 求相关系数，并检验回归方程的显著性；

(3) 当 $x=0, 1-\alpha=0.95$ 时，求 Y 的预测区间；

(4) 若要求 $|Y|<4$，x 应控制在何范围内？

4. 证明复相关系数在一元情形有如下等价表达式：

(1) $\gamma=\sum\limits_{i=1}^{n}(x_i-\bar{x})(Y_i-\bar{Y})/\{\sum\limits_{i=1}^{n}(x_i-\bar{x})^2\sum\limits_{i=1}^{n}(Y_i-\bar{Y})^2\}^{1/2}$

(2) $\gamma=\{\sum\limits_{i=1}^{n}(\hat{Y}_i-\bar{Y})^2/\sum\limits_{i=1}^{n}(Y_i-\bar{Y})^2\}^{1/2}$

5. 槲寄生是一种寄生在树上部树枝上的寄生植物，它喜欢寄生在年轻的树上．下面给出在一定条件下完成的试验中采集的数据．

(1) 作出(x_i, y_i)的散点图；

(2) 令 $Z_i=\ln y_i$，作出(x_i, Z_i)的散点图；

(3) 以模型 $y=ae^{bx}\varepsilon, \ln\varepsilon\sim N(0,\sigma^2)$ 拟合数据，其中 a,b,σ^2 与 x 无关，试求曲线回归方程 $\hat{y}=\hat{a}e^{\hat{b}x}$．

x/年	3	3	3	4	4	4	9	9	9	15	15	15	40	40
y/株	28	23	22	10	36	24	15	22	10	6	14	9	1	1

其中 x 表示大树的年龄；y 表示每株大树上槲寄生的株数．

6. 某矿脉中13个相邻样本点处，某种伴生金属的含量数据如下表：

序号	距离 x/m	含量 y	序号	距离 x/m	含量 y
1	2	106.42	8	11	110.59
2	3	108.20	9	14	110.60
3	4	109.58	10	15	110.90
4	5	109.50	11	16	110.76
5	7	110.00	12	18	111.00
6	8	109.93	13	19	111.20
7	10	110.49			

试建立回归方程(已知 y 与 x 有经验公式 $\dfrac{1}{y}=a+\dfrac{b}{x}$)．

7. 根据经验知，某市货运量 $y(10^6\ \mathrm{t})$ 与该市工业总产值 x_1（亿元）及农业总产值 x_2（亿元）有关，当规划部门制定了工农业总产值目标后需要预测货运量，为此要建立 y 关于 x_1，x_2 的回归方程. 现收集了 10 组数据，见下表. 请根据这些数据建立 y 关于 x_1，x_2 的线性回归方程，并对回归方程作出显著性检验.

x_1	20.5	21.2	22.8	18.2	20.3	21.8	25.2	30.7	36.1	44.3
x_2	19.8	20.4	21.1	23.6	24.9	26.7	28.9	31.3	35.8	38.2
y	7.8	8.6	8.7	7.9	8.4	8.9	10.4	11.6	13.9	15.8

8. 某种化工产品的得率 y 与反应温度 x_1，反映时间 x_2 及某反应物浓度 x_3 有关. 设对于给定的 x_1，x_2，x_3，得率 y 服从正态分布且方差与 x_1，x_2，x_3 无关. 今得试验结果如下表所示，其中 x_1，x_2，x_3 均为二水平且均以编码形式表达.

x_1	-1	-1	-1	-1	1	1	1	1
x_2	-1	-1	1	1	-1	-1	1	1
x_3	-1	1	-1	1	-1	1	-1	1
得率	7.6	10.3	9.2	10.2	8.4	11.1	9.8	12.6

(1) 设 $y(x_1, x_2, x_3) = b_0 + b_1 x_1 + b_2 x_2 + b_3 x_3$，求 y 的多元线性回归方程.

(2) 若认为反应时间不影响得率，即认为 $y(x_1, x_2, x_3) = \beta_0 + \beta_1 x_1 + \beta_3 x_3$，求 y 的多元线性回归方程.

第9章　随机过程的基本概念与基本类型

§9.1　基本概念

在概率论中我们学习了随机变量、随机向量，即多维随机变量的知识，主要涉及有限个随机变量．在概率论的极限理论中，涉及了无穷多个随机变量，但它们之间是相互独立的．本章及后面两章中将研究无穷多个、相互有关的随机变量，称为随机过程．

随机过程的历史可以追溯到20世纪初吉布斯(Gibbs)、玻耳兹曼(Boltzman)和庞加莱(Poincare)等人在统计力学中的研究工作，以及后来爱因斯坦(Einstein)、维纳(Wiener)、列维(Levy)等人对布朗(Brown)运动的研究．整个学科的理论基础是由柯尔莫哥洛夫和杜布(Duob)奠定的，并由此进入了随机过程理论与应用研究的蓬勃发展阶段．

定义9.1　设对每一个参数$t\in T$，$X(t,\omega)$是一个随机变量，称随机变量族$X_T=\{X(t,\omega),t\in T\}$为一随机过程(Stochastic Process)或随机函数．其中$T\subset \mathbf{R}$是实数集，称为指标集，$\omega\in\Omega$，Ω为样本空间．

用映射来表示X_T，

$$X(t,\omega):\quad T\times\Omega\longrightarrow R$$

即$X(\cdot,\cdot)$是定义在$T\times\Omega$上的二元单值函数．

固定$t\in T$，$X(t,\cdot)$是定义在样本空间Ω上的函数，即为一个随机变量．对于$\omega\in\Omega$，$X(\cdot,\omega)$(t在T中顺序变化)是参数$t\in T$的一般函数，通常称$X(\cdot,\omega)$为样本函数，或称为随机过程的一个实现，也可说是一条轨道，$X(t,\omega)$简记为$X(t)$或X_T．

参数$t\in T$一般表示时间或空间，常用的参数集T有3种：① $T_1=\{0,1,2,\cdots\}$；② $T_2=\{\cdots,-2,-1,0,1,2,\cdots\}$；③ $T_3=[a,b]$，其中a可以取$-\infty$或0，b可取$+\infty$．当T取可列集(T_1或T_2)时，通常称X_T为随机序列．$X_T(t\in T)$可能取值的全体集合称为状态空间，记作S，S中的元素称为状态．

下面给出常见随机过程的例子．

例9.1　质点在直线上的随机游动．设一个质点在时刻$t=0$时处于位置a(整数)，以后每隔单位时间，分别以概率p及$q=1-p$向正的或负的方向随机游动一个单位，以 X_n 记质点在时刻 $t=n$ 的位置．固定 n，X_n 是随机变量，考虑 n 不同时，$\{X_n, n\geqslant 0\}$ 是一个随机序列，状态空间 $S=\{\cdots,-n,\cdots,0,\cdots,n,\cdots\}$.

例 9.2 排队模型．顾客来到服务站要求服务，当服务站中的服务员都忙碌时，即当服务员都在为别的顾客服务时，来到的顾客就要排队等待服务．由于顾客的到来一般是随机的，每个顾客所需的服务时间也是随机的，用 $X(t)$ 表示 t 时刻的队长，$Y(t)$ 表示 t 时刻到来的顾客所需的等待时间，则 $\{X(t), t\in T\}$，$\{Y(t), t\in T\}$ 都是随机过程，$\{X(t), t\in T\}$ 的状态空间为 $S=\{0,1,2,\cdots\}$，$\{Y(t), t\in T\}$ 的状态空间 $S=(0,+\infty)$.

例 9.3 $X(t)=a\cos(\omega t+\Theta)$，$t\in(-\infty,+\infty)$ (9.1)

考虑式 9.1 中 a 和 ω 是正常数，Θ 是在 $(0,2\pi)$ 上服从均匀分布的随机变量．

显然对每一个固定的时刻 $t=t_1$，$X(t_1)=a\cos(\omega t_1+\Theta)$ 是一个随机变量，因而由式(9.1) 确定的 $X(t)$ 是一个随机过程，通常称为随机相位正弦波，它的状态空间是 $S=[-a, a]$. 在 $(0,2\pi)$ 内随机地取一个数 θ_i，相应地得到这个随机过程的一个样本函数，即

$$x_i(t)=a\cos(\omega t+\theta_i),\quad \theta_i\in(0, 2\pi)$$

在图 9.1 中画出了这个随机过程的两条样本曲线.

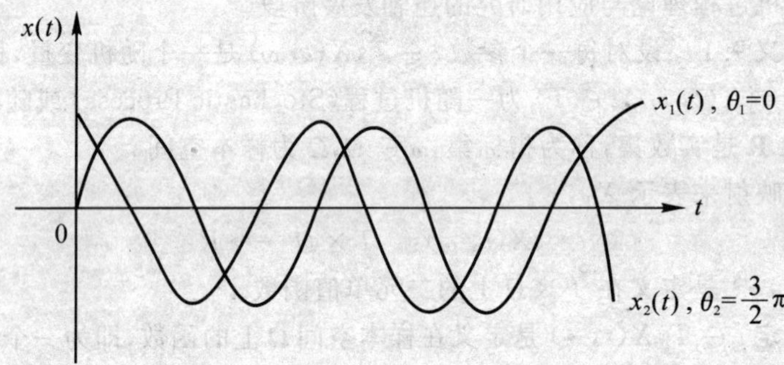

图 9.1 样本曲线

例 9.4 布朗运动．英国植物学家布朗注意到漂浮在液面上的微小粒子，不断地进行着杂乱无章的运动，后来这种运动就称为布朗行动．从统计物理学的观点来看，粒子的运动是由于受到大量随机的、相互独立的分子碰撞的结果．如用 $(X(t),Y(t))$ 表示 t 时刻粒子的位置，由于运动是杂乱无章的，$X(t)$ 和 $Y(t)$ 都是随机变量，则描写粒子位置的 $(X(t),Y(t))$ 就是一个随机过程．

工程技术中有很多随机现象．例如，地震的波幅，结构物承受的风荷载，时间间隔 $(0,t]$ 内船舶甲板“上浪”的次数，通讯系统和自控系统中的各种噪

声和干扰，以及生物群体的生长等等变化过程都可用随机过程这一数学模型来描绘．不过，这些随机过程都不能像随机相位正弦波那样，很方便、很具体地用时间和随机变量的关系式表示出来，其主要原因是由于自然界和社会产生随机因素的机理极为复杂，甚至是不可能被观察到的．因而，对于这样的随机过程，一般来说，只有通过分析由观察所得到的样本函数，才能掌握它们随时间变化的统计规律性.

随机过程的不同描述方式在本质上是一致的．在理论分析时，往往以随机变量族的描述方式为出发点，而在实际测量和数据处理中往往采用样本函数族的描述方式，这两种描述方式在理论和实际方面互为补充.

§9.2　随机过程的统计描述

9.2.1　有限维分布与柯尔莫哥洛夫定理

随机变量的分布函数刻画了随机变量取值的规律，而随机过程在任一时刻的状态是随机变量，由此可以利用随机变量(一维或多维)的统计描述方法来描述随机过程的统计特性.

给定随机过程$\{X(t),t\in T\}$，对于每一个固定的$t\in T$，随机变量$X(t)$的分布函数一般与t有关，记为

$$F_X\{x,t\}=P\{X(t)\leqslant x\},\quad x\in\mathbf{R}$$

称为随机过程$\{X(t),t\in T\}$的一维分布函数，而$\{F_X(x,t),t\in T\}$则称为一维分布函数族.

一维分布函数族刻画了随机过程在各个时刻的统计特性．为了描述随机过程在不同时刻状态之间的统计联系，一般可对任意$n(n=2,3,\cdots)$个不同的时刻$(t_1,t_2,\cdots,t_n)\in T$，引入$n$维随机变量$(X(t_1),X(t_2),\cdots,X(t_n))$，它的分布函数记为

$$\begin{aligned}&F_X(x_1,x_2,\cdots,x_n;t_1,t_2,\cdots,t_n)=\\&\quad P\{X(t_1)\leqslant x_1,X(t_2)\leqslant x_2,\cdots,X(t_n)\leqslant x_n\}\\&\quad x_i\in\mathbf{R},\quad i=1,2,\cdots,n\end{aligned}$$

对于固定的n，称$\{F_X(x_1,\cdots,x_n;t_1,\cdots,t_n),t_i\in T\}$为随机过程$\{X(t),t\in T\}$的$n$维分布函数族.

随机过程$\{X(t),t\in T\}$的一维分布，二维分布，…，n维分布等等，其全体$\{F_X(x_1,\cdots,x_n;t_1,\cdots,t_n),t_1,\cdots,t_n\in T,n\geqslant 1\}$称为随机过程$\{X(t),t\in T\}$的有限维分布族.

当n充分大时，n维分布函数族能近似地描述随机过程的统计特性，显然，

n 取得愈大，则 n 维分布函数族描述随机过程的特性也愈完善．不难看出，一个随机过程的有限维分布族具有下述两个特性．

性质 9.1 对称性． 对$(1,2,\cdots,n)$ 的任意排列$(j_1,j_2,\cdots j_n)$，有

$$F_X(x_{j_1},\cdots,x_{j_n};\ t_{j_1},\cdots,t_{j_n}) = P\{X(t_{j_1})\leqslant x_{j_1},\cdots,X(t_{j_n})\leqslant x_{j_n}\} = P\{X(t_1)\leqslant x_1,\cdots,X(t_n)\leqslant x_n\} = F_X(x_1,\cdots,x_n;\ t_1,\cdots,t_n)$$

性质 9.2 相容性． 对 $m<n$，有

$$F_X(x_1,\cdots x_m,\infty,\cdots,\infty;\ t_1,\cdots,t_m,\cdots,t_n) = F_X(x_1,\cdots,x_m;\ t_1,\cdots,t_m)$$

一个有趣的结论是下面的柯尔莫哥洛夫定理，由于证明复杂，这里从略．

定理 9.1 设分布函数族$\{F_X(x_1,\cdots,x_n;\ t_1,\cdots,t_n\in T,n\geqslant 1)\}$ 满足上述的对称性和相容性，则必存在一个随机过程$\{X(t),\ t\in T\}$，使

$$\{F_X(x_1,\cdots,x_n;\ t_1,\cdots,t_n),t_1,\cdots,t_n\in T,\ n\geqslant 1\}$$

恰好是 $X(t)$ 的有限维分布函数族，即

$$F(x_1,x_2,\cdots,x_n;\ t_1,t_2,\cdots,t_n) = P\{X(t_1)\leqslant x_1,\ X(t_2)\leqslant x_2,\ \cdots,\ X(t_n)\leqslant x_n\}$$

9.2.2 随机过程的数字特征

随机过程的分布函数族能完善地刻画随机过程的统计特性，但在实际中，人们往往只能得到随机过程的部分资料(样本)，用它来确定有限维分布族是困难的，甚至是不可能的，因而有必要引入随机过程的数字特征．

1. *均值函数*

随机过程$\{X(t),\ t\in T\}$ 的均值函数定义为(以下均假定右端存在)

$$\mu_X(t) \overset{\text{def}}{=\!=} E[X(t)] \tag{9.2}$$

2. *均方值函数和方差函数*

随机过程$\{X(t),\ t\in T\}$ 的二阶原点矩和二阶中心矩如果存在，分别记作

$$\Psi_X^2(t) = E[X^2(t)] \tag{9.3}$$

和

$$\sigma_X^2(t) = D_X(t) = \mathrm{Var}[X(t)] = E[(X(t)-\mu_X(t))^2] \tag{9.4}$$

分别称为随机过程$\{X(t),\ t\in T\}$ 的均方值函数和方差函数．方差函数的算术平方根 $\sigma_X(t)$ 称为随机过程的标准差函数，它表示随机过程$\{X(t),\ t\in T\}$ 在 t 时刻对于均值 $\mu_X(t)$ 的平均偏离程度．

3. *协方差函数*

设任意的 $t_1,t_2\in T$，把随机变量 $X(t_1)$ 和 $X(t_2)$ 的二阶混合中心矩记作

$$C_X(t_1,t_2) = \mathrm{cov}[X(t_1),X(t_2)] =$$

$$E[X(t_1)-\mu_X(t_1)][X(t_2)-\mu_X(t_2)] \tag{9.5}$$

并称为随机过程$\{X(t), t\in T\}$的协方差函数.

4. 相关函数

随机过程$\{X(t), t\in T\}$的相关函数定义为

$$\rho_X(t_1,t_2) \xlongequal{\text{def}} \frac{C_X(t_1,t_2)}{\sqrt{\sigma_X^2(t_1)\sigma_X^2(t_2)}} = \frac{C_X(t_1,t_2)}{\sigma_X(t_1)\sigma_X(t_2)} \tag{9.6}$$

由多维随机变量数字特征的知识可知,协方差函数和相关函数是刻画随机过程自身在两个不同时刻的状态之间统计依赖关系的数字特征.

例 9.5　设 A,B 是两个随机变量,试求随机过程$\{X(t)=At+B, t\in T=(-\infty,+\infty)\}$的均值函数、方差函数和相关函数.如果$A,B$相互独立,且$A\sim N(0,1)$,$B\sim U(0,2)$,问$X(t)$的均值函数、方差函数和相关函数又是怎样?

解　$X(t)$的均值函数、方差函数和相关函数分别为

$$\mu_X(t)=E[X(t)]=E(At+B)=tEA+EB$$

$$\begin{aligned}\sigma_X^2(t)=&E[X(t)]^2-[E[X(t)]]^2=\\&E(At+B)^2-(tEA+EB)^2=\\&t^2E(A^2)+2tE(AB)+E(B^2)-t^2(EA)^2-2tEAEB+(EB)^2=\\&t^2[E(A^2)-(EA)^2]+2t[E(AB)-EAEB]+E(B^2)-(EB)^2=\\&t^2D(A)+2t\mathrm{cov}(A,B)+D(B)\end{aligned}$$

$$\begin{aligned}C_X(t_1,t_2)=&E[X(t_1)X(t_2)]-\mu_X(t_1)\mu_X(t_2)=\\&E[(At_1+B)(At_2+B)]-(t_1EA+EB)(t_2EA+EB)=\\&t_1t_2EA^2+t_1E(AB)+t_2E(AB)+EB^2-\\&t_1t_2(EA)^2-t_2EAEB-t_1EAEB-(EB)^2=\\&t_1t_2D(A)+t_1\mathrm{cov}(A,B)+t_2\mathrm{cov}(A,B)+D(B)\end{aligned}$$

$$\begin{aligned}\rho_X(t_1,t_2)=&\frac{C_X(t_1,t_2)}{\sigma_X(t_1)\sigma_X(t_2)}=\\&\frac{t_1t_2D(A)+(t_1+t_2)\mathrm{cov}(A,B)+D(B)}{\sqrt{[t_1^2D(A)+2t_1\mathrm{cov}(A,B)+D(B)][t_2^2D(A)+2t_2\mathrm{cov}(A,B)+D(B)]}}\end{aligned}$$

当$A\sim N(0,1)$时,$E(A)=0$,$D(A)=1$;当$B\sim U(0,2)$时,$E(B)=1$,$D(B)=\frac{1}{12}\times(2^2-0^2)=\frac{1}{3}$,又因$A,B$独立,故$\mathrm{cov}(A,B)=0$,所以

$$\mu_X(t)=1+t,\quad \sigma_X^2(t)=t^2+\frac{1}{3}$$

$$C_X(t_1,t_2)=t_1t_2+\frac{1}{3}$$

$$\rho_X(t_1,t_2)=\frac{t_1t_2+\frac{1}{3}}{\sqrt{\left(t_1^2+\frac{1}{3}\right)\left(t_2^2+\frac{1}{3}\right)}}$$

例 9.6 求随机相位正弦波(例 9.2)的均值函数、方差函数和相关函数.

解 由于 Θ 服从$[0,2\pi]$上的均匀分布,则 Θ 的密度函数为

$$p(x)=\begin{cases}\frac{1}{2\pi}, & 0<\theta<2\pi\\ 0, & \text{其他}\end{cases}$$

由定义

$$\mu_X(t)=E[X(t)]=E[a\cos(\omega t+\Theta)]=\int_0^{2\pi}a\cos(\omega t+\theta)\frac{1}{2\pi}\mathrm{d}\theta=0$$

$$\sigma_X^2(t)=E[X(t)]^2=E[a\cos(\omega t+\Theta)]^2=a^2\int_0^{2\pi}\cos^2(\omega t+\theta)\frac{1}{2\pi}\mathrm{d}\theta=\frac{a^2}{2}$$

$$C_X(t_1,t_2)=E[X(t_1)X(t_2)]-E[X(t_1)]E[X(t_2)]=a^2\int_0^{2\pi}\cos(\omega t_1+\theta)\cos(\omega t_2+\theta)\frac{1}{2\pi}\mathrm{d}\theta=\frac{a^2}{2}\cos\omega(t_2-t_1)$$

$$\rho_X(t_1,t_2)=\frac{C_X(t_1,t_2)}{\sigma_X(t_1)\sigma_X(t_2)}=\frac{\frac{a^2}{2}\cos\omega(t_2-t_1)}{\frac{a^2}{2}}=\cos\omega(t_2-t_1)$$

§9.3 随机过程的基本类型

设 $X_T=\{X(t),\ t\in T\}$ 为随机过程,按其概率特征,分类如下.

1. 独立增量过程(Process with Independent Increments)

定义 9.2 对 $t_1<t_2<\cdots<t_n,t_i\in T,1\leqslant i\leqslant n$,若增量

$$X(t_1),X(t_2)-X(t_1),X(t_3)-X(t_2),\cdots,X(t_n)-X(t_{n-1})$$

相互独立,则称$\{X(t),\ t\in T\}$为独立增量过程.若对一切 $0\leqslant s<t$,增量 $X(t)-X(s)$ 的分布只依赖于 $t-s$,则称 X_T 有平稳增量.有平稳增量的独立增量过程简称为独立平稳增量过程.

常见的泊松(Poisson)过程和维纳(Wiener)过程就是两个最简单,也是最重要的独立平稳增量过程.

2. 马氏过程(Markov Process)

粗略地说，一个随机过程，若已知现在的 t 状态 X_t，那么将来状态 X_u $(u>t)$ 取值(或取某些状态)的概率与过去状态 $X_s(s<t)$ 取值无关；或更简单地说，已知现在、将来与过去无关(条件独立)，则称此性质为马尔可夫性(无后效性或简称为马氏性)，具有这种马氏性的过程称为马氏过程，精确定义见定义 9.3.

定义 9.3　若随机过程 $\{X_t,\ t\in T\}$ 对任意 $t_1<t_2<\cdots<t_n<t,x_i$，$1\leqslant i\leqslant n$ 及 $A\subset\mathbf{R}$，总有

$$P\{X_t\in A\mid X_{t_1}=x_1,X_{t_2}=x_2,\cdots,X_{t_n}=x_n\}=P\{X_t\in A\mid x_{t_n}=x_n\}$$

则称此过程为马尔可夫过程.

称 $P(s,x;\ t,A)=P\{X_t\in A\mid x_s=x\},s<t$，为转移概率函数(Transition Probability Function).

X_t 的全体取值构成的集合记为 S，称为状态空间．对于马氏过程 $X_T=\{X_t,\ t\in T\}$，当 $S=\{1,2,3,\cdots\}$ 为可列无限集或有限集时，通常称为马氏链(马尔可夫链 Markov Chain). 样本函数是连续的马氏过程 $\{X_t,\ t\in[0,\infty)\}$ 称为扩散过程．泊松过程是一个最简单连续时间马氏链，而布朗运动则是一个最简单的扩散过程.

3. 平稳过程及二阶矩过程

定义 9.4　一个随机过程 $X_T=\{X(t),\ t\in T\}$，若对 $\forall\tau,t\in T,D(X(t))$ 存在，且 $E[X(t)]=\mu,\mathrm{cov}(X_t,\ X_{t+\tau})=R(\tau)$ 仅依赖于 τ，则称 X_T 为宽平稳过程，即它的协方差函数不随时间推移而改变.

定义 9.5　一个随机过程 $X_T=\{X(t),\ t\in T\}$，若对 $\forall t\in T,D[X(t)]$ 存在，则称为二阶矩过程.

定义 9.6　一个随机过程 $X_T=\{X(t),\ t\in T\}$，若对 $\forall t_1,t_2,\cdots,t_n\in T$ 及 $h>0$，$(X_{t_1},X_{t_2},\cdots,X_{t_n})$ 与 $(X_{t_1+n},X_{t_2+n},\cdots,X_{t_n+n})$ 有相同的联合分布，则称该过程为严平稳过程(Strictly Stationary Process). 严平稳过程的一切有限维分布对时间的推移保持不变，特别是 $X(t),X(s)$ 的二维分布只依赖于 $t-s$.

为了数学上的讨论方便，平稳过程(包括宽、严两种情况)的指标集 T 取为 $(-\infty,+\infty)$ 或全体整数(离散时间情形).

4. 更新过程(Renewal Process)

定义 9.7　设 $\{X_k,\ k\geqslant 1\}$ 为独立同分布的正的随机变量序列，对 $\forall t>0$，令 $S_0=0,S_n=\sum\limits_{k=1}^{n}X_k$，并定义

$$N(t)=\max\{n:\ n\geqslant 0,\ S_n\leqslant t\}$$

称 $\{N(t):\ t\geqslant 0\}$ 为更新过程.

$N(t)$ 可以解释为$[0,t]$内更换零件的个数，或来到系统的信号数，或来到“服务站”的“顾客”数等.

5. 点过程（或称计数过程）(Point Process)

定义 9.8 一个随机过程$\{N(A), A\subset T\}$是一点过程，若$N(A)$表示集合A中“事件”发生的总数，即它满足：

(1) 对$\forall A\subset T, N(A)$是一个取值为非负整数的随机变量($N(\varnothing)=0$)；

(2) 对$\forall A_1, A_2\subset T$，若$A_1\cap A_2=\varnothing$，则对每个样本有$N(A_1\cup A_2)=N(A_1)+N(A_2)$.

泊松过程是简单的点过程.

§9.4 泊松过程

9.4.1 定义与背景

泊松过程最早是由法国人泊松(Poisson)于1837年引入的，故得此名.

定义 9.9 一随机过程$\{N(t), t\geqslant 0\}$称为时齐泊松过程，若满足：

(1) $N(t)$是一个计数过程，且$N(0)=0$；

(2) $N(t)$是独立增量过程，即任取$0<t_1<t_2<\cdots<t_n, N(t_1), N(t_2)-N(t_1),\cdots, N(t_n)-N(t_{n-1})$相互独立；

(3) 增量平稳性，即$\forall s,t\geqslant 0, n\geqslant 0$,

$$P\{N(s+t)-N(s)=n\}=P\{N(t)=n\}$$

(4) 对任意$t>0$和充分小的$\Delta t>0$，有

$$\left.\begin{aligned}P\{N(t+\Delta t)-N(t)=1\}&=\lambda\Delta t+o(\Delta t)\\P\{N(t+\Delta t)-N(t)\geqslant 2\}&=o(\Delta t)\end{aligned}\right\}\tag{9.7}$$

其中$\lambda>0$(称为强度常数)，且$\lim\limits_{\Delta t\to 0}\dfrac{o(\Delta t)}{\Delta t}=0$.

时齐泊松过程有时称为泊松流，它是一种典型、简单、应用极其广泛的随机过程. $N(t)$可表示在$[0,t]$时间间隔内随机事件发生的件数，也可用于刻画“顾客流”、“粒子流”、“信号流”等的概率特性.

背景：考虑电话交换台在$[0,t]$内来到的呼叫次数，记为$N(t)$. 显然它是一个计数过程，若它是平稳独立增量过程，且在一个很短的时间间隔Δt内一次呼叫来到的概率与Δt成正比，一次以上呼叫来到的概率是Δt的高阶无穷小，则$\{N(t), t\geqslant 0\}$就是泊松过程.

对泊松过程有以下重要定理：

定理 9.2 若$\{N(t), t>0\}$为泊松过程，则对$\forall s, t\geqslant 0$，有

$$P\{N(t+s)-N(s)=k\}=\frac{(\lambda t)^k}{k!}\mathrm{e}^{-\lambda t},\quad k\in N \tag{9.8}$$

即 $N(t+s)-N(s)$ 服从参数为 λt 的泊松分布.

证明　由增量平稳性,记

$$P_n(t)=P\{N(t)=n\}=P\{N(s+t)-N(s)=n\}$$

先看 $n=0$ 的情形,因

$$\{N(t+h)=0\}=\{N(t)=0,\ N(t+h)-N(t)=0\},\quad h>0$$

故

$$P_0(t+h)=P\{N(t+h)=0\}=P\{N(t)=0,\ N(t+h)-N(t)=0\}=$$
$$P\{N(t)=0\}P\{N(t+h)-N(t)=0\}\quad(\text{增量独立})$$
$$P_0(t+h)=P_0(t)P_0(h)$$

另一方面,有

$$P_0(h)=P\{N(t+h)-N(t)=0\}=1-(\lambda h+o(h))$$

代入上式,有

$$\frac{P_0(t+h)-P_0(t)}{h}=-\left(\lambda P_0(t)+\frac{o(h)}{h}\right)$$

令 $h\to 0$,两边取极限,得

$$P_0'(t)=-\lambda P_0(t)$$

这是一阶线性常系数微分方程,由初始条件 $P_0(0)=P\{N(0)=0\}=1$,可得

$$P_0(t)=\mathrm{e}^{-\lambda t}$$

再看 $n>0$ 的情形,因

$$\{N(t+h)=n\}=\{N(t)=n,N(t+h)-N(t)=0\}\cup$$
$$\{N(t)=n-1,N(t+h)-N(t)=1\}\cup$$
$$\{\bigcup_{l=2}^{n}N(t)=n-l,N(t+h)-N(t)=l\}$$

故

$$P_n(t+h)=P_n(t)(1-\lambda h-o(h))+P_{n-1}(t)(\lambda h+o(h))+o(h)$$

化简可得

$$\frac{P_n(t+h)-P_n(t)}{h}=-\lambda P_n(t)+\lambda P_{n-1}(t)+\frac{o(h)}{h}$$

令 $h\to 0$,两边取极限,有

$$P_n'(t)=-\lambda P_n(t)+\lambda P_{n-1}(t)$$

且初始条件

$$P_n(0)=P\{N(0)=n\}=0$$

即

$$\frac{\mathrm{d}}{\mathrm{d}t}[\mathrm{e}^{\lambda t}P_n(t)]=\lambda\mathrm{e}^{\lambda t}P_{n-1}(t)$$

当 $n=1$ 时

$$\frac{\mathrm{d}}{\mathrm{d}t}[\mathrm{e}^{\lambda t}P_1(t)]=\lambda$$

注意到初始条件 $P_1(0)=0$，可得

$$P_1(t)=(\lambda t)\mathrm{e}^{-\lambda t}$$

再用归纳法即有

$$P_n(t)=\frac{(\lambda t)^n}{n!}\mathrm{e}^{-\lambda t}$$

证毕.

为了应用方便给出以下等价定义.

定义 9.10 一个随机过程 $\{N(t),\ t\geqslant 0\}$ 称为参数是 λ 的时齐泊松过程，若满足：

(1) 是一计数过程，且 $N(0)=0$；

(2) 是独立增量过程；

(3) $\forall\, s,t>0$，$N(t+s)-N(s)$ 服从参数为 λt 的泊松分布，即

$$P\{N(t+s)-N(s)=n\}=\frac{(\lambda t)^n}{n!}\mathrm{e}^{-\lambda t},\quad n\geqslant 0$$

9.4.2 相邻时间间隔的分布

下面从过程的样本函数的特性来刻画泊松过程，从而揭示它与指数分布之间的内在联系.

设 $\{N(t),\ t\geqslant 0\}$ 是一个计数过程，$N(t)$ 表示在 $[0,t]$ 内事件发生(或“顾客”到达)的个数，令 $W_0=0$，W_n 表示第 n 个事件发生的时刻($n\geqslant 1$)，$T_n=W_n-W_{n-1}$ ($n\geqslant 1$) 表示第($n-1$)个事件与第 n 个事件发生的时间间隔，用式子表示为

$$W_0=0$$

$$W_n=\inf\{t:\ t>W_{n-1},N(t)=n\},\quad n\geqslant 1$$

注意，此时对 $t\geqslant 0$，下列事件等价.

$$\{N(t)\geqslant n\}=\{W_n\leqslant t\}$$

$$\{N(t)=n\}=\{W_n\leqslant t\leqslant W_{n+1}\}=\{W_n\leqslant t\}-\{W_{n+1}\leqslant t\}$$

因此，W_n 的分布函数

$$F_{W_n}(t)=P\{W_n\leqslant t\}=P\{N(t)\geqslant n\}=\begin{cases}0, & \text{当 } t<0 \text{ 时}\\ 1-\mathrm{e}^{-\lambda t}\left(\sum\limits_{k=0}^{n-1}\frac{(\lambda t)^k}{k!}\right), & \text{当 } t\geqslant 0 \text{ 时}\end{cases}$$

W_n 的密度函数为

$$p_{W_n}(t) = \frac{\lambda(\lambda t)^{n-1}}{(n-1)!}\mathrm{e}^{-\lambda t}I_{(t\geqslant 0)} \tag{9.9}$$

特别是当 $n=1$ 时,有

$$P\{T_1 \leqslant t\} = P\{W_1 \leqslant t\} = (1-\mathrm{e}^{-\lambda t})I_{(t\geqslant 0)}$$

即 $T_1 \sim \mathrm{e}(\lambda)$ 是参数为 λ 的指数分布. 那么 $T_2,\cdots,T_n,\cdots$ 如何呢?它们之间的关系又会怎样呢?我们有如下结论.

定理 9.3　计数过程 $\{N(t),\ t\geqslant 0\}$ 是泊松过程的充要条件是 $\{T_n:\ n\geqslant 1\}$ 独立同时服从参数为 λ 的指数分布.

因证明过程较长,本书从略.

由泊松过程的定义可知,对 $\forall\, t_2 > t_1 \geqslant 0$, $N(t_2)-N(t_1)\geqslant 0$,即 $N(t_2)\geqslant N(t_1)$,说明泊松过程的样本函数 $N(t)$ 是 t 的单调不减函数. 由 $\{N(t)=n\} = \{W_n \leqslant t < W_{n+1}\}$ 知 $N(t)$ 是跳跃函数,即当 $W_n \leqslant t < W_{n+1}$ 时,$N(t)=n$ 是一常数,而仅在 $t=W_n(n=1,2,\cdots)$ 处跳跃,且相邻的两次跳跃时间间隔 $\{T_n,\ n\geqslant 1\}$ 相互独立同指数分布(参数为 $\lambda>0$),这就为泊松过程的计算机模拟及其统计检验提供了理论基础与方法. 泊松过程的样本函数如图 9.2 所示.

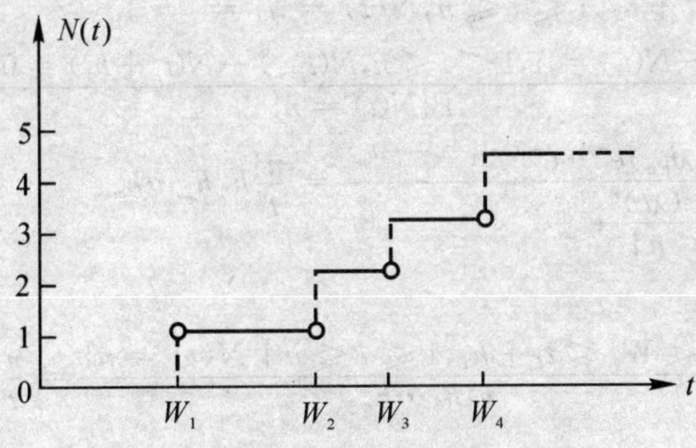

图 9.2　泊松过程的样本函数

9.4.3　到达时间的条件分布

这里讨论给定 $N(t)=n$ 的条件下,$W_1,W_2,\cdots,W_n$ 的条件分布、有关性质及其应用.

定理 9.4　设 $\{N(t),\ t\geqslant 0\}$ 是泊松过程,则对 $\forall\, 0<s<t$,有

$$P\{W_1 \leqslant s \mid N(t)=1\} = \frac{s}{t} \tag{9.10}$$

证明

$$P\{W_1 \leqslant s \mid N(t)=1\} = \frac{P\{W_1 \leqslant s,\ N(t)=1\}}{P\{N(t)=1\}} =$$

$$\frac{P\{N(s)=1,\ N(t)-N(s)=0\}}{P\{N(t)=1\}}=$$

$$\frac{(\lambda s)\mathrm{e}^{-\lambda s}\mathrm{e}^{-\lambda(t-s)}}{(\lambda t)\mathrm{e}^{-\lambda t}}=\frac{s}{t}$$

这条定理说明，由于泊松过程具有平稳独立增量性，从而在$[0,t]$上有一事件发生的条件下，事件发生的时间W_1在$[0,t]$上是“等可能性的”，即它的条件分布是$[0,t]$上的均匀分布．接下来自然要问：① 这个性质是否可推广到$N(t)=n,n\geqslant 1$的情形？② 这个性质是否是泊松过程特有的？换句话说：本定理的逆命题是否成立？回答是肯定的．

定理 9.5 设$\{N(t),\ t\geqslant 0\}$为泊松过程，则事件相继发生的时间W_1，$W_2,\cdots,W_n$在给定$N(t)=n$的条件下的条件概率密度为

$$p(t_1,t_2,\cdots,t_n)=\begin{cases}\dfrac{n!}{t^n}, & 0<t_1<t_2<\cdots<t_n<t\\ 0, & \text{其他}\end{cases}$$

证明 对任意的$0=t_0<t_1<t_2<\cdots<t_n<t_{n+1}=t$，取$h_0=h_{n+1}=0$及充分小的$h_i$，使$t_i+h_i<t_{i+1}$，$1\leqslant i\leqslant n$，则

$$P\{t_i<W_i\leqslant t_i+h_i,1\leqslant i\leqslant n,N(t)=n\}=$$

$$\frac{P\{N(t_i+h_i)-N(t_i)=1,1\leqslant i\leqslant n,N(t_{j+1})-N(t_j+h_j)=0,1\leqslant j\leqslant n\}}{P\{N(t)=n\}}=$$

$$\frac{(\lambda h_1)\mathrm{e}^{-\lambda h_1}\cdots(\lambda h_n)\mathrm{e}^{-\lambda h_n}\mathrm{e}^{-\lambda(t-h_1-h_2-\cdots-h_n)}}{\dfrac{(\lambda t)^n}{n!}\mathrm{e}^{-\lambda t}}=\frac{n!}{t^n}h_1h_2\cdots h_n$$

因此

$$\frac{P\{t_i<W_i\leqslant t_i+h_i,1\leqslant i\leqslant n\mid N(t)=n\}}{h_1h_2\cdots h_n}=\frac{n!}{t^n}$$

所以

$$p(t_1,t_2,\cdots,t_n)=\begin{cases}\dfrac{n!}{t^n}, & 0<t_1<t_2<\cdots<t_n\leqslant t\\ 0,\text{其他}\end{cases}$$

本定理说明在$N(t)=n$的条件下$W_1,W_2,\cdots,W_n$的条件密度函数与n个在$[0,t]$上相互独立且同均匀分布的顺序统计量的密度函数相同．对问题(2)，即逆命题，有如下定理．

定理 9.6 设$\{N(t),\ t\geqslant 0\}$为计数过程，T_n为第n个事件同第$n-1$个事件的时间间隔，$\{T_n:n\geqslant 1\}$独立同分布$F(x)=P(T_n\leqslant x)$，若$F(0)=0$，且对$\forall\, 0\leqslant s\leqslant t$，有

$$P\{T_1\leqslant s\mid N(t)=1\}=\frac{s}{t}\quad(t>0)\tag{9.11}$$

则 $\{N(t),\ t \geqslant 0\}$ 为 Poisson 过程.

证明从略.

定理 9.7　设 $\{N(t),\ t > 0\}$ 为计数过程，$\{T_n,\ n \geqslant 1\}$ 为相继事件发生的时间间隔，独立同分布，$F(x) = P(T_n \leqslant x)$，若 $ET_n < \infty$，$F(0) = 0$，且对 $\forall n \geqslant 1, 0 \leqslant s \leqslant t$，有

$$P(W_n \leqslant s \mid N(t) = n) = \left(\frac{s}{t}\right)^n \quad (t > 0) \tag{9.12}$$

则 $\{N(t),\ t \geqslant 0\}$ 为 Poisson 过程.

证明从略.

例 9.7　设到达火车站的顾客流遵照参数为 λ 的泊松流 $\{N(t),\ t \geqslant 0\}$，火车 t 时刻离开车站，求在 $[0,t]$ 区间到达车站的顾客等待时间总和的期望值.

解　设第 i 个顾客到达火车站的时刻为 W_i，则 $[0,t]$ 区间到达车站的顾客等待时间总和为

$$S(t) = \sum_{i=1}^{N(t)} (t - W_i)$$

因

$$\begin{aligned} E(S(t) \mid N(t) = n) &= E\left\{\sum_{i=1}^{N(t)} (t - W_i) \mid N(t) = n\right\} = \\ &E\left[\sum_{i=1}^{n} (t - W_i) \mid N(t) = n\right] = \\ &nt - E\left[\sum_{i=1}^{n} W_i \mid N(t) = n\right] \end{aligned}$$

记 $\{Y_i,\ 1 \leqslant i \leqslant n\}$ 为 $[0,t]$ 上独立同分布的随机变量 $\{Y_{(i)},\ 1 \leqslant i \leqslant n\}$ 为次序统计量，则

$$E\left\{\sum_{i=1}^{n} W_i \mid N(t) = n\right\} = E\left(\sum_{i=1}^{n} Y_{(i)}\right) = E\left(\sum_{i=1}^{n} Y_i\right) = \frac{nt}{2}$$

故

$$E\left\{\sum_{i=1}^{n} (t - W_i) \mid N(t) = n\right\} = \frac{nt}{2}$$

所以

$$\begin{aligned} E[S(t)] &= \sum_{i=1}^{\infty} \left(P\{N(t) = n\} E\left[\sum_{i=1}^{N(t)} (t - W_i) \mid N(t) = n\right]\right) = \\ &\sum_{n=0}^{\infty} P\{N(t) = n\} \frac{nt}{2} = \frac{t}{2} E[N(t)] = \frac{\lambda t^2}{2} \end{aligned}$$

9.4.4　泊松过程的模拟、检验与参数估计

1. 模拟

由前面讨论可知，泊松过程的样本轨道是单调不减的跳跃函数，相邻两次的跳跃间隔 $T_n(n \geqslant 1)$ 独立同服从指数分布(参数 $\lambda > 0$). 因此，泊松过程的样本函数用下述步骤模拟：

(1) 产生[0,1] 上相互独立的同服从均匀分布的一列随机数，记为 $\{U_n, n \geqslant 1\}$；

(2) 令 $T_k = -\lambda^{-1}\ln U_k$($\lambda$ 为已给参数)，易证 $\{T_n: n \geqslant 1\}$ 是独立同服从指数分布的随机变量，并设 $W_0 = 0, W_n = \sum\limits_{k=1}^{n} T_k$；

(3) 定义 $N(t)$ 如下：$N(t) = 0$，如 $0 \leqslant t < W_1, \cdots, N(t) = n$，如 $W_n \leqslant t < W_{n+1}, \cdots$，如此继续下去，就得到 $\{N(t): t \geqslant 0\}$ 的一条轨道.

2. 检验

根据泊松过程的性质，要检验 $\{N(t), t \geqslant 0\}$ 是否是泊松过程，可转化为如下检验问题：

(1) 检验 $\{T_n: n \geqslant 1\}$ 是否独立同服从指数分布；

(2) $\forall t > 0$，检验 $N(t) = 1$ 下，$W_1 = T_1$ 是否是 $[0,t]$ 上的均匀分布；

(3) 给定 $T > 0$，检验 $N(T) = n$ 下，$W_1, W_2, \cdots, W_n$ 的条件分布是否与 $[0,T]$ 上 n 个独立均匀分布的顺序统计量的分布相同.

这里仅给出(3) 的具体检验方法.

提出统计假设 H_0：$\{N(t), t \geqslant 0\}$ 是泊松过程. 令 $V_n = \sum\limits_{k=1}^{n} W_k$，当 H_0 成立时，由定理 9.5 得

$$E\{V_n \mid N(T) = n\} = E\left\{\sum_{i=1}^{n} y_{(i)}\right\} = E\left\{\sum_{i=1}^{n} Y_i\right\} = \frac{nT}{2}$$

$$D\{V_n \mid N(T) = n\} = D\left\{\sum_{i=1}^{n} y_{(i)}\right\} = D\left\{\sum_{i=1}^{n} Y_i\right\} = \frac{nT^2}{12}$$

其中 $\{Y_i, 1 \leqslant i \leqslant n\}$ 独立同服从 $[0,t]$ 上的均匀分布，$Y_{(1)}, Y_{(2)}, \cdots, Y_{(n)}$ 为其顺序统计量，由中心极限定理，得

$$\lim_{n\to\infty} P\left\{\frac{V_n - \frac{n}{2}T}{\sqrt{\frac{n}{12}}T} \leqslant x \,\middle|\, N(T) = n\right\} = \lim_{n\to\infty} P\left\{\frac{\sum\limits_{i=1}^{n} Y_i - \frac{n}{2}T}{\sqrt{\frac{n}{12}}T} \leqslant x\right\} =$$

$$\Phi(x) = \frac{1}{\sqrt{2\pi}}\int_{-\infty}^{x} e^{-\frac{u^2}{2}} du$$

即对充分大的 n，有

$$P\left\{\frac{V_n}{T}\leqslant\frac{1}{2}\left[n+\left(\frac{n}{3}\right)^{\frac{1}{2}}x\right]\middle|N(T)=n\right\}\approx\Phi(x)$$

给定检验水平 $\alpha=0.05$，则当

$$\frac{V_n}{T}\in\frac{1}{2}\left[n\pm 1.96\times\left(\frac{n}{3}\right)^{\frac{1}{2}}\right]$$

时，接受原假设 H_0，否则拒绝 H_0. 此法的优点在于不要求 λ 已知.

3. 参数 λ 的估计

经上述检验后，如接受 H_0，则认为 $\{N(t),\ t\geqslant 0\}$ 为泊松过程，进而求由已有数据如何估计参数 λ.

(1) 极大似然估计：设 $\{N(t),\ t\geqslant 0\}$ 为泊松过程，给定 T，若在 $[0,T]$ 上观测到 $W_1,W_2,\cdots,W_n$ 的取值 $t_1,t_2,\cdots,t_n\leqslant T$，则似然函数为

$$L(t_1,t_2,\cdots,t_n,\lambda)=\lambda^n\mathrm{e}^{-\lambda T}$$

令 $\dfrac{\partial\ln L}{\partial\lambda}=0$，即得 λ 的极大似然估计为

$$\hat{\lambda}_L=\frac{n}{T}$$

注意：当 T 给定后，则落在 $[0,T]$ 上的个数 n 是随观测结果而定的.

(2) 区间估计：仅讨论固定 n 的情形，若 $\{N(t),\ t\geqslant 0\}$ 是泊松过程，则 $W_n=\sum\limits_{k=1}^{n}T_k$ 的概率密度函数为

$$p_n(t)=\begin{cases}\dfrac{\lambda^n}{\Gamma(n)}t^{n-1}\mathrm{e}^{-\lambda t}, & t>0\\ 0, & t\leqslant 0\end{cases}$$

因此 $2\lambda W_n$ 的概率密度函数为

$$g_n(t)=\begin{cases}\dfrac{1}{2^{\frac{2n}{2}}\Gamma\left(\dfrac{2n}{2}\right)}t^{\frac{2n}{2}-1}\mathrm{e}^{-\frac{t}{2}}, & t>0\\ 0, & t\leqslant 0\end{cases}$$

即 $2\lambda W_n\sim\chi^2(2n)$. 给定置信度 $1-\alpha$，则

$$P\left\{\chi^2_{1-\frac{\alpha}{2}}(2n)\leqslant 2\lambda W_n\leqslant\chi^2_{\frac{\alpha}{2}}(2n)\right\}=1-\alpha$$

故 λ 的置信度为 $1-\alpha$ 的置信区间为

$$\left[\frac{\chi^2_{1-\frac{\alpha}{2}}(2n)}{2W_n},\frac{\chi^2_{\frac{\alpha}{2}}(2n)}{2W_n}\right]$$

§9.5 马尔可夫链

本节讨论离散参数 $T=\{0,1,2,\cdots\}$，状态空间 $S=\{1,2,\cdots\}$ 可列的马尔可夫过程，通常称为马尔可夫链(Markov Chains)，简称马氏链.

马氏链最初由马尔可夫于1906年研究而得名，至今它的理论已发展得较为系统和深入．它在自然科学、工程技术及经济管理各领域中都有广泛的应用.

9.5.1 马尔可夫链的定义及一些例子

定义 9.11 随机序列 $\{X_n,\ n\geqslant 0\}$ 称为马尔可夫链．如果对任意 i_0，$i_1,\cdots,i_n,i_{n+1}\in S,n\in T$ 及 $P\{X_0=i_0,X_1=i_1,\cdots,X_n=i_n\}>0$，有

$$P\{X_{n+1}=i_{n+1}\mid X_0=i_0,X_1=i_1,\cdots,X_n=i_n\}=P\{X_{n+1}=i_{n+1}\mid X_n=i_n\} \tag{9.13}$$

式(9.13)称为马尔可夫性(或无后效性)，简称为马氏性.

定义 9.12 对任意 $i,j\in S,P\{X_{n+1}=j\mid X_n=i\}=p_{ij}(n)$ 称为 n 时刻的一步转移概率．若对任意 $i,j\in S,p_{ij}(n)=p_{ij}$，与 n 无关，$\{X_n,\ n\geqslant 0\}$ 则称为齐次马氏链，记作 $P=(p_{ij})$，称为 $\{X_n,\ n\geqslant 0\}$ 的一步转移概率矩阵，简称为转移矩阵．容易看出 $p_{ij}(i,j\in S)$ 具有性质

$$\begin{aligned}&(1)\qquad p_{ij}\geqslant 0\qquad (i,j\in S)\\&(2)\qquad \sum_{j\in S}p_{ij}=1\qquad (\forall\, i\in S)\end{aligned} \tag{9.14}$$

为直观理解马氏性的意义，设想一个质点在一条直线上的整数点上作随机运动，以 X_n 表示质点在 n 时刻的位置，$\{X_n=i\}$ 表示质点在 n 时刻处在第 i 状态(位置)这一事件．如果把 n 时刻视为“现在”，$0,1,\cdots,n-1$ 时刻视为“过去”，$n+1$ 时刻表示“将来”，那么式(9.13)表明在已知过去 $X_0=i_1,\cdots,X_{n-1}=i_{n-1}$ 及现在 $X_n=i_n$ 的条件下，质点将来 $n+1$ 时刻处于状态 i_{n+1} 的条件概率，只依赖于现在发生的事件 $\{X_n=i_n\}$，而与过去历史上曾发生过的事件无关．简言之，在已知“现在”的条件下，“将来”与“过去”是独立的．$p_{ij}(n)$ 表示质点在 n 时刻由状态 i 出发，于 $n+1$ 时刻转移到状态 j 的条件概率．而齐次性：$p_{ij}(n)=p_{ij}$ 表示此转移概率与 n 时刻无关.

例 9.8 0-1传输系统． 在如图9.3所示，只传输数字0和1的串联系统中，设每一级的传真率(输出与输入数字相同的概率称为系统的传真率，相反情形则称为误码率)为 p，误码率 $q=1-p$，并设一个单位时间传输一级，X_0 是第一级的输入，X_n 是第 n 级的输出($n\geqslant 1$)，那么 $\{X_n,n=0,1,2,\cdots\}$ 是

一个随机过程，状态空间 $S=\{0,1\}$，而且当 $X_n=i, i\in S$ 为已知时，X_{n+1} 所处的状态的概率分布只与 $X_n=i$ 有关，而与 n 时刻以前所处的状态无关，所以它是一个马氏链，而且还是齐次的，它的一步转移概率为

$$p_{ij}=P\{X_{n+1}=j \mid X_n=i\}=\begin{cases}p, & j=i\\ q, & j\neq i\end{cases}, \quad i,j=0,1$$

一步转移概率矩阵为

$$\boldsymbol{P}=\begin{pmatrix}p & q\\ q & p\end{pmatrix}$$

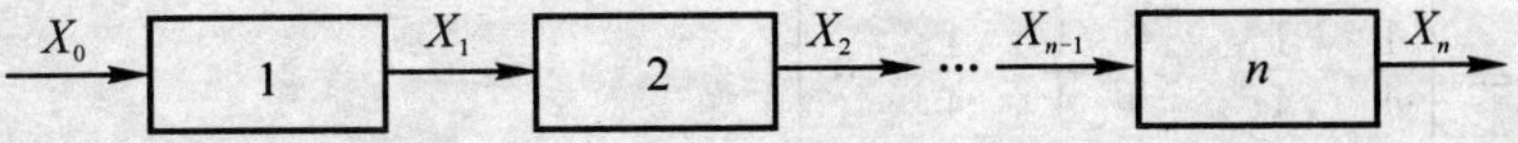

图　9.3

例 9.9　无限制的随机游动．设有一个质点在数轴上随机游动，每隔 1 个单位时间移动 1 次，每次只能向左或向右移动 1 个单位，或原地不动．设质点在 0 时刻的位置为 a，它向右移动的概率为 $p\geqslant 0$，向左移动的概率为 $q\geqslant 0$，原地不动的概率为 $r\geqslant 0(p+q+r=1)$，且各次移动相互独立．以 X_n 表示质点经 n 次移动后所处的位置，则 $\{X_n, n\geqslant 0\}$ 是一个马氏链，且 $p_{i,i+1}=p, p_{i,i-1}=q, p_{ii}=r$，其余 $p_{ij}=0$. 转移概率矩阵为

$$\boldsymbol{P}=\begin{pmatrix}q & r & p & 0 & & & \\ 0 & q & r & p & & & \\ & \ddots & \ddots & \ddots & & & \\ & & & q & r & p & 0\\ & & & 0 & q & r & p\end{pmatrix}$$

例 9.10　带吸收壁的随机游动．在例 9.9 中的随机游动限制在 $S=\{0,1,2,\cdots,b\}$ 内，当质点移动到状态 0 或 b 后，就永远停留在该位置，即 $p_{00}=p_{bb}=1$，其余 $p_{ij}(1\leqslant i,j\leqslant b-1)$ 同例 9.9，这时，序列 $\{X_n, n\geqslant 0\}$ 称为带两个吸收壁 0 和 b 的随机游动，是一个有限状态马氏链，其转移概率矩阵为

$$\boldsymbol{P}=\begin{pmatrix}1 & 0 & 0 & 0 & \cdots & 0 & 0 & 0\\ q & r & p & 0 & \cdots & 0 & 0 & 0\\ 0 & q & r & p & \cdots & 0 & 0 & 0\\ \vdots & \vdots & \vdots & \vdots & & \vdots & \vdots & \vdots\\ 0 & 0 & 0 & 0 & \cdots & q & r & p\\ 0 & 0 & 0 & 0 & \cdots & 0 & 0 & 1\end{pmatrix}$$

例 9.11 图上的简单随机游动．设有一只蚂蚁在图 9.4 上随机爬行，当两个结点相邻，蚂蚁将爬向邻近一点，并且爬向任何一个邻居的概率是相等的，用 X_n 表示 n 时刻蚂蚁所处的位置，则 $\{X_n: n \geqslant 0\}$ 是一个马氏链，其转移概率矩阵为

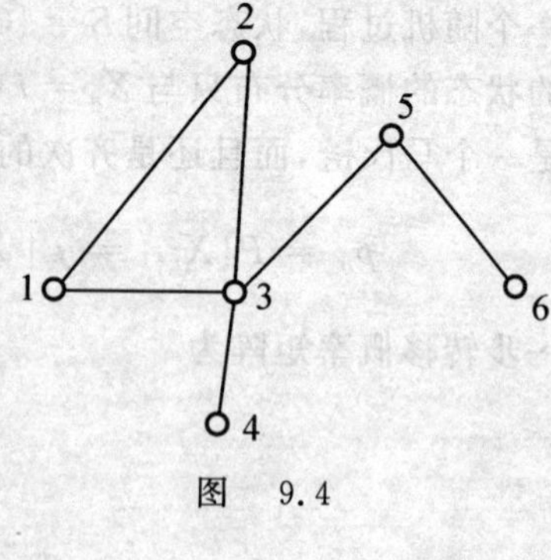

图 9.4

$$\boldsymbol{P} = \begin{pmatrix} 0 & \frac{1}{2} & \frac{1}{2} & 0 & 0 & 0 \\ \frac{1}{2} & 0 & \frac{1}{2} & 0 & 0 & 0 \\ \frac{1}{4} & \frac{1}{4} & 0 & \frac{1}{4} & \frac{1}{4} & 0 \\ 0 & 0 & 1 & 0 & 0 & 0 \\ 0 & 0 & \frac{1}{2} & 0 & 0 & \frac{1}{2} \\ 0 & 0 & 0 & 0 & 1 & 0 \end{pmatrix}$$

例 9.12 $M/G/1$ 排队系统．假设顾客依照参数为 λ 的泊松过程来到一个只有一名服务员的服务站，来客若发现服务员空闲就能够立刻得到服务，否则须排队等待直到轮到他为止．设每名顾客接受服务的时间是独立的随机变量，有共同的分布 G，而且与来到过程独立．这个系统称为 $M/G/1$ 排队系统，M 表示顾客来到的时间间隔，服从指数分布，G 表示服务时间的分布，1 表示只有一名服务员．

X_n 表示 n 个顾客到达服务台时系统内的顾客数（包括该顾客），T_n 表示第 n 个顾客的到达时刻．易证 $\{X_n, n \geqslant 1\}$ 为一个马氏链．下面计算它的转移概率．令

$$B = \{X_n = i,\ X_{n+1} = i + 1 - j\} \quad (i \geqslant 0,\ 0 \leqslant j \leqslant i)$$

$$A = \{X_n = i,\ 在(T_n,\ T_{n+1}] 时间内服务完 j 个顾客\}$$

由于各顾客的服务时间相互独立，且服从参数为 μ 的泊松分布，即

$$P\{在(0,t] 时间内服务完 j 个顾客\} = \frac{\mathrm{e}^{-\mu t}(\mu t)^j}{j!}$$

由此可得

$$P\{A \mid X_n = i\} = \int_0^{+\infty} P\{A \mid X_n = i,\ T_{n+1} - T_n = t\} \mathrm{d}G(t) =$$

$$\int_0^{+\infty} \mathrm{e}^{-\mu t} \frac{(\mu t)^j}{j!} \mathrm{d}G(t)$$

即

$$p_{i,i+1-j}=\int_0^{+\infty}\mathrm{e}^{-\mu t}\frac{(\mu t)^j}{j\,!}\mathrm{d}G(t),\quad 1\leqslant j\leqslant i,i\geqslant 0$$

$p_{i,0}$ 是服务台由有 i 个顾客转为空闲的概率,显然

$$p_{i,0}=\sum_{k=i+1}^{\infty}\int_0^{+\infty}\mathrm{e}^{-\mu t}\frac{(\mu t)^k}{k\,!}\mathrm{d}G(t)=\int_0^{+\infty}\sum_{k=i+1}^{\infty}\mathrm{e}^{-\mu t}\frac{(\mu t)^k}{k\,!}\mathrm{d}G(t),\quad i\geqslant 0$$

9.5.2　n 步转移概率, $c-k$ 方程

定义 9.13　(n 步转移概率) 条件概率

$$p_{ij}(n)=P\{X_{m+n}=j\mid X_m=i\}\quad (i,j\in S,m\geqslant 0,n\geqslant 1)\tag{9.15}$$

称为马氏链的 n 步转移概率,相应地

$$\boldsymbol{P}^{(n)}=(p_{ij}(n))$$

称为 n 步概率转移矩阵.

当 $n=1,p_{ij}(1)=p_{ij},\boldsymbol{P}^{(1)}=\boldsymbol{P}$,此处规定

$$p_{ij}(0)=\begin{cases}0 & i\neq j\\ 1 & i=j\end{cases}$$

显然,n 步转移概率 $p_{ij}(n)$ 指的就是系统从状态 i 经过 n 步转移到 j 的概率,它对中间的 $n-1$ 步转移经过的状态无要求. 下面给出 $p_{ij}(n)$ 与 p_{ij} 之间的关系.

定理 9.8　查普曼-柯尔莫哥洛夫(Chapman-Kolmokorov)方程简称 $c-k$ 方程.

对一切 $n,m\geqslant 0,i,j\in S$ 有:

(1)
$$p_{ij}(m+n)=\sum_{k\in S}p_{ik}(m)p_{kj}(n)\tag{9.16}$$

(2)
$$\boldsymbol{P}^{(n)}=\boldsymbol{P}\boldsymbol{P}^{(n-1)}=\boldsymbol{P}\boldsymbol{P}\boldsymbol{P}^{(n-2)}=\cdots=\boldsymbol{P}^n\tag{9.17}$$

证明

$$p_{ij}(m+n)=P\{X_{m+n}=j\mid X_0=i\}=$$

$$\frac{P\{X_{m+n}=j,\ X_0=i\}}{P\{X_0=i\}}=$$

$$\sum_{k\in S}\frac{P\{X_{m+n}=j,\ X_m=k,\ X_0=i\}}{P\{X_0=i\}}\quad\text{(全概公式)}$$

$$P_{ij}(m+n)=\sum_{k\in S}\frac{P\{X_{m+n}=j,X_m=k,X_0=i\}}{P\{X_0=i\}}\cdot\frac{P\{X_m=k,\ X_0=i\}}{P\{X_m=k,\ X_0=i\}}=$$

$$\sum_{k\in S}P\{X_{m+n}=j\mid X_m=k,X_0=i\}P\{X_m=k\mid X_0=i\}=$$

$$\sum_{k\in S}p_{kj}(n)p_{ik}(m)=\sum_{k\in S}p_{ik}(m)p_{kj}(n)$$

(2) 是(1) 的矩阵形式,利用矩阵乘法易得.

例 9.13 (续例 9.8)(1) 设 $p=0.9$,求系统二级传输后的传真率及三级传输后的误码率.

(2) 设初始分布 $p_1(0)=P\{X_0=1\}=\alpha, p_0(0)=P(X_0=0)=1-\alpha$,又已知系统经 n 级传输后输出为 1,问原发字符也是 1 的概率是多少?

解 先求出 n 步转移概率矩阵 $\boldsymbol{P}^{(n)}=\boldsymbol{P}^n$,由于

$$\boldsymbol{P}=\begin{pmatrix} p & q \\ q & p \end{pmatrix} \quad (q=1-p)$$

有相异特征值 $\lambda_1=1, \lambda_2=p-q$,由线性代数知识知 $\boldsymbol{P}=\boldsymbol{\Gamma}\wedge\boldsymbol{\Gamma}^{\mathrm{T}}$,其中

$$\wedge=\begin{bmatrix} \lambda_1 & 0 \\ 0 & \lambda_2 \end{bmatrix}=\begin{pmatrix} 1 & 0 \\ 0 & p-q \end{pmatrix}$$

$$\boldsymbol{\Gamma}=[\boldsymbol{e}_1, \boldsymbol{e}_2]=\begin{bmatrix} \frac{1}{\sqrt{2}} & -\frac{1}{\sqrt{2}} \\ \frac{1}{\sqrt{2}} & \frac{1}{\sqrt{2}} \end{bmatrix}$$

$\boldsymbol{e}_1=\begin{bmatrix} \frac{1}{\sqrt{2}} \\ \frac{1}{\sqrt{2}} \end{bmatrix}, \boldsymbol{e}_2=\begin{bmatrix} -\frac{1}{\sqrt{2}} \\ \frac{1}{\sqrt{2}} \end{bmatrix}$ 分别为 λ_1, λ_2 所对应的特征向量.从而

$$\boldsymbol{P}^{(n)}=\boldsymbol{P}^n=(\boldsymbol{\Gamma}\wedge\boldsymbol{\Gamma}^{\mathrm{T}})^n=\boldsymbol{\Gamma}\wedge^n\boldsymbol{\Gamma}^{\mathrm{T}}=$$

$$\begin{bmatrix} \frac{1}{2}+\frac{1}{2}(p-q)^n & \frac{1}{2}-\frac{1}{2}(p-q)^n \\ \frac{1}{2}-\frac{1}{2}(p-q)^n & \frac{1}{2}+\frac{1}{2}(p-q)^n \end{bmatrix} \tag{9.18}$$

(1) 由式(9.18)可知,当 $p=0.9$ 时,系统经二级传输后的传真率与三级传输后的误码率分别为

$$p_{11}(2)=p_{00}(2)=\frac{1}{2}+\frac{1}{2}\times(0.9-0.1)^2=0.820$$

$$p_{10}(3)=p_{01}(3)=\frac{1}{2}-\frac{1}{2}\times(0.9-0.1)^3=0.244$$

(2) 根据贝叶斯公式,当已知系统经 n 级传输后输出为 1,原发字符为 1 的概率为

$$P\{X_0=1 \mid X_n=1\}=\frac{P\{X_0=1,\ X_n=1\}}{P\{X_n=1\}}=$$

$$\frac{p_1(0)p_{11}(n)}{p_0(0)p_{01}(n)+p_1(0)p_{11}(n)}=$$

$$\frac{\alpha+\alpha(p-q)^n}{1+(2\alpha-1)(p-q)^n}$$

例 9.14　广告效益的推算．某种啤酒 A 的广告改变了广告方式，经调查发现 A 种啤酒及另外 3 种啤酒 B,C,D 的顾客每两个月的平均转换率如下(设市场中只有这 4 种啤酒)：

A → A(95%)	B(2%)	C(2%)	D(1%)
B → A(30%)	B(60%)	C(6%)	D(4%)
C → A(20%)	B(10%)	C(70%)	D(0%)
D → A(20%)	B(20%)	C(10%)	D(50%)

假设目前购买 A,B,C,D 4 种啤酒的顾客的分布为(25%,30%,35%,10%)．试求半年后 A 种啤酒的市场份额．

解　一步转移概率矩阵为

$$\boldsymbol{P}=\begin{pmatrix}0.95 & 0.02 & 0.02 & 0.01\\ 0.30 & 0.60 & 0.06 & 0.04\\ 0.20 & 0.10 & 0.70 & 0.00\\ 0.20 & 0.20 & 0.10 & 0.50\end{pmatrix}$$

令

$$\mu=(\mu_1,\mu_2,\mu_3,\mu_4)=(0.25,0.30,0.35,0.10)$$

首先经过半年后顾客在这 4 种啤酒上的转移概率矩阵为

$$\boldsymbol{P}^{(3)}=\boldsymbol{P}^3$$

$$\boldsymbol{P}^2=\begin{pmatrix}0.9145 & 0.035 & 0.0352 & 0.0153\\ 0.185 & 0.35 & 0.088 & 0.047\\ 0.36 & 0.134 & 0.5 & 0.006\\ 0.39 & 0.234 & 0.136 & 0.26\end{pmatrix}$$

$\boldsymbol{P}^3=\boldsymbol{P}^2\boldsymbol{P}=$

$$\begin{pmatrix}0.9145 & 0.035 & 0.0352 & 0.0153\\ 0.185 & 0.35 & 0.088 & 0.047\\ 0.36 & 0.134 & 0.5 & 0.006\\ 0.39 & 0.234 & 0.136 & 0.26\end{pmatrix}\begin{pmatrix}0.95 & 0.02 & 0.02 & 0.01\\ 0.30 & 0.60 & 0.06 & 0.04\\ 0.20 & 0.10 & 0.70 & 0.00\\ 0.20 & 0.20 & 0.10 & 0.50\end{pmatrix}=$$

$$\begin{pmatrix}0.8894 & 0.04587 & 0.4834 & 0.5199\\ 0.30775 & 0.2652 & 0.1388 & 0.2138\\ 0.4834 & 0.091 & 0.36584 & 0.14304\\ 0.5199 & 0.2138 & 0.01196 & 0.14326\end{pmatrix}$$

因为我们只关心 A 种啤酒半年后的市场占有率，从 A,B,C,D 4 种啤酒经 3 次转移后转到 A 的概率

$$U = (0.25, 0.3, 0.35, 0.10)\begin{pmatrix} 0.8894 \\ 0.3078 \\ 0.4834 \\ 0.5199 \end{pmatrix} = 0.53587 \approx 0.54$$

由此可见，A 种啤酒的市场份额由原来的 25% 增至 54%，新的广告方式很有效益.

9.5.3　遍历性与极限分布

对于只有两个状态的马氏链，一步转移概率矩阵一般可表示为

$$P = \begin{pmatrix} 1-a & a \\ b & 1-b \end{pmatrix}, \quad 0 < a,\ b < 1$$

利用类似于例 9.13 的方法，可得 n 步转移概率矩阵为

$$P(n) = P^n = \begin{pmatrix} p_{00}(n) & p_{01}(n) \\ p_{10}(n) & p_{11}(n) \end{pmatrix} =$$

$$\frac{1}{a+b}\begin{pmatrix} b & a \\ a & b \end{pmatrix} + \frac{(1-a-b)^n}{a+b}\begin{pmatrix} a & -a \\ -b & b \end{pmatrix}$$

$$n = 1, 2, 3, \cdots \tag{9.19}$$

当 $n \to \infty$ 时，$p_{ij}(n)$ 有极限

$$\lim_{n\to\infty} p_{00}(n) = \lim_{n\to\infty} p_{10}(n) = \frac{b}{a+b} \xlongequal{\text{def}} \pi_0$$

$$\lim_{n\to\infty} p_{01}(n) = \lim_{n\to\infty} p_{11}(n) = \frac{a}{a+b} \xlongequal{\text{def}} \pi_1$$

上述极限的意义是：对固定的状态 j，不管链在某时刻从什么状态（$i = 0$ 或 1）出发，通过长时间的转移到达状态 j 的概率都趋于 π_j，这就是所谓的遍历性. 又由于 $\pi_0 + \pi_1 = 1$，所以 $(\pi_0, \pi_1) \xlongequal{\text{def}} \pi$ 构成分布律，称它为链的极限分布.

一般地设齐次马氏链的状态空间为 S，若对于所有 $a_i, a_j \in S$，转移概率 $p_{ij}(n)$ 存在极限

$$\lim_{n\to\infty} p_{ij}(n) = \pi_j \qquad (\text{不依赖于它})$$

或

$$P(n) = P^n \xrightarrow[(n\to\infty)]{} \begin{pmatrix} \pi_1 & \pi_2 & \cdots & \pi_j & \cdots \\ \pi_1 & \pi_2 & \cdots & \pi_j & \cdots \\ \vdots & \vdots & & \vdots & \\ \pi_1 & \pi_2 & \cdots & \pi_j & \cdots \\ \vdots & \vdots & & \vdots & \end{pmatrix}$$

则称此链具有遍历性，又若 $\sum_j \pi_j = 1$，则 $\pi = (\pi_1, \pi_2, \cdots)$ 同时称为链的极限分布.

齐次马氏链在什么条件下才具有有遍历性?如果求出它的极限分布?下面仅就只有有限个状态的链，给出遍历性的一个充分条件.

定理 9.9　设齐次马氏链 $\{X_n,\ n \geqslant 1\}$ 的状态空间为 $S = \{a_1, a_2, \cdots, a_N\}$，$\boldsymbol{P}$ 是它的一步转移概率矩阵，如果存在正整数 m，使对任意的 $a_i, a_j \in S$，都有

$$p_{ij}(m) > 0, \quad i, j = 1, 2, \cdots, N \tag{9.20}$$

则此链具有遍历性，且有极限分布 $\pi = (\pi_1, \pi_2, \cdots, \pi_N)$，它是方程组

$$\pi = \pi p$$

或即

$$\pi_j = \sum_{j=1}^{N} \pi_i p_{ij}, \quad j = 1, 2, \cdots, N \tag{9.21}$$

的满足条件

$$\pi_j > 0, \qquad \sum_{j=1}^{N} \pi_j = 1 \tag{9.22}$$

的惟一解.

证明略.

根据定理 9.9，为证有限链是遍历的，只需找一正整数 m，使 m 步转移概率矩阵 $\boldsymbol{P}^m$ 无零元而求极限分布 π 的问题，化为求解方程组(9.21) 的问题. 注意:方程组(9.21) 中仅有 $N-1$ 个未知数是独立的，而惟一解可用归一条件 $\sum_{j=1}^{N} \pi_j = 1$ 确定.

定义 9.14　一个定义在 S 上的概率分布 $\pi = (\pi_1, \pi_2, \cdots, \pi_i, \cdots)$ 称为马氏链的平稳分布，如果式(9.21) 成立.

平稳分布也称为马氏链的不变概率测度. 对于一个平稳分布 π，显然有

$$\pi = \pi P = \pi P^2 = \cdots = \pi P^n \tag{9.23}$$

例 9.15　设马尔可夫链的转移阵为

$$\boldsymbol{P} = \begin{pmatrix} 0.5 & 0.5 & 0 \\ 0.5 & 0 & 0.5 \\ 0 & 0.5 & 0.5 \end{pmatrix}$$

证明该马尔可夫链具有遍历性，并求其平稳分布.

证明　因为

$$\boldsymbol{P}^2 = \begin{pmatrix} 0.5 & 0.25 & 0.25 \\ 0.25 & 0.5 & 0.25 \\ 0.25 & 0.25 & 0.5 \end{pmatrix}$$

即 $p_{ij}(2)>0,i,j=1,2,3$,因此由定理 9.9 知该马氏链是遍历的. 它的平稳分布满足条件

$$\begin{cases}\pi_1=0.5\pi_1+0.5\pi_2\\ \pi_2=0.5\pi_1+0.5\pi_3\\ \pi_3=0.5\pi_2+0.5\pi_3\end{cases}$$

及

$$\pi_1+\pi_2+\pi_3=1$$

求解,得

$$\pi=(\pi_1,\pi_2,\pi_3)=\left(\frac{1}{3},\frac{1}{3},\frac{1}{3}\right)$$

则

$$\lim_{n\to\infty}p_{ij}^{(n)}=\lim_{n\to\infty}P\{X_n=j\mid X_0=i\}=\frac{1}{3}$$

即 0 时刻从 i 出发,在很久的时间之后马尔可夫链处于状态 1,2,3 的概率均为 $\frac{1}{3}$,就是说 X_n 趋于均匀分布.

例 9.16 艾伦斯特(Ehrenfest) 模型. 这是一个著名的粒子通过薄膜进行扩散过程的数学模型,即一质点在状态空间 $S=\{0,1,2,\cdots,2N\}$ 中作随机游动,且带有两个反射壁 0 和 $2N$,其一步转移概率为

$$p_{ii}=0\quad(0\leqslant i\leqslant 2N)$$

$$p_{i,i+1}=\frac{2N-i}{2N}\quad(0\leqslant i\leqslant 2N-1)$$

$$p_{i,i-1}=\frac{i}{2N}\quad(1\leqslant i\leqslant 2N)$$

求此链的极限分布.

解 由 $\pi=\pi P$,得

$$\pi_0=\frac{\pi_1}{2N}$$

$$\pi_i=\frac{2N-i+1}{2N}\pi_{i-1}+\frac{i+1}{2N}\pi_{i+1}\quad(1\leqslant i\leqslant 2N-1)$$

$$\pi_{2N}=\frac{\pi_{2N-1}}{2N}$$

解此方程组,得

$$\pi_i=C_{2N}^i\pi_0,\quad 1\leqslant i\leqslant 2N$$

又因为 $\sum\limits_{i=0}^{2N}\pi_i=1$,因此 $\pi_0=2^{-2N}$,于是有

$$\pi_i=C_{2N}^i2^{-2N},\quad 1\leqslant i\leqslant 2N$$

习　题　九

1. 利用抛掷一枚硬币的试验定义一个随机过程

$$X(t) = \begin{cases} \cos\pi t, & \text{出现 } H \text{ 次} \\ 2t, & \text{出现 } T \text{ 次} \end{cases} \quad (-\infty < t < +\infty)$$

假设 $P(H) = P(T) = \dfrac{1}{2}$，试确定 $X(t)$ 的

(1) 一维分布函数 $F\left(x, \dfrac{1}{2}\right)$，$F(x, 1)$；

(2) 二维分布函数 $F\left(x_1, x_2; \dfrac{1}{2}, 1\right)$.

2. 给定一个随机过程 $X(t)$ 和任意实数 x，定义另一个随机过程

$$Y(t) = \begin{cases} 1, & X(t) \leqslant x \\ 1, & X(t) > x \end{cases}$$

试证明 $Y(t)$ 的均值函数和自相关函数分别为 $X(t)$ 的一维和二维分布函数.

3. 设 Z_1，Z_2 是独立同分布的正态分布的随机变量，均值为 0，方差为 σ^2，λ 为实数，求过程 $X(t) = Z_1\cos\lambda t + Z_2\sin\lambda t$ 的均值函数和方差函数．它是宽平稳的吗？

4. 已知随机过程 $X(t)$ 的均值函数 $\mu_X(t)$ 和协方差函数 $C_X(t_1, t_2)$，设 $\Phi(t)$ 是一个非随机的函数，试求随机过程 $Y(t) = X(t) + \Phi(t)$ 的均值函数和协方差函数.

5. 设随机过程 $X(t) = \mathrm{e}^{-At}$，$t > 0$，其中 A 是在区间 $(0, a)$ 上服从均匀分布的随机变量，试求 $X(t)$ 的均值函数和协方差函数.

6. 试证明若 Z_0，Z_1，⋯ 为独立同分布随机变量，定义 $X_n = \sum\limits_{i=0}^{n} Z_i$，则 $\{X_n, n \geqslant 0\}$ 是独立增量过程.

7. 设随机过程 $X(t)$ 与 $Y(t)$，$t \in T$ 不相关，试用它们的均值函数与协方差函数来表示随机过程

$$Z(t) = a(t)X(t) + b(t)Y(t) + c(t), \quad t \in T$$

的均值函数和协方差函数，其中 $a(t)$，$b(t)$，$c(t)$ 是普通的函数.

8. 设 $X(t)$ 和 $Y(t)$ $(t > 0)$ 是两个相互独立的、分别具有强度 λ 和 μ 的泊松过程，试证明

$$S(t) = X(t) + Y(t)$$

是具有强度 $\lambda + \mu$ 的泊松过程.

9. 设 $N_i(t)$，$i = 1, 2, \cdots, n$ 是 n 个相互独立的泊松过程，参数分别为 λ_i，$i = 1, 2, \cdots, n$. 证明 $N(t) = \sum\limits_{i=1}^{n} N_i(t)$，$t > 0$ 是泊松过程，参数为 $\lambda = \sum\limits_{i=1}^{n} \lambda_i$.

10. 对于泊松过程，证明当 $s < t$ 时

$$P\{N(s) = k \mid N(t) = n\} = C_n^k \left(\frac{s}{t}\right)^k \left(1 - \frac{s}{t}\right)^{n-k}$$

$$k = 0, 1, 2, \cdots, n$$

11. 从数 1，2，⋯，N 中任取一个数，记为 X_1，再从 1，2，⋯，X_1 中任取一个数，记为 X_2；

如此继续，从1，2，⋯，X_{n-1} 中任取一个数，记为 X_n，说明$\{X_n: n\geqslant 1\}$构成一齐次马氏链，并写出它的状态空间和一步转移概率矩阵.

12. 设 $X_0=1, X_1, X_2, \cdots, X_n, \cdots$ 是相互独立且以概率 $p(0<p<1)$ 取值为1，以概率 $q=1-p$ 取值为0的随机变量序列．令 $S_n=\sum_{k=0}^{n} X_k$，证明$\{S_n: n\geqslant 0\}$构成一马氏链，并写出它的状态空间和一步转移概率矩阵.

13. 传染模型．有 N 个人及某种传染病，假设

(1) 在每个单位时间内 N 个人中恰有2人互相接触，且一切成对的接触是等可能的；

(2) 当健康者与患者接触时，被传染上病的概率为 α；

(3) 患者康复的概率是0，健康者如果不与患者接触，得病的概率也为0.

现以 X_n 表示第 n 个单位时间内的患病人数，试说明这种传染过程，即$\{X_n, n\geqslant 0\}$是一马氏链，并写出它的状态空间及一步转移概率矩阵.

14. 设马氏链$\{X_n: n\geqslant 0\}$的状态空间 $S=\{1,2,3\}$，初始分布为 $p_1(0)=\frac{1}{4}, p_2(0)=\frac{1}{2}, p_3(0)=\frac{1}{4}$，一步转移概率矩阵为

$$\boldsymbol{P}=\begin{pmatrix} \frac{1}{4} & \frac{3}{4} & 0 \\ \frac{1}{3} & \frac{1}{3} & \frac{1}{3} \\ 0 & \frac{1}{4} & \frac{3}{4} \end{pmatrix}$$

(1) 计算 $P\{X_0=1, X_1=2, X_2=2\}$；

(2) 证明 $P\{X_1=2, X_2=2 \mid X_0=1\}=p_{12}p_{22}$；

(3) 计算 $p_{12}(2)=P\{X_2=2 \mid X_0=1\}$；

(4) 计算 $p_2(2)=P\{X_2=2\}$；

(5) 证明该马氏链具有遍历性，并求其极限分布.

15. 设齐次马氏链的一步转移概率矩阵为

$$\boldsymbol{P}=\begin{pmatrix} q & p & 0 \\ q & 0 & p \\ 0 & q & p \end{pmatrix}, \quad q=1-p, \quad 0<p<1$$

试证明此链具有遍历性，并求其平稳分布.

16. 将2个红球、4个白球放入甲、乙两个盒子中．每次从两个盒子中各取1球交换，以 $X(n)$ 记第 n 次交换后甲盒中的红球数.

(1) 说明$\{X(n), n\geqslant 0\}$是一马尔可夫链并求转移概率矩阵 $\boldsymbol{P}$；

(2) 试证$\{X(n), n=0,1,2,\cdots\}$是遍历的；

(3) 求它的极限分布.

第10章 平稳过程

平稳随机过程是一类应用广泛的随机过程，这类过程广泛应用在控制、通信和电子信息领域．本章首先介绍平稳过程的基本概念，然后对其遍历性、协方差函数、相关函数以及功率谱密度展开讨论．

§10.1 平稳随机过程的概念

在自然科学和工程技术中，常常会遇到一类随机过程，它的统计特性不随时间推移而变化，没有明显的趋势性变化．严格地说，如果随机过程 $X_T = \{X(t),\ t \in T\}$ 满足定义 10.1 中的条件，则称 X_T 为平稳随机过程，当 T 为整数集时，称 X_T 为平稳时间序列．

定义 10.1 设 $X_T = \{X(t),\ t \in T\}$ 为一个随机过程，T 为实数集．若 X_T 满足 $E\mid X(t)\mid^2 < \infty$，且

$$EX(t) = m \qquad (\text{常数})$$

$$E\{X(t)X(s)\} = \Gamma(t-s)$$

则称 X_T 为平稳随机过程，简称平稳过程．

$$B(t-s) = E(X(t)-m)(X(s)-m) = \Gamma(t-s) - m^2$$

称为 X_T 的协方差函数．

从定义 10.1 可以看出平稳过程的均值不随时间变化，为常数，二阶统计特征与起点无关，即 $E(X(t),X(s)) = E(X(t+h),X(s+h))$，仅与其差 $t-s$ 有关．令

$$R(t) = B(t)/B(0)$$

一般称 $R(t)$ 为 X_T 的相关函数．

平稳随机过程广泛地被用来描述许多自然科学和工程技术中的问题，例如噪声、扰动等现象都可用平稳过程描述，下面举例说明．

例 10.1 随机电报信号．在电报信号传输中，信号是由不同的电流符号给出的，电流的发送又有一段任意的持续时间，若电路中的电流 $X(t)$ 的变化可用图 10.1 表示．这里

$$P\{X(t) = +I\} = P\{X(t) = -I\} = \frac{1}{2}$$

而正负号在区间$(t, t+h)$内变化的次数$N(t, t+h)$是随机的，服从泊松分布，即事件

$$A_k = \{N(t, t+h) = k\}$$

的概率为

$$P(A_k) = \frac{(\lambda h)^k}{k!}e^{-\lambda h}, \quad k = 0,1,2,\cdots$$

其中$\lambda > 0$是单位时间内变号次数的数字期望．试证明$X(t)$为平稳过程．

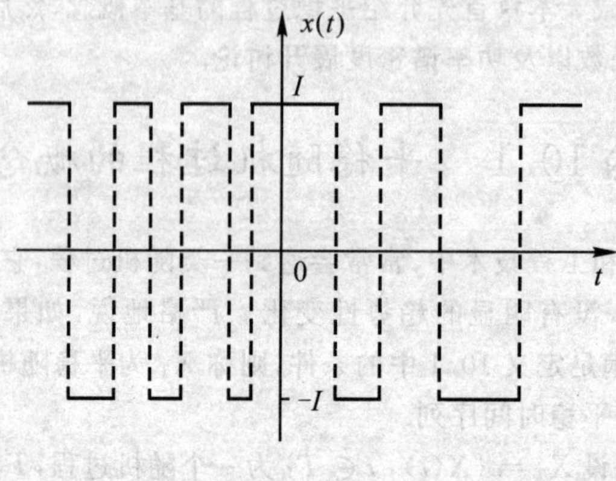

图 10.1

证明 由

$$E[X(t)] = I \times \frac{1}{2} - I \times \frac{1}{2} = 0$$

表明$X(t)$的均值为常数，下面计算$E[X(t)X(t+h)]$．当$h > 0$时，如果电流在$(t, t+h)$内变号偶数次，则$X(t)$和$X(t+h)$必同号且乘积为I^2；如果变号奇数次，则乘积为$-I^2$．事件$\{X(t)X(t+h) = I^2\}$的概率为

$$P(A_0) + P(A_2) + P(A_4) + \cdots$$

而事件$\{X(t)X(t+h) = -I^2\}$的概率为

$$P(A_1) + P(A_3) + \cdots$$

则

$$E[X(t)X(t+h)] = I^2\left\{\sum_{k=0}^{\infty}P(A_{2k}) - \sum_{k=0}^{\infty}P(A_{2k+1})\right\} =$$

$$I^2 e^{-\lambda h}\sum_{k=0}^{\infty}\frac{(-\lambda h)^k}{k!} = I^2 e^{-2\lambda h}$$

这里注意到上述结果与t无关，仅与h有关，表明当$h > 0$时，$X(t)$满足定义10.1中的条件．类似可以讨论$h < 0$时，

$$E[X(t)X(t+h)] = I^2 e^{-2\lambda|h|}$$

则 $\{X(t)\}$ 的自相关函数和协方差函数为

$$B(h)=E(X(t)X(t+h))=I^2\mathrm{e}^{-2\lambda|h|}$$

$$R(t)=B(t)/B(0)=\mathrm{e}^{-2\lambda|t|}$$

说明 $X_T=\{X_t,\ t\in R\}$ 为一平稳过程.

例 10.2　设 $\{X(n)\}$，$n=0,\pm1,\cdots$ 为互不相关的随机变量序列，且

$$EX(n)=0$$

$$E\{X(n)X(m)\}=\begin{cases}\sigma^2, & n=m\\ 0, & n\neq m\end{cases}$$

$$Y(n)=\sum_{k=-\infty}^{\infty}C_kX(n-k)$$

这里 $\sum\limits_{n=-\infty}^{\infty}|C_n|^2<\infty$. 试证明 $\{Y(n)\}$ 是一个平稳时间序列.

证明　令 $Y^{(N)}(n)=\sum\limits_{k=-N}^{N}C_kX(n-k)$，则

$$EY(n)=\lim_{N\to\infty}E\{Y^{(N)}(n)\}=\lim_{N\to\infty}\sum_{|k|\leqslant N}C_kE\{X(n-k)\}=0$$

$$E\{Y(n)Y(m)\}=E\{\sum_{k=-\infty}^{\infty}C_kX(n-k)\sum_{l=-\infty}^{\infty}C_lX(m-l)\}=$$

$$\sum_{k=-\infty}^{\infty}\sum_{l=-\infty}^{\infty}C_kC_lE\{X(n-k)X(m-l)\}=$$

$$\sum_{k=-\infty}^{\infty}C_kC_{m-n+k}\sigma^2=\sigma^2(\sum_{k=-\infty}^{\infty}C_kC_{n-m+k})=$$

$$B(n-m)$$

说明 $\{Y(n)\}$ 为一平稳时间序列.

§10.2　平稳过程的简单性质

从平稳过程的定义，容易导出如下性质.

性质 10.1　若 $B(h)$ 是平稳过程 $\{X(t),\ t\in T\}$ 的协方差函数，则

(1) $B(0)\geqslant 0$；

(2) $B(-h)=B(h)$；

(3) $|B(h)|\leqslant B(0)$.

证明

(1) $B(0)=E\{X(t)X(t)\}=E\{X^2(t)\}\geqslant 0$

(2) $B(-h)=E\{X(t+h)X(t)\}=E\{X(t)X(t+h)\}=B(h)$

(3) $|B(h)|^2=[E\{X(t)X(t+h)\}]^2\leqslant$

$$[E\{X^2(t)\}][E\{X^2(t+h)\}] = B^2(0)$$

则
$$|B(h)| \leqslant B(0)$$

由性质 10.1 可以看出，自相关函数具有如下对应的性质.

性质 10.2　若 $R(h)$ 为随机过程 $\{X(t),\ t \in T\}$ 的自相关函数，则

(1) $|R(h)| \leqslant 1$；

(2) $R(-h) = R(h)$.

性质 10.3　若 $B(h)$ 为随机过程 $\{X(t),\ t \in T\}$ 的协方差函数，则 $B(h)$ 是一个非负定函数，即对任何正整数 n，任意数组 $t_1, t_2, \cdots, t_n \in T$ 和任意实值函数 $g(t)$，有

$$\sum_{i=1}^{n}\sum_{j=1}^{n} B(t_i - t_j) g(t_i) g(t_j) \geqslant 0$$

证明

$$\begin{aligned}
&\sum_{i=1}^{n}\sum_{j=1}^{n} B(t_i - t_j) g(t_i) g(t_j) = \\
&\sum_{i=1}^{n}\sum_{j=1}^{n} E\{X(t_i)X(t_j)\} g(t_i) g(t_j) = \\
&E\left\{\left[\sum_{i=1}^{n} X(t_i) g(t_i)\right]\left[\sum_{j=1}^{n} X(t_j) g(t_j)\right]\right\} = \\
&E\left\{\left[\sum_{i=1}^{n} X(t_i) g(t_i)\right]^2\right\} \geqslant 0
\end{aligned}$$

对于平稳随机过程而言，性质 10.3 表述的自协方差函数的非负定性是非常重要的．从理论上可以证明，对任一具非负定性的连续函数，该函数必定是某一平稳过程的协方差函数.

在平稳过程中，正态平稳过程是一类最重要的平稳过程．事实上，对于任一非负定函数，可以以这一函数构成正态过程的协方差函数.

§10.3　协方差函数的谱分解

富里埃(Fourier) 变换是确定时间函数频率结构的有效工具．富里埃分析中的结论表明，任一表示位移的时间的函数都可看为无数个简谐振动的叠加，下面用这一工具确立平稳过程的频率结构，介绍协方差函数的谱分解和平稳过程的功率谱密度.

设 $B(t)$ 为平稳过程 $X_T = \{X(t),\ t \in T\}$ 的协方差函数，则它可表示为

$$B(t) = \int_{-\infty}^{\infty} \mathrm{e}^{it\lambda}\, \mathrm{d}F(\lambda)$$

其中 $F(\lambda)$ 是左连续有界非降函数，称为平稳过程 X_T 的谱函数，当

$$F(\lambda)=\int_{-\infty}^{\lambda} f(\mu)\mathrm{d}\mu+C$$

时，则称 $f(\lambda)$ 为 X_T 的谱密度或功率谱密度．此时

$$B(t)=\int_{-\infty}^{+\infty}\mathrm{e}^{\mathrm{i}\lambda t} f(\lambda)\mathrm{d}\lambda$$

对连续情形，若$\int_{-\infty}^{\infty}|B(h)|\mathrm{d}h<\infty$，则可以证明必存在连续谱密度

$$f(\lambda)=\frac{1}{2\pi}\int_{-\infty}^{\infty}\mathrm{e}^{-\mathrm{i}\lambda t}B(t)\mathrm{d}t$$

对离散情形，若$\sum_{n=-\infty}^{\infty}|B(n)|<\infty$，有类似结论

$$f(\lambda)=\frac{1}{2\pi}\sum_{n=-\infty}^{\infty}B(n)\mathrm{e}^{-\mathrm{i}n\lambda}$$

例 10.3 设$\{X(n),\ n=0,\pm 1,\cdots\}$为零均值互不相关的随机序列，则

$$B(n)=\begin{cases}\sigma^2, & n=0\\ 0, & n\neq 0\end{cases}$$

由于$\sum_{n=-\infty}^{\infty}|B(n)|<\infty$，则

$$f(\lambda)=\frac{1}{2\pi}\sum_{n=-\infty}^{\infty}B(n)\mathrm{e}^{-\mathrm{i}n\lambda}=\frac{\sigma^2}{2\pi}\qquad(-\pi\leqslant\lambda\leqslant\pi)$$

例 10.4 由例 10.1 知

$$B(t)=I^2\mathrm{e}^{-2\mu|t|}$$

由于$\int_{-\infty}^{+\infty}|B(t)|\mathrm{d}t<\infty$，则

$$f(\lambda)=\frac{1}{2\pi}\int_{-\infty}^{+\infty}\mathrm{e}^{-\mathrm{i}\lambda t}B(t)\mathrm{d}t=$$

$$\frac{I^2}{2\pi}\left(\int_{0}^{+\infty}\mathrm{e}^{-(\mathrm{i}\lambda+2\mu)t}\mathrm{d}t+\int_{-\infty}^{0}\mathrm{e}^{-(\mathrm{i}\lambda-2\mu)t}\mathrm{d}t\right)=\frac{2I^2\mu}{\pi(4\mu^2+\lambda^2)}$$

表 10.1 给出了若干协方差函数与其谱密度的对应表．再举一反向例子，由谱密度出发，求协方差函数．

例 10.5 已知随机过程 $X_T=\{X(t),\ t\in T\}$ 的谱密度为

$$f(x)=\frac{x^2+4}{2\pi(x^4+10x^2+9)}\qquad(-\infty<x<+\infty)$$

求 X_T 的协方差函数．

解 $B(t)=\int_{-\infty}^{+\infty}\mathrm{e}^{\mathrm{i}t\lambda}f(\lambda)\mathrm{d}\lambda=\frac{1}{2\pi}\int_{-\infty}^{+\infty}\frac{\lambda^2+4}{\lambda^4+10\lambda^2+9}\mathrm{e}^{\mathrm{i}t\lambda}\mathrm{d}\lambda$

利用留数定理，可以算得

$$B(t)=\frac{2\pi i}{2\pi}\left\{\frac{z^2+4}{(z^2+9)(z^2+1)}\mathrm{e}^{i|t|z}\text{ 在 } z=i,3i \text{ 处的留数之和}\right\}=$$
$$\frac{1}{48}(9\mathrm{e}^{-|t|}+5\mathrm{e}^{-3|t|})$$

表 10.1 若干协方差函数与谱密度对应表

序号	协方差函数 $B(\tau)$	谱密度 $f(x)$
1	$\sigma^2\mathrm{e}^{-\alpha\|\tau\|}\quad(\alpha>0)$	$\dfrac{\sigma^2\alpha}{\pi(\alpha^2+x^2)}$
2	$\sigma^2\mathrm{e}^{-\alpha\tau^2}\quad(\alpha>0)$	$\dfrac{\sigma^2}{2\sqrt{\pi\alpha}}\exp\left(-\dfrac{x^2}{4\alpha}\right)$
3	$\sigma^2\mathrm{e}^{-\alpha\tau^2}\cos\beta\tau\quad(\alpha>0)$	$\dfrac{\sigma^2}{4\sqrt{\pi\alpha}}\left\{\exp\left\{-\dfrac{(x+\beta)^2}{4\alpha}\right\}+\exp\left\{-\dfrac{(x-\beta)^2}{4\alpha}\right\}\right\}$
4	$\sigma^2\mathrm{e}^{-\alpha\|\tau\|}\cos\beta\tau\quad(\alpha>0)$	$\dfrac{\sigma^2\alpha}{2\pi}\left\{\dfrac{1}{(x-\beta)^2+\alpha^2}+\dfrac{1}{(x+\beta)^2+\alpha^2}\right\}$
5	$2a\dfrac{\sin b\tau}{\tau}$	$f(x)=\begin{cases}a, & \|x\|\leqslant b\\ 0, & \|x\|>b\end{cases}$
6	$A\mathrm{e}^{-\alpha\|\tau\|}(1+\alpha\|\tau\|)$	$\dfrac{2A\alpha^3}{\pi(x^2+\alpha^2)^2}$
7	$B(\tau)=\begin{cases}\sigma^2(1-\|\tau\|), & \|\tau\|\leqslant 1\\ 0, & \|\tau\|>1\end{cases}$	$\dfrac{\sigma^2}{2\pi}\left[\dfrac{\sin(x/2)}{(x/2)}\right]^2$
8	$A\mathrm{e}^{-\alpha\|\tau\|}\left(1+\alpha\|\tau\|+\dfrac{1}{3}\alpha^2\tau^2\right)$	$\dfrac{8A\alpha^5}{3\pi(x^2+\alpha^2)^3}$

例 10.6 均值为零而谱密度为正常数，即

$$f(x)=\frac{S_0}{2\pi}\qquad(-\infty<x<+\infty,\ S_0>0)$$

的平稳过程 X_T 称为白噪声过程，简称白噪声．其名称出自白光具有均匀光谱的原因．求协方差函数 $B(t)$.

解 $$B(t)=\int_{-\infty}^{+\infty}f(\lambda)\mathrm{e}^{i\lambda t}\mathrm{d}\lambda=\frac{S_0}{2\pi}\int_{-\infty}^{+\infty}\mathrm{e}^{i\lambda\tau}\mathrm{d}\lambda=S_0\delta(\tau)$$

§ 10.4 遍 历 性

概率论中的大数定律告诉我们，对于独立同分布的随机变量序列 $\{X(n), n\geqslant 1\}$，若其数学期望存在，则对于任意的 $\varepsilon>0$，有

$$\lim_{N\to\infty}P\left(\left|\frac{1}{N}\sum_{n=1}^{N}X(n)-E(X(n))\right|>\varepsilon\right)=0$$

即通常所说的时间平均逼近概率平均．事实上，以随机过程的观点来看 $X_T=\{X(n),\ n\geqslant 1\}$ 是一个离散随机过程，$\sum_{n=1}^{N}X(n)/N$ 是对 X_T 的样本按时间取平均，它是一个随机变量，而 $E\{X(n)\}$ 是 X_T 在 n 时刻的概率均值．上式说明随着时间的增长，随机过程样本按时间的平均值以越来越大的概率逼近随机过程的概率平均．换句话说，对一类随机过程，如果满足上式，意味着只要观测的时间足够长，它的每个样本都能“遍历”各种可能的状态，这种性质称为遍历性，有些书上也称为各态历经性．当然，只是对一类随机过程具有这种性质，只有在 $EX(n)=m$ 为常数这一前提下才有可能，下面对平稳过程考虑它的遍历性．为了讨论遍历性，假设随机过程的二阶矩是有限的，并引入如下均方积分的概念．考虑区间 $[a,b]$ 内的一组分割

$$a=t_0<t_1<\cdots<t_n=b$$

记 $\Delta t_i=t_i-t_{i-1}, t_{i-1}\leqslant\tau_i\leqslant t_i, i=1,\cdots,n$. 若下述等式成立，即存在随机变量 Y，使得

$$\lim_{\max\Delta t_i\to 0}E\left\{\left[Y-\sum_{i=1}^{n}X(\tau_i)\Delta t_i\right]^2\right\}=0$$

则称 Y 为随机过程 $X_T=\{X(t),\ t\in T\}$ 在 $[a,b]$ 上的均方积分，记为

$$Y=\int_a^b X(t)\mathrm{d}t$$

可以证明若 X_T 的二阶矩有限，则 X_T 在 $[a,b]$ 上的均方积分存在的充要条件是

$$\int_a^b\int_a^b E(X(t)X(s))\mathrm{d}t\mathrm{d}s$$

存在．而且此时

$$EY=\int_a^b E[X(t)]\mathrm{d}t$$

也成立，即 X_T 的积分的均值等于过程 X_T 的均值函数的积分．

例 10.7　设 Ⓗ 服从 $(0,\ T)$ 上的均匀分布，考虑 $X(t)=\cos(t+$Ⓗ$)$ 的均方可积性．

解　由

$$E(X(t)X(s))=\frac{1}{T}\int_0^T\cos(t+\theta)\cos(s+\theta)\mathrm{d}\theta=\frac{1}{2}\cos(t-s)$$

$$E(X(t))=\frac{1}{T}\int_0^T\cos(t+\theta)\mathrm{d}\theta=0$$

知 $\{X(t)\}$ 为平稳的，均方积分存在的随机过程且

$$E\left[\int_a^b X(t)\mathrm{d}t\right]=0$$

现给出平稳过程相关的遍历性定义.

定义 设 $X_T=\{X(t),\ t\in T\}$ 为一个二阶矩存在的平稳过程.

(1) 若 $P\left\{\lim\limits_{T\to\infty}\dfrac{1}{2T}\displaystyle\int_{-T}^{T}X(t)\mathrm{d}t=E[X(t)]\right\}=1$,则称 X_T 的均值具有遍历性.

(2) 若 $P\left\{\lim\limits_{T\to\infty}\dfrac{1}{2T}\displaystyle\int_{-T}^{T}X(t)X(t+\tau)\mathrm{d}t=E[X(t)X(t+\tau)]\right\}=1$,则称 X_T 的自相关函数具有遍历性.

(3) 如果 X_T 的均值和自相关函数都具有遍历性,则称 X_T 为遍历的随机过程.

可以证明,平稳过程 X_T 的均值具有遍历性的充要条件是

$$\lim_{T\to+\infty}\frac{1}{T}\int_0^{2T}\left(1-\frac{\tau}{2T}\right)[E(X(t)X(t+\tau)]-[E(X(t))]^2]\mathrm{d}\tau=0$$

自相关函数具有遍历性的充要条件是

$$\lim_{T\to+\infty}\frac{1}{T}\int_0^{2T}\left(1-\frac{\tau_1}{2T}\right)$$
$$[E(X(t)X(t+\tau_1)X(t+\tau_1)X(t+\tau-\tau_1)]-$$
$$[E(X(t)X(t+\tau_1))^2]\mathrm{d}\tau_1=0$$

例 10.8 讨论例 10.7 中 $X(t)=\cos(t+\Theta)$ 的遍历性.

解 (1) 由

$$\int_0^{2T}\left(1-\frac{\tau}{2T}\right)[E(X(t)X(t+\tau))-(E(X(t))^2)]\mathrm{d}\tau=$$
$$\int_0^{2T}\left(1-\frac{\tau}{2T}\right)\left(\frac{1}{2}\cos\tau\right)\mathrm{d}\tau=0$$

知 $X_T=\{X(t),\ t\in\mathbf{R}^1\}$ 的均值具有遍历性.

(2) 由

$$\int_0^{2T}\left(1-\frac{\tau_1}{2T}\right)[E(X(t)X(t+\tau)X(t+\tau_1)X(t+\tau-\tau_1))-$$
$$[E(X(t)X(t+\tau))]^2]\mathrm{d}\tau_1=$$
$$\int_0^{2T}\left(1-\frac{\tau_1}{2T}\right)\left[\frac{1+\cos(-2\tau_1)+\cos(2\tau)}{8}-\frac{1+\cos(2\tau)}{8}\right]\mathrm{d}\tau_1=$$
$$\int_0^{2T}\left(1-\frac{\tau_1}{2T}\right)\times\frac{1}{8}\cos(-2\tau_1)\mathrm{d}\tau_1=0$$

知 X_T 的自相关函数具有遍历性. 因此,$X(t)$ 为遍历的随机过程.

习　题　十

1. 若 $X(t)$ 为一个零均值的平稳过程，而且不恒等于一个随机变量，问 $X(t)+X(0)$，$t\in \mathbf{R}_1$ 是否仍是平稳过程？

2. 对复随机过程 $Z(t)=Z(t)+iY(t)$，可类似定义平稳性的概念，若均值为常数，自相关函数 $E\{Z(t)\,\overline{Z(t+\tau)}\}$ 只与 τ 有关，则称 $Z(t)$ 为复的平稳过程．证明：在均方意义下，当 $EZ_n=0, EZ_n\overline{Z}_m=\sigma_n^2\delta_{nm}, \sum\limits_{n=-\infty}^{\infty}\sigma_n^2<\infty$ 时，

$$X(t)=\sum_{n=-\infty}^{\infty}Z_n e^{i\omega_n t}$$

为一复平稳过程，这里 $\{Z_n\}$ 为复随机变量序列，$\{\omega_n\}$ 为实数序列．

3. 已知随机过程 X_T 的协方差函数为

$$B(t)=\sigma^2 e^{-\alpha\tau^2}\cos\beta\tau \quad (\alpha>0)$$

求 X_T 的谱密度．

4. 已知平稳过程 X_T 的自相关函数为

$$B(t)=\sigma^2(1-|t|),\quad |t|\leqslant 1$$

求 X_T 的谱密度．

5. 若 $\{X(t), t\in \mathbf{R}_1\}$ 为零均值的随机过程，则

$$E\mid X(t_2)-X(t_1)\mid^2=t_2-t_1$$

问 $Y(t)=X(t)-X(t-1)$ 是否为平稳过程，求协方差函数和谱密度．

6. 已知 X_T 的谱密度为

$$f(t)=\frac{2A\alpha^3}{\pi(x^2+\alpha^2)^2}$$

求 X_T 的协方差函数．

7. 已知 X_T 的谱密度为 $f_X(t)$，证明

$$Y(t)=X(t)+X(t-T)$$

的谱密度为

$$f_Y(t)=2f_X(t)(1+\cos tT)$$

8. 设 $s(t)$ 是一个周期为 T 的函数，Ⓗ$\sim U(0,T)$，令 $X(t)=S(t+$Ⓗ$)$ 为随机相位周期过程，证明 $X(t)$ 的均值具有遍历性．

附录

附表 1 泊松分布表

$$P(X = m) = \frac{\lambda^m}{m!}e^{-\lambda}$$

m \ λ	0.1	0.2	0.3	0.4	0.5	0.6	0.7	0.8	0.9
0	0.904 8	0.818 7	0.740 8	0.670 3	0.606 5	0.548 8	0.496 6	0.449 3	0.406 6
1	0.090 5	0.163 8	0.222 2	0.268 1	0.303 3	0.329 3	0.347 6	0.359 5	0.365 9
2	0.004 5	0.016 4	0.033 3	0.053 6	0.075 8	0.098 8	0.121 7	0.143 8	0.164 7
3	0.000 2	0.001 1	0.003 3	0.007 2	0.012 6	0.019 8	0.028 4	0.038 3	0.049 4
4		0.000 1	0.000 3	0.000 7	0.001 6	0.003 0	0.005 0	0.007 7	0.011 1
5				0.000 1	0.000 2	0.000 4	0.000 7	0.001 2	0.002 0
6							0.000 1	0.000 2	0.000 3

m \ λ	1.0	1.5	2.0	2.5	3.0	3.5	4.0	4.5	5.0
0	0.367 9	0.223 1	0.135 3	0.082 1	0.049 8	0.030 2	0.018 3	0.011 1	0.006 7
1	0.367 9	0.334 7	0.270 7	0.2 052	0.149 4	0.105 7	0.073 3	0.050 0	0.033 7
2	0.183 9	0.251 0	0.270 7	0.256 5	0.224 0	0.185 0	0.146 5	0.112 5	0.084 2
3	0.061 3	0.125 5	0.180 5	0.213 8	0.224 0	0.215 8	0.195 4	0.168 7	0.140 0
4	0.015 3	0.047 1	0.090 2	0.133 6	0.168 0	0.188 8	0.195 4	0.189 8	0.175 5
5	0.003 1	0.014 1	0.036 1	0.066 8	0.100 8	0.132 2	0.156 3	0.170 8	0.175 5
6	0.000 5	0.003 5	0.012 0	0.027 8	0.050 4	0.077 1	0.104 2	0.128 1	0.146 2
7	0.000 1	0.000 8	0.003 4	0.009 9	0.021 6	0.038 6	0.059 5	0.082 4	0.104 5
8		0.000 1	0.000 9	0.003 1	0.008 1	0.016 9	0.029 8	0.046 3	0.065 3
9			0.000 2	0.000 9	0.002 7	0.006 6	0.013 2	0.023 2	0.036 3
10				0.000 2	0.000 8	0.002 3	0.005 3	0.010 4	0.018 1
11				0.000 1	0.000 2	0.000 7	0.001 9	0.004 3	0.008 2
12					0.000 1	0.000 2	0.000 6	0.001 6	0.003 4
13						0.000 1	0.000 2	0.000 6	0.001 3
14							0.000 1	0.000 2	0.000 5
15								0.000 1	0.000 2
16									0.000 1

续　表

λ / m	6	7	8	9	10	λ = 20			
						m	P	m	P
0	0.002 5	0.000 9	0.000 3	0.000 1		5	0.000 1	20	0.088 8
1	0.014 9	0.006 4	0.002 7	0.001 1	0.000 5	6	0.000 2	21	0.084 6
2	0.044 6	0.022 3	0.010 7	0.005 0	0.002 3	7	0.000 5	22	0.076 9
3	0.089 2	0.052 1	0.028 6	0.015 0	0.007 6	8	0.001 3	23	0.066 9
4	0.133 9	0.091 2	0.057 3	0.033 7	0.018 9	9	0.002 9	24	0.055 7
5	0.160 6	0.127 7	0.091 6	0.060 7	0.037 8	10	0.005 8	25	0.044 6
6	0.160 6	0.149 0	0.122 1	0.091 1	0.063 1	11	0.010 6	26	0.034 3
7	0.137 7	0.149 0	0.139 6	0.117 1	0.090 1	12	0.017 6	27	0.025 4
8	0.103 3	0.130 4	0.139 6	0.131 8	0.112 6	13	0.027 1	28	0.018 2
9	0.068 8	0.101 4	0.124 1	0.131 8	0.125 1	14	0.038 2	29	0.021 5
10	0.041 3	0.071 0	0.099 3	0.118 6	0.125 1	15	0.051 7	30	0.008 3
11	0.022 5	0.045 2	0.072 2	0.097 0	0.113 7	16	0.064 6	31	0.005 4
12	0.011 3	0.026 4	0.048 1	0.072 8	0.094 8	17	0.076 0	32	0.003 4
13	0.005 2	0.014 2	0.029 6	0.050 4	0.072 9	18	0.084 4	33	0.002 0
14	0.002 2	0.007 1	0.016 9	0.032 4	0.052 1	19	0.088 8	34	0.001 2
15	0.000 9	0.003 3	0.009 0	0.019 4	0.034 7			35	0.000 7
16	0.000 3	0.001 5	0.004 5	0.010 9	0.021 7			36	0.000 4
17	0.000 1	0.000 6	0.002 1	0.005 8	0.012 8			37	0.000 2
18		0.000 2	0.000 9	0.002 9	0.007 1			38	0.000 1
19		0.000 1	0.000 4	0.001 4	0.003 7			39	0.000 1
20			0.000 2	0.000 6	0.001 9				
21			0.000 1	0.000 3	0.000 9				
22				0.000 1	0.000 4				
23					0.000 2				
24					0.000 1				

续　表

$\lambda = 30$				$\lambda = 40$				$\lambda = 50$			
m	P	m	P	m	P	m	P	m	P	m	P
10		30	0.072 6	15		40	0.063 0	25		50	0.056 3
11		31	0.070 3	16		41	0.061 4	26	0.000 1	51	0.055 2
12	0.000 1	32	0.065 9	17		42	0.058 5	27	0.000 1	52	0.053 1
13	0.000 2	33	0.059 9	18	0.000 1	43	0.054 4	28	0.000 2	53	0.050 1
14	0.000 5	34	0.052 9	19	0.000 1	44	0.049 5	29	0.000 4	54	0.046 4
15	0.001 0	35	0.045 3	20	0.000 2	45	0.044 0	30	0.000 7	55	0.042 2
16	0.001 9	36	0.037 8	21	0.000 4	46	0.038 2	31	0.001 1	56	0.037 7
17	0.003 4	37	0.030 6	22	0.000 7	47	0.032 5	32	0.001 7	57	0.033 0
18	0.005 7	38	0.024 2	23	0.001 2	48	0.027 1	33	0.002 6	58	0.028 5
19	0.008 9	39	0.018 6	24	0.001 9	49	0.022 1	34	0.003 8	59	0.024 1
20	0.013 4	40	0.013 9	25	0.003 1	50	0.017 7	35	0.005 4	60	0.020 1
21	0.019 2	41	0.010 2	26	0.004 7	51	0.013 9	36	0.007 5	61	0.016 5
22	0.026 1	42	0.007 3	27	0.007 0	52	0.010 7	37	0.010 2	62	0.013 3
23	0.034 1	43	0.005 1	28	0.010 0	53	0.008 1	38	0.013 4	63	0.010 6
24	0.042 6	44	0.003 5	29	0.013 9	54	0.006 0	39	0.017 2	64	0.008 2
25	0.051 1	45	0.002 3	30	0.018 5	55	0.004 3	40	0.021 5	65	0.006 3
26	0.059 0	46	0.001 5	31	0.023 8	56	0.003 1	41	0.026 2	66	0.004 8
27	0.065 5	47	0.001 0	32	0.029 8	57	0.002 2	42	0.031 2	67	0.003 6
28	0.070 2	48	0.000 6	33	0.036 1	58	0.001 5	43	0.036 3	68	0.002 6
29	0.072 6	49	0.000 4	34	0.042 5	59	0.001 0	44	0.041 2	69	0.001 9
		50	0.000 2	35	0.048 5	60	0.000 7	45	0.045 8	70	0.001 4
		51	0.000 1	36	0.053 9	61	0.000 5	46	0.049 8	71	0.000 7
		52	0.000 1	37	0.058 3	62	0.000 3	47	0.053 0	72	0.000 7
				38	0.000 1	63	0.000 2	48	0.055 2	73	0.000 5
				39	0.063 0	64	0.000 1	49	0.056 3	74	0.000 3
						65	0.000 1			75	0.000 2
										76	0.000 1
										77	0.000 1
										78	0.000 1

附表 2 正态分布表

$$\Phi(\lambda)=\frac{1}{\sqrt{2\pi}}\int_{-\infty}^{\lambda} e^{-\frac{x^2}{2}}\mathrm{d}x \quad (\lambda \geqslant 0)$$

λ	0.00	0.01	0.02	0.03	0.04	0.05	0.06	0.07	0.08	0.09	λ
0.0	0.500 0	0.504 0	0.508 0	0.512 0	0.516 0	0.519 9	0.523 9	0.527 9	0.531 9	0.535 9	0.0
0.1	0.539 8	0.543 8	0.547 8	0.551 7	0.555 7	0.559 6	0.563 6	0.567 5	0.571 4	0.575 3	0.1
0.2	0.579 3	0.583 2	0.587 1	0.591 0	0.594 8	0.598 7	0.602 6	0.606 4	0.610 3	0.614 1	0.2
0.3	0.617 9	0.621 7	0.625 5	0.629 3	0.633 1	0.636 8	0.640 6	0.644 3	0.648 0	0.651 7	0.3
0.4	0.655 4	0.659 1	0.662 8	0.666 4	0.670 0	0.673 6	0.677 2	0.680 8	0.684 4	0.687 9	0.4
0.5	0.691 5	0.395 0	0.698 5	0.701 9	0.705 4	0.708 8	0.712 3	0.715 7	0.719 0	0.722 4	0.5
0.6	0.725 7	0.729 1	0.732 4	0.735 7	0.738 9	0.742 2	0.745 4	0.748 6	0.751 7	0.754 9	0.6
0.7	0.758 0	0.761 1	0.764 2	0.767 3	0.770 3	0.773 4	0.776 4	0.779 4	0.782 3	0.758 2	0.7
0.8	0.788 1	0.791 0	0.793 9	0.796 7	0.799 5	0.802 3	0.805 1	0.807 8	0.810 6	0.813 3	0.8
0.9	0.815 9	0.818 6	0.821 6	0.823 8	0.826 4	0.828 9	0.831 5	0.834 0	0.836 5	0.838 9	0.9
1.0	0.841 3	0.843 8	0.846 1	0.848 5	0.850 8	0.853 1	0.855 4	0.857 7	0.859 9	0.862 1	1.0
1.1	0.864 3	0.866 5	0.868 6	0.870 8	0.872 9	0.874 9	0.877 0	0.879 0	0.881 0	0.883 0	1.1
1.2	0.884 9	0.886 9	0.888 8	0.890 7	0.892 5	0.894 4	0.896 2	0.898 0	0.899 7	0.901 47	1.2
1.3	0.903 20	0.904 90	0.906 58	0.908 24	0.909 88	0.911 49	0.913 09	0.914 66	0.916 21	0.917 74	1.3
1.4	0.919 24	0.920 73	0.922 20	0.923 64	0.925 07	0.926 47	0.927 85	0.929 22	0.930 56	0.931 89	1.4
1.5	0.933 19	0.934 48	0.935 74	0.936 99	0.938 22	0.939 43	0.940 62	0.941 79	0.942 95	0.944 08	1.5
1.6	0.945 20	0.946 30	0.947 38	0.948 45	0.949 50	0.950 53	0.951 54	0.952 54	0.953 52	0.954 49	1.6
1.7	0.955 43	0.956 37	0.957 28	0.958 18	0.959 07	0.959 94	0.960 80	0.961 64	0.962 46	0.963 27	1.7

续　表

λ	0.00	0.01	0.02	0.03	0.04	0.05	0.06	0.07	0.08	0.09	λ
1.8	0.964 07	0.964 85	0.965 62	0.966 38	0.967 12	0.967 84	0.968 56	0.969 26	0.969 95	0.970 62	1.8
1.9	0.971 28	0.971 93	0.972 57	0.973 20	0.973 81	0.974 41	0.975 00	0.975 58	0.976 15	0.976 70	1.9
2.0	0.977 25	0.977 78	0.978 31	0.978 82	0.979 32	0.979 82	0.980 30	0.980 77	0.981 24	0.981 69	2.0
2.1	0.982 14	0.982 57	0.983 00	0.983 41	0.983 82	0.984 22	0.984 61	0.985 00	0.985 37	0.985 74	2.1
2.2	0.986 10	0.986 45	0.986 79	0.987 13	0.987 45	0.987 78	0.988 09	0.988 40	0.988 70	0.988 99	2.0
2.3	0.989 28	0.989 56	0.989 83	0.990 097	$0.9^2 0$ 358	$0.9^2 0$ 613	$0.9^2 0$ 863	$0.9^2 1$ 106	$0.9^2 1$ 344	$0.9^2 1$ 576	2.3
2.4	$0.9^2 1$ 802*	$0.9^2 2$ 024	$0.9^2 2$ 240	$0.9^2 2$ 451	$0.9^2 2$ 656	$0.9^2 2$ 857	$0.9^2 3$ 053	$0.9^2 3$ 244	$0.9^2 3$ 431	$0.9^2 3$ 613	2.4
2.5	$0.9^2 3$ 790	$0.9^2 3$ 963	$0.9^2 4$ 132	$0.9^2 4$ 297	$0.9^2 4$ 457	$0.9^2 4$ 614	$0.9^2 4$ 766	$0.9^2 4$ 915	$0.9^2 5$ 060	0.9^5 201	2.5
2.6	$0.9^2 5$ 339	$0.9^2 5$ 473	$0.9^2 5$ 604	$0.9^2 5$ 731	$0.9^2 5$ 855	$0.9^2 5$ 975	$0.9^2 6$ 093	$0.9^2 6$ 207	$0.9^2 6$ 319	$0.9^2 6$ 427	2.6
2.7	$0.9^2 6$ 533	$0.9^2 6$ 636	$0.9^2 6$ 736	$0.9^2 6$ 833	$0.9^2 6$ 928	$0.9^2 7$ 020	$0.9^2 7$ 110	$0.9^2 7$ 197	$0.9^2 7$ 282	$0.9^2 7$ 365	2.7
2.8	$0.9^2 7$ 445	$0.9^2 7$ 523	$0.9^2 7$ 599	$0.9^2 7$ 673	$0.9^2 7$ 744	$0.9^2 7$ 814	$0.9^2 7$ 882	$0.9^2 7$ 948	$0.9^2 8$ 012	$0.9^2 8$ 074	2.8
2.9	$0.9^2 8$ 134	$0.9^2 8$ 193	$0.9^2 8$ 250	$0.9^2 8$ 305	$0.9^2 8$ 359	$0.9^2 8$ 411	$0.9^2 8$ 462	$0.9^2 8$ 511	$0.9^2 8$ 559	$0.9^2 8$ 605	2.9
3.0	$0.9^2 8$ 650	$0.9^2 8$ 694	$0.9^2 8$ 736	$0.9^2 8$ 777	$0.9^2 8$ 817	$0.9^2 8$ 856	$0.9^2 8$ 893	$0.9^2 8$ 930	$0.9^2 8$ 965	$0.9^2 8$ 999	3.0
3.1	$0.9^3 0$ 324	$0.9^3 0$ 646	$0.9^3 0$ 957	$0.9^3 1$ 260	$0.9^3 1$ 553	$0.9^3 1$ 836	$0.9^3 2$ 112	$0.9^3 2$ 378	$0.9^3 2$ 636	$0.9^3 2$ 886	3.1
3.2	$0.9^3 3$ 129	$0.9^3 3$ 363	$0.9^3 3$ 590	$0.9^3 3$ 810	$0.9^3 4$ 024	$0.9^3 4$ 230	$0.9^3 4$ 429	$0.9^3 4$ 623	$0.9^3 4$ 810	$0.9^3 4$ 991	3.2
3.3	$0.9^3 5$ 166	$0.9^3 5$ 335	$0.9^3 5$ 499	$0.9^3 5$ 658	$0.9^3 5$ 811	$0.9^3 5$ 959	$0.9^3 6$ 103	$0.9^3 6$ 242	$0.9^3 6$ 376	$0.9^3 6$ 505	3.3
3.4	$0.9^3 6$ 631	$0.9^3 6$ 752	$0.9^3 6$ 869	$0.9^3 6$ 982	$0.9^3 7$ 091	$0.9^3 7$ 197	$0.9^3 7$ 299	$0.9^3 7$ 398	$0.9^3 7$ 493	$0.9^3 7$ 585	3.4

续 表

λ	0.00	0.01	0.02	0.03	0.04	0.05	0.06	0.07	0.08	0.09	λ
3.5	$0.9^3 7\ 674$	$0.9^3 7\ 759$	$0.9^3 7\ 842$	$0.9^3 7\ 922$	$0.9^3 7\ 999$	$0.9^3 8\ 074$	$0.9^3 8\ 146$	$0.9^3 8\ 215$	$0.9^3 8\ 282$	$0.9^3 8\ 347$	3.5
3.6	$0.9^3 8\ 409$	$0.9^3 8\ 469$	$0.9^3 8\ 527$	$0.9^3 8\ 583$	$0.9^3 8\ 637$	$0.9^3 8\ 689$	$0.9^3 8\ 739$	$0.9^3 8\ 787$	$0.9^3 8\ 834$	$0.9^3 8\ 879$	3.6
3.7	$0.9^3 8\ 922$	$0.9^3 8\ 964$	$0.9^4 0\ 039$	$0.9^4 0\ 426$	$0.9^4 0\ 799$	$0.9^4 1\ 158$	$0.9^4 1\ 504$	$0.9^4 1\ 838$	$0.9^4 2\ 159$	$0.9^4 2\ 468$	3.7
3.8	$0.9^4 2\ 765$	$0.9^4 3\ 052$	$0.9^4 3\ 327$	$0.9^4 3\ 593$	$0.9^4 3\ 848$	$0.9^4 4\ 094$	$0.9^4 4\ 331$	$0.9^4 4\ 558$	$0.9^4 4\ 777$	$0.9^4 4\ 988$	3.8
3.9	$0.9^4 5\ 190$	$0.9^4 5\ 385$	$0.9^4 5\ 573$	$0.9^4 5\ 753$	$0.9^4 5\ 926$	$0.9^4 6\ 092$	$0.9^4 6\ 253$	$0.9^4 6\ 406$	$0.9^4 6\ 554$	$0.9^4 6\ 696$	3.9
4.0	$0.9^4 6\ 833$	$0.9^4 6\ 964$	$0.9^4 7\ 090$	$0.9^4 7\ 211$	$0.9^4 7\ 327$	$0.9^4 7\ 439$	$0.9^4 7\ 546$	$0.9^4 7\ 649$	$0.9^4 7\ 748$	$0.9^4 7\ 843$	4.0
4.1	$0.9^4 7\ 934$	$0.9^4 8\ 022$	$0.9^4 8\ 106$	$0.9^4 8\ 186$	$0.9^4 8\ 263$	$0.9^4 8\ 338$	$0.9^4 8\ 409$	$0.9^4 8\ 477$	$0.9^4 8\ 542$	$0.9^4 8\ 605$	4.1
4.2	$0.9^4 8\ 665$	$0.9^4 8\ 723$	$0.9^4 8\ 778$	$0.9^4 8\ 832$	$0.9^4 8\ 882$	$0.9^4 8\ 931$	$0.9^4 8\ 978$	$0.9^5 0\ 226$	$0.9^5 0\ 655$	$0.9^5 1\ 066$	4.2
4.3	$0.9^5 1\ 460$	$0.9^5 1\ 837$	$0.9^5 2\ 199$	$0.9^5 2\ 545$	$0.9^5 2\ 876$	$0.9^5 3\ 193$	$0.9^5 3\ 497$	$0.9^5 3\ 788$	$0.9^5 4\ 066$	$0.9^5 4\ 332$	4.3
4.4	$0.9^5 4\ 587$	$0.9^5 4\ 831$	$0.9^5 4\ 065$	$0.9^5 5\ 288$	$0.9^5 5\ 502$	$0.9^5 5\ 706$	$0.9^5 5\ 902$	$0.9^5 6\ 089$	$0.9^5 6\ 268$	$0.9^5 6\ 439$	4.4
4.5	$0.9^5 6\ 602$	$0.9^5 6\ 759$	$0.9^5 6\ 908$	$0.9^5 7\ 051$	$0.9^5 7\ 187$	$0.9^5 7\ 318$	$0.9^5 7\ 442$	$0.9^5 7\ 561$	$0.9^5 7\ 675$	$0.9^5 7\ 784$	4.5
4.6	$0.9^5 7\ 888$	$0.9^5 7\ 987$	$0.9^5 8\ 081$	$0.9^5 8\ 172$	$0.9^5 8\ 258$	$0.9^5 8\ 340$	$0.9^5 8\ 419$	$0.9^5 8\ 494$	$0.9^5 8\ 566$	$0.9^5 8\ 634$	4.6
4.7	$0.9^5 8\ 699$	$0.9^5 8\ 761$	$0.9^5 8\ 821$	$0.9^5 8\ 877$	$0.9^5 8\ 931$	$0.9^5 8\ 983$	$0.9^6 0\ 320$	$0.9^6 0\ 789$	$0.9^6 1\ 235$	$0.9^6 1\ 661$	4.7
4.8	$0.9^6 2\ 067$	$0.9^6 2\ 453$	$0.9^6 2\ 822$	$0.9^6 3\ 173$	$0.9^6 3\ 508$	$0.9^6 3\ 827$	$0.9^6 4\ 131$	$0.9^6 4\ 420$	$0.9^6 4\ 696$	$0.9^6 4\ 958$	4.8
4.9	$0.9^6 5\ 208$	$0.9^6 5\ 446$	$0.9^6 5\ 673$	$0.9^6 5\ 889$	$0.9^6 6\ 094$	$0.9^6 6\ 289$	$0.9^6 6\ 475$	$0.9^6 6\ 652$	$0.9^6 6\ 821$	$0.9^6 6\ 981$	4.9

*:表中 $0.9^6 5\ 208$ 表示 0.999 999 520 8,其余类推.

附表 3　t 分布上侧分位数表

$$P\{t(n)>t\}(n)=\alpha$$

n \ α	0.25	0.10	0.05	0.025	0.01	0.005
1	1.000 0	3.077 7	6.313 8	12.706 2	31.820 7	63.657 4
2	0.816 5	1.885 6	2.920 0	4.303 7	6.964 6	9.924 8
3	0.764 9	1.637 7	2.353 4	3.182 4	4.540 7	5.840 9
4	0.740 7	1.533 2	2.131 8	2.776 4	3.746 9	4.604 1
5	0.726 7	1.475 9	2.015 0	2.570 6	3.364 9	4.032 3
6	0.717 6	1.439 8	1.943 2	2.446 9	3.142 7	3.707 4
7	0.711 1	1.414 9	1.894 6	2.364 6	2.998 0	3.499 5
8	0.706 4	1.396 8	1.859 5	3.306 0	2.896 5	3.355 4
9	0.702 7	1.388 0	1.833 1	2.262 2	2.821 4	3.249 8
10	0.699 8	1.372 2	1.812 5	2.228 1	2.763 8	3.169 3
11	0.697 4	1.363 4	1.795 9	2.201 0	2.718 1	3.105 8
12	0.695 5	1.356 2	1.782 3	2.178 8	2.681 0	3.054 5
13	0.693 8	1.350 2	1.770 9	2.160 4	2.650 8	3.012 3
14	0.692 4	1.345 0	1.761 3	2.144 8	2.624 5	2.976 8
15	0.691 2	1.340 6	1.753 1	2.131 5	2.602 5	2.946 7
16	0.690 1	2.336 8	1.745 9	2.119 9	2.583 5	2.920 8
17	0.689 2	1.333 4	1.739 6	2.109 9	2.566 9	2.898 2
18	0.688 4	1.330 4	1.734 1	2.100 9	2.552 4	2.878 4
19	0.687 6	1.327 7	1.729 1	2.093 0	2.539 5	2.860 9
20	0.687 0	1.325 3	1.724 7	2.086 0	2.528 0	2.845 3
21	0.686 4	1.323 2	1.720 7	2.079 6	2.517 7	2.831 4
22	0.685 8	1.311 2	1.717 1	2.073 9	2.508 3	2.818 8
23	0.685 3	1.319 5	1.713 9	2.068 7	2.499 9	2.807 3
24	0.684 8	1.317 8	1.710 9	2.063 9	2.492 2	2.796 9
25	0.684 4	1.316 3	1.708 1	2.059 5	2.485 1	2.787 4
26	0.684 0	1.315 0	1.705 6	2.055 5	2.478 6	2.778 7
27	0.683 7	1.313 7	1.703 3	2.051 8	2.472 7	2.770 7
28	0.683 4	1.312 5	1.701 1	2.048 4	2.467 1	2.763 3
29	0.683 0	1.311 4	1.699 1	2.045 2	2.462 0	2.756 4
30	0.682 8	1.310 4	1.697 3	2.042 3	2.457 3	2.750 0

续　表

α / n	0.25	0.10	0.05	0.025	0.01	0.005
31	0.682 5	1.309 5	1.695 5	2.039 5	2.452 8	2.744 0
32	0.682 2	1.308 6	1.693 9	2.036 9	2.448 7	2.738 5
33	0.682 0	1.307 7	1.692 4	2.034 5	2.444 8	2.733 3
34	0.681 8	1.307 0	1.690 9	2.032 2	2.441 1	2.728 4
35	0.681 6	1.306 2	1.689 6	2.030 1	2.437 7	2.723 8
36	0.681 4	1.305 5	1.688 3	2.028 1	2.434 5	2.719 5
37	0.681 2	1.304 9	1.687 1	2.026 2	2.431 4	2.715 4
38	0.681 0	1.304 2	1.686 0	2.024 4	2.428 6	2.711 6
39	0.680 8	1.303 6	1.684 9	2.022 7	2.425 8	2.707 9
40	0.680 7	1.303 1	1.683 9	2.021 1	2.423 3	2.704 5
41	0.680 5	1.302 5	1.682 9	2.019 5	2.420 8	2.701 2
42	0.680 4	1.302 0	1.682 0	2.018 1	2.418 5	2.698 1
43	0.680 2	1.301 6	1.681 1	2.016 7	2.416 3	2.695 1
44	0.680 1	1.301 1	1.680 2	2.015 4	2.414 1	2.692 3
45	0.680 0	1.300 6	1.679 4	2.014 1	2.412 1	2.689 6

附表 4 χ^2分布临界值表

n \ α	0.995	0.99	0.975	0.95	0.90	0.75	0.50	0.25	0.10	0.05	0.025	0.01	0.005	α / n
1	$0.0^4 4$	$0.0^3 2$	0.001	0.004	0.016	0.102	0.455	1.32	2.71	3.84	5.02	6.63	7.88	1
2	0.010	0.020	0.051	0.103	0.211	0.575	1.39	2.77	4.61	5.99	7.38	9.21	10.6	2
3	0.072	0.155	0.216	0.352	0.584	1.21	2.37	4.11	6.25	7.81	9.35	11.3	12.8	3
4	0.207	0.297	0.484	0.711	1.06	1.92	3.36	5.39	7.78	9.49	11.1	13.3	14.9	4
5	0.412	0.554	0.831	1.15	1.61	2.67	4.35	6.63	9.24	11.1	12.8	15.1	16.7	5
6	0.676	0.872	1.24	1.64	2.20	3.45	5.35	7.84	10.6	12.6	14.4	16.8	18.5	6
7	0.989	1.24	1.69	2.17	2.83	4.25	6.35	9.04	12.0	14.1	16.0	18.5	20.3	7
8	1.34	1.65	2.18	2.73	3.49	5.07	7.34	10.2	13.4	15.5	17.5	20.1	22.0	8
9	1.73	2.09	2.70	3.33	4.17	5.90	8.34	11.4	14.7	16.9	19.0	21.7	23.6	9
10	2.16	2.56	3.25	3.94	4.87	6.74	9.34	12.5	16.0	18.3	20.5	23.2	25.2	10
11	2.60	3.05	3.82	4.57	5.58	7.58	10.3	13.7	17.3	19.7	21.9	24.7	26.8	11
12	3.07	3.57	4.40	5.23	6.30	8.44	11.3	14.8	18.5	21.0	23.3	26.2	28.3	12
13	3.57	4.11	5.01	5.89	7.04	9.30	12.3	16.0	19.8	22.4	24.7	27.7	29.8	13
14	4.07	4.66	5.63	6.57	7.79	10.2	13.3	17.1	21.1	23.7	26.1	29.1	31.3	14
15	4.60	5.23	6.26	7.26	8.55	11.0	14.3	18.2	22.3	25.0	27.5	30.6	32.8	15
16	5.14	5.81	6.91	7.96	9.31	11.9	15.3	19.4	23.5	26.3	28.8	32.0	34.3	16
17	5.70	6.41	7.56	8.67	10.1	12.8	16.3	20.5	24.8	27.6	30.2	33.4	35.7	17
18	6.26	7.01	8.23	9.39	10.9	13.7	17.3	21.6	26.0	28.9	31.5	34.8	37.2	18
19	6.84	7.63	8.91	10.1	11.7	14.6	18.3	22.7	27.2	30.1	32.9	36.2	38.6	19
20	7.43	8.26	9.59	10.9	12.4	15.5	19.3	23.8	28.4	31.4	34.2	37.6	40.4	20
21	8.03	8.90	10.3	11.6	13.2	16.3	20.3	24.9	29.6	32.7	35.5	38.9	41.4	21
22	8.64	9.54	11.0	12.3	14.0	17.2	21.3	26.0	30.8	33.9	36.8	40.3	42.8	22
23	9.26	10.2	11.7	13.1	14.8	18.1	22.3	27.1	32.0	35.2	38.1	41.6	44.2	23
24	9.89	10.9	12.4	13.8	15.7	19.0	23.3	28.2	33.2	36.4	39.4	43.0	45.6	24
25	10.5	11.5	13.1	14.6	16.5	19.9	24.3	29.3	34.4	37.7	40.6	44.3	46.9	25
26	11.2	12.2	13.8	15.4	17.3	20.8	25.3	30.4	35.6	38.9	41.9	45.6	48.3	26
27	11.8	12.9	14.6	16.2	18.1	21.7	26.3	31.5	36.7	40.1	43.2	47.0	49.6	27
28	12.5	13.6	15.3	16.9	18.9	22.7	27.3	32.6	37.9	41.3	44.5	48.3	51.0	28
29	13.1	14.3	16.0	17.7	19.8	23.6	28.3	33.7	39.1	42.6	45.7	49.6	52.3	29
30	13.8	15.0	16.8	18.5	20.6	24.5	29.3	34.8	40.3	43.8	47.0	50.9	53.7	30
40	20.7	22.2	24.4	26.5	29.1	33.7	39.3	45.6	51.8	55.8	59.3	63.7	66.8	40
50	28.0	29.7	32.4	34.8	37.7	42.9	49.3	56.3	63.2	67.5	71.4	76.2	79.5	50
60	35.5	37.5	40.5	43.2	46.5	52.3	59.3	67.0	74.4	79.1	83.3	88.4	92.0	60

注：$P\{\chi_n^2 \geqslant \chi_\alpha^2\} = \dfrac{1}{2^{n/2}\Gamma\left(\dfrac{n}{2}\right)}\int_{\chi_\alpha^2}^{+\infty} x^{n/2-1}\mathrm{e}^{-x/2}\mathrm{d}x = \alpha$ （n 为自由度）

附表 5 F 分布临界值表($\alpha = 0.05$)

$$P(F > F_{\alpha}) = \alpha$$

n_2 \ n_1	1	2	3	4	5	6	7	8	9	10	12	14	16	18	20	n_1 / n_2
1	161	200	216	225	230	234	237	239	241	242	244	245	246	247	248	1
2	18.5	19.0	19.2	19.2	19.3	19.3	19.4	19.4	19.4	19.4	19.4	19.4	19.4	19.4	19.4	2
3	10.1	9.55	9.28	9.12	9.01	8.94	8.89	8.85	8.81	8.79	8.74	8.71	8.69	8.67	8.66	3
4	7.71	6.94	6.59	6.39	6.26	6.16	6.09	6.04	6.00	5.96	5.91	5.87	5.84	5.82	5.80	4
5	6.61	5.79	5.41	5.19	5.05	4.95	4.88	4.82	4.77	4.74	4.68	4.64	4.60	4.58	4.56	5
6	5.99	5.14	4.76	4.53	4.39	4.28	4.21	4.15	4.10	4.06	4.00	3.96	3.92	3.90	3.87	6
7	5.59	4.74	4.35	4.12	3.97	3.87	3.79	3.73	3.68	3.64	3.57	3.53	3.49	3.47	3.44	7
8	5.32	4.46	4.07	3.84	3.69	3.58	3.50	3.44	3.39	3.35	3.28	3.24	3.20	3.17	3.15	8
9	5.12	4.26	3.86	3.63	3.48	3.37	3.29	3.23	3.18	3.14	3.07	3.03	2.99	2.96	2.94	9
10	4.96	4.10	3.71	3.48	3.33	3.22	3.14	3.07	3.02	2.98	2.91	2.86	2.83	2.80	2.77	10
11	4.84	3.98	3.59	3.36	3.20	3.09	3.01	2.95	2.90	2.85	2.79	2.74	2.70	2.67	2.65	11
12	4.75	3.89	3.49	3.26	3.11	3.00	2.91	2.85	2.80	2.75	2.69	2.64	2.60	2.57	2.54	12
13	4.67	3.81	3.41	3.18	3.03	2.92	2.83	2.77	2.71	2.67	2.60	2.55	2.51	2.48	2.46	13
14	4.60	3.74	3.34	3.11	2.96	2.85	2.76	2.70	2.65	2.60	2.53	2.48	2.44	2.41	2.39	14
15	4.54	3.68	3.29	3.06	2.90	2.79	2.71	2.64	2.59	2.54	2.48	2.42	2.38	2.35	2.33	15
16	4.49	3.63	3.24	3.01	2.85	2.74	2.66	2.59	2.54	2.49	2.42	2.37	2.33	2.30	2.28	16
17	4.45	3.59	3.20	2.96	2.81	2.70	2.61	2.55	2.49	2.45	2.38	2.33	2.29	2.26	2.23	17
18	4.41	3.55	3.16	2.93	2.77	2.66	2.58	2.51	2.46	2.41	2.34	2.29	2.25	2.22	2.19	18
19	4.38	3.52	3.13	2.90	2.74	2.63	2.54	2.48	2.42	2.38	2.31	2.26	2.21	2.18	2.16	19

续 表

$\alpha = 0.05$

$n_2 \backslash n_1$	1	2	3	4	5	6	7	8	9	10	12	14	16	18	20	n_1 / n_2
20	4.35	3.49	3.10	2.87	2.71	2.60	2.51	2.45	2.39	2.35	2.28	2.22	2.18	2.15	2.12	20
21	4.32	3.47	3.07	2.84	2.68	2.57	2.49	2.42	2.37	2.32	2.25	2.20	2.16	2.12	2.10	21
22	4.30	3.44	3.05	2.82	2.66	2.55	2.46	2.40	2.34	2.30	2.23	2.17	2.13	2.10	2.07	22
23	4.28	3.42	3.03	2.80	2.64	2.53	2.44	2.37	2.32	2.27	2.20	2.15	2.11	2.07	2.05	23
24	4.26	3.40	3.01	2.78	2.62	2.51	2.42	2.36	2.30	2.25	2.18	2.13	2.09	2.05	2.03	24
25	4.24	3.39	2.99	2.76	2.60	2.49	2.40	2.34	2.28	2.24	2.16	2.11	2.07	2.04	2.01	25
26	4.23	3.37	2.98	2.74	2.59	2.47	2.39	2.32	2.27	2.22	2.15	2.09	2.05	2.02	1.99	26
27	4.21	3.35	2.96	2.73	2.57	2.46	2.37	2.31	2.25	2.20	2.13	2.08	2.04	2.00	1.97	27
28	4.20	3.34	2.95	2.71	2.56	2.45	2.36	2.29	2.24	2.19	2.12	2.06	2.02	1.99	1.96	28
29	4.18	3.33	2.93	2.70	2.55	2.43	2.35	2.28	2.22	2.18	2.10	2.05	2.01	1.97	1.94	29
30	4.17	3.32	2.92	2.69	2.53	2.42	2.33	2.27	2.21	2.16	2.09	2.04	1.99	1.96	1.93	30
32	4.15	3.29	2.90	2.67	2.51	2.40	2.31	2.24	2.19	2.14	2.07	2.01	1.97	1.94	1.91	32
34	4.13	3.28	2.88	2.65	2.49	2.38	2.29	2.23	2.17	2.12	2.05	1.99	1.95	1.92	1.89	34
36	4.11	3.26	2.87	2.63	2.48	2.36	2.28	2.21	2.15	2.11	2.03	1.98	1.93	1.90	1.87	36
38	4.10	3.24	2.85	2.62	2.46	2.35	2.26	2.19	2.14	2.09	2.02	1.96	1.92	1.88	1.85	38
40	4.08	3.23	2.84	2.61	2.45	2.34	2.25	2.18	2.12	2.08	2.00	1.95	1.90	1.87	1.84	40
42	4.07	3.22	2.83	2.59	2.44	2.32	2.24	2.17	2.11	2.06	1.99	1.93	1.89	1.86	1.83	42
44	4.06	3.21	2.82	2.58	2.43	2.31	2.23	2.16	2.10	2.05	1.98	1.92	1.88	1.84	1.81	44
46	4.05	3.20	2.81	2.57	2.42	2.30	2.22	2.15	2.09	2.04	1.97	1.91	1.87	1.83	1.80	46

续　表

$\alpha = 0.05$

n_2 \ n_1	1	2	3	4	5	6	7	8	9	10	12	14	16	18	20	n_1 / n_2
48	4.04	3.19	2.80	2.57	2.41	2.29	2.21	2.14	2.08	2.03	1.96	1.90	1.86	1.82	1.79	48
50	4.03	3.18	2.79	2.56	2.40	2.29	2.20	2.13	2.07	2.03	1.95	1.89	1.85	1.81	1.78	50
60	4.00	3.15	2.76	2.53	2.37	2.25	2.17	2.10	2.04	1.99	1.92	1.86	1.82	1.78	1.75	60
80	3.96	3.11	2.72	2.49	2.33	2.21	2.13	2.06	2.00	1.95	1.88	1.82	1.77	1.73	1.70	80
100	3.94	3.09	2.70	2.46	2.31	2.19	2.10	2.03	1.97	1.93	1.85	1.79	1.75	1.71	1.68	100
125	3.92	3.07	2.68	2.44	2.29	2.17	2.08	2.01	1.96	1.91	1.83	1.77	1.72	1.69	1.65	125
150	3.90	3.06	2.66	2.43	2.27	2.16	2.07	2.00	1.94	1.89	1.82	1.76	1.71	1.67	1.64	150
200	3.89	3.04	2.65	2.42	2.26	2.14	2.06	1.98	1.93	1.88	1.80	1.74	1.69	1.66	1.62	200
300	3.87	3.03	2.63	2.40	2.24	2.13	2.04	1.97	1.91	1.86	1.78	1.72	1.68	1.64	1.61	300
500	3.86	3.01	2.62	2.39	2.23	2.12	2.03	1.96	1.90	1.85	1.77	1.71	1.66	1.62	1.59	500
1000	3.85	3.00	2.61	2.38	2.22	2.11	2.02	1.95	1.89	1.84	1.76	1.70	1.65	1.61	1.58	1000
∞	3.84	3.00	2.60	2.37	2.21	2.10	2.01	1.94	1.88	1.83	1.75	1.69	1.64	1.60	1.57	∞

续 表

$\alpha = 0.05$

n_2 \ n_1	22	24	26	28	30	35	40	45	50	60	80	100	200	500	∞	n_1 / n_2
1	249	249	249	250	250	251	251	251	252	252	252	253	254	254	254	1
2	19.5	19.5	19.5	19.5	19.5	1.95	1.95	1.95	1.95	1.95	1.95	1.95	1.95	1.95	1.95	2
3	8.65	8.64	8.63	8.62	8.62	8.60	8.59	8.59	8.58	8.57	5.56	8.55	8.54	8.53	8.53	3
4	5.79	5.77	5.76	5.75	5.75	5.73	5.72	5.71	5.70	5.69	5.67	5.66	5.65	5.64	5.63	4
5	4.54	4.53	4.52	4.50	4.50	4.48	4.46	4.45	4.44	4.43	4.41	4.41	4.39	4.37	4.37	5
6	3.86	3.84	3.83	3.82	3.81	3.79	3.77	3.76	3.75	3.74	3.72	3.71	3.69	3.68	3.67	6
7	3.43	3.41	3.40	3.39	3.38	3.36	3.34	3.33	3.32	3.30	3.29	3.27	3.25	3.24	3.23	7
8	3.13	3.12	3.10	3.09	3.08	3.06	3.04	3.03	3.02	3.01	2.99	2.97	2.95	2.94	2.93	8
9	2.92	2.90	2.89	2.87	2.86	2.84	2.83	2.81	2.80	2.79	2.77	2.76	2.73	2.72	2.71	9
10	2.75	2.74	2.72	2.71	2.70	2.68	2.66	2.65	2.64	2.62	2.60	2.59	2.56	2.55	2.54	10
11	2.63	2.61	2.59	2.58	2.57	2.55	2.53	2.52	2.51	2.49	2.47	2.46	2.43	2.42	2.40	11
12	2.52	2.51	2.49	2.48	2.47	2.44	2.43	2.41	2.40	2.38	2.36	2.35	1.32	2.31	2.30	12
13	2.44	2.42	2.41	2.39	2.38	2.36	2.34	2.33	2.31	2.30	2.27	2.26	1.23	2.22	2.21	13
14	2.37	2.35	2.33	2.32	2.31	2.28	2.27	2.25	2.24	2.22	2.20	2.19	1.16	2.14	2.13	14
15	2.31	2.29	2.27	2.26	2.25	2.22	2.20	2.19	2.18	2.16	2.14	2.12	1.10	2.08	2.07	15
16	2.25	2.24	2.22	2.21	2.19	2.17	2.15	2.14	2.12	2.11	2.08	2.07	2.04	2.02	2.01	16
17	2.21	2.19	2.17	2.16	2.15	2.12	2.10	2.09	2.08	2.06	2.03	2.02	1.99	1.97	1.96	17
18	2.17	2.15	2.13	2.12	2.11	2.08	2.06	2.05	2.04	2.02	1.99	1.98	1.95	1.93	1.92	18
19	2.13	2.11	2.10	2.08	2.07	2.05	2.03	2.01	2.00	1.98	1.96	1.94	1.91	1.89	1.88	19
20	2.10	2.08	2.07	2.05	2.04	2.01	1.99	1.98	1.97	1.95	1.92	1.91	1.88	1.86	1.84	20

续 表

$\alpha = 0.05$

n_2 \ n_1	22	24	26	28	30	35	40	45	50	60	80	100	200	500	∞	n_2 \ n_1
21	2.07	2.05	2.04	2.02	2.01	1.98	1.96	1.95	1.94	1.92	1.89	1.88	1.84	1.82	1.81	21
22	2.05	2.03	2.01	2.00	1.98	1.96	1.94	1.92	1.91	1.89	1.86	1.85	1.82	1.80	1.78	22
23	2.02	2.00	1.99	1.97	1.96	1.93	1.91	1.90	1.88	1.86	1.84	1.82	1.79	1.77	1.76	23
24	2.00	1.98	1.97	1.95	1.94	1.91	1.89	1.88	1.86	1.84	1.82	1.80	1.77	1.75	1.73	24
25	1.98	1.96	1.95	1.93	1.92	1.89	1.87	1.86	1.84	1.82	1.80	1.78	1.75	1.73	1.71	25
26	1.97	1.95	1.93	1.91	1.90	1.87	1.85	1.84	1.82	1.80	1.78	1.76	1.73	1.71	1.69	26
27	1.95	1.93	1.91	1.90	1.88	1.86	1.84	1.82	1.81	1.79	1.76	1.74	1.71	1.69	1.67	27
28	1.93	1.91	1.90	1.88	1.87	1.84	1.82	1.80	1.79	1.77	1.74	1.73	1.69	1.67	1.65	28
29	1.92	1.90	1.88	1.87	1.85	1.83	1.81	1.79	1.77	1.75	1.73	1.71	1.67	1.65	1.64	29
30	1.91	1.89	1.87	1.85	1.84	1.81	1.79	1.77	1.76	1.74	1.71	1.70	1.66	1.64	1.62	30
32	1.88	1.86	1.85	1.83	1.82	1.79	1.77	1.75	1.74	1.71	1.69	1.67	1.63	1.61	1.59	32
34	1.86	1.84	1.82	1.80	1.80	1.77	1.75	1.73	1.71	1.69	1.66	1.65	1.61	1.59	1.57	34
36	1.85	1.82	1.81	1.79	1.78	1.75	1.73	1.71	1.69	1.67	1.64	1.62	1.59	1.56	1.55	36
38	1.83	1.81	1.79	1.77	1.76	1.73	1.71	1.69	1.68	1.65	1.62	1.61	1.57	1.54	1.53	38
40	1.81	1.79	1.77	1.76	1.74	1.72	1.69	1.67	1.66	1.64	1.61	1.59	1.55	1.53	1.51	40
42	1.80	1.78	1.76	1.74	1.73	1.70	1.68	1.66	1.65	1.62	1.59	1.57	1.53	1.51	1.49	42
44	1.79	1.77	1.75	1.73	1.72	1.69	1.67	1.65	1.63	1.61	1.58	1.56	1.52	1.49	1.48	44
46	1.78	1.76	1.74	1.72	1.71	1.68	1.65	1.64	1.62	1.60	1.57	1.55	1.51	1.48	1.46	46
48	1.77	1.75	1.73	1.71	1.70	1.67	1.64	1.62	1.61	1.59	1.56	1.54	1.49	1.47	1.45	48
50	1.76	1.74	1.72	1.70	1.69	1.66	1.63	1.61	1.60	1.58	1.54	1.52	1.48	1.46	1.44	50

续 表

$\alpha = 0.05$

n_2 \ n_1	22	24	26	28	30	35	40	45	50	60	80	100	200	500	∞	n_1 / n_2
60	1.72	1.70	1.68	1.66	1.65	1.62	1.59	1.57	1.56	1.53	1.50	1.48	1.44	1.41	1.39	60
80	1.68	1.65	1.63	1.62	1.60	1.57	1.54	1.52	1.51	1.48	1.45	1.43	1.38	1.35	1.32	80
100	1.65	1.63	1.61	1.59	1.57	1.54	1.52	1.49	1.48	1.45	1.41	1.39	1.34	1.31	1.28	100
125	1.63	1.60	1.58	1.57	1.55	1.52	1.49	1.47	1.45	1.42	1.39	1.36	1.31	1.27	1.25	125
150	1.61	1.59	1.57	1.55	1.53	1.50	1.48	1.45	1.44	1.41	1.37	1.34	1.29	1.25	1.22	150
200	1.60	1.57	1.55	1.53	1.52	1.48	1.46	1.43	1.41	1.39	1.35	1.32	1.26	1.22	1.19	200
300	1.58	1.55	1.53	1.51	1.50	1.46	1.43	1.41	1.39	1.36	1.32	1.30	1.23	1.19	1.15	300
500	1.56	1.54	1.52	1.50	1.48	1.45	1.42	1.40	1.38	1.34	1.30	1.28	1.21	1.16	1.11	500
1 000	1.55	1.53	1.51	1.49	1.47	1.44	1.41	1.38	1.36	1.33	1.29	1.26	1.19	1.13	1.08	1 000
∞	1.54	1.52	1.50	1.48	1.46	1.42	1.39	1.37	1.35	1.32	1.27	1.24	1.17	1.11	1.00	∞

附表 6　F 分布临界值表（$\alpha = 0.10$）

n_1 / n_2	1	2	3	4	5	6	7	8	9	10	15	20	30	50	100	200	500	∞	n_1 / n_2
1	39.9	49.5	53.6	55.8	57.2	58.2	58.9	59.4	59.9	60.2	61.2	61.7	62.3	62.7	63.0	63.2	63.3	63.3	1
2	8.53	9.00	9.16	9.24	9.29	9.33	9.35	9.37	9.38	9.39	9.42	9.44	9.46	9.47	9.48	9.49	9.49	9.49	2
3	5.54	5.46	5.39	5.34	5.31	5.28	5.27	5.25	5.24	5.23	5.20	5.18	5.17	5.15	5.14	5.14	5.14	5.13	3
4	4.54	4.32	4.19	4.11	4.05	4.01	3.98	3.95	3.94	3.92	3.87	3.84	3.82	3.80	3.78	3.77	3.76	3.76	4
5	4.06	4.78	3.62	3.52	3.45	3.40	3.37	3.34	3.32	3.30	3.24	3.21	3.17	3.15	3.13	3.12	3.11	3.10	5
6	3.78	3.46	3.29	3.18	3.11	3.05	3.01	2.98	2.96	2.94	2.87	2.84	2.80	2.77	2.75	2.73	2.73	2.72	6
7	3.59	3.26	3.07	2.96	2.88	2.83	2.78	2.75	2.72	2.70	2.63	2.59	2.56	2.52	2.50	2.48	2.48	2.47	7
8	3.46	3.11	2.92	2.81	2.73	2.67	2.62	2.59	2.56	2.54	2.46	2.42	2.38	2.35	2.32	2.31	2.30	2.29	8
9	3.36	3.01	2.81	2.69	2.61	2.55	2.51	2.47	2.44	2.42	2.34	2.30	2.25	2.22	2.19	2.17	2.17	2.16	9
10	3.28	2.92	2.73	2.61	2.52	2.46	2.41	2.38	2.35	2.32	2.24	2.20	2.16	2.12	2.09	2.07	2.06	2.06	10
11	3.23	2.86	2.66	2.54	2.45	2.39	2.34	2.30	2.27	2.25	2.17	2.12	2.08	2.04	2.00	1.99	1.98	1.97	11
12	3.18	2.81	2.61	2.48	2.39	2.33	2.28	2.24	2.21	2.19	2.10	2.06	2.01	2.97	1.94	1.92	1.91	1.90	12
13	3.14	2.76	2.56	2.43	2.35	2.28	2.23	2.20	2.16	2.14	2.05	2.01	1.96	1.92	1.88	1.86	1.85	1.85	13
14	3.10	2.73	2.52	2.39	2.31	2.24	2.19	2.15	2.12	2.10	2.01	1.96	1.91	1.87	1.83	1.82	1.80	1.80	14
15	3.07	2.70	2.49	2.36	2.27	2.21	2.16	2.12	2.09	2.06	1.97	1.92	1.87	1.83	1.79	1.77	1.76	1.76	15
16	3.05	2.67	2.46	2.33	2.24	2.18	2.13	2.09	2.06	2.03	1.94	1.89	1.84	1.79	1.76	1.74	1.73	1.72	16
17	3.03	2.64	2.44	2.31	2.22	2.15	2.10	2.06	2.03	2.00	1.91	1.86	181	1.76	1.73	1.71	1.69	1.69	17
18	3.01	2.62	2.42	2.29	2.20	2.13	2.08	2.04	2.00	1.98	1.89	1.84	1.78	1.74	1.70	1.68	1.67	1.66	18
19	2.99	2.61	2.40	2.27	2.18	2.11	2.06	2.02	1.98	1.96	1.86	1.81	1.76	1.71	1.67	1.65	1.64	1.63	19
20	2.97	2.59	2.38	2.25	2.16	2.09	2.04	2.00	1.96	1.94	1.84	1.79	1.74	1.69	1.65	1.63	1.62	1.61	20

续　表　　$\alpha = 0.10$

n_2 \ n_1	1	2	3	4	5	6	7	8	9	10	15	20	30	50	100	200	500	∞	n_1 / n_2
22	2.95	2.56	2.35	2.22	2.13	2.06	2.01	1.97	1.93	1.9	1.81	1.76	1.70	1.65	1.61	1.59	1.58	1.57	22
24	2.93	2.54	2.33	2.19	2.10	2.04	1.98	1.94	1.91	1.88	1.78	1.73	1.67	1.62	1.58	1.56	1.5	1.53	24
26	2.91	2.52	2.31	2.17	2.08	2.01	1.96	1.92	1.88	1.86	1.76	1.71	1.65	1.59	1.55	1.53	1.51	1.50	26
28	2.89	2.50	2.29	2.16	2.06	2.00	1.94	1.90	1.87	1.84	1.74	1.69	1.63	1.57	1.53	1.50	1.49	1.48	28
30	2.88	2.49	2.28	2.14	2.05	1.98	1.93	1.88	1.85	1.82	1.72	1.67	1.61	1.55	1.51	1.48	1.47	1.46	30
40	2.84	2.44	2.23	2.09	2.00	1.93	1.87	1.83	1.79	1.76	1.66	1.61	1.54	1.48	1.43	1.41	1.39	1.38	40
50	2.81	2.41	2.20	2.06	1.97	1.90	1.84	1.80	1.76	1.73	1.63	1.57	1.50	1.44	1.39	1.36	1.34	1.33	50
60	2.79	2.39	2.18	2.04	1.95	1.87	1.82	1.77	1.74	1.71	1.60	1.54	1.48	1.41	1.36	1.33	1.31	1.29	60
80	2.77	2.37	2.15	2.02	1.92	1.85	1.79	1.75	1.71	1.68	1.57	1.51	1.44	1.38	1.32	1.28	1.26	1.24	80
100	2.76	2.36	2.14	2.00	1.91	1.83	1.78	1.73	1.70	1.66	1.56	1.49	1.42	1.35	1.29	1.26	1.23	1.21	100
200	2.73	2.33	2.11	1.97	1.88	1.80	1.75	1.70	1.66	1.63	1.52	1.46	1.38	1.31	1.24	1.20	1.17	1.14	200
500	2.72	2.31	2.10	1.96	1.86	1.79	1.73	1.68	1.64	1.61	1.50	1.44	1.36	1.28	1.21	1.16	1.12	1.09	500
∞	2.71	2.30	2.08	1.94	1.85	1.77	1.72	1.67	1.63	1.60	1.49	1.42	1.34	1.26	1.18	1.13	1.08	1.00	∞

附表 7　F 分布临界值表($\alpha = 0.01$)

n_2 \ n_1	1	2	3	4	5	6	7	8	9	10	12	14	16	18	20	n_1 / n_2
1	405	500	540	563	576	586	593	598	602	606	611	614	617	619	621	1
2	98.5	99.0	99.2	99.2	99.3	99.3	99.4	99.4	99.4	99.4	99.4	99.4	99.4	99.4	99.4	2
3	34.1	30.8	29.5	28.7	28.2	27.9	27.7	27.5	27.3	27.2	27.1	26.9	26.8	26.8	26.7	3
4	21.2	18.0	16.7	16.0	15.5	15.2	15.0	14.8	14.7	14.5	14.4	14.2	14.2	14.1	14.0	4
5	16.3	13.3	12.1	11.4	11.0	10.7	10.5	10.3	10.2	10.1	9.89	9.77	9.68	9.61	9.55	5
6	13.7	10.9	9.78	9.15	8.75	8.47	8.26	8.10	7.98	7.87	7.72	7.60	7.52	7.45	7.40	6
7	12.2	9.55	8.45	7.85	7.46	7.19	6.99	6.84	6.72	6.62	6.47	6.36	6.27	6.21	6.16	7
8	11.3	8.65	7.59	7.01	6.63	6.37	6.18	6.03	5.91	5.81	5.67	5.56	5.48	5.41	5.36	8
9	10.6	8.02	6.99	6.42	6.06	5.80	5.61	5.47	5.35	5.26	5.11	5.00	4.92	4.86	4.81	9
10	10.0	7.56	6.55	5.99	5.64	5.39	5.20	5.06	4.94	4.85	4.71	4.60	4.52	4.46	4.41	10
11	9.65	7.21	6.22	5.67	5.32	5.07	4.89	4.74	4.63	4.54	4.40	4.29	4.21	4.15	4.10	11
12	9.33	6.93	5.95	5.41	5.06	4.82	4.64	4.50	4.39	4.30	4.16	4.05	3.97	3.91	3.86	12
13	9.07	6.70	5.74	5.21	4.86	4.62	4.44	4.30	4.19	4.10	3.96	3.86	7.78	3.71	3.66	13
14	8.86	8.51	5.56	5.04	4.70	4.46	4.28	4.14	4.03	3.94	3.80	3.70	3.62	3.56	3.51	14
15	8.68	6.36	5.42	4.89	4.56	4.32	4.14	4.00	3.89	3.80	3.67	3.56	3.49	3.42	3.37	15
16	8.53	6.23	5.29	4.77	4.44	4.20	4.03	3.89	3.78	3.69	3.55	3.45	3.37	3.31	3.26	16
17	8.40	6.11	5.18	4.67	4.34	4.10	3.93	3.79	3.68	3.59	3.46	3.35	3.27	3.21	3.16	17
18	8.29	6.01	5.09	4.58	4.25	4.01	3.84	3.71	3.60	3.51	3.37	3.27	3.19	3.13	3.08	18
19	8.18	5.93	5.01	4.50	4.17	3.94	3.77	3.63	3.52	3.43	3.30	3.19	3.12	3.05	3.00	19
20	8.10	5.85	4.94	4.43	4.10	3.87	3.70	3.56	3.46	3.37	3.23	3.13	3.05	2.99	2.94	20

续　表　　$\alpha = 0.01$

n_1 \ n_2	1	2	3	4	5	6	7	8	9	10	12	14	16	18	20	n_1 \ n_2
21	8.02	5.78	4.87	4.37	4.04	3.81	3.64	3.51	3.40	3.31	3.17	3.07	2.99	2.93	2.88	21
22	7.95	5.72	4.82	4.31	3.99	3.76	3.59	3.45	3.35	3.26	3.12	3.02	2.94	2.88	2.83	22
23	7.88	5.66	4.76	4.26	3.94	3.71	3.54	3.41	3.30	3.21	3.07	2.97	2.89	2.83	2.78	23
24	7.82	5.61	4.72	4.22	3.90	3.67	3.50	3.36	3.26	3.17	3.03	2.93	2.85	2.79	2.74	24
25	7.77	5.57	4.68	4.18	3.86	3.63	3.46	3.32	3.22	3.13	2.99	2.89	2.81	2.75	2.70	25
26	7.72	5.53	4.64	4.14	3.82	3.59	3.42	3.29	3.18	3.09	2.96	2.86	2.78	2.72	2.66	26
27	7.68	5.49	4.60	4.11	3.78	3.56	3.39	3.26	3.15	3.06	2.93	2.82	2.75	2.68	2.63	27
28	7.64	5.45	4.57	4.07	3.75	3.53	3.36	3.23	3.12	3.03	2.90	2.79	2.72	2.65	2.60	28
29	7.60	5.42	4.54	4.04	3.73	3.50	3.33	3.20	3.09	3.00	2.87	2.77	2.69	2.62	2.57	29
30	7.56	5.39	4.51	4.02	3.70	3.47	3.30	3.17	3.07	2.98	2.84	2.74	2.66	2.60	2.55	30
32	7.50	5.34	4.46	3.97	3.65	3.43	3.26	3.13	3.02	2.93	2.80	2.70	2.62	2.55	2.50	32
34	7.44	5.29	4.42	3.93	3.61	3.39	3.22	3.09	2.98	2.89	2.76	2.66	2.58	2.51	2.46	34
36	7.40	5.25	4.38	3.89	3.57	3.35	3.18	3.05	2.95	2.86	2.72	2.62	2.54	2.46	2.43	36
38	7.35	5.21	4.34	3.86	3.54	3.32	3.15	3.02	2.92	2.83	2.69	2.59	2.51	2.45	2.40	38
40	7.31	5.18	4.31	3.83	3.51	3.29	3.12	2.99	2.89	2.80	2.66	2.56	2.48	2.42	2.37	40
42	7.28	5.15	4.29	3.80	3.49	3.27	3.10	2.97	2.86	2.78	2.64	2.54	2.46	2.40	2.34	42
44	7.25	5.12	4.26	3.78	3.47	3.24	3.08	2.95	2.84	2.75	2.62	2.52	2.44	2.37	2.32	44
46	7.22	5.10	4.24	3.76	3.44	3.22	3.06	2.93	2.82	2.73	2.60	2.50	2.42	2.35	2.30	46
48	7.20	5.08	4.22	3.74	3.43	3.20	3.04	2.91	2.80	2.72	2.58	2.48	2.40	2.33	2.28	48
50	7.17	5.06	4.20	3.72	3.41	3.19	3.02	2.89	2.79	2.70	2.56	2.46	2.38	2.32	2.27	50

续 表

$\alpha = 0.01$

n_2 \ n_1	1	2	3	4	5	6	7	8	9	10	12	14	16	18	20	n_1 / n_2
60	7.08	4.98	4.13	3.65	3.34	3.12	2.95	2.82	2.72	2.63	2.50	2.39	2.31	2.25	2.20	60
80	6.96	4.88	4.04	3.56	3.26	3.04	2.87	2.74	2.64	2.55	2.42	2.31	2.23	2.17	2.12	80
100	6.90	4.82	3.98	3.51	3.21	2.99	2.82	2.69	2.59	2.50	2.37	2.26	2.19	2.12	2.07	100
125	6.84	4.78	3.94	3.47	3.17	2.98	2.79	2.66	2.55	2.47	2.33	2.23	2.15	2.08	2.03	125
150	6.81	4.75	3.92	3.45	3.14	2.92	2.76	2.63	2.53	2.44	2.31	2.20	2.12	2.06	2.00	150
200	6.76	4.71	3.88	3.41	3.11	2.89	2.73	2.60	2.50	2.41	2.27	2.17	2.09	2.02	1.97	200
300	6.72	4.68	3.85	3.38	3.08	2.86	2.70	2.57	2.47	2.38	2.24	2.14	2.06	1.99	1.94	300
500	6.69	4.65	3.82	3.36	3.05	2.84	2.68	2.55	2.44	2.36	2.22	2.12	2.04	1.97	1.92	500
1 000	6.66	4.63	3.80	3.34	3.04	2.82	2.66	2.53	2.43	2.34	2.20	2.10	2.02	1.95	1.90	1 000
∞	6.63	4.61	3.78	3.32	3.02	2.80	2.64	2.51	2.41	2.32	2.18	2.08	2.00	1.93	1.88	∞

续　表

$\alpha = 0.01$

n_2 \ n_1	22	24	26	28	30	35	40	45	50	60	80	100	200	500	∞	n_1 / n_2
1	622	623	624	625	626	628	629	630	630	631	633	633	635	636	637	1
2	99.5	99.5	99.5	99.5	99.5	99.5	99.5	99.5	99.5	99.5	99.5	99.5	99.52	99.5	99.5	2
3	26.6	26.6	26.6	26.5	26.5	26.5	26.4	26.4	26.4	26.3	26.3	26.2	26.2	26.1	26.1	3
4	14.0	13.9	13.9	13.9	13.8	13.8	13.7	13.7	13.7	13.7	13.6	13.6	13.5	13.5	13.5	4
5	9.51	9.47	9.43	9.40	9.38	9.33	9.29	9.26	9.24	9.20	9.16	9.13	9.08	9.04	9.02	5
6	7.35	7.31	7.28	7.25	7.23	7.18	7.14	7.11	7.09	7.06	7.01	6.99	6.93	6.90	6.88	6
7	6.11	6.07	6.04	6.02	5.99	5.94	5.91	5.88	5.86	5.82	5.78	5.75	5.70	5.67	5.65	7
8	5.32	5.28	5.25	5.22	5.20	5.15	5.12	5.00	5.07	5.03	4.99	4.96	4.91	4.88	4.86	8
9	4.77	4.73	4.70	4.67	4.65	4.60	4.57	4.54	4.52	4.48	4.44	4.42	4.36	4.33	4.31	9
10	4.36	4.33	4.30	4.27	4.25	4.20	4.17	4.14	4.12	4.08	4.04	4.01	3.96	3.93	3.91	10
11	4.06	4.02	3.99	3.96	3.94	3.89	3.86	3.83	3.81	3.78	3.73	3.71	3.66	3.66	3.60	11
12	3.82	3.78	3.75	3.72	3.70	3.65	3.62	3.59	3.57	3.54	3.49	3.47	3.41	3.38	3.36	12
13	3.62	3.59	3.56	3.53	3.51	3.46	3.43	3.40	3.38	3.34	3.30	3.27	3.22	3.19	3.17	13
14	3.46	3.43	3.40	3.37	3.35	3.30	3.27	3.24	3.22	3.18	3.14	3.11	3.06	3.03	3.00	14
15	3.33	3.29	3.26	3.24	3.21	3.17	3.13	3.10	3.08	3.05	3.00	2.98	2.92	3.89	2.87	15
16	3.22	3.18	3.15	3.12	3.10	3.05	3.02	2.99	2.97	2.93	2.89	2.86	2.81	2.78	2.75	16
17	3.12	3.08	3.05	3.03	3.00	2.96	2.92	2.89	2.87	2.83	2.79	2.76	2.71	2.68	2.65	17
18	3.03	3.00	2.97	2.94	2.92	2.87	2.84	2.81	2.78	2.75	2.70	2.68	2.62	2.59	2.57	18
19	2.96	2.92	2.89	2.87	2.84	2.80	2.76	2.73	2.71	2.67	2.63	2.60	2.55	2.51	2.49	19
20	2.90	2.86	2.83	2.80	2.78	2.73	2.69	2.67	2.64	2.61	2.56	2.54	2.48	2.44	2.42	20

续 表

$\alpha = 0.01$

n_2 \ n_1	22	24	26	28	30	35	40	45	50	60	80	100	200	500	∞	n_1 / n_2
21	2.84	2.80	2.77	2.74	2.72	2.67	2.64	2.61	2.58	2.55	2.50	2.48	2.42	2.38	2.36	21
22	2.78	2.75	2.72	2.69	2.67	2.62	2.58	2.55	2.53	2.50	2.45	2.42	2.36	2.33	2.31	22
23	2.74	2.70	2.67	2.64	2.62	2.57	2.54	2.51	2.48	2.45	2.40	2.37	2.32	2.28	2.26	23
24	2.70	2.66	2.63	2.60	2.58	2.53	2.49	2.46	2.44	2.40	2.36	2.33	2.27	2.24	2.21	24
25	2.86	2.62	2.59	2.56	2.54	2.49	2.45	2.42	2.40	2.36	2.32	2.29	2.23	2.19	2.17	25
26	2.62	2.58	2.55	2.53	2.50	2.45	2.42	2.39	2.36	2.33	2.28	2.25	2.19	2.16	2.13	26
27	2.59	2.55	2.52	2.49	2.47	2.42	2.38	2.35	2.33	2.29	2.25	2.22	2.16	2.12	2.10	27
28	2.56	2.52	2.49	2.46	2.44	2.39	2.35	2.32	2.30	2.26	2.22	2.19	2.13	2.09	2.06	28
29	2.53	2.49	2.46	2.44	2.41	2.36	2.33	2.30	2.27	2.23	2.19	2.16	2.10	2.06	2.03	29
30	2.51	2.47	2.44	2.41	2.39	2.30	2.30	2.27	2.25	2.21	2.16	2.13	2.07	2.03	2.01	30
32	2.46	2.42	2.39	2.36	2.34	2.29	2.25	2.22	2.20	2.16	2.11	2.08	2.02	1.98	1.96	32
34	2.42	2.38	2.35	2.32	2.30	2.25	2.21	2.18	2.16	2.12	2.07	2.04	1.98	1.94	1.91	34
36	2.38	2.35	2.32	2.29	2.26	2.21	2.17	2.14	2.12	2.08	2.03	2.00	1.94	1.90	1.87	36
38	2.35	2.32	2.28	2.26	2.23	2.18	2.14	2.11	2.09	2.05	2.00	1.97	1.90	1.86	1.84	38
40	2.33	2.29	2.26	2.23	2.20	2.15	2.11	2.08	2.06	2.02	1.97	1.94	1.87	1.83	1.80	40
42	2.30	2.26	2.23	2.20	2.18	2.13	2.09	2.06	2.03	1.99	1.9	1.91	1.85	1.80	1.78	42
44	2.28	2.24	2.21	2.18	2.15	2.10	2.06	2.03	2.01	1.97	1.92	1.89	1.82	1.78	1.75	44
46	2.26	2.22	2.19	2.16	2.13	2.08	2.04	2.01	1.99	1.95	1.90	1.86	1.80	1.75	1.73	46
48	2.24	2.20	2.17	2.14	2.12	2.06	2.02	1.99	1.97	1.93	1.88	1.84	1.78	1.73	1.70	48
50	2.22	2.18	2.15	2.12	2.10	2.05	2.01	1.97	1.95	1.91	1.86	1.82	1.76	1.71	1.68	50

续　表　　$\alpha = 0.01$

n_2 \ n_1	22	24	26	28	30	35	40	45	50	60	80	100	200	500	∞	n_1 / n_2
60	2.15	2.12	2.08	2.05	2.03	1.98	1.94	1.90	1.88	1.84	1.78	1.75	1.68	1.63	1.60	60
80	2.07	2.03	2.00	1.97	1.94	1.89	1.85	1.81	1.79	1.75	1.69	1.66	1.58	1.53	1.49	80
100	2.02	1.98	1.94	1.92	1.89	1.84	1.80	1.76	1.73	1.69	1.63	1.60	1.52	1.47	1.43	100
125	1.98	1.94	1.91	1.88	1.85	1.80	1.76	1.72	1.69	1.65	1.59	1.55	1.47	1.41	1.37	125
150	1.96	1.92	1.88	1.85	1.83	1.77	1.73	1.69	1.66	1.62	1.56	1.52	1.43	1.38	1.33	150
200	1.93	1.89	1.85	1.82	1.79	1.74	1.69	1.66	1.63	1.58	1.52	1.48	1.69	1.33	1.28	200
300	1.89	1.85	1.82	1.79	1.76	1.71	1.66	1.62	1.59	1.55	1.48	1.44	1.35	1.28	1.22	300
500	1.87	1.83	1.79	1.76	1.74	1.68	1.63	1.60	1.56	1.52	1.45	1.41	1.31	1.23	1.16	500
1 000	1.85	1.81	1.77	1.74	1.72	1.66	1.61	1.57	1.54	1.50	1.43	1.38	1.28	1.19	1.11	1 000
∞	1.83	1.79	1.76	1.72	1.70	1.64	1.59	1.55	1.52	1.47	1.40	1.36	1.25	1.15	1.00	∞

附表 8 F 分布临界值表($\alpha = 0.025$)

n_2 \ n_1	1	2	3	4	5	6	7	8	9	10	12	15	20	24	30	40	60	120	∞	n_1 / n_2
1	647.8	799.5	864.2	899.6	921.8	937.1	948.2	956.7	963.3	968.6	976.7	984.9	993.1	997.2	1 001	1 006	1 010	1 014	1 018	1
2	38.51	39.00	39.17	39.25	39.30	39.33	39.36	39.37	39.39	39.40	39.41	39.43	39.45	39.46	39.46	39.47	39.48	39.49	39.50	2
3	17.44	16.04	15.44	15.10	14.88	14.73	14.62	14.54	14.47	14.42	14.34	14.25	14.17	14.12	14.08	14.04	13.99	13.95	13.90	3
4	12.22	10.65	9.98	9.60	9.36	9.20	9.07	8.98	8.90	8.84	8.75	8.66	8.56	8.51	8.46	8.41	8.36	8.31	8.26	4
5	10.01	8.43	7.76	7.39	.15	6.98	6.85	6.76	6.68	6.62	6.52	6.43	6.33	6.28	6.23	6.18	6.12	6.07	6.02	5
6	8.81	7.26	6.60	6.23	5.99	5.82	5.70	5.60	5.52	5.46	5.37	5.27	5.17	5.12	5.07	5.01	4.96	4.90	4.85	6
7	8.07	6.54	5.89	5.52	5.29	5.12	4.99	4.90	4.82	4.76	4.67	4.57	4.47	4.42	4.36	4.31	4.25	4.20	4.14	7
8	7.57	6.06	5.42	5.05	4.82	4.65	4.53	4.43	3.36	4.30	4.20	4.10	4.00	3.95	3.89	3.84	3.78	3.73	3.67	8
9	7.21	5.71	5.08	4.72	4.48	4.32	4.20	4.10	4.03	3.96	3.87	3.77	3.67	3.61	3.56	3.51	3.45	3.39	3.33	9
10	6.94	5.46	4.83	4.47	4.24	4.07	3.95	3.85	3.78	3.72	3.62	3.52	3.42	3.37	3.31	3.26	3.20	3.14	3.08	10
11	6.27	5.26	4.63	4.28	4.04	3.88	3.76	3.66	3.59	3.53	3.43	3.33	3.23	3.17	3.12	3.06	3.00	2.94	2.88	11
12	6.55	5.10	4.47	4.12	3.89	3.73	3.61	3.51	3.44	3.37	3.28	3.18	3.07	3.02	2.96	2.91	2.85	2.79	2.72	12
13	6.41	4.97	4.35	4.00	3.77	3.60	3.48	3.39	3.31	3.25	3.15	3.05	2.95	2.89	2.84	2.78	2.72	2.66	2.60	13
14	6.30	4.86	4.24	3.89	3.66	3.50	3.38	3.29	3.21	3.15	3.05	2.95	2.84	2.79	2.73	2.67	2.61	2.55	2.49	14
15	6.20	4.77	4.15	3.80	3.58	3.41	3.29	3.20	3.12	3.06	2.96	2.86	2.76	2.70	2.64	2.59	2.52	2.46	2.40	15
16	6.12	4.69	4.08	3.73	3.50	3.34	3.22	3.12	3.05	2.99	2.89	2.79	2.68	2.63	2.57	2.51	2.45	2.38	2.32	16
17	6.04	4.62	4.01	3.66	3.44	3.28	3.16	3.06	2.98	2.92	2.82	2.72	2.62	2.56	2.50	2.44	2.38	2.32	2.25	17
18	5.98	4.56	3.95	3.61	3.38	3.22	3.10	3.01	2.93	2.87	2.77	2.67	2.56	2.50	2.44	2.38	2.32	2.26	2.19	18
19	5.92	4.51	3.90	3.56	3.33	3.17	3.05	2.96	2.88	2.82	2.72	2.62	2.51	2.45	2.39	2.33	2.27	2.20	2.13	19

续 表

$\alpha = 0.025$

n_2 \ n_1	1	2	3	4	5	6	7	8	9	10	12	15	20	24	30	40	60	120	∞	n_1 / n_2
20	5.87	4.46	3.86	3.51	3.29	3.13	3.01	2.91	2.84	2.77	2.68	2.57	2.46	2.41	2.35	2.29	2.22	2.16	2.09	20
21	5.83	4.42	3.82	3.48	3.25	3.09	2.97	2.87	2.80	2.73	2.64	2.53	2.42	2.37	2.31	2.25	2.18	2.11	2.01	21
22	5.79	4.38	3.78	3.44	3.22	3.05	2.93	2.84	2.76	2.70	2.60	2.50	2.39	2.33	2.27	2.21	2.14	2.08	2.00	22
23	5.75	4.35	3.75	3.41	3.18	3.02	2.90	2.81	2.73	2.67	2.57	2.47	2.36	2.30	2.24	2.18	2.11	2.04	1.97	23
24	5.72	4.32	3.72	3.38	3.15	2.99	2.87	2.78	2.70	2.64	2.54	2.44	2.33	2.27	2.21	2.15	2.08	2.01	1.94	24
25	5.69	4.29	3.69	3.35	3.13	2.97	2.85	2.75	2.68	2.61	2.51	2.41	2.30	2.24	2.18	2.12	2.05	1.98	1.91	25
26	5.66	4.27	3.67	3.33	3.10	2.94	2.82	2.73	2.65	2.59	2.49	2.39	2.28	2.22	2.16	2.09	2.03	1.95	1.88	26
27	5.63	4.24	3.65	3.31	3.08	2.92	2.80	2.71	2.63	2.57	2.47	2.36	2.25	2.19	2.13	2.07	2.00	1.93	1.85	27
28	5.61	4.22	3.63	3.29	3.06	2.90	2.78	2.69	2.61	2.55	2.45	2.34	2.23	2.17	2.11	2.05	1.98	1.91	1.83	28
29	5.59	4.20	3.61	3.27	3.04	2.88	2.76	2.67	2.59	2.53	2.43	2.32	2.21	2.15	2.09	2.03	1.96	1.89	1.81	29
30	5.57	4.18	3.59	3.25	3.03	2.87	2.75	2.65	2.57	2.51	2.41	2.31	2.20	2.14	2.07	2.01	1.94	1.87	1.79	30
40	5.42	4.05	3.46	3.13	2.90	2.74	2.62	2.53	2.45	2.39	2.29	2.18	2.07	2.01	1.94	1.88	1.80	1.72	1.64	40
60	5.29	3.93	3.34	3.01	2.79	2.63	2.51	2.41	2.33	2.27	2.17	2.06	1.94	1.88	1.82	1.74	1.67	1.58	1.48	60
120	5.15	3.80	3.23	2.89	2.67	2.52	2.39	2.30	2.22	2.16	2.05	1.94	1.82	1.76	1.69	1.61	1.53	1.43	1.31	120
∞	5.02	3.69	3.12	2.79	2.57	2.41	2.29	2.19	2.11	2.05	1.94	1.83	1.71	1.64	1.57	1.48	1.39	1.27	1.00	∞

附表9　相关系数临界值表

自由度	5% 水平				1% 水平				自由度
	变量总数				变量总数				
	2	3	4	5	2	3	4	5	
1	0.997	0.999	0.999	0.999	1.000	1.000	1.000	1.000	1
2	0.950	0.975	0.983	0.987	0.990	0.995	0.997	0.998	2
3	0.878	0.930	0.950	0.961	0.959	0.976	0.983	0.987	3
4	0.811	0.881	0.912	0.930	0.917	0.949	0.962	0.970	4
5	0.754	0.836	0.874	0.898	0.874	0.917	0.937	0.949	5
6	0.707	0.795	0.839	0.867	0.834	0.886	0.911	0.927	6
7	0.666	0.758	0.807	0.838	0.798	0.855	0.885	0.904	7
8	0.632	0.726	0.777	0.811	0.765	0.827	0.860	0.882	8
9	0.602	0.697	0.750	0.786	0.735	0.800	0.836	0.861	9
10	0.576	0.671	0.726	0.763	0.708	0.776	0.814	0.840	10
11	0.553	0.648	0.703	0.741	0.684	0.753	0.793	0.821	11
12	0.532	0.627	0.683	0.722	0.661	0.732	0.773	0.802	12
13	0.514	0.608	0.664	0.703	0.641	0.712	0.755	0.785	13
14	0.497	0.590	0.646	0.686	0.623	0.694	0.737	0.768	14
15	0.482	0.574	0.630	0.670	0.606	0.677	0.721	0.752	15
16	0.468	0.559	0.615	0.655	0.590	0.662	0.706	0.738	16
17	0.456	0.545	0.601	0.641	0.575	0.647	0.691	0.724	17
18	0.444	0.532	0.587	0.628	0.561	0.633	0.678	0.710	18
19	0.433	0.520	0.575	0.615	0.549	0.620	0.665	0.698	19
20	0.423	0.509	0.563	0.604	0.537	0.608	0.652	0.685	20
21	0.413	0.498	0.552	0.592	0.526	0.596	0.641	0.674	21
22	0.404	0.488	0.542	0.582	0.515	0.585	0.630	0.663	22
23	0.396	0.479	0.532	0.572	0.505	0.574	0.619	0.652	23
24	0.388	0.470	0.523	0.562	0.496	0.565	0.609	0.642	24
25	0.381	0.462	0.514	0.553	0.487	0.555	0.600	0.633	25
26	0.374	0.454	0.506	0.545	0.478	0.546	0.590	0.624	26
27	0.367	0.446	0.498	0.536	0.470	0.538	0.582	0.615	27
28	0.361	0.439	0.490	0.529	0.463	0.530	0.573	0.606	28

续 表

自由度	5% 水平				1% 水平				自由度
	变量总数				变量总数				
	2	3	4	5	2	3	4	5	
29	0.355	0.432	0.482	0.521	0.456	0.522	0.565	0.598	29
30	0.349	0.426	0.476	0.514	0.449	0.514	0.558	0.591	30
35	0.325	0.397	0.445	0.482	0.418	0.481	0.523	0.556	35
40	0.304	0.373	0.419	0.455	0.393	0.454	0.494	0.526	40
45	0.288	0.353	0.397	0.432	0.372	0.430	0.470	0.501	45
50	0.273	0.336	0.379	0.412	0.354	0.410	0.449	0.479	50
60	0.250	0.308	0.348	0.380	0.325	0.377	0.414	0.442	60
70	0.232	0.286	0.324	0.354	0.302	0.351	0.386	0.413	70
80	0.217	0.269	0.304	0.332	0.283	0.330	0.362	0.389	80
90	0.205	0.254	0.288	0.315	0.267	0.312	0.343	0.368	90
100	0.195	0.241	0.274	0.300	0.254	0.297	0.327	0.351	100
125	0.174	0.216	0.246	0.269	0.228	0.266	0.294	0.316	125
150	0.159	0.198	0.225	0.247	0.208	0.244	0.270	0.290	150
200	0.138	0.172	0.196	0.215	0.181	0.212	0.234	0.253	200
300	0.113	0.141	0.160	0.176	0.148	0.174	0.192	0.208	300
400	0.098	0.122	0.139	0.153	0.128	0.151	0.167	0.180	400
500	0.088	0.109	0.124	0.137	0.115	0.135	0.150	0.162	500
1 000	0.062	0.077	0.088	0.097	0.081	0.096	0.106	0.115	1 000

习题答案

习　题　一

2. (1) $\overline{A}B=\{5\}$

   (2) $\overline{A}\cup B=\{1,3,4,5,6,7,8,9,10\}$

   (3) $\overline{\overline{A}\,\overline{B}}=\{2,3,4,5\}$

   (4) $\overline{A\overline{BC}}=\{1,5,6,7,8,9,10\}$

   (5) $\overline{A(B\cup C)}=\{1,2,5,6,7,8,9,10\}$

3. (1) $\overline{A\cup B}=\{x\mid 0\leqslant x<\frac{1}{4}\}\cup\{x\mid \frac{3}{2}\leqslant x\leqslant 2\}$

   (2) $A\cup\overline{B}=\{x\mid 0\leqslant x<\frac{1}{4}\}\cup\{x\mid \frac{1}{2}<x\leqslant 1\}\cup$

   $\{x\mid \frac{3}{2}\leqslant x\leqslant 2\}$

   (3) $\overline{AB}=\{x\mid 0\leqslant x\leqslant\frac{1}{2}\}\cup\{x\mid 1<x\leqslant 2\}$

   (4) $\overline{A}B=\{x\mid \frac{1}{4}\leqslant x\leqslant\frac{1}{2}\}\cup\{x\mid 1<x<\frac{3}{2}\}$

4. (1) A；(2) $B\cup AC$；(3) AB

5. (1) $A\cup B\cup C\cup D$

   (2) $AB\overline{C}\,\overline{D}+A\overline{B}C\overline{D}+A\overline{B}\,\overline{C}\,\overline{D}+\overline{A}BC\overline{D}+\overline{A}B\overline{C}D+\overline{A}\,\overline{B}CD$

   (3) $AB\overline{C}\,\overline{D}$

   (4) $\overline{A}\,\overline{B}\,\overline{C}\,\overline{D}$

   (5) $\overline{A}\,\overline{B}\,\overline{C}\,\overline{D}+A\overline{B}\,\overline{C}\,\overline{D}+\overline{A}B\overline{C}\,\overline{D}+\overline{A}\,\overline{B}C\overline{D}+\overline{A}\,\overline{B}\,\overline{C}D$

6. (1) $AB\overline{C}$ 表示“选的是 1990 年或 1990 年以前出版的中文版数学书”.

   (2) $\overline{C}\subset B$ 表示馆中 1990 年或 1990 年以前出版的书都是中文版的.

   (3) 在“馆中的数学书都是 1990 年以后出版的中文书”这一条件下 $ABC=A$.

   (4) 是

7. (1) 是互不相容；(2) $B=A_1\cup A_2\cup A_3$.

8. 证明略.

9. $A \cup B \cup C = A\overline{B}\overline{C} + \overline{A}B\overline{C} + \overline{A}\overline{B}C + AB\overline{C} + A\overline{B}C + \overline{A}BC + ABC =$
$(A - AB) + (B - BC) + (C - CA) + ABC$

10. 0.302 4

11. 0.067

12. $\frac{4}{17}$

13. $\frac{C_M^m C_{N-M}^{n-m}}{C_N^n}$

14. $\frac{123}{288} = 0.427$

15. $\frac{n!}{n^n}$

16. $\frac{\sqrt{3}}{2} = 0.866$

17. $\frac{1}{4}$

18. 0.879

19. 0.225

20. (1) (a) $\frac{4}{9}$,(b) $\frac{2}{5}$;(2) (a) $\frac{5}{9}$,(b) $\frac{7}{15}$;(3) (a) $\frac{8}{9}$,(b) $\frac{14}{15}$

21. 证明略.

22. 0.27,0.15

23. 证明略.

24. 0.058

25. $P(B) = \frac{3}{4}$

26. (1) $P(B \mid A) = 0.45$;(2) $P(A \cup B) = 0.56$
(3) $P(\overline{AB}) = 0.91$;(4) $P(\overline{A} \mid \overline{B}) = 0.8$

27. $\frac{11}{12}$

28. 证明略.

29. 证明略.

30. 无放回时 $P(A) = 0.038\,8$,有放回时 $P(A) = 0.038\,4$

31. 1.75%

32. (1) 0.973;(2) 0.25

33. (1) 0.146;(2) $\frac{5}{21}$

34. (1) $\frac{29}{90}$;(2) $\frac{20}{61}$

35. 第一种工艺得到的一级品率较大.

36. (1) $1-p_1p_2\cdots p_n$

(2) $(1-p_1)(1-p_2)\cdots(1-p_n)$

(3) $p_1(1-p_2)\cdots(1-p_n)+(1-p_1)p_2(1-p_3)\cdots(1-p_n)+\cdots+(1-p_1)\cdots(1-p_{n-1})P_n$

37. $\frac{5}{6}$

38. 证明略.

39. (1) 0.003;(2) 0.388

40. 0.993 28

41. 0.104

42. $1-(1-\frac{1}{N})^{k-1}\frac{1}{N}$

43. (1) 0.24;(2) 0.424

44. $C_{2n-r}^{n}(\frac{1}{2})^{2n-r}$

45. (1) 0.321;(2) 0.436

46. $p=\frac{19}{36},q=\frac{1}{18}$

习　题　二

1. (1) $a=e^{-\lambda}$;(2) $a=1$

2. $P\{X=k\}=C_{10}^{k}(0.5)^{k}(1-0.5)^{10-k}=C_{10}^{k}(0.5)^{10},k=0,1,\cdots,10$

$$P\{X\geqslant 3\}=\sum_{i=1}^{n}P\{X=k\}=0.945$$

3. (1) $P\{X=k\}=\frac{C_n^kC_m^{r-k}}{C_{m+n}^r}\qquad(k=0,1,2,\cdots,\min(r,n))$

(2) $P\{X=k\}=C_r^k(\frac{n}{m+n})^k(\frac{m}{m+n})^{r-k}\qquad(k=0,1,\cdots,r)$

4. (1) 0.029 8;(2) 0.002 84

5. $P\{X=4\}=\frac{2}{3}e^{-2}$

6. (1) $C=\frac{1}{\pi}$;(2) $P\{-\frac{1}{2}<X<\frac{1}{2}\}=\frac{1}{3}$

7. (1) $C=\frac{1}{2}$;(2) $P\{0<X<1\}=\frac{1}{2}(1-e^{-1})$

8. $\frac{3}{5}$

9. (1) $P\{2<X<5\}=0.5328$, $P\{-4<X<10\}=0.9996$,

$P\{|X|>2\}=0.6977$, $P\{X>3\}=0.5$;

(2) $C=3$

10. $\frac{1}{\sqrt{\pi}}e^{-\frac{1}{4}}$

11. $P\{X<0\}=0.2$

12. $P\{60\leqslant X\leqslant 84\}=0.6826$

13. $\alpha=0.87$

14. 0.953 3

15. (1) 应走第二条路线;(2) 应走第一条路线.

16. (1) $F(x)=\begin{cases}0, & x<0\\ \frac{1}{4}, & 0\leqslant x<\frac{\pi}{2}\\ \frac{3}{4}, & \frac{\pi}{2}\leqslant x<\pi\\ 1, & x\geqslant\pi\end{cases}$

(2) $P\{X\leqslant\frac{\pi}{3}\}=\frac{1}{4}$, $P\{\frac{\pi}{2}<X\leqslant\frac{3}{2}\pi\}=\frac{1}{4}$

17. (1) $P\{X=k\}=pq^{k-1}\quad(k=1,2,\cdots)$

(2) $F(x)=\begin{cases}0, & x<1\\ 1-(1-p)^{[x]}, & x\geqslant 1\end{cases}$

其中$[x]$表示小于x的最大整数.

18. (1) $F(x)=\begin{cases}0, & x<-1\\ \frac{x}{\pi}\sqrt{1-x^2}+\frac{1}{\pi}\arcsin x+\frac{1}{2}, & -1\leqslant x<1\\ 1, & x\geqslant 1\end{cases}$

(2) $F(x)=\begin{cases}0, & x<0\\ \frac{x^2}{2}, & 0\leqslant x<1\\ -1+2x-\frac{x^2}{2}, & 1\leqslant x<2\\ 1, & x\geqslant 2\end{cases}$

19. X的可能取值为0,1,2,3,$A_i(i=1,2,3)$表示“汽车在第i个路口首次遇到红灯”所求概率分布为

X	0	1	2	3
P	$\frac{1}{2}$	$\frac{1}{2^2}$	$\frac{1}{2^3}$	$\frac{1}{2^3}$

20. (1) $\alpha = 0.0642$

(2) $\beta = P(A_2 \mid B) = 0.009$，$B$：电子原件损坏，$A_2$：电压在200～240 V.

21. (1) T 服从参数为 λ 的指数分布

$$F(t) = P\{T < t\} = \begin{cases} 0, & t < 0 \\ 1 - e^{-\lambda t}, & t \geqslant 0 \end{cases}$$

(2) $Q = e^{-8\lambda}$

22. (1) $A = \frac{1}{2}, B = \frac{1}{\pi}$；(2) $P\{-1 < X < 1\} = \frac{1}{2}$；

(3) $p(x) = \frac{1}{\pi(1 + x^2)} \qquad (-\infty < x < +\infty)$

23. (1)

X \ Y	1	2	3
1	0	$\frac{1}{6}$	$\frac{1}{12}$
2	$\frac{1}{6}$	$\frac{1}{6}$	$\frac{1}{6}$
3	$\frac{1}{12}$	$\frac{1}{6}$	0

(2)

X	1	2	3
P	$\frac{1}{3}$	$\frac{1}{3}$	$\frac{1}{3}$

24. (1) 12；(2) $F(x,y) = \begin{cases} (1 - e^{-3x})(1 - e^{-4y}), & x > 0, y > 0 \\ 0, & \text{其他} \end{cases}$

(3) 0.801

25. $p(x,y) = \begin{cases} 4, & (x,y) \in B \\ 0, & \text{其他} \end{cases}$

$$F(x,y)=\begin{cases}0, & x<-\dfrac{1}{2}\text{ 或 }y<1\\ 4xy+2y-y^2, & -\dfrac{1}{2}\leqslant x<0,0\leqslant y<2x+1\\ (2x+1)^2, & -\dfrac{1}{2}\leqslant x<0,y\geqslant 2x+1\\ 1-(1-y)^2, & x\geqslant 0,0\leqslant y<1\\ 1, & x\geqslant 0,y\geqslant 1\end{cases}$$

$$p(x\mid y)=\begin{cases}\dfrac{1}{2x+1} & 0\leqslant y<2x+1,0\leqslant x\leqslant 1\\ 0, & \text{其他}\end{cases}$$

26. $p(y\mid x)=\begin{cases}-\ln(1-y), & 0<y<1\\ 0, & \text{其他}\end{cases}$

27. (1)

X	0	1	2	3
P	0.627	0.260	0.095	0.018

Y	0	1	2	3	4	5	6
P	0.202	0.273	0.208	0.128	0.100	0.060	0.029

(2) X 与 Y 不独立.

28. (1) $P\{Y=m\mid X=m\}=C_n^m p^m(1-p)^{n-m}$

$(0\leqslant m\leqslant n;n=0,1,2,\cdots)$

(2) $P\{X=n,Y=m\}=C_n^m p^m(1-p)^{n-m}\dfrac{e^{-\lambda}}{n!}\lambda^n$

$(0\leqslant m\leqslant n;n=0,1,2,\cdots)$

29. (1) $C=\dfrac{1}{\pi^2}$;(2) $\dfrac{1}{16}$;(3) X 与 Y 独立

30. $p(x,y)=\begin{cases}6, & (x,b)\in G\\ 0, & \text{其他}\end{cases}$

$$p_X(x)=\begin{cases}6(x-x^2), & 0\leqslant x\leqslant 1\\ 0, & \text{其他}\end{cases},$$

$$p_Y(y)=\begin{cases}6(\sqrt{y}-y), & 0\leqslant y\leqslant 1\\ 0, & \text{其他}\end{cases}$$

31. (1) $p_X(x)=\begin{cases}e^{-x} & x>0\\ 0, & x\leqslant 0\end{cases}$

(2) $P\{X+Y\leqslant 1\}=1+e^{-1}-2e^{-\frac{1}{2}}$

32.

$X+2$	0	$\frac{3}{2}$	2	4	6
P	$\frac{1}{8}$	$\frac{1}{4}$	$\frac{1}{8}$	$\frac{1}{6}$	$\frac{1}{3}$

$-X+1$	-3	-1	1	$\frac{3}{2}$	3
P	$\frac{1}{3}$	$\frac{1}{6}$	$\frac{1}{8}$	$\frac{1}{4}$	$\frac{1}{8}$

X^2	0	$\frac{1}{4}$	4	6
P	$\frac{1}{8}$	$\frac{1}{4}$	$\frac{7}{24}$	$\frac{1}{3}$

33. 证明略.

34. (1) $p_Y(y)=\begin{cases}\dfrac{1}{\sqrt{2\pi}y}e^{-\frac{(\ln y)^2}{2}}, & y>0\\ 0, & y\leqslant 0\end{cases}$

(2) $p_Y(y)=\begin{cases}\dfrac{1}{2\sqrt{\pi(y-1)}}e^{-\frac{y-1}{4}}, & y>1\\ 0, & y\leqslant 1\end{cases}$

(3) $p_Y(y)=\begin{cases}\dfrac{2}{\sqrt{2\pi}}e^{-\frac{y^2}{2}}, & y>0\\ 0, & y\leqslant 0\end{cases}$

35. $p_Y(y)=\begin{cases}\dfrac{4\sqrt{2}}{\alpha^3\sqrt{\pi}m^{3/2}}\sqrt{y}e^{-\frac{2y}{ma^2}}, & y>0\\ 0, & y\leqslant 0\end{cases}$

36. $p_Y(y)=\begin{cases}\dfrac{1}{b-a}(\dfrac{2}{9\pi})^{1/3}y^{-\frac{2}{3}}, & \dfrac{\pi}{6}a^3\leqslant y\leqslant\dfrac{\pi}{6}6^3\\ 0, & \text{其他}\end{cases}$

37. $p_Y(y)=\dfrac{3}{\pi}\dfrac{(1-y)^2}{1+(1-y)^6}$

38. (1)

$X+Y$	-3	-2	-1	$-\frac{3}{2}$	$-\frac{1}{2}$	1	3
P	$\frac{1}{12}$	$\frac{1}{12}$	$\frac{3}{12}$	$\frac{2}{12}$	$\frac{1}{12}$	$\frac{2}{12}$	$\frac{2}{12}$

(2)

$X-Y$	-1	0	1	$\frac{3}{2}$	$\frac{5}{2}$	3	5
P	$\frac{3}{12}$	$\frac{1}{12}$	$\frac{1}{12}$	$\frac{1}{12}$	$\frac{2}{12}$	$\frac{2}{12}$	$\frac{2}{12}$

(3)

X^2+Y-2	$-\frac{15}{4}$	-3	$-\frac{11}{4}$	-2	-1	5	7
P	$\frac{2}{12}$	$\frac{1}{12}$	$\frac{1}{12}$	$\frac{1}{12}$	$\frac{3}{12}$	$\frac{2}{12}$	$\frac{2}{12}$

39. (1) $p_Z(z)=\begin{cases}0, & z<0\\ 1-e^{-z}, & 0\leqslant z<1\\ e^{-z}(e-1), & z\geqslant 1\end{cases}$

(2) $p_Z(z)=\begin{cases}0, & z<0\\ \frac{1}{2}(1-e^{-z}), & 0\leqslant z<2\\ \frac{1}{2}(e^2-1)e^{-z}, & z\geqslant 2\end{cases}$

40. $F_Z(z)=\begin{cases}0, & z<0\\ 1-e^{-z}-ze^{-z}, & z\geqslant 0\end{cases}$

42. $p_Z(z)=\frac{1}{2\pi}[\Phi(\frac{z+\pi-\mu}{\sigma})-\Phi(\frac{z-\pi-\mu}{\sigma})]$

43.

X	-1	0	1
P	0.134 4	0.731 2	0.134 4

44. $p_U(u)=\begin{cases}\frac{1}{2}(2-u), & 0<u<2\\ 0, & \text{其他}\end{cases}$

45. $p_S(s)=\begin{cases}\frac{1}{2}(\ln 2-\ln s), & 0<s<2\\ 0, & \text{其他}\end{cases}$

46. $p_Z(z)=\begin{cases}\frac{1}{(1+z)^2}, & z>0\\ 0, & z\leqslant 0\end{cases}$

47. $p_Z(z)=\frac{1}{2}e^{-|z|}$

习　题　三

1. $E(X)=\frac{3}{4}$，$E(X^2)=\frac{37}{12}$，$D(X)=\frac{121}{48}$，$E(3X^2+5)=\frac{54}{4}$

2. $E(X)=2.5$，$D(X)=1.875$

3. $E(X)=1.25$，$D(X)=0.3125$

4. $E(X)=\theta+\beta$，$D(X)=\beta^2$

5. $E(X)=\sqrt{\frac{\pi}{2}}\sigma$，$D(X)=\frac{4-\pi}{2}\sigma^2$

6. 11.67

7. $\mu=10.9$ 时，平均利润最大.

8. $E(X)=\frac{n+1}{2}$，$D(X)=\frac{n^2-1}{12}$

9. $E(X)=p_1+p_2+\cdots+p_n$，$D(X)=\sum_{i=1}^{n}p_i(1-p_i)$

10. (1) $E(Y_n)=\mu$，$D(Y_n)=\frac{\sigma^2}{n}$；(2) $E(S_n^2)=\frac{n-1}{n}\sigma^2$

12. (1) $E(X)=-\frac{1}{3}$；(2) $E(-3X+2X)=\frac{1}{3}$；(3) $\rho_{XY}=-\frac{1}{2}$

13. $E(\sqrt{X^2+Y^2})=\frac{3}{4}\sqrt{\pi}$

14. $\rho_{XY}=-\frac{1}{11}$，$D(X+Y)=\frac{5}{9}$

15. (1) X 与 Y 不独立；(2) X 与 Y 不相关.

16. (1) $E(X)=0, D(X)=2$；

(2) $\operatorname{cov}(X,|X|)=0$，$X$ 与 $|X|$ 不相关；

(3) X 与 $|X|$ 不相互独立.

17. (1) $E(Z)=\frac{2\sigma}{\sqrt{\pi}}$，$D(Z)=2\sigma^2(1-\frac{2}{\pi})$；

(2) $E(U)=\mu+\frac{\sigma}{\sqrt{\pi}}$，$E(V)=\mu-\frac{\sigma}{\sqrt{\pi}}$

18. (1) (ξ,η) 的联合分布律为

ξ \ η	1	2	3
1	$\frac{1}{9}$	0	0
2	$\frac{2}{9}$	$\frac{1}{9}$	0
3	$\frac{2}{9}$	$\frac{2}{9}$	$\frac{1}{9}$

(2) ξ与η不相互独立;(3) ξ与η相关.

19. (1) $E(X+Y+Z)=1$, $D(X+Y+Z)=4$;

(2) $\operatorname{cov}(2X+3Y,4Y+2Z)=17$

20. $\rho_{UV}=\dfrac{ac+bd}{\sqrt{a^2+b^2}\sqrt{c^2+d^2}}$

21. (1) $A=\dfrac{1}{2}$;(2) X与Y不相互独立;(3) $\rho_{XY}=-0.24$

22. 当$\alpha_i=\dfrac{1}{\sigma_i^2\sum\limits_{i=1}^{n}\dfrac{1}{\sigma_i^2}}$ $(i=1,2,\cdots,n)$时,$\sum\limits_{i=1}^{n}\alpha_iX_i$的方差最小.

23. 14 166.67(元)

24. $P\{400<X<600\}\geqslant 0.975$

25. 最多装 39 袋.

习　题　四

2. 成立

4. $n\geqslant 16\ 577$

5. (1) 0;(2) 0.995

6. 0.022 75

7. (1) 0.329 9;(2) 射击的次数 $n\geqslant 623$

8. 需要安装 14 条外线.

9. (1) 成立;(2) 成立

10. 98 箱

习　题　五

1. (1) $\dfrac{\lambda^{\sum\limits_{i=1}^{n}x_i}}{\prod\limits_{i=1}^{n}x_i!}e^{-n\lambda}$;

(2) $E\overline{X}=\lambda$， $D\overline{X}=\dfrac{\lambda}{n}$， $ES_n^2=\dfrac{n-1}{n}\lambda$， $ES_n^{*2}=\lambda$；

(3) $\overline{X}=4$， $S_n^2=4$， $F_9(x)=\begin{cases}0, & x<1\\ \dfrac{1}{9}, & 1\leqslant x<2\\ \dfrac{2}{9}, & 2\leqslant x<3\\ \dfrac{4}{9}, & 3\leqslant x<4\\ \dfrac{6}{9}, & 4\leqslant x<5\\ \dfrac{7}{9}, & 5\leqslant x<6\\ \dfrac{8}{9}, & 6\leqslant x<8\\ 1, & x\geqslant 8\end{cases}$

2. $\dfrac{2}{(2\pi)^{\frac{n}{2}}\sigma^n\prod\limits_{i=1}^{n}x_i}\mathrm{e}^{-\frac{1}{2\sigma^2}\sum\limits_{i=1}^{n}(\ln x_i-\mu)^2}$

3. $\overline{Y}=\dfrac{\overline{X}-a}{b}$； $S_Y^2=\dfrac{1}{b^2}S_X^2$.

5. (1) $F_{X_{(1)}}(x)=1-(1-F(x))^n$, $f_{X_{(1)}}(x)=n(1-F(x))^{n-1}f(x)$

(2) $F_{X_{(n)}}(x)=(F(x))^n$, $f_{X_{(n)}}(x)=n(F(x))^{n-1}f(x)$

6. $f_{X_{(1)}}(x)=\begin{cases}2nx(1-x^2), & 0\leqslant x\leqslant 1\\ 0, & \text{其他}\end{cases}$

$f_{X_{(n)}}(x)=\begin{cases}2nx^{2n-1}, & 0\leqslant x\leqslant 1\\ 0, & \text{其他}\end{cases}$

7. (1) $c=\dfrac{1}{3}$； (2) $c=1$.

8. $F(n, m)$

9. (1) $f_Y(y)=\begin{cases}\dfrac{1}{2^{\frac{n}{2}}\sigma^n\Gamma\left(\frac{n}{2}\right)}y^{\frac{n}{2}-1}\mathrm{e}^{-\frac{y}{2\sigma^2}}, & y>0\\ 0, & y\leqslant 0\end{cases}$

(2) $f_Z(z)=\begin{cases}\dfrac{1}{\sigma\sqrt{2n\pi z}}\mathrm{e}^{-\frac{z}{2n\sigma^2}}, & z>0\\ 0, & z\leqslant 0\end{cases}$

10.

	$U_{\frac{\alpha}{2}}$	$\chi^2_{\frac{\alpha}{2}}(10)$	$\chi^2_{1-\frac{\alpha}{2}}(25)$	$t_{\frac{\alpha}{2}}(12)$	$F_\alpha(8,5)$	$F_{1-\alpha}(7,6)$
$\alpha=0.01$	2.58	25.2	10.5	3.054 5	10.3	0.14
$\alpha=0.05$	1.96	20.5	13.1	2.178 8	4.82	0.258

11. 0.133 6

12. (1) 0.99；　(2) $ES_n^{*2}=\sigma^2$，$DS_n^{*2}=\dfrac{2\sigma^4}{n-1}=\dfrac{2\sigma^4}{15}$

13. 0.95

14. $EY=2(n-1)\sigma^2$

15. $t(n-1)$

习　题　六

1. (1) $\hat{\alpha}=\dfrac{2\overline{X}-1}{1-\overline{X}}$；　(2) $\hat{\alpha}=-1-\dfrac{n}{\sum\limits_{i=1}^{n}\ln X_i}$

2. (1) $\hat{\alpha}=3\overline{X}$；　(2) $\hat{\alpha}=\left(\dfrac{1}{2n}\sum\limits_{i=1}^{n}\dfrac{1}{\hat{\alpha}-X_i}\right)^{-1}$

3. (1) $\hat{p}=\dfrac{1}{\overline{X}}$；　(2) $\hat{p}=\dfrac{1}{\overline{X}}$

4. (1) $\hat{p}=\dfrac{\overline{X}}{N}$；　(2) $\hat{p}=\dfrac{\overline{X}}{N}$

5. $\hat{\mu}=\dfrac{1}{n}\sum\limits_{i=1}^{n}\ln X_i$，　$\hat{\sigma}^2=\dfrac{1}{n}\sum\limits_{i=1}^{n}\left(\ln X_i-\dfrac{1}{n}\sum\limits_{i=1}^{n}\ln X_i\right)^2$

6. $\hat{\theta}=\min\limits_{1\leqslant i\leqslant n}\{X_i\}$，　$\hat{\lambda}=\overline{X}-\hat{\theta}$

7. (1) $EX=\dfrac{2\theta}{\theta+1}$；　(2) $\theta=\dfrac{\alpha_1}{2-\alpha_1}$；　(3) $\hat{\theta}=\dfrac{\overline{X}}{2-\overline{X}}$

8. $\hat{A}=\hat{\mu}+1.645\hat{\sigma}$

9. $E\overline{X}=\dfrac{2\theta+1}{2}$，　$EX_{(1)}=\theta+\dfrac{1}{n+1}$，　$EX_{(n)}=\theta+\dfrac{n}{n+1}$

10. (1) $C=\dfrac{\sqrt{\pi}}{2(n-1)}$；　(2) $C=\dfrac{1}{2(n-1)}$

11. $d_3(X_1,X_2)$ 最有效

12. $a=\dfrac{n_1}{n_1+n_2}$，　$b=\dfrac{n_2}{n_1+n_2}$

13. (1) $\hat{\mu}=\overline{X}$；　(2) $D\hat{\mu}=\dfrac{1}{nI(\mu)}=\dfrac{1}{n}$；

(3) $E\hat{\mu}=\mu$, $D\hat{\mu}=\frac{1}{n}\to 0$

14. (1) $\hat{\sigma}^2=\frac{1}{n}\sum_{i=1}^{n}X_i^2$；　(2) $D\hat{\sigma}^2=\frac{1}{nI(\sigma^2)}=\frac{2\sigma^4}{n}$；

(3) $E\hat{\sigma}^2=\sigma^2$, $D\hat{\sigma}^2=\frac{2\sigma^4}{n}\to 0$

15. $E\overline{X}=\theta$,　$D\overline{X}=\frac{1}{nI(\theta)}=\frac{\theta^2}{n}$

16. $\hat{p}=\overline{X}$；　$D\hat{p}=\frac{1}{nI(p)}=\frac{p(1-p)}{n}$

17. $n\geqslant 4\frac{\sigma^2}{L^2}u_{\frac{\alpha}{2}}^2$

18. $n\geqslant 35$

19. [22.982, 37.218]

20. [157.6, 182.4]

21. (1) [5.106 9, 5.313 1]；　(2) [0.171 7, 0.33]

22. [138.39, 428.73]

23. [−19.743 4, 59.743 4]

24. [0.533, 2.667]

习　题　七

1. 拒绝假设 H_0,即认为设备更新前后产品的平均重量有变化.

2. 接受 H_0,即认为在显著水平0.10下,该日生产的铜丝合格.

3. 拒绝假设 H_0,即认为这批元件不合格.

4. 接受 H_0,即在水平0.05下,认为当前生产的微波炉关门时的辐射量无明显升高.

5. 接受 H_0,即在水平0.05下,可以认为这次考试全体考生的平均成绩为70分.

6. 接受 H_0,即认为该批罐头的VC含量是合格的.

7. 接受 H_0,即认为 $\mu=125$.

8. 拒绝 H_0,即这批纤维度的方差 σ^2 有显著变化.

9. 接受 H_0,即可认为总体方差与0.000 4无显著差异.

10. (1) 拒绝假设 H_0,即不能认为结果符合公布的数学1 260℃.

(2) 拒绝 H_0,即不能认为测定值的均方差小于等于2 ℃.

11. 在 $\alpha=0.05$ 下接受 H_0.

12. (1) 接受 H_0,即可以该日生产的铜丝折断力的标准差是8 N.

(2) 接受 H_0,即可以认为该日生产的铜丝折断力的标准差也是 8 N.

13. 拒绝 H_0,即认为两种试验方案对平均苗高有显著影响.

14. 拒绝 H_0,即认为在水平 0.05 下两种铸件硬度有显著差异.

15. 接受 H_0,即认为东西两支矿脉含锌量的平均值是一样的.

16. 拒绝 H_0,即可以认为使用原料 B 的产品的平均重量较使用原料 A 为大.

17. 拒绝 H_0,即认为采用甲种方案可以比乙种方案提高得率.

18. (1) 接受 H_0,即认为两个正态总体的方差相等.

(2) 接受 H_0,即认为两批器材的电阻值没有显著差异.

19. 接受 H_0,即认为甲机床加工精度比乙机床高.

20. (1) 拒绝原假设 H_0,即认为甲、乙两种药的疗效有显著性差异.

(2) 接受 H_0,即甲、乙两种药物无显著差异.

21. 拒绝假设 H_0,即认为新药 B 比原来的药 A 更有显著效果.

22. 拒绝假设 H_0,即认为两个工厂生产的废品的概率不相等.

23. 拒绝 H_0,即认为四面体不均匀.

24. 接受 H_0,即在水平 0.05 下认为样本是来自泊松分布的总体,且 $\hat{\lambda}=3.88$.

25. 接受 H_0,即在水平 0.05 下认为样本来自正态总体.

习 题 八

1. $\hat{\mu}=43.25+0.52l$

2. $\hat{y}=-11.3+36.95x$

3. (1) $\hat{y}=0.96+3.44x$

(2) $\gamma=0.928\,4$

(3) $(-2.254,7.614)$

(4) $(-0.305,-0.254)$

4. 证明略.

5. $\hat{y}=32.456\mathrm{e}^{-0.086\,73X}$

6. $\dfrac{1}{y}=0.008\,502+0.003\,685\dfrac{1}{x}$

7. $\hat{y}=0.755\,9+0.247\,3x_1+0.110\,3x_2$

8. (1) $\hat{y}=9.9+0.575x_1+0.55x_2+1.15x_3$

(2) $\hat{y}=9.9+0.57x_1+1.15x_3$.

习 题 九

1. $F\left(x, \frac{1}{2}\right)=\begin{cases}0, & x<0\\ \frac{1}{2}, & 0\leqslant x<1\\ 1, & x\geqslant 1\end{cases}$; $F(x, 1)=\begin{cases}0, & x<-1\\ \frac{1}{2}, & -1\leqslant x<2\\ 1, & x\geqslant 2\end{cases}$

$$F\left(x_1, x_2, \frac{1}{2}\right)=\begin{cases}0, & x_1<0, -\infty<x_2<+\infty\\ 0, & x_1\geqslant 0, x_2\geqslant -1\\ \frac{1}{2}, & 0\leqslant x_1<1, x_2\geqslant -1\\ \frac{1}{2}, & x_1\geqslant 1, -1\leqslant x_2<2\\ 1, & x_1\geqslant 1, x_2\geqslant 2\end{cases}$$

2. $\mu_X(t)=F(x; t)$

$R_X(t_1, t_2)=F(x_1, x_2; t_1, t_2)$

3. $\mu_X(t)=0$

$\sigma_X^2(t)=\sigma^2$

$X(t)$ 是宽平稳的随机过程

4. $\mu_Y(t)=\mu_X(t)+\varphi(t)$

$C_{YY}(t_1, t_2)=C_{XX}(t_1, t_2)$

5. $\mu_X(t)=\dfrac{1}{ta}(1-\mathrm{e}^{at})$

$$C_{XX}(t_1, t_2)=\frac{1}{a(t_1+t_2)}(1-\mathrm{e}^{-a(t_1+t_2)})-\frac{1}{a^2t_1t_2}(1-\mathrm{e}^{-at_1})(1-\mathrm{e}^{-at_2})$$

7. $\mu_Z(t)=a(t)\mu_X(t)+b(t)\mu_Y(t)+c(t)$

$C_{ZZ}(t_1, t_2)=a(t_1)a(t_2)C_{XX}(t_1, t_2)+b(t_1)b(t_2)C_{YY}(t_1, t_2)$

11. $S=\{1, 2, \cdots, N\}$

$$\boldsymbol{P}=\begin{pmatrix}1 & 0 & 0 & 0 & \cdots & 0 & 0 & \cdots & 0\\ \frac{1}{2} & \frac{1}{2} & 0 & 0 & \cdots & 0 & 0 & \cdots & 0\\ \frac{1}{3} & \frac{1}{3} & \frac{1}{3} & 0 & \cdots & 0 & 0 & \cdots & 0\\ \vdots & \vdots & \vdots & \vdots & & \vdots & \vdots & & \vdots\\ \frac{1}{i} & \frac{1}{i} & \frac{1}{i} & \frac{1}{i} & \cdots & \frac{1}{i} & 0 & \cdots & 0\\ \vdots & \vdots & \vdots & \vdots & \cdots & \vdots & \vdots & \cdots & \vdots\\ \frac{1}{N} & \frac{1}{N} & \frac{1}{N} & \frac{1}{N} & \cdots & \frac{1}{N} & \frac{1}{N} & \cdots & \frac{1}{N}\end{pmatrix}$$

12. $S=\{1, 2, \cdots\}$

$$\boldsymbol{P}=\begin{pmatrix} q & p & 0 & 0 & 0 & \cdots \\ 0 & q & p & 0 & 0 & \cdots \\ 0 & 0 & q & p & 0 & \cdots \\ \vdots & \vdots & \vdots & \vdots & \vdots & \vdots \end{pmatrix}$$

13. $S=\{0, 1, 2, \cdots, N\}$

$$\boldsymbol{P}=\begin{pmatrix} 1 & 0 & 0 & 0 & \cdots & \cdots & 0 & 0 & 0 \\ 0 & 1-a_1 & a_1 & 0 & \cdots & \cdots & 0 & 0 & 0 \\ 0 & 0 & 1-a_2 & a_2 & \cdots & \cdots & 0 & 0 & 0 \\ \vdots & \vdots & \vdots & \vdots & & & \vdots & \vdots & \vdots \\ 0 & 0 & 0 & 0 & \cdots & \cdots & 0 & 1-a_{N-1} & a_{N-1} \\ 0 & 0 & 0 & 0 & \cdots & \cdots & 0 & 0 & 1 \end{pmatrix}$$

其中

$$a_i=\frac{2i(N-i)}{N(N-1)}\alpha, \qquad i=1,2,\cdots,N-1$$

14. (1) $\frac{1}{16}$　(3) $\frac{7}{16}$　(4) $p_2(2)=0.399\,3$

(5) $\boldsymbol{\pi}=\left(\frac{4}{25}, \frac{9}{25}, \frac{12}{25}\right)$

15. 对 $m=2$,有

$$P(2)=P^2=\begin{pmatrix} q^2+pq & pq & p^2 \\ q^2 & pq & p^2 \\ q^2 & pq & pq+p^2 \end{pmatrix}, \qquad p_{ij}(2)>0$$

$i, j=1, 2, 3$,由定理 9.8 知此马氏链是遍历的

$$\boldsymbol{\pi}=\left(\frac{q^2}{p^2+q}, \frac{pq}{p^2+q}, \frac{p^2}{p^2+q}\right)$$

习　题　十

1. 不是
2. 证明略.
3. $\frac{\sigma^2}{4\sqrt{\pi\alpha}}\left\{\exp\left\{\frac{(x+\beta)^2}{-4\alpha}\right\}+\exp\left\{-\frac{(x-\beta)^2}{4\alpha}\right\}\right\}$
4. $\frac{\sigma^2}{2\pi}\left(\frac{\sin\frac{x}{2}}{\frac{x}{2}}\right)^2$

5. 是； $B(t)=1-|t|,\ |t|<1$； $f(t)=\dfrac{1}{2\pi}\left(\dfrac{\sin\dfrac{x}{2}}{\dfrac{x}{2}}\right)^2$

6. $Ae^{-\alpha|t|}(1+\alpha|t|)$

7. 证明略.

8. 证明略.

参 考 文 献

1 陈希孺. 概率论与数理统计. 合肥:中国科学技术大学出版社,1992

2 茆诗松,周纪芗. 概率论与数理统计. 北京:中国统计出版社,1999

3 陈家鼎等. 概率统计讲义. 北京:人民教育出版社,1983

4 复旦大学. 概率论. 北京:人民教育出版社,1983

5 朱燕堂等. 应用概率统计方法. 西安:西北工业大学出版社,1997

6 Y S Chow. Probability Theory. Springer-Verlay,1989

7 P J Bickel. Mathematicnl Statistics. Holdel-day,1977